工控技术精品丛书·跟李老师学 PLC

PLC 模拟量与通信控制
应用实践
（第 2 版）

李金城　编著

电子工业出版社

Publishing House of Electronics Industry

北京·BEIJING

内 容 简 介

本书以三菱 FX$_{2N}$ PLC 为目标机型，介绍了 PLC 在模拟量控制和通信控制中的应用。在模拟量控制中，重点介绍了三菱 FX$_{2N}$ PLC 模拟量特殊模块和 PID 控制应用；在通信控制应用中，重点介绍了利用串行通信指令 RS 进行 PLC 与变频器等智能设备的通信控制及通信程序编制。

本书深入浅出、通俗易懂、内容详细、思路清晰、联系实际、注重应用，力图使读者通过本书的学习尽快全面地掌握 PLC 模拟量控制和 PLC 对变频器等智能设备的通信控制应用技术。书中包含大量应用实例，可供读者在实践中参考。

本书的阅读对象是从事工业控制自动化的工厂技术人员、刚毕业的工科院校机电专业学生，以及广大工作在生产第一线的初、中、高级维修电工。本书适用于一切想通过自学而掌握 PLC 模拟量控制和通信控制的人员，也可作为 PLC 控制技术的培训教材和机电一体化及相关专业的教学参考用书。

图书在版编目（CIP）数据

PLC 模拟量与通信控制应用实践/李金城编著. —2 版. —北京：电子工业出版社，2018.5
（工控技术精品丛书. 跟李老师学 PLC）
ISBN 978-7-121-34050-5

Ⅰ. ①P… Ⅱ. ①李… Ⅲ. ①PLC 技术—应用—通信控制器 Ⅳ. ①TM571.61

中国版本图书馆 CIP 数据核字（2018）第 076276 号

策划编辑：陈韦凯
责任编辑：陈韦凯
印　　刷：北京天宇星印刷厂
装　　订：北京天宇星印刷厂
出版发行：电子工业出版社
　　　　　北京市海淀区万寿路 173 信箱　　邮编　　100036
开　　本：787×1 092　1/16　印张：24.75　字数：634 千字
版　　次：2011 年 1 月第 1 版
　　　　　2018 年 5 月第 2 版
印　　次：2024 年 7 月第 15 次印刷
定　　价：65.00 元

凡所购买电子工业出版社图书有缺损问题，请向购买书店调换。若书店售缺，请与本社发行部联系，联系及邮购电话：（010）88254888，88258888。
质量投诉请发邮件至 zlts@phei.com.cn，盗版侵权举报请发邮件至 dbqq@phei.com.cn。
本书咨询联系方式：chenwk@phei.com.cn。

前 言

可编程逻辑控制器（PLC）是以微处理器为核心技术的通用工业自动化控制装置，它将继电控制技术、计算机技术和通信技术融为一体，具有控制功能强大、使用灵活方便、易于扩展、环境适应性好等一系列优点。它不仅可以取代传统的继电接触控制系统，还可以应用于复杂的过程控制系统（模拟量控制和运动量控制）并组成多层次的工业自动化网络（通信控制）。因此，近年来 PLC 在工业自动控制、机电一体化和传统产业改造等领域得到了越来越广泛的应用，而学习、掌握和应用 PLC 控制技术则成为广大工业控制从业人员、工科院校机电专业学生和负责生产现场维护的电工所必须掌握的基本知识和技术要求。

目前，学习 PLC 控制技术的教学书籍和自学用书都相当丰富，但大多是针对 PLC 控制介绍和逻辑控制、顺序控制而编写的，专门介绍 PLC 对模拟量控制和对变频器通信控制方面的书籍却很少，编者为此编写了本书。

全书分为上、下两篇共 10 章，以三菱 FX$_{2N}$ PLC 为目标机型，介绍了 PLC 在模拟量控制和通信控制中的应用。在编写过程中，考虑到广大初、中级电工基础知识的不足，为便于他们更快地理解和掌握上述知识的应用，增加了模拟量控制和数字通信控制知识的介绍，而对电工电子技术的基础知识则不予介绍。

本书的阅读对象是从事工业控制自动化的工程技术人员、刚毕业的工科院校机电专业学生和在生产第一线的初、中、高级维修电工，因此，编写时力求深入浅出、通俗易懂，同时联系实际、注重应用。为了使读者能尽快全面地掌握 PLC 模拟量控制和 PLC 对变频器等智能设备的控制应用技术，书中精选了大量的应用实例，供读者在实践中参考。

本书适合所有想通过自学掌握 PLC 模拟量控制和通信控制的人员，也可作为 PLC 控制技术的培训教材和机电一体化等专业的教学参考书。

在本书编写的过程中，得到了曾鑫、庞丽、李震涛等的协助。同时，参考了一些书刊内容，并引用了其中一些资料，难以一一列举，在此一并表示衷心感谢。

由于编者水平有限，书中难免有疏漏和不足之处，恳请广大读者批评指正，联系邮箱：jc1350284@163.com。

李金城

2018 年 1 月

修订说明

    本书第 1 版自 2011 年出版以来，深受读者欢迎，已重印 9 次之多。广大读者特别是技成培训的学员对本书的编写内容提出了非常宝贵的意见，同时也指出了书中存在的许多错误。作者在这里向所有关心本书的广大读者表示衷心的感谢。

    本来应该对本书做全面修订，但由于时间和精力有限，一直未能进行。这次修订主要对第 3 章做了比较详细的修改，增加了关于适配器的知识和模拟量适配器的应用讲解；其他部分仅对文字错误做了一些修正，未做大的改动。对于本书下篇的通信部分，笔者准备抽出时间来重新组织编写出一本新书，使内容更充实，与实践结合得更紧密，可操作性更强。只要身体尚可，笔者会努力去做。

    希望读者能从本书学到知识和技术。

李金城

2018 年 1 月

目　　录

上篇　PLC 在模拟量控制中的应用

下篇　PLC 通信控制变频器应用实践

上 篇

PLC 在模拟量控制中的应用

第1章　模拟量控制基础知识

本章主要介绍关于模拟量控制中的一些基本知识。包括模拟量控制、A/D 与 D/A 转换、采样、滤波、标定、非线性处理，以及定点和浮点运算等。这些知识各自独立性较强，虽互有关联，但并不连贯。读者可以跳过本章直接阅读下一章，也可根据需要选择性阅读部分章节。为了使广大读者了解这些知识，掌握这些知识的应用，讲解时尽量不涉及过多的数学知识和专业知识，力求通俗易懂、易学能用。

1.1　模拟量与模拟量控制

1.1.1　模拟量与数字量

在工业生产控制过程中，特别是在连续型的生产过程中，经常会要求对一些物理量如温度、压力、流量等进行控制。这些物理量都是随时间而连续变化的。在控制领域，把这些随时间连续变化的物理量称为模拟量。

与模拟量相对的是数字量。数字量又称为开关量。在数字量中，只有两种状态，相对于开和关一样。而开关随时间的变化是不连续的，像是一个一个的脉冲波形，所以又称为脉冲量，图 1-1 所示为模拟量和开关量随时间而变化的图示。

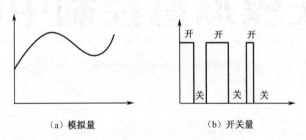

（a）模拟量　　　　　　（b）开关量

图 1-1　模拟量与开关量

模拟量和开关量是完全不同的物理量，它们之间没有多大关联，研究的方法和应用领域也都不相同。但是通过对二进制数和十进制数的研究却把它们联系了起来。二进制数只有两个数码：0 或 1，正好用开关量的开和关来表示。一个二进制数由多个 0 或 1 组成，也可以用一组开关的开和关来表示。在数字技术中，存储器的状态不是通就是断，相当于开关的开和关。因此，一个多位存储器组（如 16 位存储器）就可以用于表示一个 16 位二进制数。模拟量虽然是连续变化的，但在某个确定的时刻，其值是一定的。如果按照一定的时间来测量模拟量的大小，并想办法把这个模拟量（十进制数）转换成相应的二进制数，送到存储器中，便把这个由二进制数所表示的量称为数字量，这样模拟量就和数字量有了联系。图 1-2 所示为模拟量如何变成数字量。

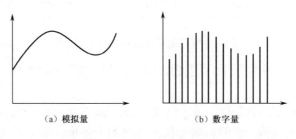

（a）模拟量　　　　　　　　　（b）数字量

图 1-2　模拟量与数字量

由图 1-2 可以看出，数字量的幅值变化与模拟量的变化是大致相同的。因此，用数字量的幅值（它们已被寄存在存储器中）来处理模拟量，可以得到与模拟量直接被处理时的相同效果。但是也可以看出，模拟量在时间上和取值上都是连续的；而数字量在时间上和取值上都是不连续的（称为离散的）。因此，数字量仅是在某些时间点上等于模拟量的值。

1.1.2　模拟量控制介绍

模拟量控制是指对模拟量所进行的控制。模拟量控制大都出现在生产过程中，所以又称为过程控制。

1. 模拟量控制系统组成

从信息的角度来看，所有的控制系统都是一个信息的采集和处理的过程，如图 1-3 所示。

信息采集 —————→ 信息处理 ————→ 信息输出

图 1-3　控制系统框图

对模拟量控制来说，图中的信息输出就是控制系统的被控制模拟量，称为被控制量或被控制值。而信息采集则包含两部分：一部分是控制系统为控制需要的输入信息，称为控制量或控制值，它可以是开关量、模拟量或事先设定的值；另一部分是不请自来的各种干扰信息，简称干扰。其来源神秘，成分复杂，对控制系统起到干扰破坏的作用。

在模拟量控制系统中，被控制模拟量总要有一个载体，如温度控制，是电炉温度还是房间空调的温度，这个载体（电炉，房间）叫作被控对象。在工业生产过程中，被控对象是指各种装置和设备。作为被控对象，其本身并不具备控制被控制量的能力，而是由某个元器件来执行的。电炉的温度是由电炉内的电阻丝通电发热而引起上升的，房间的温度是由空调器工作来完成温度的上升或下降的。其中，电阻丝、空调器起到了执行控制输出模拟量的功能，称为执行器。输入信息控制量经过信息处理向执行器发出控制信号，指挥执行器工作对被控对象进行调节，使被控制量达到所期望的变化。这个进行信息处理的环节就称为控制器。这样，对模拟量控制系统来说就有了如图 1-4 所示的系统组成框图。

图 1-4 中，仅示意性地把干扰信息画在被控对象上。实际上在整个系统的组成中，每个部分（包括控制器，执行器）都会产生干扰信息。

图 1-4 模拟量开环控制系统组成框图

从数学角度来分析图中的关系，则被控制值 Y 是控制值 X 和干扰 M 的函数：

$$Y = f(X, M)$$

在没有干扰的情况下，Y 是 X 的函数，控制系统就是按照这个关系进行控制的。当发生干扰后，被控制值就会受到 M 的影响而偏离原来的期望值。而且，干扰常常是随机的，也不便检测。图 1-4 所示的控制系统能否对干扰进行自动调节呢？显然是不可能的，因为这个系统不对被控制值进行检测，只根据控制值进行控制，发生干扰后，只能听任被控制值偏离期望值，使控制质量下降，干扰严重时系统甚至不能正常工作。这就是图 1-4 所示的控制系统的严重缺陷。

在实际生产中，干扰是不可避免的。所以必须找到一种办法使干扰发生后，控制系统本身能对被控制值进行自动调节，使之回到正常的期望值上来。

受对图 1-3 所示控制系统进行人工调节的启发（详见 1.1.3 节），只要把被控制值的变化送到控制系统的输入端，与控制值 X 比较，根据比较的结果来修改控制器的输入值，使已经偏离的被控制值朝期望值的方向变化，经过一定时间后，又回到期望值。这就形成了如图 1-5 所示的模拟量闭环控制系统组成框图。

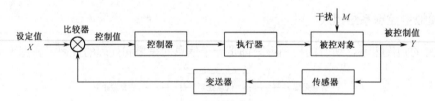

图 1-5 模拟量闭环控制系统组成框图

图 1-5 中，传感器是一种检测元件，其主要功能是将非电物理量（温度、压力、流量等）转换成电量（电流，电压），送到由电子电路构成的控制器中。而变送器则用于将传感器所转换的电量转化成统一的标准电压、电流再送到控制器中（关于传感器变送器的知识，见第 2 章）。

观察一下图中的信号流向：信号从输出被控制值 Y 通过传感器、变送器又回到输入端。这种输出返回到输入端而影响到控制器的输入的做法称为反馈，其信号通路称为反馈通路，而把从输入到输出的信号通路称为正向通路。由信号正向通路和反馈通路构成了一个闭合的环，闭环控制由此而来。图 1-4 所示的没有反馈的控制系统称为开环控制。

闭环控制是将输出量直接或间接反馈到输入端形成闭环，所以又称为反馈控制系统。反馈控制是自动控制的主要形式，在工程上常把在运行中使输出量和期望值保持一致的反馈控制系统称为自动调节系统，而把用于精确地跟随或复现某种过程的反馈控制系统称为伺服系统或随动系统。

闭环控制系统由控制器、受控对象和反馈通路组成。在闭环控制系统中，只要被控制量偏离规定值，就会产生相应的控制作用消除偏差。因此，它具有抑制干扰的能力，对元件特性变化不敏感，并能改善系统的响应特性。闭环控制具有较强的抗干扰能力。

2．模拟量控制系统分类

模拟量控制分类的方法很多，不同的角度有不同的分类。下面仅从输出值的变化对模拟量控制分类做简要介绍。

1）定值控制系统

若系统输入量为一定值，要求系统的输出量也保持恒定，此类系统称为定值控制系统。这类控制系统的任务是保证在扰动作用下被控制量始终保持在给定值上，生产过程中的恒转速控制、恒温控制、恒压控制、恒流量控制、恒液位高度控制等大量的控制系统都属于这一类系统。

定值控制系统比较容易理解，不再举制说明。

对于定值控制系统，着重研究各种扰动对输出量的影响，以及如何抑制扰动对输出量的影响，使输出量保持在预期值上。

2）随动控制系统

若系统的输入量的变化规律是未知的时间函数（通常是随机的），要求输出量能够准确、迅速跟随输入量的变化，此类系统称为随动控制系统，如雷达自动跟踪系统、刀架跟踪系统、轮舵控制系统等。随动控制系统可以是开环系统，也可以是闭环系统。

图 1-6 所示是在工业生产中经常用到的随动比例控制原理图。生产上要求将物料 Q_B 与物料 Q_A 配成一定比例送往下一工序。物料 Q_A 代表生产负荷，经常发生变化。如果 Q_A 发生变化，要求 Q_B 也需随之按比例发生变化，使 Q_A/Q_B 之值保持不变。图 1-6（a）所示为开环控制系统。当 Q_A 发生变化时，经传感变送，以一定的比例 K 放大后，作为 Q_B 的输出值，控制 Q_B 调节阀。图 1-6（b）所示为闭环控制系统。Q_A 经传感器变送比例放大后，作为 Q_B 控制器的设定值。如果 Q_A 发生变化，则 Q_B 的设定值也发生变化，控制器会随之动作，改变 Q_B 输出使之保持 Q_A/Q_B 的比例不变；若 Q_A 不变，Q_B 本身发生变化，由传感变送后送至控制器，同样控制器动作，使 Q_B 的输出恢复原值而且保持此值不变。

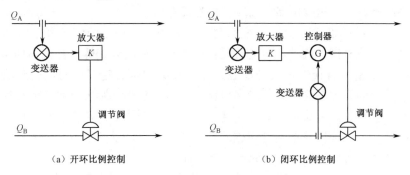

图 1-6　随动比例控制原理图

对于随动控制系统，由于系统的输入量是随时变化的，所以研究的重点是系统输出量跟随输入量的准确性和快速性。

3）程序控制系统

若系统的输入量不为常值，但其变化规律是预先知道和确定的，要求输出量与给定量的变化规律相同，此类系统称为程序控制系统。例如，热处理炉温度控制系统的升温、保温、降温过程都是按照预先设定的规律进行控制的，所以该系统属于程序控制系统。此外数控机床的工作台移动系统、自动生产线等都属于程序控制系统。程序控制系统可以是开环系统，也可以是闭环系统。

除了以上的分类方法外，还有其他一些方法，如按照系统输出量和输入量间的关系分为线性控制系统、非线性控制系统；按照系统中的参数变化对时间的变化情况分为定常系统、时变系统；按系统主要组成元件的类型分为电气控制系统、机械控制系统、液压控制系统、气动控制系统；按控制方式分为开环控制系统、闭环控制系统、无静差控制系统及复合控制系统；按控制方法分为单回路反馈控制、串级控制、前馈控制、比值控制等。

对PLC模拟量控制应用来说，大多数是线性定常定值控制。

3. 模拟量控制系统要求与性能指标

模拟量控制是自动控制的一种。因此，对自动控制系统的要求和性能指标分析也适用于模拟量控制系统。

1）模拟量控制要求

模拟量控制系统不管是属于哪种类型，其控制要求都是一样的，即稳定性、准确性和快速性，简称稳、准、快。

（1）稳定性。所谓稳定性，是指系统的被控制量一旦受到某种干扰而偏离控制要求的期望值时，能够在一定时间后利用系统的自身调节作用波动较小地恢复到期望值。对定值控制系统，就要回到设定值所对应的期望值。对于随动系统，输出值应随着设定值的变化而变化。对于程序控制系统。其输出必须按照预定设计的规律进行输出。

稳定性对控制系统的重要性是不言而喻的。它是首要指标，是决定系统正常工作的先决条件。一个系统不稳定，精度再高、响应再快都没有用。

（2）准确性。准确性实际上是系统的精度。一个系统由于受到各种因素的影响，如结构、所用硬件误差或机械、气动、液动等元件的损耗、精度误差等，在偏离期望值后再回到稳态值，总会和期望值有误差。这种稳态误差在实际中是必定存在的，完全消除是不可能的。而系统准确性的要求是这个误差应尽可能小一些。越小，则表示系统的精度越高。和稳定性不同的是，稳定性是越稳定越好，在连续生产的控制线上，甚至会花费巨大代价去求得控制系统的稳定。但准确性并不是越精越好，一般情况下，以满足生产产品质量和产量要求为度。超过这个度，必须要考虑经济成本和性价比。

（3）快速性。快速性是指控制系统的响应速度，即当控制系统受到某种原因而使输出偏离期望值时，系统的自动调节作用在多长时间里、以什么样的方式回到期望值。快速性要求系统能很快且又非常平稳地回到期望值。响应速度快是很多模拟量控制系统所追求的。特别是在随动系统中，如果输入值变化很快，而输出值不能及时跟上，变成马后炮，那会影响到系统的控制质量。当然，平稳地过渡到期望值，也是所要求的，在回到期望值的过程中，如果波动太大（振荡幅度很大）、波动时间太长（振荡时间长），对系统的稳定性会产生影响。

快速性虽然重要，但也和准确性一样，以满足控制要求为度，在经济成本及其他方面相同时，当然是越快越好。

2）模拟量控制系统性能指标

衡量一个模拟量控制系统的性能可以从静态和动态两方面特性来考虑。

（1）静态特性。以定值系统为例，当输入设定值不变时，控制系统能够有稳定的输出期望值。这时，就说系统处于稳定状态，也叫静态。这时，输入和输出之间的关系称为系统的静态特性。当然必须说明，静态只是系统对外所呈现的状态，而在系统内部仍然处于运动的状态，静态也可以说是一种动态平衡状态。

系统的静态特性是模拟量控制系统的重要品质指标。它涉及如何确定控制方案、设计控制装置、进行扰动分析。

（2）动态特性。一个系统原本处于静态，但是当出现了干扰，使输出发生变化时，系统原来的平衡就受到破坏。这时，系统的调节作用就会动作，克服干扰，力图使系统恢复原有的平衡或建立新的平衡。这种从一种静态到另一种新的静态的过程称为过渡过程，也叫动态。这时，系统的输出随时间而变化的关系称为系统的动态特性。

在控制系统中，了解动态特性比静态特性更重要。静态特性可以说是动态特性的一种极限情况。例如在定值控制中，干扰是不断地产生的，控制系统在不断地自我调节，整个系统总是处于动态过程中。

动态特性对系统的稳定性特别重要。如图 1-7 所示是定值控制系统加入阶跃信号后的可能出现的几种动态特性。图 1-7（b）所示是发散振荡，输出值越来越大，显然这是一种不稳定的动态特征，结果只能是控制停止。图 1-7（c）所示是衰减振荡其输出值慢慢变小，经过一段时间后，最后趋于一种平衡稳定状态。这种过渡过程正是控制系统所需要的动态特性。图 1-7（d）所示为单调发散，虽然没有振荡，但是输出越来越大，和发散振荡一样，是一种不稳定的动态特征。图 1-7（e）所示为等幅振荡，是一种介于图 1-7（b）、（c）之间的动态特性，处于稳定和不稳定状态的临界点，如果输出的这种摆动并不影响生产过程和产品的质量，还可以勉强采用，特别是振荡的幅度很小时。但一般情况下，若发生了这种情况，必须对系统进行改进，使其动态特性变至图 1-7（c）所示情况。

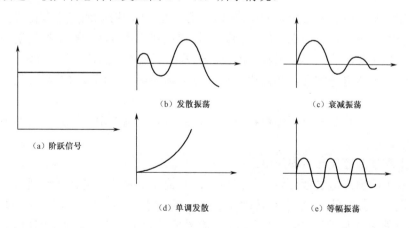

图 1-7　定值控制动态特性

关于控制系统动态特征的一些性能指标，这里不再介绍，读者可参看 4.2.1 节或相关资料。

1.1.3 开环控制和闭环控制

如前所述，模拟量控制系统可以用不同的分类方法进行分类研究，而按照控制方式分类来了解模拟量控制的原理和算法比较适合说明在生产实际中应用较多的定值控制的控制过程。这一节中，就按照开环和闭环两种方式对模拟量控制的原理和算法进行简单的介绍。

1. 开环控制（无反馈控制）

一个开环控制系统如图 1-8 所示。

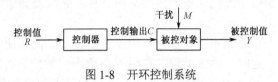

图 1-8　开环控制系统

由图可见，开环控制结构简单，被控制值 Y 与控制值 R 存在一定的量化关系，在不考虑干扰的情况下，其静态特性和动态特性是稳定的。但实际上，一个控制系统不受到种种干扰是不可能的，这些干扰可以是控制值的变化、控制器参数的变化，也可以是系统所处环境的变化或输出负载的变化等，而这些变化都会影响到被控制值 Y 的变化。而开环系统本身对这些干扰束手无策，无能为力。如果控制输出是一个定值，开环控制就很难获得较好的定值效果。这也是在模拟量控制中，开环控制用得较少的主要原因。但由于其结构简单，在某些控制要求不高的场合，并采用某些补偿措施（人工的或程序）的情况下，仍然得到应用。

开环控制虽然在模拟量控制中应用较少，但在数字量控制中（继电控制、逻辑控制、顺序控制、程序控制等）得到了广泛的应用。在这些应用中，被控制值都是按照预定的控制要求进行的，所涉及的都是抗干扰能力很强的开关量信号。例如，自动机床、仿型机床、数控机床和 PLC 的逻辑顺序控制应用都属于开环控制系统。

2. 偏差控制（有反馈控制）

在开环控制系统中，如果控制输出值 Y 受到干扰 M 的影响而产生变化时，这种变化是不能通过系统本身来进行自动调节的。因此，必须找到一个方法，要求控制系统本身能对这种变化自动进行调节，使之回到正常输出值。偏差控制基本上解决了这个问题。

很多自动调节的方法实现，都是由人对开环控制进行人工调节启发而得到的，偏差控制就是如此。

在工业生产中，经常要进行恒温控制，早期的恒温控制是由工人人工操作进行的，其人工调节的具体过程如下：

（1）人工观察温控仪显示的炉温。

（2）与要求的恒温值进行比较，得出偏差，并根据偏差情况进行手动调节。如果偏差为正（实际炉温>要求炉温），则正向转动调压器，朝减小加热电流方向转动；如果偏差为负（实际炉温<要求炉温），则反向转动调压器；如果偏差为 0（或在某个范围内），则不转动调

压器。

总结一下人工调节的过程，就会得出如下结论：

（1）必须有一个测量元件温控仪，它显示实际被控制值。还必须有一个设定值（要求的恒温值），它在工人的记忆中。

（2）必须有一个比较器，它来比较实际值和设定值的大小，得出偏差，它由工人大脑完成。

（3）必须有一个能够控制被控对象的执行器调压器，它根据偏差来控制执行器动作，以控制被控对象电阻丝的通电电流大小，从而使所产生的被控制值温度得到调节。

根据上述偏差控制过程，画出控制原理图如图 1-9 所示。

图 1-9　偏差控制图示

对比一下开环控制系统，可以发现，在偏差控制中，被控制值 Y 被引入到控制器的输入端，与设定值比较后所产生的偏差值才是控制器的输入控制值。开环系统是一个无反馈的控制系统，而偏差控制是一个有反馈的控制系统。

偏差控制从应用角度又可分为位式控制、负反馈控制和偏差控制，下面分别进行介绍。介绍中的一些算法，既可以通过硬件电路实现，也可以通过在 PLC 中编制算法程序实现。

1）负反馈控制

偏差控制的最早应用是负反馈闭环控制，如图 1-10 所示，被控制值通过反馈元件（传感器或变送器）被送至输入端，F 为反馈值，它可以是被控制值的部分或全部。反馈值与设定值比较，偏差作为新的控制值送入控制器。

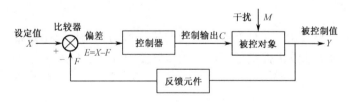

图 1-10　负反馈控制算法框图

负反馈控制有自动调节被控制值 Y 的作用。例如，当某种干扰引起 Y 增大变化时，$Y\uparrow \rightarrow F\uparrow \rightarrow E\downarrow \rightarrow Y\downarrow$，经过系统自身调节，使 $Y\uparrow$ 得到控制，实际上是使干扰的作用减弱了。这种能自动稳定输出的调节系统在 PID 控制普及应用前已在模拟量控制中获得了广泛的应用。

负反馈控制是利用偏差来控制和调节输出值。在负反馈中，控制器一般都是一个比例放大器。对调节效果来说，总希望在稳定状态下，输出值与设定值的偏差越小越好，最好为 0，但是负反馈控制做不到。从图 1-10 所示可以看出，输出值 Y 与偏差 E 成比例关系，如果输出值与设定值相等则偏差也为 0，则 $Y=0$，系统将没有输出。显然，这是不能出现的情况。因此，系统必定要有偏差，才能保持稳定工作，这也是负反馈系统始终存在偏差的原因。这种稳定状态下的偏差称为静差。负反馈系统不能消除静差，其输出值永远不能达到设定值。虽然不能消除静差，但仍然希望偏差越小越好。很小的偏差要保持一定的输出值，只有加大控制器的比例放大倍数；而若放大倍数过大，偏差稍微大一点，输出就会产生很大变化。由于系统都具有惯性，又会产生波动，形成超调或振荡，所以放大倍数也不能随意加大。以上两点，就是负反馈控制系统的不足之处。尽管存在这些缺点，但负反馈控制在一些要求不高的场合还是得到了广泛应用。

2）偏差控制

对负反馈控制的一个改进算法如图 1-11 所示。为区别上面的负反馈控制算法，称为偏差控制。偏差控制实质仍然是负反馈控制。不同的是，这里控制值用 R 代替了偏差，$R = X + E$。当偏差为 0 时，$R=X$，这时输出就为设定值所对应的输出实际值，这就解决了偏差为 0 时没有输出的情况。如果因干扰使输出值发生了变化，使 $E \neq 0$，此时，E 的出现会使控制值 R 增大或减少（由实际输出值与设定值大小关系决定），又使输出值增大或减小而接近设定值。其控制过程与负反馈控制类似。

图 1-11　偏差控制算法框图

偏差控制仅解决了偏差为 0 的情况，但它并不能够解决静差和稳定性问题。如果受到干扰，产生偏差，输出值就不可能再回到设定值所对应的输出实际值。道理和负反馈控制一样，偏差控制也是靠偏差来进行自动调节的。没有了偏差，其纠正输出值的控制量也没有了。输出值就不会得到纠正。同样，如果为了减小静差而加大放大倍数，一样会引起不稳定问题。

3．无静差控制

在实际控制中，不管发生了什么干扰，引起输出值的变化后，总是希望通过系统自身调节能回到设定值相对应的输出控制值上，即最后偏差为 0，图 1-12 所示为一种无静差控制的算法框图。

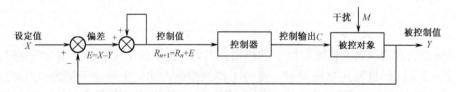

图 1-12　无静差控制算法框图

与偏差控制不同的是，这里的控制值是控制值自身与偏差 E 相加成为新的控制值；公式为 $R_{n+1}=R_n+E$，其中 R_n 为上一次运算时的 R 值，而 R_{n+1} 为本次运算后的 R 值。其含义是每次的控制值是上次控制值与偏差的和。这种控制为什么能消除静差呢？其原因是控制值 R 已经脱离了在偏差控制中控制值的范围。在偏差控制中控制值 R 始终在设定值 X 的偏差范围内摆动，而在这里随着一次一次地累加，控制值 R 越来越接近设定值，直到控制值变化到等于输出值相应的设定值为止。这时，偏差为 0，控制值也保持不变。这也实现了设定值的无静差控制。

从上述的无静差控制过程可以看出，由于控制方法中采取逐步累加（或累减）的算法，才能达到无静差，而累加相当于加入了积分环节，即使累加停止（偏差消失），但其积分的量已经存在，而正是这个量，使系统仍然产生输出。下面通过一个例子来说明无静差控制实际工作过程。无静差控制可以消除所有由于干扰而产生的误差，但同样存在系统能否稳定工作的问题。在工业控制中被大量应用的 PID 控制就是一个既能消除静差又能进一步解决稳定性、快速性较好的控制方式。有关 PID 控制方式的介绍与应用将在第 4 章中进行详尽的讨论。

下面通过一个例子来说明无静差控制需要哪些控制环节。图 1-13 所示是一个直流电动机无静差控制的原理图。

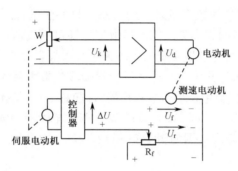

图 1-13　无静差控制例图

在图 1-13 中，控制要求为电动机转速稳定。电动机通过测速电动机把转速变成一个成比例变化的电压 U_f 反馈到输入端。U_r 是设定电压，反馈电压 U_f 和设定电压 U_r 正好是方向相反，这两个电压叠加后为偏差电压$\Delta U = U_r - U_f$。把它送到伺服电动机控制器的输入口通过控制器控制伺服电动机的转动。伺服电动机是一个随控制电压而转动角度的电动机，控制电压存在它就转动相应的角度，控制电压消失它就停止转动。伺服电动机通过传动机构带动电位器 W 旋转，电位器旋转之后，直流电动机的控制电路输入电压 U_k 就发生改变，电动机的控制电压 U_d 发生改变，相应地转速也发生改变。假定电动机转速稳定时，其反馈电压 $U_f = U_r$，$\Delta U = 0$，不存在偏差电压，伺服电动机和电位器 W 都处于稳定位置。如果电动机因为负载变化而转速变小，$n \downarrow$，$U_f \downarrow$，产生了偏差电压ΔU，进而使伺服电动机转动一个角度，带动电位器转动一个角度，结果 $U_k \uparrow$，$U_d \uparrow$，$n \uparrow$。如果转速上升之后，其反馈电压 U_f 与 U_r 相叠加还是有偏差，就还会继续调节，直到 U_f 与 U_r 相等，即ΔU 等于零为止，伺服电动机就停止转动，注意这时电位器 W 是停在一个新的位置上，电动机转速回到稳定转速。如果情况相反，某种干扰使电动机转速上升，这时 $U_f \uparrow$，其大于 U_r，所产生的偏差电压极性与图中相反，会控制伺服电动机反向转动一个角度，调节过程和上面一样，直到$\Delta U = 0$ 为止。因此，该控制系统是一个无静差控制系统。

这个系统的关键是伺服电动机，伺服电动机转动的角度 θ 与输入电压 ΔU 成积分关系，而电位器 W 的位置与角度 θ 成正比，电动机的控制电压 U_k 又由电位器 W 的位置来决定，这样，便有

$$U_k = K \int \Delta U \mathrm{d}t$$

式中，K 为积分系数。电位器 W 的自动调节作用不是由偏差电压 ΔU 来维持的，而是通过调节过程中的误差积累来产生的。因此，无静差控制系统中必须有积分环节。

1.1.4　PLC 模拟量控制系统

1. PLC 模拟量控制系统组成

可编程控制器（PLC）是基于计算器技术发展而产生的数字控制型产品。它本身只能处理开关量信号，可方便可靠地进行逻辑关系的开关量控制，不能直接处理模拟量。但其内部的存储单元是一个多位开关量的组合，可以表示为一个多位的二进制数，称为数字量。在 1.1.1 节中，曾叙述过模拟量和数字量之间的关系。只要能进行适当的转换，可以把一个连续变化的模拟量转换成在时间上是离散的，但取值上却可以表示模拟量变化的一连串的数字量，那么 PLC 就可以通过对这些数字量的处理来进行模拟量控制了。同样，经过 PLC 处理的数字量也不能直接送到执行器中，必须经过转换变成模拟量后才能控制执行器动作。这种把模拟量转换成数字量的电路叫作"模/数转换器"，简称 A/D 转换器；把数字量转换成模拟量的电路叫作"数/模转换器"，简称 D/A 转换器（关于 A/D 和 D/A 转换原理可参看 1.2 节内容）。PLC 模拟量控制系统组成框图如图 1-14 所示。

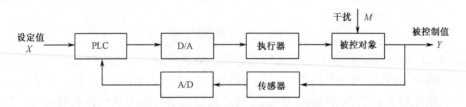

图 1-14　PLC 模拟量控制系统组成框图

和图 1-5 所示相比，PLC 在模拟量控制系统中的功能相当于比较器和控制器的组合。

为方便 PLC 在模拟量控制中的运用，许多 PLC 生产商都开发了与 PLC 配套使用的模拟量控制模块。三菱 FX$_{2N}$ PLC 模拟量模块有输入模块、输出模块、输入/输出混合模块及温度控制模块。本书将在第 3 章中进行详细介绍。

2. PLC 模拟量控制系统特点

PLC 是一个数字控制设备，用它来处理模拟量是否能满足模拟量控制的稳定、准确、快速的要求呢？要回答这个问题还必须了解一下 PLC 处理模拟量的过程和特点。

在 1.1.1 节中，已经说明了一个在时间和取值上都是连续的模拟量可以用一个在时间和取值上都是离散的数字量来代替，这个数字量仅仅是在某些时间点上等于模拟量的值。前面也说明了在 PLC 模拟量控制系统中是通过 A/D 转换器来完成转换功能的。这个转换过程由两部分组成：一是在指定时间点上向模拟量取值，这个过程叫采样（关于采样的知识见 1.3 节）；二是取出模拟量后，通过 A/D 转换器转换成相应的二进制数字量，这个过程叫量化。采样和量化是所有数字控制设备处理模拟量所必需的过程。

采样和量化使得 PLC 处理模拟量时存在着如下特点。

（1）经过量化后的数字量与采样的模拟量的原值一定存在误差，而且这个误差的大小可以通过 A/D 转换后的二进制位数进行控制。也就是说，A/D 转换模块的位数决定了转换的精度，位数越多，分辨率越高，精度也越高，与模拟量原值的误差就越小。模拟电路控制实际上也是存在误差的，但它的误差比较难于控制。可以说，PLC 的量化误差可以控制是 PLC 模拟量控制一个优点。它可以通过增加 A/D 转换的位数来控制精度，数控机床的精度要高于普通机床就是这个道理。PLC 处理模拟量的这个特点影响到控制系统的准确性。

（2）采样是一个时间上不连续的控制动作。它受到 PLC 工作原理的约束，仅当 PLC 在对 I/O 点进行刷新时才把采样值数字量读入 PLC，把上次采样值运算处理结果通过 D/A 模块作为控制信号送给系统。PLC 模拟量控制的这个特点所带来的问题是如何才能保证所采样的不连续的取值能够较少失真地恢复原来的模拟量信号。只有失真较少，才能保证控制的稳定性和准确性。

（3）PLC 模拟量控制中，不论是采样、量化、信息处理（程序运行），还是控制输出，都需要一定的时间。一个采样后的量不能像模拟电路那样马上通过电路作用将输出送到系统，而是要延迟一定时间才能将输出送至系统。这种延时作用的特点是 PLC 模拟量控制的不足之处。在响应速度要求非常好的系统中，PLC 控制不能够担当重任。PLC 的响应速度与其程序扫描时间关系很大。因此，确定控制算法、设计控制程序和选择合适的控制参数就显得非常重要。

（4）PLC 的一个优点就是采取了一系列硬件和软件抗干扰措施，具有很强的抗干扰能力，控制的可靠性也得到极大提高，这对控制系统的稳定性是极其重要的。

综上所述，PLC 模拟量控制的稳定性和准确性基本上是可以保证的，能满足大部分模拟量控制系统的要求。但它的控制响应滞后性也是明显的，这一点在扫描时间较长和通信控制中比较突出。可以说，PLC 控制的稳定性和准确性是用其响应滞后得到的。

3．PLC 模拟量输入/输出方式

1）PLC 控制模拟量输入方式

目前大部分 PLC 是采用模拟量输入（A/D）转换模块进行模拟量输入。用模拟量输入模块进行模拟量输入一般都要先把模拟量通过相应的传感器和变送器变换为标准的电压（0～10V，–10～10V 等）和电流（0～20mA，4～20mA）才能接入模块通道。模拟量输入转换模块不仅能完成对模拟量的转换，还可以做多种数字量的处理，如滤波、求平均值、标定的变换（指模拟量输入和数字量输入之间的关系曲线，详见 1.4 节标定和标定变换）等。

PLC 也可以用采集脉冲方式输入模拟量信号，但必须先通过压频变送器把电压转换成频率可调的脉冲序列送入 PLC。这时，输入脉冲序列的频率表示所输入模拟量信号的大小。在模拟量控制中这种方法用得较少。

2）PLC 控制模拟量输出方式

在 PLC 控制模拟量输出方面，用得最多的仍然是通过模拟量输出模块（D/A）输出，一般 D/A 模块都具有两路以上通道，可以同时输出两个以上模拟量控制两个以上的执行器。而

且，模拟量输出模块输出的模拟量信号能连续地、无波动地变化，其精度也可以通过转换的二进制位数的多少进行控制。同样，它也具有某些特殊功能，如限定、报警等。

在很多情况下，模拟量输出还可以采用占空比可调的脉冲序列信号输出。如图 1-15 所示为一周期为 T 的脉冲序列信号。

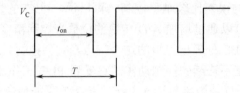

图 1-15 脉冲序列信号占空比

设 T 为脉冲周期，t_{on} 为一个周期内脉冲导通时间，则其占空比 D 为 $D=t_{on}/T$。而脉冲序列平均值 V_L 为

$$V_L = \frac{V_C \times t_{on}}{T} = V_C \times D$$

可见，调节占空比 D 可调节输出平均值 V_L，且与 D 成正比例。这种模拟量输出方法经常用于调节电炉温度，设定一个脉冲序列周期 T 和给定温度值电压，由测温传感器检测到的炉温通过 A/D 模块送入 PLC，与给定温度值进行比较，其偏差在 PLC 内进行 PID 控制运算，运算的结果作为脉冲序列输出的 t_{on} 控制占空比，从而控制电阻丝的加热电压平均值，也可以说是控制其加热时间与停止加热时间之比来达到控制炉温的目的。当炉温温升高时，则 t_{on} 会变小，这样，其加热时间变短，而停止加热时间变长，炉温会回落。也可以说输出平均值 V_L 变小，平均电流变小，炉温回落。

1.2 A/D 与 D/A 转换

在计算机、单片机、PLC 等数字控制器控制的模拟量控制系统中，系统输入的是连续变化的模拟量（电压、电流），而数字控制器只能接收数字量信号。因此，数字控制器要能够处理模拟量信号，必须首先将这些模拟信号转换成数字信号；而经数字控制设备分析、处理后输出的数字量往往也需要将其转换为相应模拟信号才能为执行机构所接收。这样，就需要一种能在模拟信号与数字信号之间起桥梁作用的电路——模/数（A/D）和数/模（D/A）转换器。

1.2.1 模/数（A/D）转换

1. 概述

模/数（A/D）转换器也称为"模拟数字转换器"（ADC）。其功能是对连续变化的模拟量进行量化（离散化）处理，转换为相应的数字量。

A/D 转换包含三个部分：采样、量化和编码。一般情况下，量化和编码是同时完成的。

采样是将模拟信号在时间上离散化的过程，量化是将模拟信号在幅度上离散化的过程，编码是指将每个量化后的样值用一定的二进制代码表示。

模/数转换电路是一种集成在一块芯片上能完成 A/D 转换功能的单元电路。A/D 转换芯片的种类繁多、性能各异，但按其转换原理可分成逐次逼近式、双积分式、并行式等多种。下面以逐次逼近式转换为例，说明 A/D 转换器的工作原理和性能指标。

2. 逐次逼近式 A/D 转换原理

如图 1-16 所示为逐次逼近式 A/D 转换原理图。由图可见，A/D 转换器的主要结构由 N 位存储器（SAR）、D/A 转换器（DAC）、比较器和时序与控制电路组成。

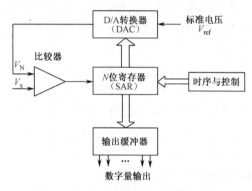

图 1-16　逐次逼近式 A/D 转换原理图

当模拟量 V_x 输入后，启动 A/D 转换器开始进行转换。假定这是一个 8 位数字量 A/D 转换芯片，则 N 存储器为 8 位存储器。首先把 N 位存储器最高位 b7 置 1，其余全置 0，即 N 位存储器数字量为"10000000"，该数字量经 D/A 转换器转换成模拟量 V_N，送到比较器的输入端，与 V_x 进行比较。如果 $V_x>V_N$，则将 b7 置 1 保留；否则，将 b7 重新置 0。假定 $V_x>V_N$，b7 置 1，然后再将 b6 置 1，则 N 位存储器数字量为"11000000"。再次经 D/A 转换器转换成模拟量 V_N，又与 V_x 比较，根据比较结果对 b6 作相同处理。如此重复进行，一位一位比较，直到把 N 存储器中最后一位 b0 比较完毕，这时 N 存储器中数字量即为输入模拟量 V_x 相对应的数字量。控制单元发出转换结束信号，将转换后的数字量送入输出缓冲器准备输出，同时将 N 存储器清零准备第二次转换。显然，N 位存储器需要比较 N 次，所以称为逐次逼近。上述过程就是逐次逼近式 A/D 转换的过程。

一般来说，一个 A/D 转换器只能对一个模拟量进行转换，但在实际应用中，为了节省设备，常常几个模拟量转换共用一个 A/D 转换器。这时只要在多路模拟量输入和 A/D 转换器之间加接一个多路采样开关和采样保持电路，就可完成多路模拟量输入的 A/D 转换问题，其原理如图 1-17 所示。关于多路采样开关和采样保持电路，可参看相关资料。

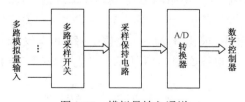

图 1-17　模拟量输入通道

3．A/D 转换的主要性能参数

衡量一个 A/D 转换器性能的主要参数有如下几项。

（1）分辨率：是指 A/D 转换器能够转换的二进制数的位数。分辨率反映 A/D 转换器对输入微小变化响应的能力，位数越多则分辨率越高，误差越小，转换精度越高。在 PLC 模拟量控制特点的叙述中曾经讲到，可以通过增加 A/D 转换的位数来控制精度，位数越多，精度越高。但是，增加 A/D 的位数会大大增加硬件的成本；另外，位数较多时 PLC 对数据量运算和处理的时间都要加长，这样会影响到控制系统的响应速度。因此，这里也有一个合适的"度"的问题，精度够用就好，在保证精度的前提下，位数越少越好。

（2）转换时间：指模拟量输入到完成一次转换 A/D 所需的时间。转换时间的倒数为转换速率。并行式 A/D 转换器，转换时间最短为 20～50ns，逐次逼近式转换时间为 30～100μs。

（3）精度：精度有绝对精度和相对精度两种表示方法。

绝对精度：是指对应于一个数字量的实际模拟输入电压和理想的模拟输入电压之差的最大值，通常以数字量的最小有效位（LSB）的分数值来表示。

相对精度：是指整个转换范围内，任意数字量所对应的模拟输入量的实际值与理论值之差，用模拟电压满量程的百分比表示。

（4）量程：是指所能转换的模拟量输入范围。

1.2.2　数/模（D/A）转换

1．概述

模拟量经 ADC 转换成数字量，在 PLC 等数字控制器中进行各种运算和处理后，还必须送到执行器去执行，以达到自动控制的目的。但是大多数执行器都要求输入模拟驱动信号，因此，往往需要把数字控制器处理后的数字量重新转换成模拟量，以便驱动各种执行器。这种能把数字量转换成模拟量的电子电路叫数/模转换器（DAC）。

数/模转换器的基本原理是用电阻网络将数字量按每位数码的权值转换成相应的模拟信号，然后用运算放大器求和电路将这些模拟量相加就完成了数/模转换。常用的有权电阻网络、T 型和倒 T 型电阻网络等。下面以较常用的 T 型网络为例，简要说明数模转换的工作原理。

2．T 型电阻网络 D/A 转换原理

图 1-18 所示为一个 4 位 T 型电阻网络数/模转换原理图。电路由 R-2R 电阻解码电路、模拟电子开关 D0～D3 和求和运算放大器电路组成。4 位数字开关由数字控制器的数字量控制。

利用叠加原理可以很快求出电流 I_r 的值。例如，仅当 D0=1，其余皆为 0 时（D1=D2=D3=0），可以画出其电路如图 1-19 所示。马上可求得 $D_0=1$ 时电流分量 I_{r1}：

$$I_{r1} = \frac{V_{ref}}{3R} \cdot \frac{1}{2} \cdot \frac{1}{2} \cdot \frac{1}{2} \cdot \frac{1}{2} = \frac{V_{ref}}{3R} \cdot \frac{D0}{2^4}$$

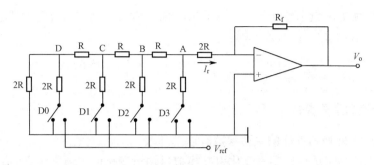

图 1-18　T 型电阻网络数/模转换电路原理图

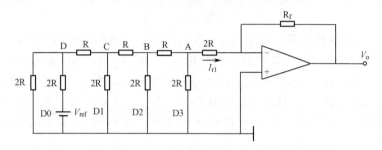

图 1-19　T 型电阻网络 D0=1，D1=D2=D3=0 转换电路原理图

又如，仅当 D3=1，D0=D1=D2=0 时，可以画出其电路如图 1-20 所示。同样，也可以求得其电流分量 I_{r4} 为

$$I_{r4} = \frac{V_{ref}}{3R} \cdot \frac{D3}{2}$$

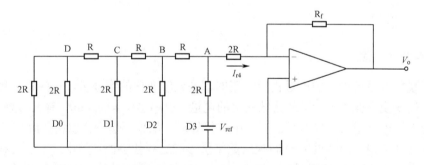

图 1-20　T 型电阻网络 D3=1，D0=D1=D2=0 转换电路原理图

同理分析，可求出仅当 D1=1 和仅当 D2=1 时的电流分量为

$$I_{r2} = \frac{V_{ref}}{3R} \cdot \frac{D1}{2^3} \qquad I_{r3} = \frac{V_{ref}}{3R} \cdot \frac{D2}{2^2}$$

将上述结果进行叠加，有

$$I_r = \frac{V_{ref}}{3R}\left(\frac{D0}{2^4} + \frac{D1}{2^3} + \frac{D2}{2^2} + \frac{D3}{2^1}\right)$$

若取 $R_f = 3R$，运算放大器的输出 V_o 为

$$V_o = V_{ref}\left(\frac{D0}{2^4} + \frac{D1}{2^3} + \frac{D2}{2^2} + \frac{D3}{2^1}\right)$$

式中，D0～D3 为 4 位数字量开关，其取值只能是 1 或 0。例如当选定标准电压 V_{ref}=10V，数字量 D3～D0=1001 时，代入公式则有

$$V_o = -10\left(\frac{1}{2^4} + \frac{1}{2^1}\right) = -10 \times \left(\frac{1}{16} + \frac{1}{2}\right) = -5.625V$$

3．D/A 转换的主要参数

衡量一个 D/A 转换器性能的主要参数有以下几项。

（1）分辨率：是指单位数字量变化引起模拟量输出变化值，通常定义为满量程电压与最小输出电压分辨值之比。分辨率显然与数字量的二进制位数有关，一般分辨率用下式表示：

$$分辨率 = 1/(2^n - 1)$$

例如 8 位 D/A 转换，其分辨率为 $1/(2^8-1)$=1/255=0.0392。10 位 D/A 转换为 1/1023=$1/(2^{10}-1)$=0.0009775。同样是满量程 10V 电压，则 8 位 D/A 转换只能分辨出 10×0.0392=39.2mV 电压；而 10 位能分辨出 10×0.000975=9.775mV 电压，分辨率提高了 4 倍多。

（2）转换时间：指数字量输入到模拟量输出完成一次转换 D/A 所需的时间。

（3）转换精度：由分辨率和 D/A 转换器的转换误差共同决定，表示实际值与理想值之间的误差。

1.3 采样和滤波

1.3.1 采样

1．采样和采样定理

在模拟量控制系统中，生产过程所处理的都是连续变化的物理量，这些物理量经过传感器和变送器的变换，变成了标准的连续变化的电量（0～10V，4～20mA 等）。这些电量可以直接送到由电子电路组成的模拟量控制器中进行处理。如果要送到计算机、PLC 等数字量控制器中进行处理，则必须经过 A/D 转换成数字量才能送到数字控制器中。A/D 转换是需要一定时间的，相应时间内的模拟量则不能连续进行转换。同时对数字控制器来说，对输入的 A/D 转换后的数字量进行处理也是需要一定时间的，如 PLC 的扫描时间。在 PLC 扫描时间内，只能通过指令读取相应的数值，而下一个数值必须等到下一个扫描周期内才能进行。由此可知，在时间上、取值上都是连续的模拟量，转换成的数字量在时间上、取值上都不是连续的，这种不连续的数字量，称为离散量。因此，有时又把数字控制称为离散控制，而把计算机、PLC 等控制系统称为离散控制系统。

什么叫采样？对模拟量按规定的时间或时间间隔取值，就称为模拟量的采样。采样后得到的量即为离散量。显然，离散量在时间上是离散的，即只能代表采样瞬间的模拟量的值。采样的离散量是一个模拟数量，必须经过 A/D 转换才能变成与离散的模拟量最接近的二进制数字量，这个过程又称为量化。量化后的离散量为数字量，数字量在时间上与取值上都是离散的。

离散控制系统有 3 种常用的采样形式。

（1）周期采样：就是以相同的时间间隔进行采样，采样的时间间隔是一个常数 T_s，称为采样周期。周期采样是用得最多的采样形式。在 PLC 控制系统中，基本上都采用周期采样。

（2）多阶采样：多阶采样也是一种周期采样，它是对不同的时间间隔进行周期性重复采样，用得很少。

（3）随机采样：采样周期是随机的、不固定的，可在任意时刻进行采样。

一个模拟量信号经过采样变成一列离散的数字量信号，如何使采样信号能较少失真地反映原来的连续信号就成为一个需要解决的问题。图 1-21 所示为不同采样周期采样后的波形图。

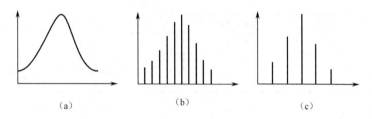

图 1-21　不同采样周期波形图示

设采样周期为 T_s，则采样频率 $f_s=1/T_s$。一个连续变化的信号，如果采样频率不同，其离散数字量幅值变化波形也不同。由图 1-21 可以看出，采样频率越高，则数字量幅值变化越接近于连续变化的模拟量信号。但如果采样频率太高，在实时控制中，将会把许多宝贵的时间用在采样上，而失去实时控制的机会，这也不是控制系统所希望的。因此，如何确定采样频率，使得采样结果既能不失真于输入模拟信号，又不致因为采样频率过高而失去控制的机会，这就是采样频率的确定原则。

采样定理告诉我们：在进行模拟量/数字量信号的转换过程中，当采样频率 f_s 大于等于模拟信号中最大频率 f_{max} 的 2 倍时，即 $f_s \geq 2f_{max}$，则采样后的数字信号能完整地保留模拟量输入信号的信息。也就是说，为了不失真地恢复原始信号，采样频率至少应是原始信号最高有效频率的两倍。

但在实际应用中，不能根据采样定理去确定采样频率，这是因为它的应用受到很大的限制。例如，它要求模拟信号是有线宽带，实际上所有信号并非都是有线宽带，信号的最大频率是非常难以用理论计算出的。所以，在实际应用中，采样频率（或采样周期）大都采用经验法确定。

2．采样周期选择

从采样定理可知，采样频率越高，即采样周期越小，则信号失真越小。但是，周期越小，则系统消耗在采样的时间上越多。而且，当采样周期太小时，此时所产生的偏差信号也会过小，数字控制器将会失去调节作用。但如果采样周期过长，又会引起信号失真，产生很大的控制误差。因此，采取周期必须综合考虑。

影响采样周期的因素有如下几项。

（1）扰动频率：若干扰信号的频率高，则采样周期小。

（2）控制对象的动态特性：若控制对象的滞后性大，则采用周期可大一些。

（3）数字控制器的执行时间：若执行时间越长，则采样周期不能小于其执行时间。

（4）控制对象所要求的控制质量：一般来说，控制精度要求越高，则采样周期越短。

（5）控制回路数：控制回路越多，则采样时间越长。

采样周期的选择有两种方法：一种是计算法，由于计算复杂，计算所需的参数很难确定，所以几乎没有人采用；另一种是经验法，这是在实际应用中用得最多的方法。

经验法实际上是一种试凑法，即人们根据在工作实践中累积的经验以及被控制对象的特点，大概选择一个采样周期 T，然后进行试验，根据实际控制效果，再反复修改 T，直到满意为止。经验法所采用的周期见表 1-1。

表 1-1 采样周期的经验数据

被 调 参 数	采样周期 T	备 注
流量	1～5s	优先选用 1～2s
压力	3～10s	优先选用 6～8s
液位	6～8s	
温度	10～20s	
成分	15～20s	

表中所列采样周期仅供参考。实际采样周期必须经过现场调试后才能确定。在现场调试时，采样周期可作为稍后调节参数进行调试，在不影响其他调节的情况下，可以把采样周期逐步缩短，直到不影响调节质量为止。

1.3.2 滤波

1. 滤波和滤波方式

滤波，顾名思义就是对波形的过滤作用。一个频率为 f 的正弦波通过某种电路时，由于频率不同，会产生不同的衰减。这种对不同频率会产生不同衰减的电路称为滤波电路。

图 1-22（a）所示是一个 RC 低通滤波器电路。由电路分析知识可知，当 RC 电路输入信号电压 U_1，输出信号电压为 U_2 时，其幅频特性曲线如图 1-22（b）所示。

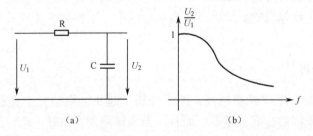

图 1-22 RC 低通滤波器

幅频特性说明，当 RC 为常数且输入电压 U_1 一定时，输出电压 U_2 的大小与正弦波频率 f 有关。$f=0$ 时（直流），$U_2=U_1$，电压传输没有衰减。而随着 f 的增大，输出电压 U_2 也越来越小。这就是说，该电路对较低的 f 的正弦波衰减较小，而对较高频率的正弦波则有较大的衰减。换句话说，如果输入信号电压 U_1 为多种频率正弦波的叠加，则输出信号电压将含有较多的低频成分正弦波，而高频成分的正弦波被过滤掉，这就是 RC 电路的滤波作用。如图 1-22 所示的 RC 电路又称为 RC 低通滤波器。

　　什么是滤波？在电子技术中，滤波是对信号的一种处理。其处理功能是：让有用的信号尽可能无衰减地通过，而让无用的信号尽可能衰减掉。完成这种功能的电子电路就称为滤波电路或滤波器。

　　上述分析虽然是对正弦波而言的，但对非正弦周期信号或非周期连续变化信号也是适用的。信号的频域分析指出，非正弦周期信号可以展开为一系列频率不同的正弦波的叠加；而非周期信号则可以展开为频率连续的无限多个正弦波之和。这就使滤波和滤波器在模拟量（连续变化的信号）控制中获得了广泛的应用。

　　在模拟量控制中，由于工业控制对象的环境比较恶劣、干扰较多、如环境温度、电场、磁场，所以为了减少对采样值的干扰，对输入的数据进行滤波是非常必要的。

　　在计算机、单片机、PLC 等数字控制器引入到模拟量控制系统后，模拟量控制的滤波就有了硬件滤波和软件滤波两种方式。

　　硬件滤波又分为模拟滤波器和数字滤波器两大类。模拟滤波器是由电子元器件 R、L、C 和集成运算放大器等组成的有源或无源模拟电路。按所通过的信号频段可分为低通、高通、带通、带阻 4 种滤波器。

　　随着计算机技术和集成电路技术的发展，后来又出现了由数字集成电路组成的数字滤波器，又称为数字信号处理器。数字滤波器与模拟滤波器完全不同，它处理的对象是由采样器件将模拟信号转换而得到的数字信号。它是通过数字运算电路对输入数字信号进行运算和处理而完成滤波功能的。和模拟滤波器相比，数字滤波器无论在精度、信噪比还是可靠性上都远远优于模拟滤波器。此外，数字滤波器还具有可编程改变特性以及复用和便于集成等优点。数字滤波器在语言信号处理、图像信号处理、医学生物信号处理以及其他领域都得到了广泛应用。

　　软件滤波又称为数字滤波。它是利用数字控制器的强大而快速的运算功能，对采样信号编制滤波处理程序，由计算机对滤波程序进行运算处理，从而消除或削弱干扰信号的影响，提高采样值的可靠性和精度，达到滤波的目的。

2．数字滤波

和硬件滤波相比，数字滤波的特点如下：

（1）数字滤波不需要硬件，只要在采样信号进入后，附加一段数字滤波程序即可。这样可靠性高，不存在阻抗匹配问题，尤其是数字滤波可以对频率很高或很低的信号进行滤波，这是模拟滤波器做不到的。

（2）模拟滤波器不能共用，一个滤波器只能供一个采样信号使用，而数字滤波是用软件算法实现的，多输入通道可共用一个软件"滤波器"，从而降低系统成本。

（3）只要适当改变软件滤波器的滤波程序或运行参数，就能方便地改变其滤波特性，这个对于低频、脉冲干扰、随机噪声等特别有效。

　　数字滤波是通过运行滤波程序而进行的，这就带来了占用程序容量和速度响应的问题，这就是数字滤波的缺点。因此，如果因为运算滤波程序而影响了模拟量的响应速度，从而进一步影响了控制质量，就必须考虑采用硬件滤波的方式来代替软件滤波。

目前，在工业控制上常用的数字滤波程序设计方法有两类。一类为静态数字滤波程序设计，其方法是对采样值进行平滑加工处理，用以消除随机脉冲干扰和电子噪声。常用的处理方法有限幅、平均值计算等。另一类为动态数字滤波程序设计。它是用软件算法来模拟硬件模拟滤波器的功能，达到模拟滤波器的滤波功能。其特点是当前滤波值输出都与上次滤波值输出有关。常用的是一阶惯性滤波法。

1.3.3 常用数字滤波方法

（1）非线性滤波法：克服由外部环境偶然因素引起的突变性扰动或内部不稳定造成的尖脉冲干扰，是数据处理的第一步。通常采用简单的非线性滤波法，有限幅滤波、中值滤波等。

（2）线性滤波法：用于抑制小幅度高频电子噪声、电子器件热噪声、A/D 量化噪声等。通常采用具有低通特性的线性滤波法，有算术平均滤波法、加权平均滤波法、滑动加权平均滤波法、一阶滞后滤波法等。

（3）复合滤波法：在实际应用中，有时既要消除大幅度的脉冲干扰，又要做到数据平滑。因此，常把前面介绍的两种以上的方法结合起来使用，形成复合滤波法。有中位值平均滤波法、限幅平均滤波法等。

下面分别进行介绍。

1. 限幅滤波（又称程序判断滤波法）

限幅滤波法是通过程序判断被测信号的变化幅度，从而消除缓变信号中的尖脉冲干扰。

其方法是把两次相邻的采样值相减，求出其增量（以绝对值表示）。然后与两次采样允许的最大差值ΔY进行比较，ΔY的大小由被测对象的具体情况而定，若小于或等于ΔY，则取本次采样的值；若大于ΔY，则取上次采样值作为本次采样值，即

$$|Y_n - Y_{n-1}| \leq \Delta Y，则 Y_n 有效$$

$$|Y_n - Y_{n-1}| > \Delta Y，则 Y_{n-1} 有效$$

式中，Y_n——第 n 次采样的值；

Y_{n-1}——第（$n-1$）次采样的值；

ΔY——相邻两次采样值允许的最大偏差。

限幅滤波法的优点是能有效克服因偶然因素引起的脉冲干扰（随机干扰）和采样信号不稳定引起的失真；缺点是无法抑制那种周期性的干扰平滑误差。它适用于变化比较缓慢的被测量值。

2. 中位值滤波

中位值滤波是一种典型的非线性滤波，它运算简单，在滤除脉冲噪声的同时可以很好地保护信号的细节信息。

其方法是连续采样 N 次（N 取奇数），把 N 次采样值按大小排列，取中间值作为本次采样的有效数据。

中位值滤波的优点是能有效克服因偶然因素引起的波动（脉冲）干扰；缺点是对流量、速度等快速变化的参数不宜。它对温度、液位的变化缓慢的被测参数有良好的滤波效果。

3．算术平均值滤波法

算术平均值滤波法是对 N 个连续采样值相加，然后取其算术平均值作为本次测量的滤波值。

N 的取值对滤波效果有一定影响，当 N 取值较大时，信号平滑度较高，但灵敏度较低；当 N 取值较小时，信号平滑度较低，但灵敏度较高。N 值的选取：流量，$N=12$；压力，$N=4$。

算术平均值滤波的优点是对滤除混杂在被测信号上的随机干扰信号非常有效。被测信号的特点是有一个平均值，信号在某一数值范围附近上下波动。其缺点是不易消除脉冲干扰引起的误差。算术平均值滤波法无法在采样速度较慢或要求数据更新率较高的实时系统中使用。它比较浪费内存。

4．滑动平均滤波法

对于采样速度较慢或要求数据更新率较高的实时系统，应采用滑动平均滤波法。滑动平均滤波法是把 N 个测量数据看成一个队列，队列的长度固定为 N，每进行一次新的采样，把测量结果放入队尾，而去掉原来队首的一个数据（先进先出原则），这样在队列中始终有 N 个"最新"的数据。对这 N 个数据进行算术平均值运算，然后取其结果作为本次测量的滤波值。N 值的选取：流量，$N=12$；压力，$N=4$；液面，$N=4\sim12$；温度，$N=1\sim4$。

滑动平均滤波法的优点是对周期性干扰有良好的抑制作用，平滑度高，适用于高频振荡的系统。其缺点是灵敏度低，对偶然出现的脉冲性干扰的抑制作用较差，不易消除由于脉冲干扰所引起的采样值偏差，不适用于脉冲干扰比较严重的场合。它占用内存较多。

以上介绍的各种平均滤波算法有一个共同点，即每取得一个有效采样值必须连续进行若干次采样，当采样速度较慢（如双积分型 A/D 转换）或目标参数变化较快时，系统的实时性不能保证。

5．加权平均滤波法

算术平均滤波法存在前面所说的平滑和灵敏度之间的矛盾。采样次数太少，平滑效果差；采样次数太多，灵敏度下降，对参数的变化趋势不敏感。协调两者关系，可采用加权平均滤波，对连续 N 次采样值，分别乘上不同的加权系数之后再求累加和。加权系数一般先小后大，以突出后面若干采样的效果，加强系统对参数的变化趋势的辨识。各个加权系数均为小于 1 的小数，且满足总和等于 1 的约束条件。这样，加权运算之后的累加和即为有效采样值。为方便计算，可取各个加权系数均为整数，且总和为 256，加权运算后的累加和除以 256 后便是有效采样值。

加权平均滤波法的优点是适用于有较大纯滞后时间常数的对象和采样周期较短的系统。其缺点是对于纯滞后时间常数较小、采样周期较长、变化缓慢的信号不能迅速反映系统当前所受干扰的严重程度，滤波效果差。

6．一阶滞后滤波法

一阶滞后滤波器（又称为一阶低通滤波法、惯性滤波法）是用软件的方法实现硬件的 RC 滤波，以抑制干扰信号。在模拟量输入通道中，常用一阶滞后 RC 模拟滤波器来抑制干

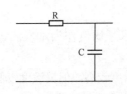

图 1-23 一阶 RC 低通滤波器

扰，如图 1-23 所示。用此种方法来实现对低频干扰时，首先遇到的问题是要求滤波器有大的时间常数（时间常数=RC）和高精度的 RC 网络。时间常数越大，要求 RC 值越大，其漏电流也必然增大，从而使 RC 网络精度下降。采用一阶滞后的数字滤波方法，能很好地克服这种模拟量滤波器的缺点，在滤波常数要求较大的场合，此法更适合。

将普通硬件 RC 低通滤波器的微分方程用差分方程来近似，可以采用软件算法来模拟硬件滤波的功能。经推导，低通滤波算法如下：

$$Y_n = (1 - \alpha)X_n + \alpha Y_{n-1}$$

式中，Y_n——本次滤波的输出值；

$\quad X_n$——本次采样值；

$\quad Y_{n-1}$——上次的滤波输出值；

$\quad \alpha$——滤波系数，$\alpha = \dfrac{\tau}{\tau + T}$；

$\quad \tau$——RC 电路时间常数；

$\quad T$——采样周期。

由上式可以看出，本次滤波的输出值主要取决于上一次滤波的输出值（注意，不是上一次的采样值，这和加权平均滤波是有本质区别的）。本次采样值对滤波输出的贡献是比较小的，但多少有些修正作用，这种算法便模拟了具体有较大惯性的低通滤波器功能。

滤波系数 α 取值范围为 0%～99%，α 越大，滤波效果越好，但动态响应会变坏。一般先选取 50%，再根据响应要求适当调整。

一阶滞后滤波法对周期性干扰具有良好的抑制作用，适用于波动频率较高的场合。其缺点是相位滞后，灵敏度低，滞后程度取决于 α 值大小，不能消除滤波频率高于采样频率的 1/2 的干扰信号。

7．中位值平均滤波法

中位值平均滤波法（又称为防脉冲干扰平均滤波法）相当于"中位值滤波法"+"算术平均滤波法"。

中位值平均滤波法是连续采样 N 个数据，然后去掉一个最大值和一个最小值，再计算 $N-2$ 个数据的算术平均值。N 值的选取为 3～14。

它的优点是融合了两种滤波法的优点，这种方法既能抑制随机干扰，又能滤除明显的脉冲干扰。其缺点是测量速度较慢，和算术平均滤波法一样，比较浪费内存。

8．限幅平均滤波法

在脉冲干扰较严重的场合，如果采用一般的平均值法，则干扰会平均到结果中去。限幅平均滤波法相当于"限幅滤波法"+"滑动平均滤波法"。

限幅平均滤波法是将每次采样到的新数据先进行限幅处理，再送入队列进行滑动平均滤波处理。

它融合了两种滤波法的优点，对于偶然出现的脉冲性干扰，可消除由于脉冲干扰所引起的采样值偏差。限幅平均滤波法适用于缓慢变化信号。

1.3.4　数字滤波编程举例[①]

FX$_{2N}$-2AD 是 FX 系列的模拟量输入功能模块，与 FX$_{2N}$-4AD 等不同的是 2AD 模块没有平均值输入，只有当前值输入。因此，可以在数据从 2AD 读入到 PLC 后，在 PLC 里添加下面例子所编制的数字滤波程序，这样可以达到抑制干扰的目的。

1. 中位值平均滤波程序

【例 1】编制中位值平均滤波程序。

程序要求：基本单元为 FX$_{2N}$-32MR，A/D 模块为 FX$_{2N}$-2AD（位置编号 1#）。采样次数 10。电压输入。

存储器分配：A/D 转换后数据输入 D0；

　　　　　　中位置平均滤波后输出数据 D100；

　　　　　　采样次数 Z0；

　　　　　　排序前数据存储 D1～D10；

　　　　　　排序后数据存储 D11～D20。

程序如图 1-24 所示。

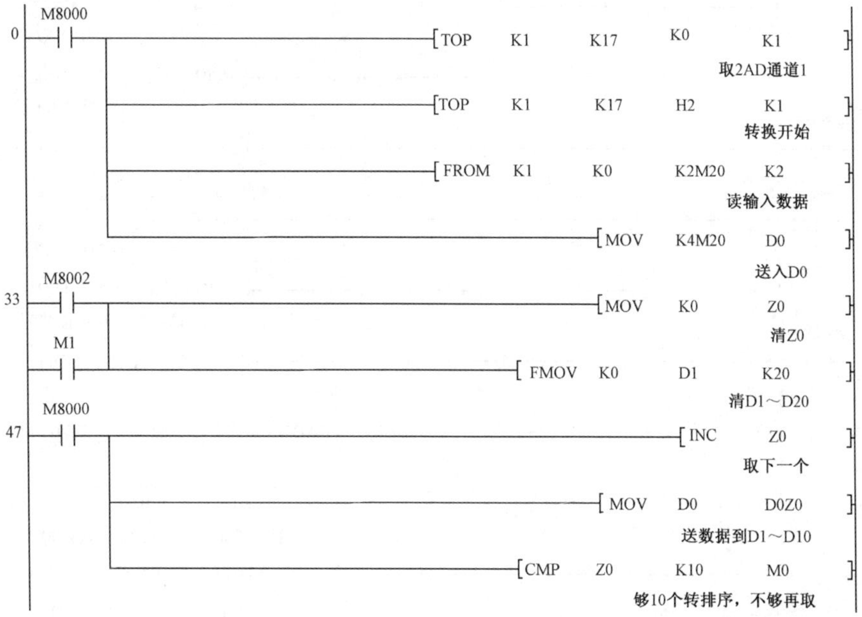

图 1-24　中位值平均滤波程序

---

① 初学者可以跳过这一节的学习，待学完第 3 章三菱 FX2N 模拟量模块应用后再来学习本节内容。

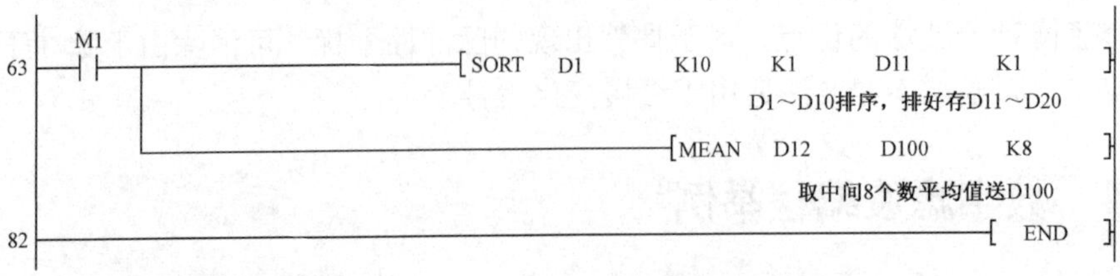

```
63  M1
    ─┤├─────────────────────────────[ SORT  D1    K10   K1    D11   K1  ]
                    │                         D1～D10排序，排好存D11～D20
                    └──────────────────────[ MEAN  D12   D100        K8  ]
                                              取中间8个数平均值送D100
82                                                              [ END ]
```

图 1-24　中位值平均滤波程序（续）

2．算术平均值滤波程序

【例 2】编制算术平均值滤波程序。

程序要求同【例 1】。

存储器分配：数据输入 D100、D101；

　　　　　　累加 D114、D115；

　　　　　　采样次数 D118；

　　　　　　算术平均值输出 D110、D111。

程序如图 1-25 所示。

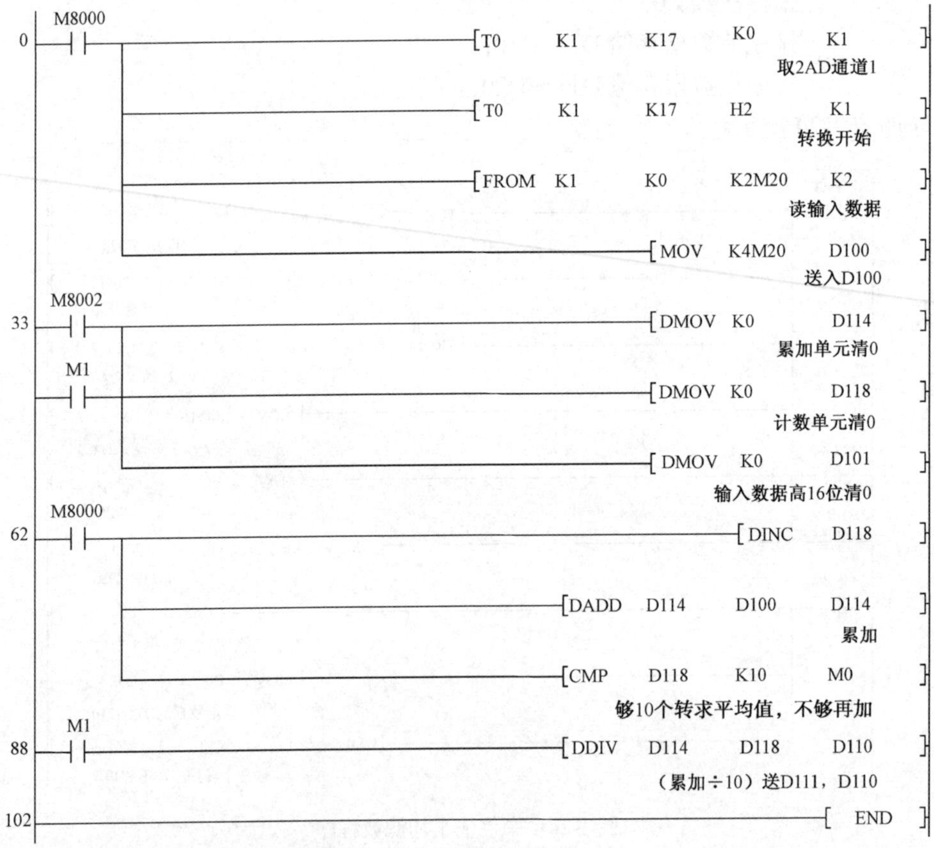

```
0   M8000
    ─┤├──────────────────────────────[ T0    K1    K17   K0    K1  ]
      │                                             取2AD通道1
      ├──────────────────────────────[ T0    K1    K17   H2    K1  ]
      │                                             转换开始
      ├──────────────────────────────[ FROM  K1    K0    K2M20 K2  ]
      │                                             读输入数据
      └──────────────────────────────[ MOV   K4M20 D100        ]
                                              送入D100

33  M8002
    ─┤├──────────────────────────────[ DMOV  K0    D114        ]
      │                                       累加单元清0
    M1│
    ─┤├──────────────────────────────[ DMOV  K0    D118        ]
      │                                       计数单元清0
      └──────────────────────────────[ DMOV  K0    D101        ]
                                              输入数据高16位清0

62  M8000
    ─┤├──────────────────────────────[ DINC  D118              ]
      │
      ├──────────────────────────────[ DADD  D114  D100  D114  ]
      │                                             累加
      └──────────────────────────────[ CMP   D118  K10   M0    ]
                                        够10个转求平均值，不够再加

88  M1
    ─┤├──────────────────────────────[ DDIV  D114  D118  D110  ]
                                        （累加÷10）送D111，D110
102                                                             [ END ]
```

图 1-25　算术平均值滤波程序

3. 一阶滞后滤波程序

【例 3】编制一阶滞后滤波程序。

程序要求同【例 1】。

存储器分配：数据输入 X_n、D10；

滤波后输出 Y_n、D100；

滤波系数 α D102（$0 < \alpha < 1$）；

滤波公式：$Y_n = X_n + \alpha(Y_{n-1} - X_n)$。

程序如图 1-26 所示。

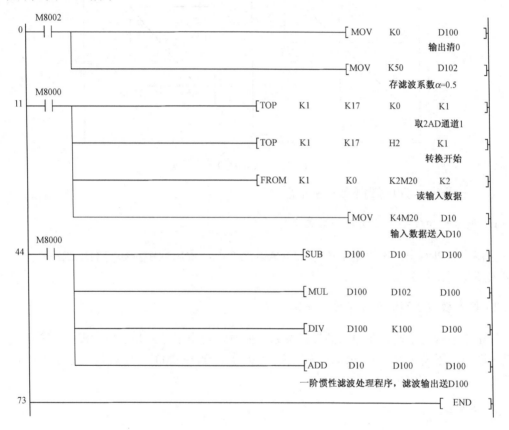

图 1-26　一阶滞后滤波程序

1.4　标定和标定变换

1.4.1　标定

在模拟量控制中，A/D 转换和 D/A 转换是必不可少的环节。当模拟量通过 A/D 转换器转换成数字量后，数字量和模拟量之间存在一定对应关系，这种对应关系称为转换标定。同样，当数字量被转换成模拟量后，它们之间的对应关系也称为标定。标定是指转换前后的两种量的对应关系，这种对应关系一般用函数关系曲线或表格来表示，所以标定又称为输出–输入特性、I/O 特性、输出特性等。

图 1-27 所示为三菱 FX$_{2N}$ PLC 的模拟量输入模块 FX$_{2N}$-4AD 的标定图示（仅画出其中两种标定关系）。

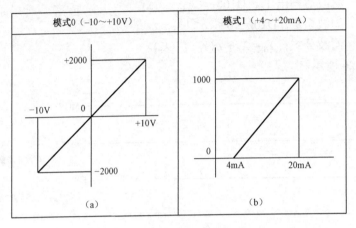

图 1-27　FX$_{2N}$-4AD 标定

由标定图示，可以得到下面一些信息。

1）模拟量和数字量之间的函数关系

由图中可以看出，不论是电压输入还是电流输入，输出数字量和它们呈线性关系，而电压输入还是正比例关系。

2）输入模拟量和输出数字量的量程范围

标定不但规定了输入和输出的转换关系，同时还给出了输入和输出的最大、最小模拟量范围。图中电压输入为–10～+10V，转换数字量为–2000～+2000；电流输入为 4～20mA，转换后数字量为 0～1000。

3）分辨率

标定还显示了对模拟量转换的分辨率。这里的分辨率是指单位数字量所表示的最小模拟量的值。分辨率的计算公式是：分辨率=最大模拟量÷最大数字量。

例如，图 1-27（a）所示的最大模拟电压为 10V，转换后最大数字量为 2000，则分辨率=10V/2000=5mV。同样，图 1-27（b）所示的分辨率为 20mA/1000=20μA。

分辨率 5mV 的含义是只有当电压变化达到 5mV 时，数字量才增加 1。换句话说，模拟量 50～54mV 转换成数字量都是 10，达到 55mV 才为 11。转换后的数字量所表示的模拟量都是 5mV 的整数倍。

1.4.2　标定变换

标定变换有两种情况：一种是用新的线性标定代替原来的线性标定，三菱 FX$_{2N}$ 的模拟量模块属于这种情况；另一种是用非线性关系代替原有的线性标定。这里仅讨论第一种情况。

由代数知识可知，只要知道直线上任意两点的坐标（x_1，y_1），（x_2，y_2），根据二点式直线方程公式就可写出过这两点的直线方程表达式。

$$y = \frac{(x_2 - x_1)}{y_2 - y_1}.(x - x_1) + y_1$$

如果想把原来的直线 L$_1$ 变换成 L$_2$，如图 1-28 所示。最基本的方法是，找到直线 L$_2$ 的两个坐标点，再代入上述公式得到 L$_2$ 的直线方程。

在 PLC 中，知道直线 L 的表达式后，把该直线编制成运算程序，然后每输入一个 x 值就会通过运算得到一个 y 输出。在程序中，x_1、y_1、x_2、y_2 都要占用一个存储器，如果要变换标定，则要重新输入 4 个存储器值。为了减少重新输入的值，可以把其中的两个点的 x 值固定不动，这时只要重新输入两个 y 值，就可以确立一个新的线性关系式了，如图 1-29 所示。L$_1$ 的两个点是 A（x_1，y_1），B（x_2，y_2）。要把标定 L$_1$ 变换成新的标定 L$_2$，则只需要重新设置 y_1 和 y_2 的值即可。

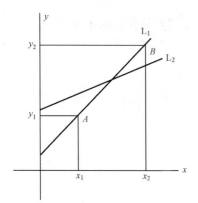

图 1-28　标定变换示意图（一）

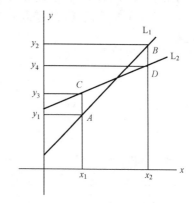

图 1-29　标定变换示意图（二）

三菱 FX$_{2N}$ 模拟量模块就是根据这个原理进行标定变换的。图 1-30 所示为三菱 FX$_{2N}$-4DA 的标定。

定义：零点——数字量为 0 时的模拟量值。

增益——数字量为 1000 时的模拟量值。

在进行具体标定变换时，只要将新的零点和增益的值送入相应的存储器，标定就已经进行了变换。

【例 1】如图 1-30 所示，图中 L$_1$ 为某模拟量输出模块的输出标定。L$_2$ 为进行标定变换后的新标定。试通过对标定的分析，指出原来的标定零点与增益是多少？变换后的零点与增益是多少？

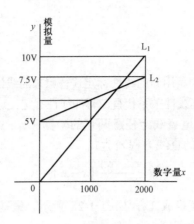

图1-30　FX$_{2N}$-4AD标定

根据两点式直线方程，可推导出L$_1$、L$_2$的方程式为

$$L_1 : y_1 = \frac{1}{200}x$$

$$L_2 : y_2 = \frac{1}{800}x + 5$$

分别用x=1000代入，得：y$_1$=5V，y$_2$=6.25V

所以，原来的标定时L$_1$的零点为0，增益为5V；变换后的标定时L$_2$的零点为5V，增益为6.25V。

1.5　非线性软件处理

1.5.1　概述

在数据处理系统中，总是希望系统的输入与输出之间的关系为线性关系。但在工程实际中，大多数传感器的输出电信号与被测参数之间呈非线性关系。例如在温度测量中，热电偶或热电阻的输出电压与被测温度之间就是一个非线性关系。产生非线性的原因，一方面是由于传感器本身的非线性，另一方面非电量转换电路也会出现一定非线性。为了保证系统的参数具有线性输出，就必须对输入参数的非线性进行"线性化"处理。过去，通常采用在输入通道中加线性补偿电路的硬件处理技术来进行"线性化"处理。这种处理的基本原理是电路中引入负反馈技术，并要求引入的负反馈电路具有与输入参数相同的非线性特性。但在实际上做到"相同"是非常困难的。随着计算机技术的广泛应用，用软件进行传感器的非线性补偿对输入参数进行"线性化"处理的方法也得到了越来越广泛的应用。

用软件代替硬件进行"线性化"处理，其优点在于：

（1）省去了复杂的非线性硬件电路，简化装置，降低成本。

（2）发挥计算机的快速运算功能，提高了检测的准确性和精度。

（3）适当改变软件的内容，就可对不同的传感器进行补偿。也可同时对多个通道、多个参数进行补偿。

1.5.2　非线性软件处理方法

用软件进行"线性化"处理有 3 种方法：计算法、查表法和插值法，下面分别进行介绍。

1．计算法

当输出电信号与传感器的参数之间有确定的数学表达式时，就可采用计算法进行非线性补偿。所谓计算法，就是用软件编制一段完成数学表达式的计算程序。当被测参数经过采样、滤波和变换后，直接进入计算程序进行计算，计算后的数值即为经过线性化处理的输出参数。

在工程实际中，被测参数和输出电压常常是一组测定的数据。这时，如果仍想采用计算法进行线性化处理，则可采用数学曲线拟合的方法，对被测参数和输出电压进行拟合，得到误差最小的近似表达式。

2．查表法

当数学表达式比较简单时，采用计算法进行补偿是一个切实可行的方法。但如果某些参数计算非常复杂，特别是计算公式涉及指数、对数、三角函数和微分、积分等运算时，程序编制相当麻烦，用计算法计算不仅程序冗长，而且相当费时间。这时，可以采用查表法。

所谓查表法，就是根据 A/D 的转换精度要求把测量范围内参数变化分成若干等分点，然后由小到大顺序计算出（如没有确定关系，则由实验测定出）这些等分点相对应的输出数值。这些等分点和其对应的输出的数据就组成了一张表。把这些数据表存放在特定的存储区中。软件处理方法就是在程序中编制一般查表程序，当被测参数经采样等转换后，通过查表程序直接从数表中查出其对应的输出参数值。

与计算法相比，查表法虽然没有计算过程，但查表照样要花费时间。同时，数据表格要占据相当大的存储容量，表格的编制也比较麻烦。

3．插值法

实际使用时，常常把查表法与计算法有机结合起来，形成插值法。下面通过图 1-31 所示比较详细地讨论这种方法。

图 1-31 所示是某传感器的 X-Y 特性，其中 X 为被测参数，Y 为输出电量，可以看出它是一个非线性函数关系。将图中输入 X 分成 n 个均匀的区间，则每个区间的端点 X_k 都对应一个输出 Y_k。把这些（X_k，Y_k）编制成表格存储起来。实际的检测量 X_i 一定会落在某个区间（X_k，X_{k+1}）内，即 $X_k<X_i<X_{k+1}$。插值法就是用一段简单的曲线近似代替这段区间里的实际曲线，然后通过近似曲线公式计算出输出 Y_i。使用不同的近似曲线可形成不同的插值方法，其中最常用的为线性插值。

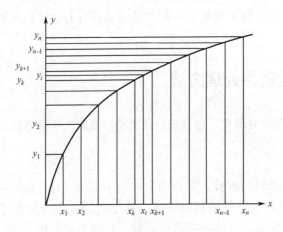

图 1-31　插值法图示

线性插值又称为折线法，用通过（X_k，Y_k）、（X_{k+1}，Y_{k+1}）两点的直线近似代替原特性。由图 1-32 可以看出，通过点 M_1、M_2 的直线的斜率为

$$K = \frac{\Delta Y}{\Delta X} = \frac{Y_{k+1} - Y_k}{X_{k+1} - X_k}$$

Y_i 的计算表达式为

$$Y_i = Y_k + (X_i - X_k)K = Y_k + \frac{(Y_{k+1} - Y_k)(X_i - X_k)}{(X_{k+1} - X_k)}$$

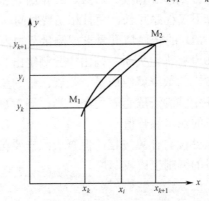

图 1-32　线性插值法

实际使用线性插值时，线性化的精度由折线的段数所决定。所分的段数越多，精度和准确度越好。但所分段数越多，所需表格存储容量也越大。一般分成 16～32 段折线。具体分段时，可以等分也可以不等分，可根据特性的实际情况而定。

有时候为了提高精度，采用抛物线插值，即以通过（X_k，Y_k）、（X_{k+1}，Y_{k+1}）、（X_{k+2}，Y_{k+2}）三点的抛物线近似代替区间特性。这时，可以证明，Y_i 的计算公式为

$$Y_i = \frac{(X_i - X_{k-1})(X_i - X_{k+2})}{(X_k - X_{k+1})(X_k - X_{k+2})}Y_k + \frac{(X_i - X_k)(X_i - X_{k+2})}{(X_{k+1} - X_k)(X_{k+1} - X_{k+2})}Y_{k+1} + \frac{(X_i - X_k)(X_i - X_{k+1})}{(X_{k+2} - X_k)(X_{k+2} - X_{k+1})}Y_{k+2}$$

用软件进行"线性化"处理，不论采用哪种方法，都要花费一定的程序运行时间。因此，这种方法也并不是在任何情况下都是优越的。特别是在实时控制系统中，如果系统处理的

问题很多，实时时间性又很强，这时，采用硬件进行处理是必要的。但一般来说，当控制系统的时间够用时，应尽量采用软件方法，从而大大地简化硬件电路。总之，对于传感器的非线性补偿问题，应根据系统的具体情况统筹安排后再决定，或硬件，或软件，或"软硬兼施"。

1.6　数的表示和运算

在数字控制系统中，信号的传送与寄存都是以二进制数 0、1 进行的。一个 16 位存储器所存储的仅是一个 16 位的二进制 0 和 1 的组合。它本身并不代表任何东西，如果把它看成一个二进制的数的组合，它就可以代表一个用二进制表示的正整数和 0，这种表示叫作纯二进制数表示。但是在模拟量控制中要处理的数不仅是正整数和 0，还有负数、小数等。因此，用什么方法来表示数的正、负，用什么方法来表示整数和小数，这是提高运算精度和运算速度的一个重要问题。目前在数字控制系统中，数的表示有两种方法，即定点数和浮点数。采用定点数运算的称为定点运算（又称为整数运算）。采用浮点数运算的称为浮点运算（又称为小数运算）。这两种运算是目前在 PLC 中广泛采用的基本运算方法。

1.6.1　定点数和浮点数

1. 定点数

所谓定点数，是指人为地将小数点的位置定在某一位。一般有两种情况：一种是小数点位置定在最高位的左边，则表示的数为纯小数；另一种是把小数点位置定在最低位的右边，则表示的数为整数。大部分数字控制设备都采用整数的定点数表示。

那么正数、负数又是如何表示的呢？这里要先介绍一下原码和补码的概念。

原码就是指用纯二进制编码表示的二进制数，而补码就是对原码进行按位求反，再加 1 后的二进制数。

【例 1】求 K25 的原码和补码（以 16 位二进制计算）。

K25 的原码是 B0000 0000 0001 1001（H0019）；

对原码求反得 B1111 1111 1110 0110（HFFE6）；

加 1 为 K25 的补码是 B1111 1111 1110 0111（HFFE7）。

关于十进制与二进制数之间的转换见 7.1.4 节。

定点数是这样规定正、负数的：取最高位为符号位，0 表示正数，1 表示负数，后面各位为表示的值。如为正数，则以其原码表示；如为负数，则用原码的补码表示。图 1-33 所示为 16 位二进制定点数的图示。

下面通过一个例子来说明上面介绍的定点数的表示。

【例 2】写出 K78 和 K-40 的定点数表示。

K78 为正数，用原码表示：B0000 0000 0010 1110（H002E）

K-40 是负数，先写出 K40 的原码，再求反加 1，K-40 的定点数表示是：

B1111 1111 1101 1000（HFFD8）

图 1-33　16 位二进制定点数图示

用定点数表示的整数，其符号位是固定在最高位，后面才是真正的数值。其数值的大小范围与位数有关。常用的是 16 位和 32 位，它们的范围为

16 位：（−32768～32767）

32 位：（−2147483648～2147483647）

有两个定点数的表示是规定的，不照定义求出（以 16 位为例）

K0：B0000 0000 0000 0000（H0000）

K−32768：B1000 0000 0000 0000（H8000）

2．浮点数

定点数虽然解决了整数的运算，但不能解决小数运算的问题，而且定点数在运算时总是把相除后的余数舍去，这样经多次运算后就会产生很大的运算误差。定点数运算范围也不够大。16 位运算仅在−32678～+32676 之间。这些原因都使定点数运算的应用受到了限制，而浮点数的表示不但解决了小数的运算，也提高了数的运算精度及数的运算范围。

浮点数和工程上的科学记数法类似。科学记数法是任何一个绝对值大于 10（或小于 1）的数都可以写成 $a×10^n$ 的形式，（其中 $1<a<10$）。例如，$325 = 3.25×10^2$，$0.0825 = 8.25×10^{−2}$ 等。如果写出原数，就会发现，其小数点的位置与指数 n 有关。例如

$$3.14159×10^2 = 314.159$$

$$3.14159×10^4 = 31415.9$$

就好像小数点的位置随着 n 在浮动。把这种方法应用到数字控制设备中就出现了浮点数表示方法。

所谓浮点数，就是尾数固定，小数点的位置随指数的变化而浮动的数的表示方法。不同的数字控制设备其浮点数的表示方法也不同。这里仅介绍 FX_{2N} PLC 的浮点数表示方法。

FX_{2N} PLC 中浮点数有两种，分别介绍如下。

1）十进制浮点数

如图 1-34 所示，用两个连续编号的数据存储器 Dn 和 Dn+1 来处理十进制浮点数，其中 Dn 存浮点数的尾数，Dn+1 存浮点数的指数。

则十进制浮点数 = Dn × 10^{Dn+1}。

【例 3】十进制浮点数存储器存储数值如下：（D0）=K356，（D1）=K4，试写出十进制浮点数。

十进制浮点数=$356×10^4$。

FX_{2N} PLC 对十进制浮点数有一些规定：

（1）Dn、Dn+1 的最高位均为符号位。0 为正，1 为负。

（2）Dn、Dn+1 的取值范围为

尾数 Dn = ±（1000～9999）或 0

指数 Dn+1 = −41～35。

此外，在尾数 Dn 中，不存在 100，如为 100 的场合变成 $1000×10^{-1}$。

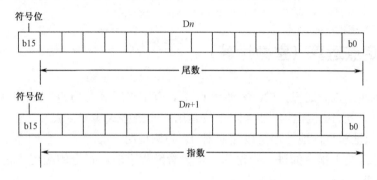

图 1-34　十进制浮点数图示

（3）十进制浮点数的处理范围为最小绝对值 $1175×10^{-41}$，最大绝对值 $3402×10^{35}$。

【例 4】D2、D3 为十进制浮点数存储单元。(D2) = H0033，(D3) = HFFFD，试问十进制浮点数为多少？

$$(D2) = H0033，K51，(D3) = HFFFD = K−3$$
$$十进制浮点数 = 51×10^{-3} = 0.051$$

在 FX$_{2N}$ PLC 中，十进制浮点数不能直接用来进行运算，它和二进制浮点数之间可以互相转换。十进制浮点数主要是用来进行数据监示。

2）二进制浮点数

二进制浮点数也是采用一对数据存储器 Dn 和 Dn+1。其规定如图 1-35 所示。

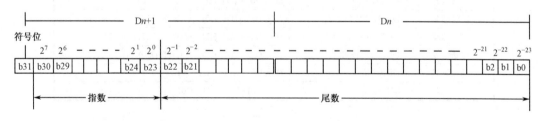

图 1-35　二进制浮点数图示

各部分说明如下。

符号位 S：b31 位。b31=0，正数；b31=1，负数。

指数 N：b23～b30 位共 8 位。(b23～b30)=0 或 1；

　　　$N = b23×2^0+b24×2^1+...+b29×2^6+b30×2^7$。

尾数 a：b0～b22 位共 23 位。（b0～b22）=0 或 1；

　　　$a = b22×2^{-1}+b21×2^{-2}+...+b2×2^{-21}+b1×2^{-22}+b0×2^{-23}$。

二进制浮点数 $= \pm \dfrac{(1+a)2^N}{2^{127}}$。

二进制浮点数远比十进制浮点数复杂得多。其最大的缺点是难以判断它的数值。在 PLC 内部，其浮点运算全部都是采用二进制浮点数进行的。

采用浮点数运算不但可以进行小数运算，还可以大大提高运算精度和速度。这正是控制所要求的。

1.6.2 定点运算（整数运算）

定点运算也叫二进制运算，FX 系列 PLC 都具有定点运算的功能。FX 系列 PLC 的定点运算指令有 6 个，可 16 位运用，也可 32 位运用，指令格式功能见表 1-2（16 位）和表 1-3（32 位）。表中原址和目标地址均是以存储器 D 为例说明，实际上，它们都可以用组合位元件和其他字元件。关于指令的进一步说明，可参看编程手册。指令的应用比较容易理解，这里不再做详细解读。

表 1-2　二进制四则运算指令（16 位）

名　称	指 令 格 式	功　能
加法运算	ADD D0 D1 D2	$(D0) + (D1) \to (D2)$
减法运算	SUB D1 D2 D3	$(D1) - (D2) \to (D3)$
乘法运算	MUL D1 D2 D3	$(D1) \times (D2) \to (D4,D3)$
除法运算	DIV D0 D2 D5	$(D0) \div (D2) \to (D5)\cdots(D6)$
加一运算	INC D10	$(D10) + 1 \to (D10)$
减一运算	DEC D20	$(D20) - 1 \to (D20)$

表 1-3　二进制四则运算指令（32 位）

名　称	指 令 格 式	功　能
加法运算	DADD D0 D2 D10	$(D1, D0) + (D3, D2) \to (D11, D10)$
减法运算	DSUB D2 D0 D10	$(D3, D2) - (D1, D0) \to (D11, D10)$
乘法运算	DMUL D0 D2 D10	$(D1, D0) \times (D3, D2) \to (D13, D12, D11, D10)$
除法运算	DDIV D2 D0 D10	$(D3, D2) \div (D1, D0) \to (D11, D10)\cdots(D13, D12)$
加一运算	DINC D0	$(D1, D0) + 1 \to (D1, D0)$
减一运算	DDEC D0	$(D1, D0) - 1 \to (D1, D0)$

指令分为连续执行型和脉冲执行型，如果是连续执行型，那么在驱动条件成立时，每一个扫描周期，指令都会执行一次。如图 1-36 所示，在 X0 接通期间，每个扫描周期，存储器 D0 的内容都会加上 10 再存入 D0。如果只希望一次性执行，采用脉冲执行型即可，在图 1-37 中，两种处理方法均可。

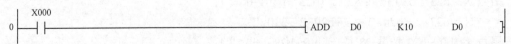

图 1-36　连续执行型说明图示

图 1-37　脉冲执行型说明图示

1.6.3　浮点运算（小数运算）

1. 浮点数功能指令

和定点运算不同，FX 系列 PLC 中 FX$_{1S}$，FX$_{1N}$ 不具备浮点运算功能。FX$_{2N}$ 的浮点数功能指令见表 1-4。

表 1-4　FX$_{2N}$ 的浮点数功能指令

FNC NO	指令助记符	功　能
49	FLT	整数→浮点数
110	ECMP	浮点数比较
111	EZCP	浮点数区域比较
118	EBCD	二→十进制浮点数转换
119	EBIN	十→二进制浮点数转换
120	EADD	浮点加
121	ESUB	浮点减
122	EMUL	浮点乘
123	EDIV	浮点除
127	ESOR	浮点数开方
129	INT	浮点数取整
130	SIN	浮点数 SIN
131	COS	浮点数 COS
132	TAN	浮点数 TAN

本节仅介绍其中有关浮点数四则运算的相关指令，其余指令可参看编程手册。

2. 浮点数输入

FX$_{2N}$ PLC 不具备直接输入浮点数（下称小数）的功能。在浮点数功能指令中，参与运算的数必须是小数才能完成运算功能。因此，在应用浮点数功能指令前，存在一个把整数和小数如何输入到浮点数运算所指定的软元件中的问题。这里仅有一个例外，即常数 K/H 所表示的整数在运算过程中会自动转换成小数而参与运算，如图 1-38 所示。

图 1-38　常数 K/H 自动转换小数说明图示

指令 FLT 为把整数转换成小数的功能指令，指令格式如图 1-39 所示。

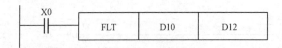

图 1-39　整数→小数转换指令

解读：当 X0 接通时，把（D10）里所寄存的整数转换成小数寄存在（D13，D12）中，指令中原址和目标地址中所用软元件仅为 D 存储器。

【例 5】试把整数 K100 转换成小数寄存在（D11，D10）中。

转换程序如图 1-40 所示。可以看出，（D11，D10）存的是小数 100.000。FX_{2N} PLC 的小数运算仅显示三位小数。

图 1-40　例 5 图示

【例 6】试把小数 3.14 输入（D11，D10）。

本例说明小数的输入方法。先将小数乘以 N 倍变成整数，然后将该整数转换成小数，再用浮点除法指令除以 N 倍即为输入小数，如图 1-41 所示。

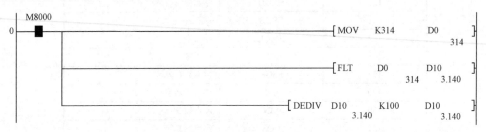

图 1-41　小数输入程序例

3．浮点数四则运算

浮点数的四则运算与定点数类似，有加、减、乘、除等，参与运算的数必须是小数表示。由于 FX_{2N} PLC 中浮点数为 32 位运算，所以其指令运用时必须加 D，如 DEADD、DESUB、DEMUL、DED1V 等。同样也有连续执行型和脉冲执行型的区分，应用时必须注意。

浮点数主要应用在模拟量中需要保留小数的四则运算中。

【例 7】某物理量其输出 Y 与输入 X 之间的关系可用如下公式表示，试编制运算程序。

$$Y = \frac{(5.2 - X)^2 + 12.3}{4}$$

设 X 存（D2），输出 Y 存（D51，D50）。运算程序如图 1-42 所示。

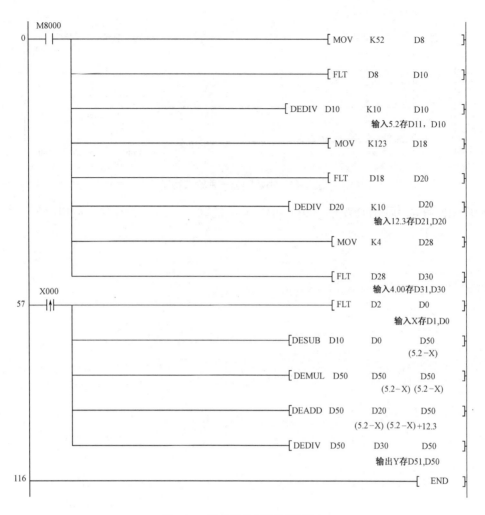

图 1-42　浮点数的四则运算程序

1.6.4　二–十进制浮点数转换

浮点数功能指令中有 2 条关于二进制浮点数和十进制浮点数转换指令，指令格式如图 1-43 所示。

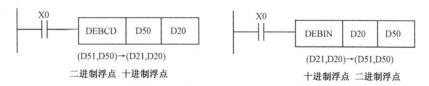

图 1-43　二–十进制浮点数转换

二进制→十进制转换指令 DEBCD 主要用于取出十进制数供给外部设备进行监控和显示用。而十进制→二进制转换指令则提供了另外一种小数的输入方法。程序如图 1-44 所示。同样是将小数 3.14 输入到（D11，D10）。

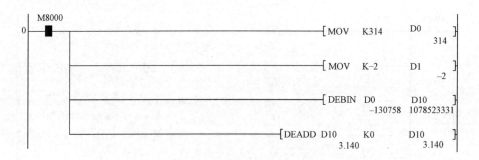

图 1-44　小数的另一种输入程序

程序第四行是为了方便观察（D11，D10）中的确是 3.14 而设计的，应用中无须添加。

第2章　传感器与执行器

在模拟量控制中，必须将非电物理量（温度、压力、流量、物位等）转化成电量（电压、电流）才能送到控制器进行控制。这种把非电物理量转化成电量的检测元件称为传感器。

由于传感器输出信号种类繁多，且信号较弱，一般都需要将其经过适当处理，转化成标准统一的电信号，如4～20mA 或 0～5V 等，送往控制器或显示记录仪表。这种把电量（非标准）转换成电量（标准）的电路称为变送器。

执行器是在控制系统中接收控制器输出的控制信号，按照一定规律产生某种运动的器件或装置，使生产控制过程按预定的控制要求正常进行。

2.1　传　　感　　器

温度是表征物体冷热程度的物理量。许多模拟量控制内部都与温度有关。大多数生产过程都是在一定温度范围内进行的。

2.1.1　温度传感器

1．温度检测方法

温度检测方法分成接触式和非接触式两大类。接触式测温指温度传感器与被测对象直接接触，依靠传热和对流进行热交换。非接触式测温时，测温元件不与被测对象接触，而是通过热辐射进行热交换，比较适用于强腐蚀、高温等场合。目前，在一般模拟量控制中，接触式传感器用得较多。

接触式传感器分为膨胀式、压力式、热电偶式、热电阻式和其他等多种形式，在模拟量控制中用得最多的是热电偶式和热电阻式，下面就对这两种方式做进一步介绍。

2．热电偶

1）热电偶介绍

热电偶的测温原理是基于金属的热电效应，如图 2-1 所示。

当两种不同材料的导体或半导体 A 和 B 连在一起组成一个闭合回路，而且两个接点的温度不相等时，则回路内将有电流产生，其大小正比于接点温度差。这就是金属的热电效应。图 2-1 中，放置于被测介质中的一端称为热端或工作端，另一端常处于室温或恒定温度中，称为冷端或参比端。

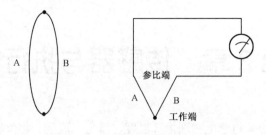

图 2-1　热电偶测温原理图

在参比端温度为 0℃ 的条件下，热电偶的热电势与温度一一对应关系的表格称为分度表。与分度表相对应的热电偶的代号则称为分度号。人们常说的 K 分度、J 分度热电偶就是这个意思。

根据热电偶所用金属的不同，其分度又分为 S、R、B、K、N、E、T 及 J 等，工业常用热电偶的测温范围见表 2-1。

表 2-1　常用热电偶的测温范围

热电偶名称	分　度　号	测温范围（℃）	
		长　期	短　期
铂铑 60–铂铑 6	B	0～1600	1800
铂铑 10–铂	S	0～1300	1600
镍铬–镍硅	K	0～1000	1200
镍铬–康铜	E	0～550	750

其中，K 分度热电偶尤为常用。K 分度热电偶为镍铬–镍硅型，是目前用量最大的廉金属热电偶，其用量为其他所有分度热电偶的总和。正极（KP）的名义化学成分为 Ni：Cr=90：10，负极（KN）的名义化学成分为 Ni：Si=97：3。其使用温度为–200～1300℃。K 分度热电偶具有线性度好，热电势大，灵敏度高，稳定性和均匀性都较好，抗氧化能力强，价格便宜等优点，广泛地应用在模拟量控制中。

三菱 FX$_{2N}$ 特殊功能模块 FX$_{2N}$-4AD-TC 中还可以使用 J 分度热电偶。J 分度热电偶为铁–铜镍型，又称为镍铬–康铜热电偶，也是一种廉价金属的热电偶。它的正极（JP）名义成分是纯铁，负极（JN）为铜镍合金（所谓康铜）。其测温范围为–200～1200℃，通常用于 0～750℃。J 分度热电偶具有与 K 分度热电偶类似的优点，区别在于 J 分度热电偶可用于真空或氧化、还原和惰性气体中，而 K 分度热电偶则不能。

工业常用热电偶的外形结构有螺钉型、普通型和铠装型等多种结构形式，以适应不同的安装场合。

2）补偿导线和参比端补偿

热电偶测温时，要求参比端温度恒定，实际上由于各种原因，参比端的温度很难保持恒定。解决的方法是把热电偶做得很长，使参比端远离工作端而进入恒温环境，但这样做要消耗大量贵重的电极材料，很不经济。如果使用一种专门的导线，将热电偶参比端延伸出来，这样既能解决参比端的恒温问题又能解决材料问题。这种导线就是补偿导线。

补偿导线通常用比热电偶电阻材料便宜得多的两种金属材料做成，它在 0～100℃范围内与要补偿的热电偶的热电性几乎一样。这样补偿导线好像把热电偶延长到温度较为恒定的位置。常用热电偶补偿导线见表 2-2。

表 2-2　常用热电偶补偿导线

补偿导线型号	配用热电偶分度号	补偿导线材料	
		正　极	负　极
SC	S（铂铑 10–铂）	铜	铜镍
KC	K（镍铬–镍硅）	铜	铜镍
EX	E（镍铬–康铜）	镍铬	康铜

补偿导线只能解决参比端温度比较恒定的问题，但是没有解决温度补偿的问题。分度表是在参比端温度为 0℃时所得到的。而热电偶实际参比端温度通常不是 0℃，因此，检测得到的热电势如不经修正，则会带来测量误差。所以，必须对参比端温度进行补偿，即对热电势进行修正，这样才能使被测温度能真实地反映到控制器或显示仪表上。

热电偶补偿可采用计算法、机械调零法等方法解决，但不是使用不方便就是测量误差较大。目前在智能仪表和计算机控制系统中，是通过事先编写好的分度表和计算机软件查询程序自动进行的。

3）热电偶的使用

一般情况下，热电偶用于 500℃以上较高温度的情况，当温度低于 500℃（特别是低于 300℃）时热电偶测温就很不准确。这是因为低温时热电偶输出热电势很小，极易受到干扰，而且在低温时参比端温度不易得到完全补偿，相对误差就很突出。

热电偶在安装时，测温元件要有足够的深度。测量流体介质温度时，应迎着流动方向插入，至少与被测介质正交。

热电偶在使用时，要正确选择补偿导线，正、负极性不能接反，热电偶的分度号应与配接的变送器、显示仪表分度号一致。

3．热电阻

测温热电阻有两种：半导体热敏电阻和金属热电阻。

1）半导体热敏电阻

半导体热敏电阻是利用半导体材料制成的，它是利用某些半导体材料的电阻值随温度变化而变化的特性制成的。具有负温度系数的热敏电阻称为 NTC 型热敏电阻，大多数热敏电阻都属于此类。具有正温度系数的热敏电阻称为 PTC 型热敏电阻。PTC 热敏电阻在某个温度段内电阻值会急剧上升。

半导体热敏电阻结构简单、电阻值大、灵敏度高、体积小、热惯性小，但是非线性严重、互换性差、测温范围窄。因此它常用作位式检测元件，大量用于家电及汽车等工业产品的检测和控制。

2）金属热电阻

金属热电阻测温原理基于导体的电阻会随温度变化而变化的特性。因此，只要测出其阻值的变化，就可以得到被测温度。工业上常用的热电阻有铜电阻和铂电阻两种，见表2-3。

表 2-3   工业常用热电阻

热电阻名称	0℃时阻值（Ω）	分 度 号	测温范围（℃）
铂电阻	50	Pt50	−200～500
	100	Pt100	
铜电阻	50	Cu50	−50～150

工业用热电阻的结构形式有普通型、铠装型和专用型等。电阻体的外形长短不等，适用于不同的场合。在实际应用时，为了消除连接导线阻值变化对测量结果的影响，除要求固定每根导线的阻值外，还必须采用三导线法。

三导线法是指从现场的金属热电阻引出三根材质、长度、粗细完全相同的连接导线，如图2-2所示。

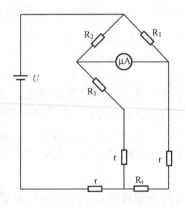

图2-2   三导线法

图中，R_t 为热电阻，r 为三线电阻。因为热电阻是接入变频器的桥路中，三导线法是指热电阻 R_t 的两根线分别接入桥臂中，而第三根线则与电源负极相连。由于流过两桥臂电流相等，所以当环境温度变化时，两根连接导线因阻值变化而引起的压降变化相互抵消，不影响测量桥路输出电压 U 的大小。

在实际应用中，常有人不明白三导线法的作用，总认为第三根线可有可无，而在接入模块或变送器及测温仪表时再分出第三根线。实际上，这种接法一定会产生误差，所测量温度会不准确，所以使用金属热电阻传感器必须坚持三导线法。

2.1.2   压力传感器

压力传感器是使用最广泛的一种传感器，在工业自动化控制的各个领域，以及水利水电、铁路交通、航空航天、机械电力、船舶航运、医疗器械等众多行业得到广泛的应用。

1．压力检测方法

压力检测的方法主要有如下 4 种：

（1）基于弹性元件受力变形原理并利用机械结构将变形量放大的弹性式压力传感器。根据这个原理制成的压力表有弹簧管式、膜片式、波纹管式压力计等。其输出信号一般为位移、转角或力，结构简单，测压范围广，大多用于直接显示或生产过程低压的测控。

（2）以液体静力学原理为基础制成的液压式压力传感器。其典型产品有 U 形管压力计、自动液柱式压力计等，多用于检测基准仪器，工业上应用很少。

（3）以静力学平衡原理为基础的压力传感器。其原理是将被测压力变换成一个集中力，用外力与之平衡，通过测量平衡时的外力来得到平衡压力。其精度较高，但结构复杂。

（4）物性测量方法，基于在作用压力下某些材料的物理特性发生变化原理的传感器。它可以把被测压力转换成电阻、电感、电容、频率的变化，经过变送后可输出电流、电压等电量，如电气式、振频式、霍尔式等，这也是模拟量控制用得最多的压力传感器。

2．应变式压力传感器

应变式压力传感器是基于电阻应变片元件原理而制成的应用比较广泛的一种压力传感器。电阻式应变片是一种将被测件上的应变变化转换成电信号的敏感元件，它是应变式传感器的主要组成部分。电阻式应变片有金属电阻应变片和半导体电阻应变片两种。使用时应变片可以比较理想地通过黏合剂紧密地黏合在被测试元件的各个部位。当被测试件发生应力变化时，电阻应变片也一起发生形变，使应变片的阻值发生变化，从而使加在电阻上的电压发生变化而达到测试压力的目的。

金属电阻应变片结构示意如图 2-3 所示。

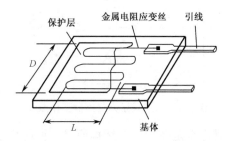

保护层　金属电阻应变丝　引线

D

L

基体

图 2-3　金属电阻应变片结构示意图

当金属承受外力作用时，其长度和截面积都会产生变化，从而引起其电阻值变化。例如，当金属承受外力作用而伸长时，其长度会增加，而截面积会减少。根据导线的电阻公式 $R = \rho \cdot L/S$，可知电阻值会增加。而受外力作用压缩时，阻值会减小。

应用电阻应变片进行测量时，必须和电桥电路一起使用，因为应变片电桥电路的输出信号微弱，采用直流放大器又容易产生零点漂移，故多采用交流放大器对信号进行放大处理。所以应变电桥电路一般都采用交流电源供电，组成交流电桥。在实际的应变检测中，可根据情况在电桥电路中使用单应变片法、双应变片法、四应变片法。

应变片也常和弹性元件结合在一起使用，组成专用的传感器使用。应变片式压力传感器测量精度较高，测量范围可达几百 MPa。

3. 压电式压力传感器

压电式压力传感器是利用某些压电材料的压电效应制成的，被广泛应用在压力、加速度等物理量的检测中。

压电效应是指某些物质（如石英、铣钛酸铝等）在特定条件下受到外力作用时，不仅几何尺寸发生变化，而且内部会产生极化现象，同时在相应的两表面上产生正、负两种电荷而形成电场；当外力去掉时，又会重新恢复到原来不带电的状态。

压电式压力传感器可以等效为一个具有一定电容的电荷源。但其输出信号是一个很微弱的电荷，而且传感器本身具有很高的内阻，所以输出能力很弱。为此，通常把传感器信号先输到高输入阻抗的前置运算放大器，经过阻抗变换后，才通过一般的放大等电路将信号送到控制器或显示器、记录仪等。

压电式压力传感器不能用于静态测量，因为经过外力作用的电荷，只有在回路具有无限大的阻抗时才能保存，而这是做不到的。所以压电式压力传感器只能够测量动态应力。

压电式压力传感器在军事工业、生物医学检测及机械工业等方面应用非常广泛。

4. 压阻式压力传感器

压阻式压力传感器是用集成电路工艺技术，在硅片上制造出 4 个等值的薄膜电阻，并组成电桥电路。当不受压力时，电桥处于平衡状态，无电压输出；而当受到压力作用时，电桥失去平衡，有电压输出。这是因为，这种薄膜电阻在受压时，其电阻值会发生改变，即所谓的压阻效应，如图 2-4 所示。

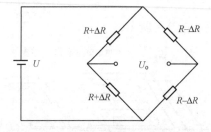

图 2-4　压阻式压力传感器工作原理

压阻式压力传感器的主要优点是体积小、结构简单、性能稳定可靠、寿命长、精度高，灵敏度比金属应变式压力传感器大 500～1000 倍，而且压力分辨率高。它可以检测出像血压那么小的微压；频率响应好，可测量几十千赫的脉动压力。其主要缺点是测压元件容易受到温度的影响而改变阻值。为克服这一缺点，在加工制造时，利用集成电路的制造工艺，将温度补偿电路、放大电路甚至电源变换电路都做在一块硅片上，从而大大提高传感器的性能。这种传感器也称为固态压力传感器。

压力传感器品种繁多，除了上面介绍的 3 种常用压力传感器外，还有电感式压力传感器、电容式压力传感器、谐振式压力传感器、陶瓷压力传感器、扩散硅压力传感器、蓝宝石压力传感器、霍尔式压力传感器等，可以参考相关资料做进一步了解。

2.1.3　流量传感器

流量是指单位时间内流过管道某一截面的流体的数量，即瞬时流量。在某一段时间内流过流体的总和，即瞬时流量在某一时段的累积量为累积流量（总流量，积算流量）。

流量是工业生产中一个重要的过程参数，在工业生产中很多原料、半成品、成品是以流体状态出现的。流体的质量就成为决定产品成分和质量的关键，也是生产成本核算和合理使用能源的重要依据。因此，流量检测就成为生产过程自动化的重要环节。

1．流量的检测方法

由于流量检测的复杂性和多样性，流量检测的方法非常多，常用于工业生产中的就有十多种，但大致分成如下两大类。

1）测体积流量

测体积流量的方法又分为两大类：容积法和速度法。

（1）容积法：在单位时间里以标准的固定体积对流体连续不断地进行度量，以排出流体的固体容积数来计算流量。

（2）速度法：先测出管道内流体的平均流速，再乘以管道截面积求得流体的体积流量。速度法可以用于各种工况下的流体的检测，但其精度受管路条件影响较大。这是目前用得较多的测量方法。

2）测质量流量

以测量流体的质量为依据的测量方法，具有精度不受流体的温度、压力、密度、黏度等变化影响的优点，目前还处于发展阶段，用得还不像速度法那么普及。

2．差压式流量计

差压式流量计是根据安装于管道中流量检测件产生的差压、已知的流体条件和检测件与管道的几何尺寸来计算流量的仪表。差压式流量计由一次装置（检测件）和二次装置（差压转换和流量显示仪表）组成。

检测件又可按其标准化程度分为两大类：标准的和非标准的。所谓标准的，是指检测件完全按标准文件设计、制造、安装和使用，无须经实验校准即可确定其流量值并估算流量测量误差的检测件；非标准检测件是指尚未列入标准文件中的检测件。

二次装置为各种机械、电子、机电一体式差压计，差压变送器以及流量显示仪表。

差压式流量计的检测件按其作用原理可分为节流装置、水力阻力式、离心式、动压头式、动压头增益式及射流式几大类。目前，差压式流量计中用得最广泛的检测元件是节流装置。节流装置的结构简单、使用寿命长、适应性较广，能测量各种工况下的流体流量，且已标准化而无须单独标定，但是量程比较小，最大流量与最小流量之比为 3:1，压力损耗大，刻度为非线性。节流装置包括孔板、喷嘴和文丘里管等。这里以孔板为例，说明差压式流量计的工作原理。

在流体的流动管道上装有一个节流装置，其内装有一个孔板，中心开有一个圆孔，其孔径比管道内径小。在孔板前流体稳定地向前流动，流过孔板时由于孔径变小，截面积收缩，使稳定流动状态被打乱，所以流速将发生变化，速度加快，流体的静压随之降低，于是在孔板前后产生压力降落，即差压（孔板前截面大的地方压力大，通过孔板截面小的地方压力小）。差压的大小和流体流量有确定的数值关系，即流量大时，差压就大；流量小时，差压就小。流量与差压的平方根成正比。

差压式流量计是应用最广泛的流量计，在各类流量仪表中使用量居于首位。即使各种新型流量计不断出现，它仍是目前最重要的一类流量计。它在封闭管道的流量测量中都有应用，如单相、混相、洁净、脏污、黏性流等流体方面，常压、高压、真空、常温、高温、低温等工作状态方面，从几 mm 到几 m 管径方面，以及亚音速、音速、脉动流等流动条件方面。它在各工业部门的用量约占流量计全部用量的 $\frac{1}{4} \sim \frac{1}{3}$。

3. 涡轮流量计

涡轮流量计是一种精密流量测量仪表，与相应的流量计算仪表配套可用于测量液体的流量和总量。它广泛用于石油、化工、冶金、科研等领域的计量、控制系统。配备有卫生接头的涡轮流量传感器可以应用于制药行业。

涡轮流量计类似于叶轮式水表，在管道中安装一个可以自由转动的叶轮，流体流过叶轮使叶轮旋转，流量越大，流速越高，则动力越大，叶轮转速越高。

涡轮流量计具有安装方便、精度高、反应快、刻度线性和量程宽等特点，信号易远传，且便于数字显示，可直接与计算机配合进行流量的计算和控制。它广泛应用于石油、化工、电力等领域，在气象仪器和水文仪器中也常用于测风速和水速。

由于叶轮的叶片与流向有一定的角度，流体的冲力使叶片具有转动力矩，克服摩擦力矩和流体阻力之后叶片旋转，在力矩平衡后转速稳定，在一定的条件下，转速与流速成正比。由于叶片有导磁性，它处于信号检测器（由永久磁钢和线圈组成）的磁场中，旋转的叶片切割磁力线，周期性地改变着线圈的磁通量，从而使线圈两端感应出电脉冲信号，此信号经过放大器的放大整形，形成有一定幅度的、连续的矩形脉冲波，可远传至显示仪表，显示出流体的瞬时流量和累计量。在一定的流量范围内，脉冲频率 f 与流经传感器的流体的瞬时流量 Q 成正比。

流量计可水平或垂直安装，垂直安装时流体流动方向应从下向上，液体必须充满管道，不得有气泡；液体流动方向要与传感器外壳上指示流向的箭头方向一致；传感器应远离外界电场、磁场，必要时应采取有效的屏蔽措施，以避免外来干扰。为了检修时不致影响液体的正常输送，建议在传感器的安装处安装旁通管道。

传感器露天安装时，请做好放大器及表头的防水处理。当流体中含有杂质时，应加装过滤器，过滤器网目根据流量杂质情况而定，一般为 20～60 目。当流体中混有游离气体时，应加装消气器。整个管道系统都应良好密封。用户应充分了解被测介质的腐蚀情况，严防传感器受腐蚀。

在传感器安装前，用嘴吹或用手拨动叶轮，使其快速旋转观察有无显示，当有显示时再安装传感器。若无显示，应检查有关各部分，排除故障。传感器在开始使用时，应先将传感器内缓慢地充满液体，然后再开启出口阀门（阀门应安装在流量计后端），严禁传感器处于无液体状态时受到高速流体的冲击。使用时，应保持被测液体清洁，不含纤维和颗粒等杂质。

4．电磁流量计

电磁流量计（Eletromagnetic Flowmeters，EMF）是 20 世纪 50～60 年代随着电子技术的发展而迅速发展起来的新型流量测量仪表。电磁流量计是根据法拉第电磁感应定律制成的、用于测量导电液体体积流量的仪表。

在结构上，电磁流量计由电磁流量传感器和转换器两部分组成。传感器安装在工业过程管道上，它的作用是将流进管道内的液体体积流量值线性地变换成感生电势信号，并通过传输线将此信号送到转换器。转换器安装在离传感器不太远的地方，它将传感器送来的流量信号进行放大，并转换成与流量信号成正比的标准电信号输出，以进行显示、累积和调节控制。

根据法拉第电磁感应定律，当一导体在磁场中运动切割磁力线时，在导体的两端即产生感生电势 e，其方向由右手定则确定，大小与磁场的磁感应强度 B、导体在磁场内的长度 L 及导体的运动速度 v 成正比，如果 B、L、v 三者互相垂直，则 $e=Blv$。与此相仿，在磁感应强度为 B 的均匀磁场中，垂直于磁场方向放一个内径为 D 的不导磁管道，当导电液体在管道中以流速 v 流动时，导电流体就切割磁力线。如果在管道截面上垂直于磁场的直径两端安装一对电极，则可以证明，只要管道内流速分布为轴对称分布，两电极之间也会产生感生电动势：$e=BD$。体积流量 qv 与感应电动势 e 和测量管内径 D 呈线性关系，与磁场的磁感应强度 B 成反比，与其他物理参数无关。这就是电磁流量计的测量原理。

目前，工业上使用的电磁流量计，大都采用工频（50Hz）电源交流励磁方式，即它的磁场是正弦交变电流产生的，所以产生的磁场也是一个交变磁场。交流励磁器的主要优点是消除了电极表面的极化干扰。另外，由于磁场是交变的，所以输出信号也是交变信号，放大和转换低电平的交流信号要比直流信号容易得多。

值得注意的是，用交流磁场会带来一系列的电磁干扰问题，如正交干扰、同相干扰等，这些干扰信号会与有用的流量信号混杂在一起。因此，如何正确区分流量信号与干扰信号，并有效地抑制和排除各种干扰信号，就成为交流励磁电磁流量计研制的重要课题。

除了交流励磁外，还可采用直流励磁和低频方波励磁。低频方波励磁充分发挥了直流励磁方式和交流励磁方式各自的优点，尽量避免它们的缺点。因此，低频方波励磁是一种比较好的励磁方式。20 世纪 70 年代以来，人们开始采用低频方波励磁方式，目前已在电磁流量计上广泛地应用。

电磁流量计只能测量导电介质的流体，最低导电率大于 20μs/cm，适用于各种腐蚀性酸、碱、盐溶液，固体颗粒悬浮物、黏性介质（如泥浆、纸浆、化学纤维、矿浆）等溶液，也可以用于各种有卫生要求的医学、食品等部门的流量测量（如血浆、牛奶、果汁、酒等），还可用于大型管道自来水和污水处理厂的流量测量及脉动流量测量等，但不能测量石油制品和有机溶液，不能测量气体、蒸汽和含有较多、较大气泡的液体。通用型电磁流量计由于衬里材料和电气绝缘材料限制，也不能用于较高温度的液体。

2.1.4 物位传感器

物位检测是生产过程中经常需要的。其主要目的是监控生产的正常和安全运行，保证物料供需平衡。

物位检测包括 3 个方面：①液位，指设备或容器中气相和液相的液体界面的检测；②料位，指设备或容器中块状、颗粒状或粉末状固体界面的检测；③界面，指设备或容器中两种液体（或液体与固体）的分界面的检测。

1. 物位的检测方法

物位检测的对象不同，检测条件和检测环境也不相同，因而检测方法较多，归纳起来大致有以下几种方法。

（1）直读式：简单常见，如旁通玻璃管液位计。它虽准确可靠，但只能就地指示，容器压力不能太高。

（2）静压式：通过压差来测量液体的液位高度，如差压式液位计。

（3）浮力式：利用浮子高度随液位变化而变化，或液体对沉浸于液体中的沉筒的浮力随液位高度而变化的原理而工作。前者称为恒浮力法，后者称为变浮力法。例如浮子式、浮筒式液位计。

（4）机械接触式：通过测量物位探头与物料面接触时的机械力实现物位的测量，如音叉式、重垂式。

（5）电气式：将敏感元件置于被测介质中，当物位变化时，通过其电气性质如电阻、电容等发生相应变化来检测液面或料位，如电容式、电接点式等。

（6）声学式：利用超声波在介质中的传播速度及在不同相界面之间的反射特性来检测物位，可检测液位和料位。

（7）射线式：放射线同位素所放出的射线（如 γ 射线等）穿过被测介质时会被介质吸收而减弱，吸收程序与物位有关。

（8）光学式：利用物位对光波的遮断和反射原理工作，光源有激光等。

（9）微波式：利用高频脉冲电磁波反射原理进行测量，如雷达液位计等。

物位传感器可分两类：一类是连续测量物位变化的连续式物位传感器；另一类是以点测为目的的开关式物位传感器，即物位开关。目前，开关式物位传感器比连续式物位传感器应用得广。它主要用于过程自动控制的门限、溢流和空转防止等。连续式物位传感器主要用于连续控制和仓库管理等方面，有时也可用于多点报警系统中。

下面介绍几种实用的物位传感器及应用。

2. 浮力式液位传感器

1）浮子自动平衡式液位传感器

这种传感器通过检测平衡浮子浮力的变化来进行液位的测量。

如图 2-5 所示，浮子挂在滑轮上，绳索的另一端挂有平衡重物件及指针，利用浮子所受重力和浮力之差与平衡重物相平衡，使浮子永远漂浮在液面上。当液体上升时浮子所受浮力增加，原有平衡破坏，浮子向上移动，浮子上移同时浮力又下降，直到达到新的平衡，浮子将停在新的液位上，反之亦然。浮子多为金属或塑料空心体，可做成多种形状。指针随浮子升降而上下移动，可以指示液位的高低。

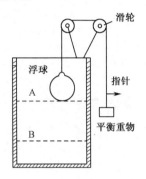

图 2-5　浮子自动平衡式液位检测

2）干簧管式浮球液位传感器

上述浮子自动平衡式液位传感器可以对液位的变化进行连续的检测。如果仅需要对液面进行限位控制，生产控制中用得最多的是干簧管式液位传感器。干簧管是干式舌簧管的简称，又叫磁簧管，是一种有触点的无源电子开关元件，具有结构简单、体积小便于控制等优点。其外壳一般是一根密封的玻璃管，管中装有两个铁质的弹性簧片电板，还灌有一种惰性气体。平时，玻璃管中的两个由特殊材料制成的簧片是分开的。当有磁性物质靠近玻璃管时，在磁场磁力线的作用下，管内的两个簧片被磁化而互相吸引接触，簧片就会吸合在一起，使节点所接的电路连通。外磁力消失后，两个簧片由于本身的弹性而分开，线路也就断开了。因此，作为一种利用磁场信号来控制的线路开关器件，干簧管可以作为传感器用于计数、限位等。

浮球液位开关的工作原理直接、简单。通常在密封的非磁性金属或塑胶管内根据需要设置一点或多点干簧管开关，再将中空而内部有环形永久磁铁的浮球固定在杆径内干簧管开关相关位置上，使浮球在一定范围内上下浮动，利用浮球内的磁铁去吸引干簧开关的闭合，产生开关动作，从而达到控制液位的目的，如图 2-6（a）所示。

图 2-1-6（b）所示为可以水平安装的干簧管液位开关。浮球内装有大功率干簧管，可直接作负载触点使用。当磁钢随液面滚动时，吸引干簧管开关动作，达到控制目的。它常用于液面控制变化不大的地方。

干簧管式浮球液位传感器广泛用于民用建筑中水池、水塔、水箱，以及石油化工、造纸、食品、污水处理等行业内开口或密闭储罐、地下池槽中各种液体的液位测量，被检测的介质可为水、油、酸、碱、工业污水等各种导电及非导电液体。干簧管式浮球液位传感器已开发出多种型号的产品供用户选择。

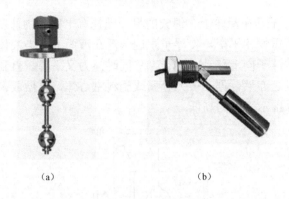

(a)   (b)

图 2-6   干簧管式浮球液位开关

3．电气式物位传感器

1）电容式物位传感器

电容式物位传感器是将物位的变化转换成电容量的变化，通过测量电容量的大小来间接测量物位的测量仪表。由于介质不同，电容式物位计有多种不同的形式。

电容式物位传感器有两个导体电极（通常把容器壁作为一个电极），如图 2-7 所示。由于电极间是气体、流体或固体而导致静电容的变化，所以可以检测物位。它的内电极有三种形式，即棒状、线状和板状，其工作温度、压力主要受绝缘材料的限制。

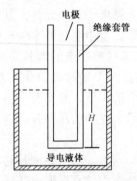

图 2-7   电容式物位传感器

电容式物位计可以检测液位、料位和界位，但是电容变化量较小，准确测量电容量就成为物位检测的关键。另外电容式物位计要求介质介电常数保持稳定，介质中没有气泡。电容式物位传感器可以采用微机控制，实现自动调节灵敏度，并且具有自诊断的功能，同时能够检测敏感元件的破损、绝缘性的降低、电缆和电路的故障等，并可以自动报警，实现高可靠性的信息传递。由于电容式物位传感器无机械可动部分，且敏感元件简单，形状和结构的自由度大，操作方便，所以是应用最广的一种物位传感器。

2）电阻式三电极液位传感器

电容式物位计可对物位进行连续检测。但是在许多场合下，仅需要对液位的高低位进行控制。如果液体是导电介质，则生产控制中经常采用三电极法液位控制仪进行液位控制，如图 2-8 所示。

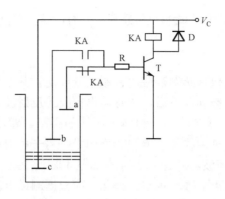

图 2-8 三电极液位控制原理图

图中，三根长短不等的电极（一般用不锈钢制作）插入液体中，分别为高、中、低三个位置。开始，a、b、c 三点互不相连，晶体管处于截止状态，中间继电器不动作，其常闭触点供水泵电动机运转，向池中泵入液体。当液位上升至 a 点时，a、c 通过导电液体而接通。晶体管获得基极电压而导通，继电器也流过电流而动作，其常闭触点断开使水泵电机失电停止运转，停止向池中泵入液体，而其常开触点则闭合。当液位下降至 a 点以下时，c、b 仍然接通，晶体管仍然处于导通状态，水泵电动机继续失电。但当液位降至 b 点以下时，b、c 两点断开，晶体管又处于截止状态。水泵电动机又开始运转。上述过程不断重复进行，供水池液位始终控制在 a、b 之间，调整 a、b 两个电极的位置，就可控制液面的稳定范围。

这种三电极液位传感控制在食品、日化、医学等充填机械设备上获得广泛的应用，已有多种型号的产品供用户选择。

4．压力式物位传感器

利用压力或差压可以很方便地测量液位，其测量原理简介如下：对于上端大气相同的敞口容器，可以直接利用压力变送器测量底部压力，根据静力学原理，$\Delta P = h \cdot \rho \cdot g$，由于液体密度 ρ 一定，故压差与液位高度 h 呈一一对应关系，知道了压差就可求液位高度。对于密封容器，则必须使用差压式液位计的正压测与容器底部相通，负压侧则连接容器上面部分的空间，如图 2-9 所示。在工业生产中，这种液位检测方法已得到普遍使用。

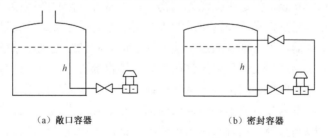

（a）敞口容器　　　　　　　　　　（b）密封容器

图 2-9 静压式液位测量原理

目前，利用固态压力传感器代替压力表或差压试液位计应用在液位检测上已获得很大的进展。固态压力传感器一般采用半导体膜盒结构，利用金属片承受液体压力，通过封入的硅油导压传递给半导体应变片进行液位的测量。由于固态压力传感器（压阻电桥式）性能的提高和微处理技术的发展，压力式物位传感器的应用越来越广。近年来，已经研制出了体积小、温度范围宽、可靠性好、精度高的压力式物位传感器；同时，其应用范围也在不断地拓宽。

5. 超声波物位传感器

这是一种非接触式的物位传感器，应用领域十分广泛。其工作原理是：工作时向液面或粉体表面发射一束超声波，被其反射后，传感器再接收此反射波。设声速一定，根据声波往返的时间就可以计算出传感器到液面（粉体表面）的距离，即测量出液面（粉体表面）位置。其敏感元件有两种：一种由线圈、磁铁和膜构成；另一种由压电式磁制伸缩材料构成。前者产生的是 10kHz 的超声波，后者产生的是 20～40kHz 的超声波。超声波的频率越低，随着距离的衰减越小，但是反射效率也小。因此，应根据测量范围、物位表面状况和周围环境条件来决定所使用的超声波传感器。高性能的超声波物位传感器由微机控制，以紧凑的硬件进行特性调整和功能检测。它可以准确地区别信号波和噪声，因此，可以在搅拌器工作的状况下测量物位。此外，在高温或吹风时也可检测物位，特别是可以检测高黏度液体和粉状体的物位。

6. 光电式液位传感器

光电式液位传感器是一种结构简单、使用方便、安全可靠的液位传感器，使用红外线探测，可避免阳光或灯光的干扰而引起误动作。它体积小、安装容易，有杂质或带黏性的液体时均可使用，外壳材质耐油、耐水、耐酸碱。它在净水/污水处理、造纸、印刷、发电机设备、石油化工、食品、饮料、电工、染料工业、油压机械等方面都得到了广泛的应用。光电式液位传感器的工作原理是：利用光线的折射及反射原理，光线在两种不同介质的分界面将产生反射或折射现象。当被测液体处于高位时则被测液体与光电开关形成一种分界面，当被测液体处于低位时，则空气与光电开关形成另一种分界面，这两种分界面使光电开关内部光接收晶体所接收的反射光强度不同，即对应两种不同的开关状态。

7. 激光式物位传感器

这是一种性能优良的非接触式高精度物位传感器。其工作原理与超声波物位传感器相同，只是把超声波换成光波。激光束很细，作为物位传感器时，即使物位表面极其粗糙，其反射波束也不过加宽到 20mm，但这仍在激光式物位传感器可以接收的范围内。激光式物位传感器一般采用近红外光，它是把光流发射出的激光利用半透射反射镜进行处理，一部分作为基准参考信号输入时间变送器，另一部分通过半透射反射镜的激光经过光学系统处理成为具有一定宽度的平行光束照射在物体面上。反射波到达传感器接收部再转换成电信号。因为从照射到接收的时间很短，所以利用取样电路扩大成毫微秒数量级，便于信号处理，进行时间的测量。利用微机进行数据处理，变为数字显示物位值的模拟输出信号，再利用软件检测信号的可靠性，如果测定系统出现故障则报警。这种传感器可应用于钢铁工业连续铸造装置的砂型铁水液位高度测量。同时，它还可以应用于狭窄开口容器以及高温、高精度的液面检测。

此外，近年来随着高科技的发展，出现了数字式智能化物位传感器。这是一种先进的数字式物位测量系统，将测量部件技术与微处理器的计算功能结合为一体，使得物位测量仪表至控制仪表成为全数字化系统。数字式智能化物位传感器的综合性能指标、实际测量准确度比传统的模拟式物位传感器提高了 3～5 倍。总之，随着传感器技术的发展。物位传感器的形式将会变得多种多样，其形式应以非接触式为研制重点。其发展方向是通过广泛应用微机等高新电子技术来获得全面性能的进一步提高，同时还要向着小型化、智能化、多功能化的方向发展。

2.1.5 传感器的性能指标

1．传感器的静态特性

传感器的静态特性是指对静态的输入信号，传感器的输出量与输入量之间所具有的相互关系。因为这时输入量和输出量都和时间无关，所以它们之间的关系，即传感器的静态特性可用一个不含时间变量的代数方程，或以输入量作为横坐标，把与其对应的输出量作为纵坐标而画出特性曲线来进行描述。表征传感器静态特性的主要参数有：线性度、灵敏度、分辨力和迟滞等。

2．传感器的动态特性

所谓动态特性，是指传感器在输入变化时的输出特性。在实际工作中，传感器的动态特性常用它对某些标准输入信号的响应来表示。这是因为传感器对标准输入信号的响应容易用实验方法求得，并且它对标准输入信号的响应与它对任意输入信号的响应之间存在一定的关系，往往知道了前者就能推定后者。最常用的标准输入信号有阶跃信号和正弦信号两种，所以传感器的动态特性也常用阶跃响应和频率响应来表示。

3．传感器的线性度

通常情况下，传感器的实际静态特性输出是一条曲线而非直线。在实际工作中，为使仪表具有均匀刻度的读数，常用一条拟合直线近似地代表实际的特性曲线，线性度（非线性误差）就是这个近似程度的一个性能指标。

拟合直线的选取有多种方法，如将零输入和满量程输出点相连的理论直线作为拟合直线；或将与特性曲线上各点偏差的平方和为最小的理论直线作为拟合直线，此拟合直线称为最小二乘法拟合直线。

4．传感器的灵敏度

灵敏度是指传感器在稳态工作情况下输出量变化 Δy 对输入量变化 Δx 的比值。它是输出-输入特性曲线的斜率。如果传感器的输出和输入之间呈线性关系，则灵敏度 S 是一个常数。否则，它将随输入量的变化而变化。

灵敏度的量纲是输出、输入量的量纲之比。例如，某位移传感器在位移变化 1mm 时，输出电压变化为 200mV，则其灵敏度应表示为 200mV/mm。当传感器的输出、输入量的量纲相同时，灵敏度可理解为放大倍数。

提高灵敏度，可得到较高的测量精度。但灵敏度越高，测量范围越窄，稳定性也往往越差。

5. 传感器的分辨力

分辨力是指传感器可能感受到的被测量的最小变化的能力。也就是说，如果输入量从某一非零值缓慢地变化。当输入变化值未超过某一数值时，传感器的输出不会发生变化，即传感器对此输入量的变化是分辨不出来的。只有当输入量的变化超过分辨力时，其输出才会发生变化。

通常传感器在满量程范围内各点的分辨力并不相同，因此常用满量程中能使输出量产生阶跃变化的输入量中的最大变化值作为衡量分辨力的指标。上述指标若用满量程的百分比表示，则称为分辨率。

2.2 变　送　器

2.2.1 传感器和变送器

1. 传感器和变送器概念

传感器和变送器本来是热工仪表的概念。在热工仪表概念里，传感器有两个含义：①传感器是把非电物理量，如温度、压力、液位、物料、气体特性等，转换成电信号的检测元件；②传感器是把物理量如压力、液位等直接送到变送器的检测装置。例如，有一种锅炉水位计的"差压变送器"，它是将液位传感器里下部的水和上部蒸汽的冷凝水通过仪表管送到变送器的波纹管两侧，以波纹管两侧的差压带动机械放大装置用指针指示水位的一种远方仪表。而变送器则是把传感器采集到的微弱的电信号加以放大以便转送或启动控制元件；或将传感器输入的非电量转换成电信号同时放大以便供远方测量和控制的信号源。可以看出，在热工仪表概念里传感器和变送器是两个器件。传感器是变送器的前置信号源。传感器和变送器一同构成自动控制的监测信号源。不同的物理量需要不同的传感器和相应的变送器。

随着技术的进步，有些技术词汇的含义有了变化，以至于常常引起不同的解读。传感器和变送器就是这样一个例子。

国家标准 GB7665—1987 对传感器（transducer/sensor）的定义是：能够接收规定的被测量并按照一定的规律转换成可用输出信号的器件或装置的总称，通常由敏感元件和转换元件组成。其中，敏感元件是指传感器中能够直接感受或响应被测量的部分。由于传感器的输出信号一般很微弱，需要将其调制与放大。转换元件就是指传感器中将敏感元件感受或响应的被测量转换成适于传输或测量的电信号部分。和以前热工仪表的概念比较，以前的传感器就是现在人们说的传感器中的敏感元件，而以前的变送器就是现在人们说的传感器中的转换元件。

那么什么是变送器？控制系统的发展对输入接口信号制定了信号标准。标准要求：输入电压信号为 0～5V 或 0～10V 直流电压，输入电流信号为 4～20mA 直流电流。这样，传感器虽然也输出电信号，但并不符合标准信号的要求。因此，又推出了将传感器的非标准电信号转换成标准控制电信号的中间转换装置，这种遵循一个物理定律（或实验数学模型）将物理量的变化转化成 4～20mA 等标准信号的装置，就叫作变送器。

2．变送器分类

目前变送器的含义有了一些新的变化，根据新的理解，变送器有 3 种不同的含义。

1）物理量变送器

随着集成技术的发展，人们将传感器和传感器电路、变送器电路及电源等电路也一起装在传感器内部，构成一个整体装置。这样，传感器就可以输出便于处理、传输的可用信号。当传感器的输出为规定的标准信号时，则称这个整体装置为变送器，如温度/湿度变送器、压力变送器、差压变送器、液位变送器、流量变送器、重量变送器等。

物理量变送器是将物理测量信号或普通电信号转换为标准电信号输出或能够以通信协议方式输出的设备。

2）电量变送器

电量变送器是一种将被测电量参数（如电流、电压、功率、频率、功率因数等信号）转换成直流电流、直流电压并隔离输出模拟信号或数字信号的装置。它又分为电压变送器和电流变送器两类。

（1）电压变送器是一种将被测交流电压、直流电压、脉冲电压转换成按线性比例输出直流电压或直流电流并隔离输出模拟信号或数字信号的装置。它分为交流电压变送器和直流电压变送器两种。交流电压变送器是一种能将被测交流电流（交流电压）转换成按线性比例输出直流电压或直流电流的仪器，广泛应用于各种电气装置、自动控制以及调度系统。直流电压变送器是一种能将被测直流电压转换成按线性比例输出直流电压或直流电流的仪器，也广泛应用于工业自动控制需要电量隔离测控的行业。

（2）电流变送器是直接将被测主回路交流电流转换成按线性比例输出的 DC 4～20mA（通过 250Ω电阻转换 DC 1～5V 或通过 500Ω电阻转换 DC 2～10V）恒流环标准信号。

3）智能式变送器

智能式变送器是由传感器和微处理器（微机）相结合而构成的。它充分利用了微处理器的运算和存储能力，可对传感器的数据进行处理，包括对测量信号的调理（如滤波、放大、A/D 转换等）、数据显示、自动校正和自动补偿等。

微处理器是智能式变送器的核心。它不但可以对测量数据进行计算、存储和数据处理，还可以通过反馈回路对传感器进行调节，以使采集数据达到最佳。由于微处理器具有各种软件和硬件功能，所以它可以完成传统变送器难以完成的任务。智能式变送器降低了传感器的制造难度，并在很大程主上提高了传感器的性能。另外，智能式变送器还具有如下特点。

（1）具有自动补偿能力，可通过软件对传感器的非线性、温漂、时漂等进行自动补偿。可诊断，通电后可对传感器进行自检，以检查传感器各部分是否正常，并做出判断。数据处理方便准确，可根据内部程序自动处理数据，如进行统计处理、去除异常数值等。

（2）具有双向通信功能。微处理器不但可以接收和处理传感器数据，还可将信息反馈至传感器，从而对测量过程进行调节和控制。可以进行信息存储和记忆，能存储传感器的特征数据、组态信息和补偿特性等。

（3）具有数字量接口输出功能，可以将输出的数字信号方便地和计算机或现场总线等连接。

电量变送器是一种隔离变送器。隔离就是指破坏干扰途径、切断干扰耦合通道，从而达到抑制干扰的一种技术措施。常用的隔离方法有：电磁隔离、调制隔离、光电隔离。工业信号为什么要隔离？由于工业现场的环境条件是很复杂的，各种干扰（天体放电干扰、电晕电火花放电干扰、电气设备频率干扰、感应干扰）通过不同的耦合方式（电容耦合、电磁耦合、共阻抗耦合、漏电流耦合）进入测量系统，会使测量结果偏离准确值，严重时甚至会使测量系统不能工作，因此要对工业信号进行干扰抑制，也就是采取隔离措施，这时隔离变送器就派上用场了。

隔离变送器除了有隔离作用外，还具有变换作用、放大作用、远传作用和保安作用，所以，在工业控制上获得了广泛的应用。

2.2.2 物理量变送器的二线制和四线制

物理量变送器的信号输出标准有电压型（0～5V 或 0～10V）和电流型（4～20mA）两种。早期的变送器大多为电压输出型，即将测量信号转换为 0～5V 或 0～10V 电压输出。电压输出型有两个严重的缺陷：一是抗干扰能力极差，特别是在低于 1V 的情况下，很小的干扰电压就会影响到输出的准确性；二是信号不能远距离的传输，距离一长，线路的损耗就会大大影响控制精度。这两点使电压输出型变送器的使用受到了极大限制。

电流输出型变送器则克服了这两个缺陷，电流信号不容易受干扰。并且电流源内阻无穷大，导线电阻串联在回路中不影响精度，在普通双绞线上可以传输数百米。工业上最广泛采用的标准模拟量电流信号是 4～20mA 直流电流。为什么电流型输出取 4～20mA 呢？上限取 20mA 是因为防爆的要求，20mA 的电流通断引起的火花能量不足以引燃瓦斯。下限没有取 0mA 的原因是为了能检测断线：正常工作时不会低于 4mA，当传输线因故障断路时，环路电流会降为 0。常取 2mA 作为断线报警值。

电流输出型变送器将物理量转换成 4～20mA 电流输出，必然要有外电源为其供电。最典型的是变送器需要两根电源线，加上两根电流输出线，总共要接四根线，这种传输方式称之为四线制变送器，如图 2-10（a）所示。

当然，电流输出可以与电源公用一根线（公用 VCC 或者 GND），可节省一根线，称为三线制变送器，如图 2-10（b）所示。

其实大家可能注意到，4～20mA 电流本身就可以为变送器供电，如图 2-10（c）所示。变送器在电路中相当于一个特殊的负载，特殊之处在于变送器的耗电电流在 4～20mA 之间根据传感器输出而变化，显示仪表只需要串在电路中即可。这种变送器只需外接两根线，因而被称为二线制变送器。工业电流环标准下限为 4mA，因此只要在量程范围内，变送器至少有 4mA 供电，这使得两线制变送器的设计成为可能。在二线制传输方式中，供电电源、负载电阻、变送器是串联的，即二根导线同时传送变送器所需的电源和输出电流信号。

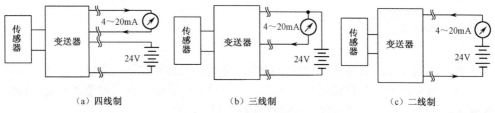

（a）四线制　　　　　　　　　（b）三线制　　　　　　　　　（c）二线制

图 2-10　变送器接法示意图

二线制有什么优点？在工业应用中，测量点一般在现场，而显示设备或者控制设备一般都在控制室或控制柜上，两者之间距离可能数十至数百米。按 100m 距离计算，省去两根信号传输导线意味着成本降低近百元。另外四线制变送器和三线制变送器因为导线内电流不对称，必须使用昂贵的屏蔽线，而两线制变送器可使用非常便宜的双绞线导线，所以在应用中二线制变送器必然是首选。除此，二线制传输方式还有如下优点：

（1）不易受寄生热电偶和沿电线电阻压降和温漂的影响，可以用非常便宜的、更细的导线；可以节省大量电缆线和安装费用。

（2）在电流源输出电阻足够大时，经磁场耦合感应到导线环路内的电压，不会产生显著影响，因为干扰源引起的电流极小，一般利用双绞线就能降低干扰；三线制与四线制必须用屏蔽线，屏蔽线的屏蔽层要妥善接地。

（3）电容性干扰会导致接收器电阻有关误差，对于 4～20mA 二线制环路，接收器电阻通常为 250Ω（取样 U_{out}=1～5V），这个电阻小到不足以产生显著误差。因此，可以允许的电线长度比电压遥测系统更长更远。

（4）各个单台示读装置或记录装置可以在电线长度不等的不同通道间进行换接，不会因为电线长度的不等而造成精度的差异，实现分散采集。分散式采集的好处就是：分散采集，集中控制。

（5）将 4mA 用于零电平，使判断开路与短路或传感器损坏（0mA 状态）十分方便。

（6）在二线输出口非常容易增设一两只防雷防浪涌器件，有利于安全防雷防爆。

（7）二线制电流变送器的输出为 4～20mA，通过 250Ω 的精密电阻转换成 1～5V 或 2～10V 的模拟电压信号。转换成数字信号也有多种方法。

三线制和四线制变送器均不具备上述优点，所以即将被二线制变送器所取代，从近年来越来越多的变送器产品采用二线制的行业动态即可略见一斑。

2.3　执　行　器

如果把 PLC 称为控制系统的"大脑"，那么传感器就是系统的"五官"，而执行器则是控制系统的"手足"。

国家标准对执行器的定义是：在控制信号的作用下，按照一定规律产生某种运动的器件或装置。

2.3.1 执行器概述

执行器广义定义是：凡是利用物性（物理、化学、生物）法则、定理、定律、效应等进行能力转换与信号转换，并且输出与输入严格一一对应，以便达到对对象的驱动、控制、操作和改变其状态为目的的装置与器件均可称为执行器。

在模拟量控制系统中，执行器由执行机构和调节机构两部分组成。调节机构通过执行元件直接改变生产过程的参数，使生产过程满足预定的要求。执行机构则接收来自控制器的控制信息把它转换为驱动调节机构的输出（如角位移或直线位移输出）。它也采用适当的执行元件，但要求与调节机构不同。执行器直接安装在生产现场，有时工作条件严苛，能否保持正常工作直接影响自动调节系统的安全性和可靠性。

执行器的分类有多种分类方式，可以按照能源种类、工作机理（作用原理）、使用要求，技术水平等进行分类。按能量种类可分为机、电、热、光、声、磁6种能量执行器；按工作原理可分为结构型（空间型）和物性型（材料型）两大类；按使用要求可分为位移、振动、力、压力、温度执行器等；按所用驱动能源可分为气动、电动和液压执行器三种；按动作规律，执行器可分为开关型、积分型和比例型三类；按输入控制信号可分为输入空气压力信号、直流电流信号、电接点通断信号、脉冲信号等几类。

下面给出了一种主要按能源形式综合分类的方法，见表2-4。

表2-4 执行器的分类

机械式	一般机械	各种机械结构及装置
	热机式	蒸汽机、内燃机、汽轮机、发动机等
电气式	调节式	变频器、直流调速器、电压调节器、电流调节器等
	电磁式	各种电动机、电磁阀、继电器等
	电场式	静电场、变电场
流体式	液压式	液压油缸、液压油泵
	气动式	汽缸、气泵
	各种泵类	阀类
其他	包括电气转换装置、定位器、控制器、报警器等	

2.3.2 电磁阀与调节阀

1. 电磁阀

电磁阀又称为电动开关阀，是用于控制流体方向的自动化基础元件，通常用于液压、气压控制上对介质方向进行控制，从而实现控制油缸、汽缸的状态，如普通的电磁直通阀、电磁换向阀、电液换向阀。

电磁阀是通过电磁铁线圈通电时产生的推力驱动导向阀杆在阀体内做相对运动而进行流通、截止和换向控制的。电磁阀是位式阀，只有全开或全闭两种状态（有的可以在中间停但只能有个大概的调节，如 25%、50%、75%、100%），开关时动作时间短。它在油路、气路中的控制作用就像电路中的接触器一样。电磁阀分为常闭和常开两种，一般选用常闭型，通电打开，断电关闭，但在开启时间很长关闭时间很短的情况下要选用常开型了。

电磁阀里有密闭的腔，在不同位置开有通孔，每个孔都通向不同的油管，腔中间是阀，两面是两块电磁铁，哪面的磁铁线圈通电，阀体就会被吸引到哪边。通过控制阀体的移动来挡住或漏出不同的排油的孔，而进油孔是常开的，液压油就会进入不同的排油管，然后通过油的压力来推动油缸的活塞，活塞又带动活塞杆，活塞杆带动机械装置动作。这样通过控制电磁铁的动作就控制了机械运动。电磁阀一般断电可以复位。

如图 2-11 所示是三位四通道电磁液位换向阀工作原理图：三位换向阀的阀芯在阀体中有左、中、右三个位置，由两边的电磁线圈控制阀芯运动方向。它有四个流体通路口，即压力油口 P、回油口 O 和通往执行元件的出口 A、B。三个方块表示三个位置的工况。当阀芯在中间位置时，P、O、A、B 四个口各不相通，为封闭状态，当阀芯受电磁力影响滑向左边位置时，图中箭头表示 AP 相通，BO 相通，即压力油在油缸的 A 腔把活塞推向 B 腔。当阀芯受电磁力影响滑向右边位置时 PB 相通，AO 相通，压力油在油缸 B 腔把活塞推向 A 腔，运动方向正好相反。因此，只要控制电磁线圈通断，就可以控制液压油的流向，从而控制相应装置的动作方向。

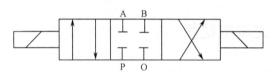

图 2-11　三位四通道电磁液位换向阀工作原理图

电磁阀的控制信号可以由按钮开关、行程开关、各种中间继电器、传感继电器所发出的信号控制，也可由计算机、PLC 等控制设备发出的信号进行控制，使用相当方便。

比较大型的开关阀是由电动机驱动的，比较耐电压冲击，常用于大流量和大压力工况中。这种电动开关阀的开度可以控制，状态有开、关、半开关等，可以控制管道中介质的流量而电磁阀做不到。

2. 电动调节阀

调节阀用于调节介质的流量、压力和液位。根据调节部位信号，自动控制阀门的开度，从而实现介质流量、压力和液位的调节。调节阀分电动调节阀、气动调节阀和液动调节阀等。

电动调节阀由电动执行机构（一般是用电动机、比例电磁铁）和调节阀两部分组成。调节阀通常分为直通单座式调节阀和直通双座式调节阀两种，后者具有流通能力大和操作稳定的特点，所以通常特别适用于大流量、高压降和泄漏少的场合。

电动调节阀的动作原理是：电动机电源 220V AC 或者 380V AC，控制信号 4～20mA，阀里面有控制器，控制器把电流信号转换为电动机的角行程、直行程和多转式。角行程是电动机经减速器减速后输出旋转角度。直行程是电动机经减速器减速后并通过机构转换为直线位移输出。多转式是转角输出，但功率比较大，主要用于控制闸阀、截止阀等多转式阀门。

20 世纪 60 年代后期，又研制出电液比例控制阀。它是一种能随输入的电信号（4～20mA 电流）连续地、按比例地对液压系统的压力、流量和方向进行自动控制的新型阀。它相当于在普通阀上装上一个直流比例电磁铁以取代原有的普通电磁铁，并使被调节的参数与输入电信号成比例。直流比例电磁铁将输入电信号按比例转换成力或位移，对液压阀进行控制，液压阀又将输入的机械信号转换成按比例的、连续的压力或流量输出。电液比例控制阀按作用不同，相应地分为电液比例压力控制阀、电液比例流量控制阀和电液比例方向控制阀等。

伺服阀是一种通过改变输入信号，连续、成比例地控制流量和压力的液压控制阀。根据输入信号的方式不同，可分为电液伺服阀和机液伺服阀。

电液伺服阀通常由电气–机械转换装置、液压放大器和反馈（平衡）机构 3 部分组成。反馈和平衡机构使电液伺服阀输出的流量或压力获得与输入电信号成比例的特性。压力的稳定通常采用压力控制阀，如溢流阀等。电液伺服阀主要用于电液伺服自动控制系统。电液伺服阀既是电液转换元件，又是功率放大元件，它的作用是将小功率的电信号输入转换为大功率的液压能（压力和流量）输出，通过对执行元件的位移、速度、加速度及压力控制来实现机械设备的自动化控制。

由于电液比例控制阀和电液伺服控制阀都需要模拟量输入，不能直接用数字量控制，即不能直接用计算机或 PLC 进行控制，为了方便数字量直接控制，出现了以步进电动机为驱动执行的数字阀。它是通过步进电动机接收数字量控制信号（脉冲个数）来带动阀芯移动而达到控制目的的。

2.3.3　电磁开关与电动机

1. 电磁开关

电磁开关主要指继电器和接触器一类的控制元件。它们的工作原理是一样的：在线圈两端加上额定工作电压的 70%以上时，线圈中就会流过一定的电流，从而产生电磁效应，衔铁就会在电磁力吸引的作用下克服返回弹簧的拉力吸向铁芯，从而带动衔铁的动触点与静触点吸合或断开。当线圈断电后，电磁的吸力也随之消失，衔铁就会在弹簧的反作用力作用下返回原来的位置，使动触点与原来的静触点断开或吸合。这样吸合、释放，便达到了在电路中的导通、切断的目的。它们的主要区别是继电器控制容量小，而接触器控制容量大。因而，它们的应用范围不同，体积也不同。

继电器只应用在控制回路和保护回路中，在回路中实现用小电流、低电压来控制大电流、高电压设备的功能，在接点容量和数量不足时还能起到扩容的作用，但不能直接用于主电源回路中。而接触器主要用于频繁接通或断开交、直流主电路，主要控制对象是电动机和其他电力负载，如电热器、照明、电焊机、电容器组等。其控制容量大，可远距离操作，配合继电器可以实现定时操作、联锁控制、各种定量控制和失压及欠压保护等。继电器和接触器都广泛应用于自动控制电路中。

严格来说，电磁开关仅是一个开关控制元件，并不是执行器。在 PLC 控制系统中，它们主要是作为 PLC 的输出负载来完成上述功能的。可以说是作为输出转换电路来使用的。当然，继电器的触点和接触器的辅助触点，也可以作为 PLC 的逻辑输入信号。

继电器和接触器在使用时，主要注意以下几点：

1）额定工作电压

额定工作电压是指继电器、接触器正常工作时线圈所需要的电压。额定工作电压按供电方式分为直流电压、交流电压两种，电压等级有 6V、12V、24V、110V、220V、380V 等多种。一般继电器供电电压多在 220V 以下，接触器多在交流 110V、220V 或 380V 下，使用时不能弄错。如果供电电压低于其额定工作电压，则继电器、接触器会因电磁力不够而不动作或发出嗡嗡噪声；如果供电电压大于额定工作电压，则其线圈会马上烧毁。

2）触点切换电压和电流

这是指继电器、接触器触点允许加载的电压和电流。它决定了继电器、接触器能控制电压和电流的大小，使用时不能超过此值，否则很容易损坏继电器、接触器的触点。

一般情况下，触点所允许加载的电流大小和加载电压的方式（直流、交流）有关，与加载负载的性质（阻性、感性）也有关。接触器在断开负载（特别是感性负载）的瞬间，会产生很大的电弧，而电弧极易烧坏触点，所以加载电流 20A 以上的接触器均加有灭弧罩，快速拉断电弧保护触点。

3）额定操作频率

操作频率指继电器、接触器在单位时间内动作的次数。这是因为触点在动作时都具有一定的动作时间，如果操作频率过高达不到动作时间则会不动作。对接触器来说，吸引线圈所消耗的电流在吸合瞬间比额定电流大 5～7 倍。操作频率过高则会使线圈严重发热，直接影响正常使用。

4）PLC 负载容量

当继电器、接触器作为 PLC 的输出端负载时，必须核算 PLC 的输出带负载能力。PLC 有 3 种输出类型：继电器输出、晶体管输出和晶闸管输出。每种输出的带负载能力是不一样的。例如 FX$_{2N}$ PLC 继电器输出，带电阻性负载时是 2A/点，而带感性负载时则是 80V·A/点，如果带白炽灯仅 100W；晶体管输出时是 0.5A/点。如果所带继电器、接触器线圈电流超过其最大负载容量，则会烧坏 PLC 内部继电器触点或输出接口电路。

2．电动机与变频器

电动机是控制系统中最常用的执行器，有直流电动机和交流电动机两大类。

交流电动机由于具有结构简单、制造容易、价格便宜、坚固耐用、运行可靠、维修方便等一系列优点，在工农业生产中获得了极其广泛的应用。据统计，交流电动机的容量占到全部电网的一半左右。交流电动机的主要缺点是它的功率因数低、调速性能差、启动转矩小。

直流电动机虽不及交流电动机结构简单、制造容易、维护方便、运行可靠，但由于长期以来交流电动机的调速问题未能得到满意解决，在此之前，直流电动机具有交流电动机所不能比拟的良好启动特性和调速性能。虽然交流电动机的调速问题目前已经得到解决，但是在速度调节要求较高，正、反转和启、制动频繁或多单元同步协调运转的生产机械上，仍采用直流电动机拖动。在精密机械加工与冶金工业生产过程中，如高精度金属切削机床、轧钢机、造纸机、龙门刨床、电气机车等生产机械都是采用直流电动机来拖动的。这是因为直流电动机具有启动转矩大、调速范围广、调速精度高、能够实现无级平滑调速以及可以频繁启动等一系列优点。因此，对需要能够在大范围内实现无级平滑调速或需要大启动转矩的生产机械，常用直流电动机来拖动。

变频器的出现使交流调速技术得到迅猛异常的发展。变频器和交流电动机组成的交流调速系统已得到越来越多的应用，目前已有逐渐取代直流调速系统在电力拖动控制系统中应用的趋势。关于变频器的基本原理和应用，读者可参看相关书籍和资料，这里不再赘述。在PLC控制系统中，PLC对变频器的控制方式和应用可参看本书第6章中的相关内容。

2.3.4 控制电动机

随着控制系统的不断发展，在普通电动机基础上产生了许多具有特殊性能、执行特定任务的小功率电动机。它们在自动控制系统中分别起着检测（传感器）、放大、执行和解算元件的功能，主要用来对运动的物体位置或速度进行快速、精确的控制。这些电动机功率较小，一般为几百毫瓦到数百瓦，质量为几十克至数千克，称为控制电动机。

与普通电动机相比，控制电动机在结构上和原理上并没有本质的区别。普通电动机容量较大，主要在电力拖动系统中用来完成机电能量的转换，因此，强调的是启动、运行时各项拖动指标。而控制电动机主要是在自动控制系统中完成对机电信号的检测、放大、传递、执行或转换，主要是对它的可靠性、精确度和快速响应的要求很高。

控制电动机广泛地应用于国防、航天航空、先进的工业技术和现代化的装备中，如雷达的扫描跟踪、数控机床、医疗设备、工业机器人等设备中，控制电动机都是不可缺少的。

下面简要介绍一下在PLC控制中经常作为执行元件使用的伺服电动机、步进电动机和直线电动机。

1. 伺服电动机

伺服电动机是一种把输入的控制电压信号转变为转轴的角位移或角速度输出的电动机。其转轴的转向与转速随控制电压的方向和大小而改变，并带动控制对象运动。它具有服从信号的要求，故称为伺服电动机或执行电动机。

根据控制系统要求，伺服电动机必须具有以下特点：

（1）快速响应好。伺服电动机机电时间常数小、转动惯量小、灵敏度高，从而使伺服电动机转速能随控制电压迅速变化。

（2）线性的机械特性和调节特性好。伺服电动机转速随控制电压变化呈线性关系，以提高控制系统的动态精度。

（3）无自转现象。当控制信号到来时，伺服电动机转子能迅速转动；而当控制信号消失时，能立即停止。

（4）有较宽的调速范围。

伺服电动机按其使用的电源性质不同，可分为直流伺服电动机和交流伺服电动机两大类。

直流伺服电动机的结构和工作原理与他励直流电动机相同，只不过直流伺服电动机输出功率较小而已。直流伺服电动机有电枢调速和磁场调速两种方法，一般采用电枢调速的方法，即把控制电压信号加到电枢绕组上，通过改变控制电压的大小和极性来控制转子的转速和方向。也可采用改变励磁绕组的电流大小（磁场调速）来控制转子转速，但因为调速范围小、调速特性不好而很少采用。但若把调压与调磁两种方法互相配合，则既可以获得很宽的调速范围，又可充分利用电动机的容量。

直流伺服电动机采用电枢调速控制时，根据励磁绕组产生磁场的方式不同又可分为电磁式直流伺服电动机（其励磁绕组通过直流电流产生磁场）和永磁式直流伺服电动机（其采用永久磁铁代替磁绕组产生磁场）两种。直流伺服电动机具有良好的线性调节特性、较大的启动转矩及快速响应等优点，在自动控制系统中得到广泛应用。

交流伺服电动机与单相异步交流电动机类似，在定子上有两个绕组，空间上互差 90°电角度，一组为励磁绕组，另一组为控制绕组。目前交流伺服电动机最常用的控制方式是幅值–相位控制（或称为电容控制）。这种方法是保持励磁绕组的励磁电压的幅值和相位不变，改变控制绕组上控制电压的大小和相位，从而达到改变转速的目的。通入励磁绕组及控制绕组的电流在电动机内产生一个旋转磁场，旋转磁场的转向决定了电动机的转向，当任意一个绕组上所加的电压反相时，旋转磁场的方向就发生改变，电动机的方向也发生改变。交流伺服电动机具有运行稳定、可控性好、响应快速、灵敏度高等特点，同样在自动控制系统中得到广泛应用。

伺服电动机的一个重要应用是和伺服驱动器、反馈元件组成机电伺服系统。这个系统再加上上位机（微机、PLC、工控机、单片机等）就是伺服控制系统。伺服控制系统根据控制对象的不同有速度控制、位置控制、转矩控制等。特别是位置控制系统，可以实现远距离角度传递，在工业生产及军事上都获得了广泛的应用。

2. 步进电动机

步进电动机是一种将电脉冲信号转换成相应的角位移和线位移的控制电动机。给步进电动机的定子绕组输入一个电脉冲信号，转子就转过一个角度（步距角）或前进一步。若连续输入脉冲信号，则转子就一步一步地转过一个一个角度，故称为步进电动机。只要了解步距角的大小和实际走的步数，根据其初始位置，便可知道步进电动机的最终位置，因此，广泛地用于定位系统中。因为步进电动机是受脉冲信号控制的，所以把这种控制系统称为数字量控制系统。步进电动机是数字量控制系统中的伺服元件，而伺服电动机则为模拟量控制系统的伺服元件。

步进电动机的运动方向与其内部绕组的通电顺序有关，转速则与输入脉冲信号的频率成正比。改变脉冲信号的频率就可以在很宽的范围内改变电动机转速，并能快速启动、制动和反转。若用同一频率的脉冲去控制几台步进电动机，可以做到同步运行。步进电动机的运行步距角和速度仅与脉冲信号频率有关，不受电压波动和负载变化的影响，也不受温度、气压、冲击和振动等环境条件影响。

步进电动机根据励磁方式的不同，可分为反应式、永磁式和永磁感应式 3 种。目前，应用最多的是反应式步进电动机，其详细工作原理可参考有关书籍和资料，这里不再赘述。

步进电动机的主要缺点是效率较低，并且需要配上适应的驱动电源。其带负载能力不强，既要注意负载转矩的大小，又要注意负载转动惯量的大小，只有二者选取在合适范围内，电动机才能获得满意效果。步进电动机在低速时易出现振动现象，一般不具有过载能力。当步进电动机启动频率过高时，易出现"丢步"现象；负载过大时易出现堵转现象。步进电动机在数字量控制系统中应用十分广泛。

但随着全数字式交流伺服系统的出现，交流伺服电动机也越来越多地应用于数字控制系统中。虽然两者在控制方式上相似（脉冲串和方向信号），但在使用性能和应用场合上存在着较大的差异。无论在控制精度、低频特性、过载能力，还是速度响应方面，数字式交流伺服系统都远优于步进电动机伺服系统。特别是交流伺服电动机后端部都安装有高精度旋转编码器，驱动器直接对编码器反馈信号进行采样，内部构成位置环和速度环，完全解决了步进电动机丢步和过冲现象，控制系统更为可靠。

第3章 三菱 FX 系列 PLC 模拟量控制应用

为了 FX 系列 PLC 能够在模拟量控制、运动量控制和通信控制中运用，三菱公司专门开发了一系列的特殊功能模块、特殊功能单元、特殊适配器和特殊功能板卡，与基本单元相配合来进行上述控制。

这些特殊功能模块有模拟量模块、脉冲计数模块、运动量模块、定位模块、通信模块、通信适配器、模拟量适配器等。本章仅对其中几种常用的典型特殊功能模块进行较详细的说明，其余的仅作一般性介绍，读者如果使用到该特殊功能模块可参考相关手册资料。

3.1 FX 系列 PLC 模拟量的数据传输

3.1.1 特殊模拟量模块的数据传输

三菱 FX 系列 PLC 的模拟量模块是如何和三菱 FX 系列 PLC 进行数据传输的呢？在三菱 FX 系列 PLC 内，设置了两个指令与模拟量模块进行数据传输。这两条指令就是读、写指令 FROM 和 TO。由于这两条指令对数据处理仅限于读、写功能，应用十分不方便，不能应用众多的功能指令直接对数据进行处理，所以三菱在推出 FX$_{3U}$ 系列 PLC 时，开发了一个专门应用于特殊功能模块的缓冲存储器 BMF 操作的编程软元件 U□\G□。使用这个编程软元件不但可以直接进行数据交换，还可以直接应用功能指令对数据进行处理，这对程序编制带来了极大的方便。当然，这个编程软元件仅适用于 FX$_3$ 系列 PLC；而对于 FX$_{1S}$/FX$_{1N}$/FX$_{2N}$ 系列 PLC，仍然只能使用 FROM 和 TO 指令进行数据传输，然后再用功能指令进行处理。

1. 位置编号和缓冲存储器 BFM

1）特殊功能模块位置编号

当多个特殊模块与 PLC 相连时，PLC 对模块进行的读/写操作必须正确区分是对哪一个模块进行操作，这就产生了用于区分不同模块的位置编号。

当多个模块相连时，PLC 特殊模块的位置编号是这样确定的：从基本单元最近的模块算起，由近到远分别是 0#、1#、2#、…、7#特殊模块编号，如图 3-1 所示。

单元 #0
单元 #1
单元 #2
基本单元
A/D
D/A
温度传感器
FX2N-48MR
FX2N-4AD
FX2N-4DA
FX2N-4AD-PT

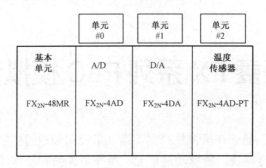

图 3-1　特殊功能模块位置编号

但当其中如果含有扩展单元时，扩展单元不算入编号，特殊模块编号则跳过扩展单元，仍由近到远从 0#编起，如图 3-2 所示。

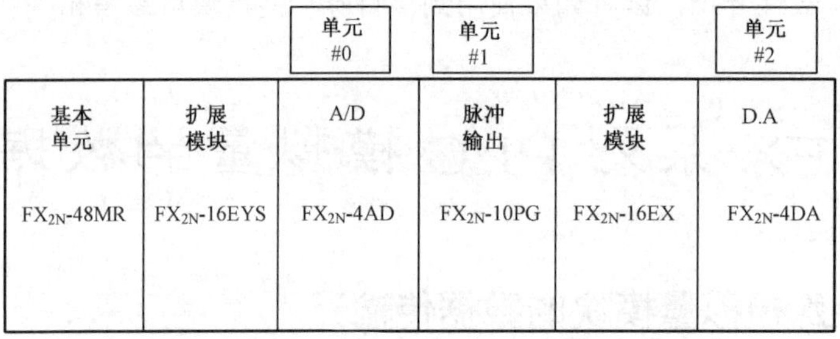

单元 #0
单元 #1
单元 #2
基本单元
扩展模块
A/D
脉冲输出
扩展模块
D.A
FX2N-48MR
FX2N-16EYS
FX2N-4AD
FX2N-10PG
FX2N-16EX
FX2N-4DA

图 3-2　含有扩展单元的特殊功能模块位置编号

一个 PLC 的基本单元最多能够连接 8 个特殊单元模块，编号 0#～7#。FX_{2N} PLC 的 I/O 点数最多是 256 点，它包含了基本单元的 I/O 点数、扩展单元的 I/O 点数和特殊模块所占用的 I/O 点数。特殊模块所占用的 I/O 点数可查询产品手册得到。FX_{2N} PLC 的模拟量模块一般占用 8 个 I/O 点，在输入点、输出点计算均可。

2）特殊功能模块缓冲存储器 BFM

每个特殊功能模块里面有若干个 16 位存储器，产品手册中称为缓冲存储器 BFM。缓冲存储器 BFM 是 PLC 与外部模拟量进行信息交换的中间单元。输入时，由模拟量输入模块将外部模拟量转换成数字量后先暂存在 BFM 内，再由 PLC 进行读取，送入 PLC 的字软元件进行处理。输出时，PLC 将数字量送入输出模块的 BFM 内，再由输出模块自动转换成模拟量送入外部控制器或执行器中，这是模拟量模块的 BFM 的主要功能。除此之外，BFM 还具有如下功能。

（1）模块应用设置功能：模拟量模块在具体应用时，要求对其进行选择性设置，如通道的选择、转换速度、采样等，这些都是针对 BFM 不同单元的内容设置来进行的。

（2）识别和查错功能：每个模拟量模块都有一个识别码，固化在某个 BFM 单元里，用于进行模块识别。当模块发生故障时，BFM 的某个单元会存有故障状态信息。

（3）标定调整功能：当模块的标定不能够满足实际生产需要时，可以通过修改某些 BFM 单元数值建立新的标定关系。

特殊模块的 BFM 数量并不相同，但 FX_{2N} 模拟量模块大多为 32 个 BFM 缓冲存储单元，它们的编号是 BFM#0～BFM#31。每个 BFM 缓冲存储单元都是一个 16 位的二进制存储器。在数字技术中，16 位二进制数位一个“字”，因此，每个 BFM 存储单元都是一个

"字"单元。在介绍模拟量模块的 BFM 功能时，常常把某些 BFM 存储单元的内容称为 "××字"，如通道字、状态字等。

对特殊模块的学习和应用，除了选型、模拟量信号的输入/输出接线和它的位置编号外，对其 BFM 存储单元的学习是个关键，是学习特殊功能模块难点和重点。实际上，学习这些模块的应用就是学习这些存储器的内容跟它的读/写。推广来说，不管学习哪种模块，其核心都是 BFM 缓冲存储器的内容和其读/写。

PLC 与特殊模块的信息交换是通过读指令 FROM 和写指令 TO 的程序编制来完成的。

2. 特殊模块读指令 FROM

特殊模块读指令 FROM 的指令格式如图 3-3 所示。

图 3-3　特殊模块读指令 FROM

解读：当 X0 接通时，把位置编号为 m_1 的特殊模块中以 BFM# m_2 为首址的 n 个缓冲存储器的内容读到 PLC 中以 S 为首址的 n 个 16 位数据单元中。

可用软元件为 m_1：0～7；m_2：0～32767；S：KnY、KnM、KnS、D、C、D、V、Z；n：1～32767。

下面通过具体例子来具体说明指令功能。

【例 1】试说明指令执行功能含义。

（1）FROM　K1　K30　D0　K1

把 1#模块的 BFM#30 单元内容复制到 PLC 的 D0 单元中。

（2）FROM　K0　K5　D10　K4

把 0# 模块的(BFM#5～BFM#8)4 个单元内容复制到 PLC 的(D10～D13)单元中。其对应关系是：(BFM#5)→(D10)，(BFM#6)→(D11)，(BFM#7)→(D12)，(BFM#8)→(D13)。

（3）FROM　K1　K29　K4M10　K1

用 1#模块 BFM#29 的位值控制 PLC 的 M10～M25 继电器的状态。位值为 0，M 断开；位值为 1，M 闭合。例如，BFM#29 中的数值是 1000 0000 0000 0111，那么它所对应的继电器 M10、M11、M12 和 M25 是闭合的，其余继电器都是断开的。

FROM 指令也可 32 位应用，这时传送数据个数为 $2n$ 个。

【例 2】试说明指令执行功能含义。

DFROM　K0　K5　D100　K1

这是 FROM 指令的 32 位应用，注意这个 K1 表示传送 2 个数据，指令执行功能含义是把 0#模块(BFM#5)→(D100)，(BFM#6)→(D101)。

3. 特殊模块写指令 TO

特殊模块写指令 TO 的指令格式如图 3-4 所示。

图 3-4　特殊模块写指令 TO

解读：当 X0 接通时，把 PLC 中以 S 为首址的 n 个 16 位数据的内容写入位置编号为 m1 的特殊模块中以 BFM# m2 为首址的 n 个缓冲存储器中。

可用软元件为 m1：0～7；m2：0～32767；S：K、H、KnX、KnY、KnM、KnS、D、C、D、V、Z；n：1～32767。

TO 指令在程序中常用脉冲执行型 TOP。

下面通过具体例子来具体说明指令功能。

【例 3】试说明指令执行功能含义。

（1）TOP　K1　K0　H3300　K1

把十六进制数 H3300 复制到 1#模块的 BFM#0 单元中。

（2）TOP　K0　K5　D10　K4

把 PLC 的(D10～D13) 4 个单元的内容写入位置编号为 0#模块的(BFM#5～BFM#8) 4 个单元中。其对应关系是：(D10)→(BFM#5)，(D11)→(BFM#6)，(D12)→(BFM#7)，(D13)→(BFM#8)。

（3）TOP　K1　K4　K4 M10　K1

把 PLC 的 M10～M25 继电器的状态所表示的 16 位数据的内容写入位置编号为 1#模块 BFM#4 缓冲存储器中。M 断开，位值为 0；M 闭合，位值为 1。

TO 指令也可 32 位应用，这时传送数据个数为 2n 个。

【例 4】试说明指令执行功能含义。

DTOP　K0　K5　D100　K1

这是 TO 指令的 32 位应用，注意这个 K1 表示传送 2 个数据，指令执行功能含义是把 PLC 的(D100)、(D101)单元中内容复制到位置编号为 0#模块(BFM#5)、(BFM#6)缓冲存储器中。

4．特殊模块编程软元件 U□\G□

三菱在推出 FX₃ 系列 PLC 时，开发了一个专门应用于特殊功能模块的缓冲存储 BMF 操作的编程软元件 U□\G□。使用这个编程软元件不但可以直接进行数据交换，还可以直接应用功能指令对数据进行处理，这为程序编制带来了极大的方便。编程软元件 U□\G□的内容与取值如表 3-1 所列。由于缓冲存储器 BFM 是一个 16 位的寄存器，所以 U□\G□和数据寄存器 D、V、Z 一样是一个字元件（以下也称字元件 U□\G□）。

表 3-1　编程软元件 U□\G□内容与取值

操作数	内容与取值
U□	特殊功能模块位置编号，□=0～7
G□	特殊功能模块缓冲存储器 BFM#编号，□=0～32767

在功能指令中，字元件 U□\G□ 是作为操作数出现的，这样，就给特殊功能模块的缓冲存储器 BFM 的操作带来了很大的方便。

【例 5】试说明指令执行功能含义。

（1）MOV　U0\G0　D100

把 0#模块的 BFM#0 单元内容复制到 PLC 的 D100 单元中。其功能相当于读指令 FROM 的功能。

（2）MOV　D100　U0\G0

把 PLC 的 D100 单元内容复制到 0#模块的 BFM#0 单元中。其功能相当于写指令 TO 的功能

（3）BMOV　U2\G10　D0　K4

把 2# 模块的(BFM#10～BFM#13)4 个单元内容复制到 PLC 的(D0～D3)单元中。其对应关系是：(BFM#10)→(D0)，(BFM#11)→(D1)，(BFM#12)→(D2)，(BFM#13)→(D3)。

（3）MOVP　U1\G29　K4M10

用 1#模块 BFM#29 的位值控制 PLC 的 M10～M25 继电器的状态。

【例 6】试说明指令执行功能含义。

（1）ADDP　U0\G5　D100　D100

把 0#模块的 BFM#5 的数值与 D100 数值相加后又回到 D100。

（2）INCP　U5\G10

把 5#模块的 BFM#10 单元中数值加 1 后又返回到该单元中。

（3）MOV　HFF13　U2\G10Z

字元件 U□\G□ 也可以进行变址操作，如果 Z0 中的数值是 K8，则指令的执行功能是把十六进制数 HFF13 复制到 2#模块的 BFM#18 单元中。

3.1.2　特殊模拟量适配器的数据传输

三菱系列 PLC 早期开发的特殊适配器仅有特殊通信适配器和特殊高速脉冲输入输出适配器。到 FX$_3$ 系列 PLC 出现后，才开发了仅供 FX$_3$ 系列 PLC 应用的特殊模拟量适配器。

特殊适配器安装在 PLC 基本单元的左侧，和特殊功能模块不同，它不是通过数据线与 PLC 相连，而是通过连接端口与 PLC 相连。特殊适配器与特殊功能模块的另一个显著区别，是特殊功能模块与 PLC 的数据传输是通过编写对缓冲存储器进行读写程序进行的，而特殊适配器是通过特殊的辅助继电器和特殊数据寄存器进行的，因此不需要专门编制数据传输的程序。

1. 与 PLC 连接及位置编号

特殊适配器安装在 PLC 基本单元的左侧，通过连接端口与 PLC 相连。图 3-5 为 PLC 基本单元左侧视图。图中 2 为连接适配器的连接口，但这个连接口仅供连接高速输入特殊适配器 FX$_{3U}$-4HSX-ADP 和高速输出特殊适配器 FX$_{3U}$-2HSY-ADP 用，它不能连接通信适配器和模拟量适配器。

如果要连接通信、模拟量适配器，则必须先折下左侧连接功能扩展板的盖板，然后先连

接好功能扩展板。功能扩展板是指如表 3-2 所示的功能扩展通信板等扩展选件。在功能扩展板上类似于图 3-5 中 1 的位置为通信适配器和模拟量适配器的连接口。如果不安装功能扩展板，基本单元上此处设有连接口。

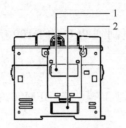

图 3-5　基本单元左侧视图

表 3-2　　FX$_{3U}$ PLC 功能扩展板

型　　号	功　　能
FX$_{3U}$-232-BD	安装特殊适配器用的连接器转换
FX$_{3U}$-422-BD	RS-232 通信用
FX$_{3U}$-485-BD	RS-422 通信用
FX$_{3U}$-USB-BD	RS-485 通信用
FX$_{3U}$-CNV-BD	USB 通信用（编程用）

连接时，如果还有高速输入输出适配器选件，那模拟量适配器必须连接在高速输入输出适配器的后面，如图 3-6 所示。

一台 PLC 最多可以连接 4 台模拟量适配器，位置编号是最靠近 PLC 左侧的为第 1 台，然后依次为第 2 台、第 3 台、第 4 台。如果其中间还连接有其他非模拟量适配器，则这些非模拟量适配器不参与编号，如图 3-7 所示。

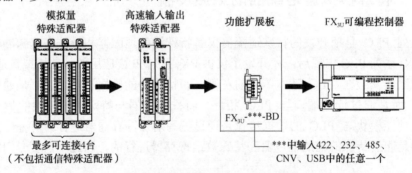

图 3-6　模拟量特殊适配器连接图示

第4台	第3台	第2台	通信适配器	第1台	高速脉冲输入适配器	基本单元
FX$_{3U}$-4AD-TC-ADP	FX$_{3U}$-4DA-ADP	FX$_{3U}$-4AD-ADP	FX$_{3U}$-485ADP	FX$_{3U}$-4AD-ADP	FX$_{3U}$-4HSX-ADP	FX$_{3U}$-32MT/ES

图 3-7　模拟量特殊适配器位置编号

2．数据传输

模拟量特殊适配器内部没有缓冲器 BFM，它和 PLC 的数据传输和设置是通过指定的特殊辅助继电器和特殊数据寄存器进行的。除了编写简单的设置程序外，不需要编制数据传输程序，这给用户带来了很大的方便。相比于特殊功能模块，适配器不占用 PLC 的 I/O 点数。

关于模拟量特殊适配器的具体使用，请参看后面章节的讲解。

3．定坐标指令 SCL 和 SCL2

定坐标指令又叫作线性折线输出指令。在模拟量控制中，传感器的输出电信号与被测参数之间常常呈非线性关系。这时，为了保证系统的参数具有线性输出，就必须对输入参数的非线性进行"线性化"处理。其中一个方法叫作线性插值法，它是把一个非线性函数分成若干个区间，在每个区间内用一段直线来代替这段非线性曲线，这样，就把一个非线性关系变成了由若干段折线组成的线性关系，如图 3-8 所示。

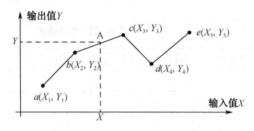

图 3-8　非线性关系的线性化处理

图 3-8 中，把各段折线的端点取做坐标点，各坐标点的数值是通过测试得到或人为指定的。每输入一个值，都会落在某个区间内，由此区间的直线可计算相应的输出值，如图中的 A 点。PLC 是通过编制程序来完成上述过程的。首先，要在 PLC 内存入各个坐标点的参数；其次，要判断输入值落入哪个区间；最后，再根据该区间的直线段方程计算出输出值。当折线段较多时，程序编制比较冗长、烦琐，容易出错，且占用存储量较大。

定坐标指令 SCL（SCL2）则弥补了上面的不足，使用定坐标指令同样要把各坐标点输入到指定的存储区，但是只要在指令中指定一个输入值，指令会自动完成输入值所在区间的搜索，然后根据该区间直线自动算出输出值并送到指定存储器中，不再需要编制任何程序。这样一步到位，十分方便。

在模拟量特殊适配器中，标定的修正就是利用定坐标指令来完成的，详见 3.7 节讲解。

1）定坐标指令 SCL——(X，Y)坐标点顺序存储

定坐标指令 SCL 的指令格式如图 3-9 所示。

图 3-9　定坐标指令 SCL

解读：当 X0 接通时，将所设定的 S1 指令值代入由 S2 为首址的数据表格所形成的线性

折线中，相对应的输出值送入 D。

可用软元件为：

S1：KnX、KnY、KnM、KnS、T、C、D、R、K、H；

S2：D、R；

D：KnY、KnM、KnS、T、C、D、R。

执行定坐标指令时，用户必须先根据实际情况设计一个线性折线，如图 3-8 所示。n 段折线必须有 $n+1$ 个端点，端点的坐标是用户根据实验结果或设计要求所确定的。每个端点都有一对坐标（X,Y）。折线的点的个数和每个端点的坐标都必须按规定送入一个连续的存储区域，形成一个数据表格。执行 SCL 指令时，程序会自动将输入值 S1 在折线的 X 值范围（图 3-8 中 $X_1 \sim X_5$）里搜索，搜索完成后，会自动在所对应的折线段上计算出相应的输出值并送到 D 中保存。

SCL 指令的数据表格格式如表 3-3 所示，该表是一个 5 个点 4 段折线的示例，如点数增加，再顺序添加即可。

表 3-3   SCL 指令数据格式存储表

设定项目		存储单元
点数		S2
点 1	X_1	S2+1
	Y_1	S2+2
点 2	X_2	S2+3
	Y_2	S2+4
点 3	X_3	S2+5
	Y_3	S2+6
点 4	X_4	S2+7
	Y_4	S2+8
点 5	X_5	S2+9
	Y_5	S2+10

对 SCL 指令应用，试举一例说明。

【例 7】如图 3-10 所示为某一传感器输入与输出数字量关系特性，试设计 SCL 指令程序，读取当传感器输入为 8mA 和 15mA 时的输出数字量值。

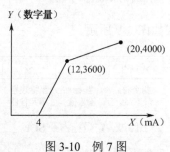

图 3-10 例 7 图

根据图 3-10 设计数据存储表格如表 3-4 所示，程序设计如图 3-11 所示。

表 3-4 例 7 数据格式存储表

设定项目		数 值	存储单元
点数		K3	D0
点 1	X_1	K4	D1
	Y_1	K0	D2
点 2	X_2	K12	D3
	Y_2	K3600	D4
点 3	X_3	K20	D5
	Y_3	K4000	D6

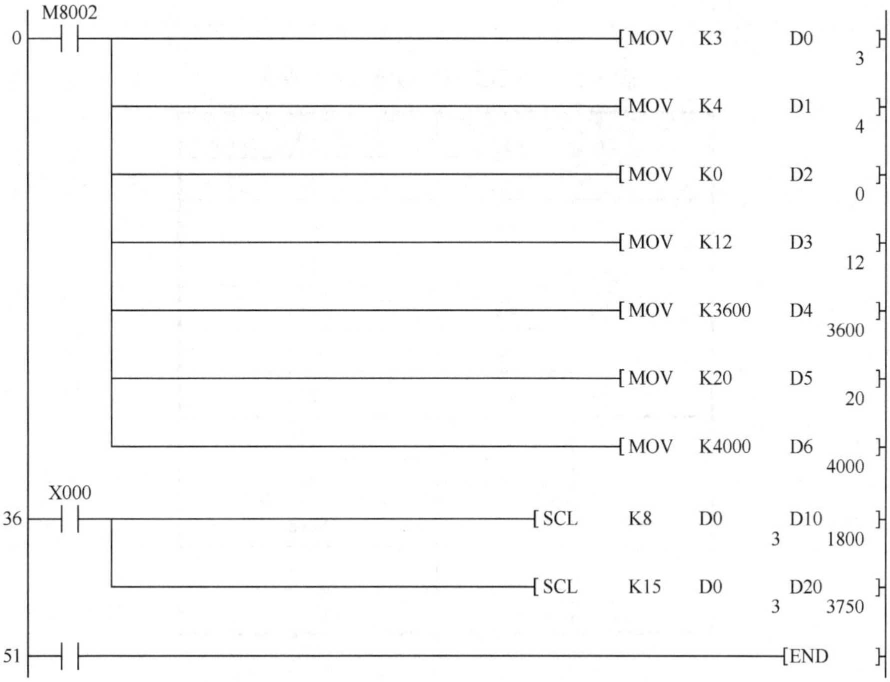

```
      M8002
  0 ──┤├──┬─────────────────────────[ MOV   K3      D0    ]
        │                                                 3
        ├─────────────────────────[ MOV   K4      D1    ]
        │                                                 4
        ├─────────────────────────[ MOV   K0      D2    ]
        │                                                 0
        ├─────────────────────────[ MOV   K12     D3    ]
        │                                                 12
        ├─────────────────────────[ MOV   K3600   D4    ]
        │                                                 3600
        ├─────────────────────────[ MOV   K20     D5    ]
        │                                                 20
        └─────────────────────────[ MOV   K4000   D6    ]
                                                          4000
      X000
 36 ──┤├──┬───────────────────────[ SCL   K8      D0   D10  ]
        │                                         3    1800
        └───────────────────────[ SCL   K15     D0   D20  ]
                                                   3    3750

 51 ──┤├──────────────────────────────────────────────[ END ]
```

图 3-11 例 7 程序梯形图

定坐标指令 SCL 在应用时，注意以下几点：

（1）数据表格存储时 X 点的数据没有按照由小到大顺序排列时出错。

（2）所设定的输入值必须在数据表格中的 $X_1 \sim X_n$ 之间，超出范围则出错。

（3）在 32 位运算时，坐标点各点之间的距离不能超过 65535，运算过程中的数值不能超过 32 位数据所表示的范围。

以上 3 项，有一项出错，则出错标志位 M8067 为 ON，且错误代码 K6706 保存在 D8067 中。

2）定坐标指令 SCL2——X、Y 坐标顺序存储

定坐标指令 SCL2 的指令格式如图 3-12 所示。

图 3-12　定坐标指令 SCL2

定坐标指令 SCL2 的功能及应用完全和 SCL 指令一样，所不同的是坐标点的存储方式不一样。SCL 指令是按照坐标点的坐标（X,Y）一个点一个点地顺序存储。而 SCL2 指令是按点的 X 坐标顺序，然后再按 Y 坐标顺序存储。两者所占用的存储单元是一样的。

如图 3-8，SCL 指令的存储顺序是：X_1，Y_1，X_2，Y_2，X_3，Y_3，X_4，Y_4，X_5，Y_5。而 SCL 指令的存储顺序则是：X_1，X_2，X_3，X_4，X_5，Y_1，Y_2，Y_3，Y_4，Y_5。例如表 3-4 的 SCL2 指令的存储方式为表 3-5 所示。

表 3-5　SCL2 指令数据格式存储表

设定项目		存储单元
点数		S2
X 轴	X_1	S2+1
	X_2	S2+2
	X_3	S2+3
	X_4	S2+4
	X_5	S2+5
Y 轴	Y_1	S2+6
	Y_2	S2+7
	Y_3	S2+8
	Y_4	S2+9
	Y_5	S2+10

3.2　FX 系列模拟量模块和适配器介绍

3.2.1　FX$_{2N}$ 模拟量特殊功能模块介绍

三菱生产商为 FX$_{2N}$ PLC 开发的模拟量模块有 9 种，分为模拟量输入/输出和温度传感器输入两大类（见表 3-6）。它们不但可以用在 FX$_{2N}$ PLC 上，也可以用在 FX$_{1N}$、FX$_{2NC}$、FX$_{3U}$、FX$_{3UC}$ 等系列的 PLC 上。

表 3-6　FX_{2N} 模拟量模块一览表

序	型　号	名　称	功　能
1	FX_{2N}-5A	模拟量输入输出模块	4 通道 A/D，1 通道 D/A
2	FX_{2N}-2AD	2 通道模拟量输入模块	2 通道模拟量输入
3	FX_{2N}-4AD	4 通道模拟量输入模块	4 通道模拟量输入
4	FX_{2N}-8AD	8 通道模拟量温度传感器输入模块	8 通道模拟量输入
5	FX_{2N}-2DA	2 通道模拟量输出模块	2 通道模拟量输出
6	FX_{2N}-4DA	4 通道模拟量输出模块	4 通道模拟量输出
7	FX_{2N}-4AD-PT	4 通道 PT 热电阻温度传感器用模块	4 通道 PT100 型热电阻温度传感器输入
8	FX_{2N}-4AD-TC	4 通道热电偶型温度传感器用模块	4 通道热电偶温度传感器输入
9	FX_{2N}-2LC	2 通道温度控制模块	2 通道温度输入，2 通道晶体管输出，2 位置 PI 控制

特殊功能模块的扩展接口在 PLC 的右侧，这是一个扁平电缆的接口，由扩展单元或者特殊功能模块自带的电缆线接入，如图 3-13 所示。

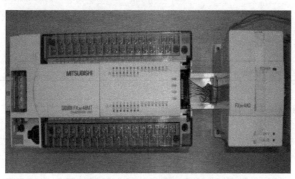

图 3-13　特殊模块的扩展连接

当有多个扩展模块时，采用逐级相接的方式连接，即后一个模块的连接电缆插在前一个模块的扩展接口上。

下面先对 FX_{2N} PLC 模拟量模块作一些简单的介绍，其他将会在后面进行详细讲解的 FX_{2N} 和 FX_{3U} PLC 模拟量模块知识在这里不作介绍。这一部分内容也可作为应用资料查找使用。有基础的读者可以跳过这一节，直接进入下一节的学习。

1．FX_{2N}-8AD 模拟量输入（温度传感器输入）混合模块

（1）可以进行 8 个通道的电压输入或电流输入，以及热电偶（K 型、J 型、T 型）的温度传感器输入。

（2）可以以通道为单位，混合使用电压、电流、热电偶输入。

（3）FX_{2N}-8AD 模拟量输入（温度传感器输入）混合模块性能规格见表 3-7。

表 3-7　FX$_{2N}$-8AD 模拟量输入（温度传感器输入）混合模块性能规格表

项　目	电　压　输　入	电　流　输　入
模拟量输入范围	DC –10 ～ 10V（输入电阻 200kΩ），偏置值为–10～9V，绝对最大输入为±15V	DC –20～20mA，DC 0～20mA（输入电阻 250Ω），绝对最大输入为±30mA
有效数字量输出	14 位二进制+1 位符号位	13 位二进制+1 位符号位
分辨率	0.63mV（20V×1/32000） 2.50mV（20V×1/8000）	【–20～20mA 输入时】 2.50μA（40mA×1/16000） 5.00μA（40mA×1/8000） 【4～20mA 输入时】 2.00μA（16mA×1/8000） 4.00μA（16mA×1/4000）
综合精度	环境温度变化 25±5℃时： ±0.3%（20V 满量程），即±60mV； 环境温度变化 0～55℃时： ±0.5%（20V 满量程），即±100mV	环境温度变化 25±5℃时： ±0.3%（40mA 满量程），即±120μA； 环境温度变化 25±5℃时： ±0.5%（40mA 满量程），即±200μA
转换速度	仅使用电压电流输入时：500μs×使用通道数。 使用 1 个通道以上热电偶输入时： 电压电流输入通道为 1ms×使用通道数； 热电偶输入通道为 40ms×使用通道数	
隔离方式	输入和 PLC 的电源间采用光耦及 DC/DC 转换器进行隔离	
电源	DC 5V 50mA（PLC 内部供电），DC 24V 80mA（外部供电）	
占用 PLC 点数	8 点	
适用 PLC	FX$_{1N}$、FX$_{2N}$、FX$_{3U}$、FX$_{2NC}$、FX$_{3UC}$	
项　目	摄氏（℃）	华氏（℉）
输入信号	热电偶 K 型、J 型、T 型（可以区分使用）	
额定温度范围	K：–100～1200℃ J：–1000～6000℃ T：–1000～3500℃	K：–148～2192℉ J：–148～1112℉ T：–148～662℉
有效数字量输出	K：–1000～12000 J：–100～6000 T：–100～3500	K：–1480～21920 J：–1480～11120 T：–1480～6620
分辨率	K、J、T：0.1℃	K、J、T：0.18℉
综合精度	K、J 环境温度变化 25±5℃时： ±0.5%（满量程），K：±6.5℃/±11.7℉，J：±3.5℃/±6.3℉； T 环境温度变化 0～55℃时： ±0.7%（满量程），T：±3.15℃/±5.67℉	

2. FX$_{2N}$-5A 模拟量输入/输出混合模块

（1）具有 4 通道模拟量输入和 1 通道模拟量输出。

（2）具有–100～100mV 的微电压输入范围，因此不需要信号转换器等。

（3）各通道可以用于不同的输入范围，输入模拟量范围有±100mV、±10V、4～20mA、±20mA。有输入滤波调整功能、内部运算功能、比例功能。

（4）FX_{2N}-5A 模拟量输入/输出混合模块性能规格见表 3-8。

表 3-8　FX_{2N}-5A 模拟量输入/输出混合模块性能规格表

A/D	电 压 输 入	电 流 输 入
模拟量输出范围	DC–100～100mA，DC–10～10V（输入电阻 200kΩ）	DC 4～20mA，DC–20～20mA（输入电阻 250Ω）
输入特性	可以对各通道设定电压输入和电流输入	
有效数字量输出	11 位二进制+1 位符号位（±100mV） 15 位二进制+1 位符号位（±10V）	14 位二进制+1 位符号位
分辨率	50μA（±100mV） 312.5μA（±10V）	1.25μA 10μA
转换速度	1ms×使用通道数（数字滤波功能 off）	
综合精度	环境温度变化 25±5℃时：±0.3% 环境温度变化 0～55℃时：±0.5%	环境温度变化 25±5℃时：±0.5% 环境温度变化 0～55℃时：±1.0%
D/A	电 压 输 出	电 流 输 出
模拟量输出范围	DC–10～10V（外部负载电阻 2kΩ～1MΩ）	DC 4～20mA，DC 0～20mA（外部负载电阻 500Ω 以下）
有效数字量输入	11 位二进制+1 位符号位	10 位二进制
分辨率	5mV	20μA
转换速度	2ms（数字滤波功能 off）	
综合精度	环境温度变化 25±5℃时：±0.5% 环境温度变化 0～55℃时：±1.0%	
通用部分	电压输入/输出	电流输入/输出
隔离方式	输入和 PLC 的电源间采用光耦及 DC/DC 转换器进行隔离	
电源	DC 5V 70mA（PLC 内部供电），DC 24V 90mA（外部供电）	
占用 PLC 点数	8 点	
适用 PLC	FX_{1N}、FX_{2N}、FX_{3U}、FX_{2NC}、FX_{3UC}	

3. FX_{2N}-2LC 温度控制模块

（1）备有 2 个通道的温度输入和 2 个通道的晶体管输出。

（2）1 个模块可以对 2 个系统进行温度调节。

（3）单个模块就支持 PID（带自整定），2 个位置控制、PI 控制。

（4）可以通过电流检测线（CT）检测出断线。

（5）FX_{2N}-2LC 温度控制模块性能规格见表 3-9。

表 3-9　FX$_{2N}$-2LC 温度控制模块性能规格表

性 能 项 目	内　　　容
控制方式	2 位置控制、PID 控制（带自整定）、PI 控制
控制运算周期	500ms
设定温度范围	与输入范围相同
加热器断线检测	通过缓存检测报警（在 0.0～100.0A 范围内可变）
运行模式	0：测定值监控；1：测定值监控+温度报警；2：测定值监控+温度报警+控制（通过缓存选择）
自诊断功能	进行调整数据检查、输入值检查、WDT
隔离方式	输入和 PLC 的电源间采用光耦及 DC/DC 转换器进行隔离
电源	DC 5V 70mA（PLC 内部供电），DC 24V 55mA（外部供电）
占用 PLC 点数	8 点
适用 PLC	FX$_{1N}$、FX$_{2N}$、FX$_{3U}$、FX$_{2NC}$、FX$_{3UC}$
温 度 输 入	**内　　　容**
输入点数	2 点
热电偶输入	K、J、R、S、E、T、B、N、PLII、WRe5-26、U、L
热电阻输入	Pt100、JPt100
测定精度	环境温度变化 23±5℃时：±0.3%±1 位；环境温度变化 0～55℃时：±0.7%±1 位
冷接点温补误差	±1.0℃以内；输入值为–100～150℃：±2.0℃以内；输入值为–150～200℃：±3.0℃以内
分辨率	0.1℃或 1℃（因输入范围而异）
采样周期	500ms
外部电阻影响	0.35μA/Ω
输入阻抗	1MΩ以上
传感器电流	0.3Ma
允许输入导线电阻	10Ω以下
输入断路短路动作	上限，下限
CT　输　入	**内　　　容**
输入点数	2 点
电流检测器	CTL-12-S36-8，CTL-6-P-H
加热器电流测定值	使用 CTL-12 时：0.0～100.0A；使用 CTL-6 时：0.0～30.0A
测定精度	输入值的±5%以及 2A 中较大的一方
采样周期	1s
输 出 部 分	**内　　　容**
输出点数	2 点（开路集电极晶体管输出）
额定负载电压	DC 5～24V，最大 DC 30V 以下
最大负载电流	100mA
ON 时的最大压降	最大 2.5V（通常 1.0V）
控制的输出周期	30s（1～100s 内可变）

3.2.2　FX₃ᵤ 模拟量控制模块介绍

三菱生产商为 FX₃ᵤ PLC 开发的模拟量控制模块分为特殊适配器和特殊功能模块两大类，它们仅可以用在 FX₃ᵤ 系列 PLC 上。

模拟量特殊适配器是三菱专为 FX₃ᵤ 系列 PLC 开发的产品，它和模拟量特殊功能模块对模拟量的输入、输出功能是一样的，但在使用上有很大差别，主要区别是：

（1）安装位置不同，特殊适配器在基本单元的左侧位置，而特殊功能模块在基本单元的右侧位置。

（2）与 PLC 数据交换的方式不同，特殊功能模块使用内部缓存存储单元通过功能指令与 PLC 交换数据，特殊适配器使用特殊软元件与 PLC 交换数据。

三菱生产商为 FX₃ᵤ 系列 PLC 开发的模拟量控制模块有 6 种，见表 3-10。

表 3-10　FX₃ᵤ 模拟量控制模块一览表

序	型　　号	名　　称	功　　能
1	FX₃ᵤ-4AD-ADP	4 通道模拟量输入适配器	4 通道模拟量输入
2	FX₃ᵤ-4DA-ADP	4 通道模拟量输出适配器	4 通道模拟量输出
3	FX₃ᵤ-4AD-PT-ADP	4 通道热电阻型温度传感器用适配器	4 通道 PT100 型热电阻温度传感器输入
4	FX₃ᵤ-4AD-TC-ADP	4 通道热电偶型温度传感器用适配器	4 通道热电偶温度传感器输入
5	FX₃ᵤ-4AD	4 通道模拟量输入模块	4 通道模拟量输入
6	FX₃ᵤ-4DA	4 通道模拟量输出模块	4 通道模拟量输出

1．FX₃ᵤ-4DA-ADP 模拟量输出适配器

（1）分辨率为 12 位二进制的高精度模拟量输出适配器。

（2）可进行 4 通道的电压输出（DC0～10V）或者电流输出（DC4～20mA）。

（3）可以对各通道分别指定电压或者电流输出。

（4）无需程序（无需专用指令）即可传送数据。

（5）FX₃ᵤ-4DA-ADP 模拟量输出适配器性能规格见表 3-11。

表 3-11　FX₃ᵤ-4DA-ADP 模拟量输出适配器性能规格表

项　　目	电　压　输　入	电　流　输　入
模拟量输出范围	DC 0～10V（外部负载 5k～1MΩ）	DC 4～20mA（外部负载 500Ω 以下）
有效数字量输入	12 位二进制	
分辨率	2.5mV（10V/4000）	4μA（16mA/4000）
综合精度	环境温度 25°±5°时： 针对满量程 10V 为 ±0.5%（±50mV）； 环境温度 0°～55°时： 针对满量程 20V 为 ±0.5%（100mV）； 外部负载电阻（R_s）不满 5kΩ 时，要增加下列计算部分：（每 1% 增加 100mV） （47×100/R_s+47）-0.9%	环境温度 25°±5°时： 针对满量程 16mA 为 ±0.5%（±80μA）； 环境温度 0°～55°时： 针对满量程 16mA 为 ±1.0%（±160μA）

续表

项　　目	电 压 输 入	电 流 输 入
转换速度	200μs（每个扫描周期更新数据）/单元	
隔离方式	模拟量输出部分与 PLC 间采用光耦隔离 驱动电源与模拟量输出部分间采用 DC/DC 转换器隔离（各通道间不隔离）	
电源	DC5V 15mA（PLC 内部供电） DC24V±10%～±15% 150mA/DC24V（外部供电）	
I/O 占用点数	0 点	
适用的 PLC	FX$_{3U}$、FX$_{3UC}$（Ver1.30 开始对应）PLC 需要功能扩展板	
重量	0.1kg	

2. FX$_{3U}$-4AD-TC-ADP 温度控制适配器

（1）热电偶（K 型、J 型）温度传感器输入适配器。

（2）可以输入 4 个通道。

（3）测定单位可以设定为摄氏（℃）或者华氏（℉）。

（4）无需程序（无需专用指令）即可传送数据。

（5）FX$_{3U}$-4AD-TC-ADP 温度控制适配器性能规格见表 3-12。

表 3-12　FX$_{3U}$-4AD-TC-ADP 温度控制适配器性能规格表

项　　目	摄氏（℃）		华氏（℉）	
输入信号	热电偶 K 型或者 J 型 JISC1602～1995，但是所有通道请使用同一型号的热电偶			
温度范围	K 型	（-100℃～+1000℃）	K 型	（-148℉～+1832℉）
	J 型	（-100℃～+600℃）	J 型	（-148℉～+1112℉）
有效数字值输出	K 型	（-1000℃～+10000℃）	K 型	（-1480℉～+18320℉）
	J 型	（-1000℃～+6000℃）	J 型	（-1480℉～+11120℉）
分辨率	K 型	（0.4℃）	K 型	（0.72℉）
	J 型	（0.3℃）	J 型	（0.54℉）
综合精度	±（0.5%满量程）±1℃			
转换速度	200μs（每个扫描周期更新数据）			
隔离方式	模拟量输入部分和可编程控制器之间采用光耦隔离 驱动电源和模拟量输入部分之间采用 DC/DC 转换器隔离（各通道不隔离）			
电源	DC5V 15mA（可编程控制器内部供电） DC24V±15%～20% 45mA/DC24V（通过端子外部供电）			
输入输出点数	0 点			
适用的 PLC	FX$_{3U}$、FX$_{3UC}$（Ver1.30 开始对应）			
重量	0.1kg			

3．FX$_{3U}$-4AD 模拟量输入模块

（1）分辨率为 15 位二进制+符号 1 位（电压）、14 位二进制+符号 1 位（电流）的高精度模拟量输入模块。

（2）可进行 4 通道的电压输入（DC-10～10V）或者电流输入（DC-20～20mA、DC4～20mA）。

（3）可以对各通道分别指定电压或电流输入。

（4）BFM 的数据传输速度比以前最多快 5 倍。

（5）实现了 500μs/通道的高速 A/D 转换。

（6）具有数字滤波功能及峰值保持功能等多种功能。

（7）FX$_{3U}$-4AD 模拟量输入模块性能规格见表 3-13。

表 3-13　FX$_{3U}$-4AD 模拟量输入模块性能规格表

项　　目	电压输入	电流输入
模拟量输出范围	DC-10V～10V（输入电阻 200kΩ）	DC-20mA～20mA、4mA～20mA（输入电阻 250Ω）
有效的数字量输入	15 位二进制+符号 1 位	14 位二进制+符号 1 位
分辨率	0.32mV（20V×1/64000）	1.25μA（40mA×1/32000）
综合精度	环境温度 25℃±5℃时： 针对满量程 20V 为±0.3%（±60mV）； 环境温度 0℃～55℃时： 针对满量程 20V 为±0.5%（±100mV）	环境温度 25℃±5℃时： （-20mA～20mA 输入时） 针对满量程 40mA 为±0.5%（±200μA）； 4mA～20mA 输入时相同。 环境温度 0℃～55℃时： （-20mA～20mA 输入时） 针对满量程 40mA 为±1%（±400μA）； 4mA～20mA 输入时相同
转换速度	500μs×通道数（使用数字滤波时为 5ms×使用的通道数）	
隔离方式	模拟量输入部分和 PLC 间采用光耦隔离； 模拟量输入部分和电源间采用 DC/DC 转换器隔离（各通道间不隔离）	
电源	DC5V 100mA（PLC 内部供电）；DC24V±10% 90mA（外部供电）	
I/O 占用点数	8 点	
适用的 PLC	FX$_{3U}$ PLC（Ver2.20 开始对应），FX$_{3UC}$ PLC（Ver1.30 开始对应）	
重量	0.2kg	

4．FX$_{3U}$-4DA 模拟量输出模块

（1）分辨率为 15 位二进制+符号 1 位（电压）、15 位二进制（电流）的高精度模拟量输出模块。

（2）可进行 4 通道的电压输出（DC-10～10V）或电流输出（DC0～20mA、DC4～

20mA）。

（3）可以对各通道分别指定电压或者电流输出。

（4）BFM 的数据传输速度比以前最多快 5 倍。

（5）具有表格输出功能及上下限值功能等多种功能。

（6）FX_{3U}-4DA 模拟量输出模块性能规格见表 3-14。

表 3-14 FX_{3U}-4DA 模拟量输出模块性能规格表

项 目	电压输入	电流输入
模拟量输出范围	DC0～10V（外部负载 5kΩ～1MΩ）	DC4～20mA（外部负载 500Ω 以下）
有效的数字量输入	15 位二进制+符号 1 位	15 位二进制
分辨率	0.32mV（20V×1/64000）	0.63μA（20mA×1/32000）
综合精度	环境温度 25°±5°时： 针对满量程 20V 为±0.3%（±60mV）； 环境温度 0°～55°时： 针对满量程 20V 为±0.5%（±100mV）	环境温度 25°±5°时： 针对满量程 20mA 为±0.3%（±60μA）； 环境温度 0°～55°时： 针对满量程 20V 为±0.5%（±100μA）
转换速度	1ms（与使用的通道数无关）	
隔离方式	模拟量输出部分与 PLC 间采用光耦隔离； 驱动电源与模拟量输出部分间采用 DC/DC 转换器隔离（各通道间不隔离）	
电源	DC5V 120mA（PLC 内部供电）； DC24V±10% 160mA/DC24V（外部供电）	
I/O 占用点数	8 点	
适用的 PLC	FX_{3U} PLC（Ver2.20 开始对应），FX_{3UC} PLC（Ver1.30 开始对应）	
重量	0.2kg	

3.3 模拟量输入模块 FX_{2N}-4AD 的应用

FX_{2N}-4AD 模块是一个模拟量输入模块，下面对该模块进行较详细的分析，使大家能够通过对该模块的学习掌握模块分析的方法，知道学习模块应用的重点和难点所在。

3.3.1 接线和标定

1. 接线和端子排列

FX_{2N}-4AD 的接线和端子排列如图 3-14 所示。

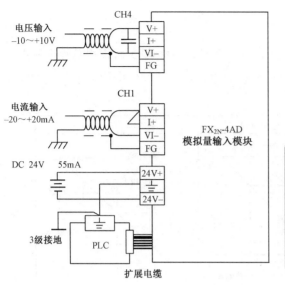

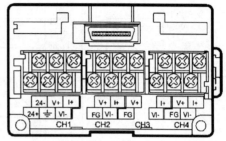

图 3-14　FX₂N-4AD 接线和端子排列图

接线说明如下：

（1）模拟量输入通道通过屏蔽双绞线来接收，电缆应远离电源线或其他可能产生电气干扰的电线和电源。

（2）如果输入电压有波动，或在外部接线中有电气干扰，可接入一个平滑电容器，容量为 $0.1\sim0.47\mu F/25V$。

（3）如果存在过多的电气干扰，应连接 FG 的外壳地端和模块的接地端。

（4）连接模块的接地端与主单元的接地端，可行的话，在主单元使用 3 级接地（接地电阻小于 100Ω）。

2．性能指标

FX₂N-4AD 的性能指标见表 3-15。

表 3-15　FX₂N-4AD 的性能指标

项　　目	电 压 输 入	电 流 输 入
	可以选择电压或电流输入，一次可同时使用 4 个通道	
模拟量输入范围	DC 0～10V（输入电阻 200kΩ），绝对最大输入为±15V，超过单元会被破坏	DC–20～20mA（输入电阻 250Ω），绝对最大输入为±32mA，超过单元会被破坏
数字量输出	12 位转换结果以 16 位二进制补码方式存储 最大值：+2047；最小值：–2048	
分辨率	5mV（10V×1/2000）	20μA（20mA×1/4000）
综合精度	±1%（±10V 满量程）	±1%（±20mA 满量程）
转换速度	15ms×(1～4 个通道)/普通模式，6ms×(1～4 个通道)/高速模式	

3. 标定

FX$_{2N}$-4AD 标定如图 3-15 所示，由图中可以看到，FX$_{2N}$-4AD 有 3 种模拟量输入标准：DC–10～10V，DC 4～20mA，DC –20～20mA。4 个通道各输入何种标准由通道字缓冲存储器内容确定。

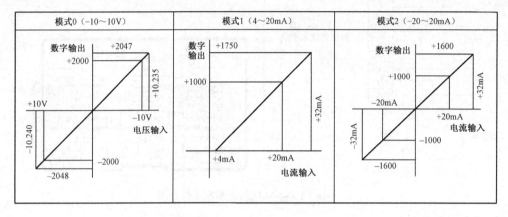

图 3-15　FX$_{2N}$-4AD 标定图

3.3.2　缓冲存储器 BFM#功能分配

三菱模拟量模块的功能应用是通过缓冲存储器 BFM 的各个单元的内容设置来完成的，FX$_{2N}$-4AD 模拟量输入模块共有 32 个 BFM 缓冲存储器，编号为 BFM#0～BFM#31。其中除保留和禁用外，其余的 BFM 缓冲存储器都表示一定的功能或含义。每个 BFM 缓冲存储器在出厂时都有一个出厂值，当出厂值满足控制要求时，不需要对它进行修改；当出厂值不满足控制要求时，则必须通过写指令 TO 对它进行修改。

FX$_{2N}$-4AD 模拟量输入模块缓冲存储区存储单元功能及出厂设置值见表 3-16

表 3-16　FX$_{2N}$-4AD 模拟量模块缓冲存储器一览表

BMF#	功　能	设定范围	出厂值	数据类型
0	输入通道组态选择	H××××	H0000	16 进制
1	CH1 平均值的采样次数	1～4096	8	10 进制
2	CH2 平均值的采样次数	1～4096	8	10 进制
3	CH3 平均值的采样次数	1～4096	8	10 进制
4	CH4 平均值的采样次数	1～4096	8	10 进制
5	CH1 输入模拟量的采样平均值	0	0	10 进制
6	CH2 输入模拟量的采样平均值	0	0	10 进制
7	CH3 输入模拟量的采样平均值	0	0	10 进制
8	CH4 输入模拟量的采样平均值	0	0	10 进制
9	CH1 输入模拟量当前值	0	0	10 进制
10	CH2 输入模拟量当前值	0	0	10 进制

续表

BMF#	功　能	设定范围	出厂值	数据类型
11	CH3 输入模拟量当前值	0	0	10 进制
12	CH4 输入模拟量当前值	0	0	10 进制
13～14	保留	—	—	—
15	模块的 A/D 转换速度	0, 1	0	10 进制
16～19	保留	—	—	—
20	复位到出厂值	0, 1	0	10 进制
21	模块 BFM 缓冲存储器禁止/允许调整	1, 2	1	10 进制
22	通道禁止/允许调整组态选择	H××××	H0000	16 进制
23	偏移调整值	−327678～+32767	0	10 进制
24	增益调整值	−327678～+32767	5000	10 进制
25～28	保留	—	—	—
29	错误状态信息	—	—	10 进制
30	模块识别码	—	2010	10 进制
31	禁用	—	—	—

根据 BFM 缓冲存储器所完成的功能可以分为下面几个方面讲解。

1. 模块初始化缓冲存储器

1）通道字 BFM#0——模拟量通道组态选择

输入通道组态选择是由 BFM#0 储存器的内容所决定的。设置 BFM#0 为 4 位十六进制数，十六进制数的位代表输入控制通道，而每位数符代表其输入模拟量的类型，如图 3-16 所示。

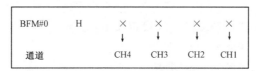

图 3-16　FX_{2N}-4AD 模拟量通道组态选择

图 3-15 中，数值×所表示的输入模拟量类型如下。

● 0：–10～10V 模拟量输入。

● 1：4～20mA 模拟量输入。

● 2：–20～20mA　模拟量输入。

● 3：通道关闭。

通道字出厂值为 H0000，即所有通道均设置为–10～10V 输入。

输入通道为什么要关闭？因为它会受到干扰，如果不关闭，模块就认为有电压而进行转换，这样就会增加转换时间而影响转换速度。

通道字一旦确定，模块的相应通道必须严格按照控制要求输入确定模拟量；而通道字的数符只能出现 0、1、2、3，不能出现其他数符。

【例1】试说明通道字 H3102 的含义。

通道控制含义如下。

CH1=2：通道 1 为模拟量−20～20mA 输入。

CH2=0：通道 2 为模拟量−10～10V 输入。

CH3=1：通道 3 为模拟量 4～20mA 输入。

CH4=3：通道 4 关闭。

【例2】FX$_{2N}$-4AD 通道组态为 CH1 关闭，CH2 为 4～20mA 输入，CH3 关闭，CH4 为 0～10V 输入。试编制通道字和写入指令（模块编号 0#）。

通道字为 H0313，写入指令为 TOP K0 K0 H0313 K1 或为 MOVP HO313 U0 /G0。

2）采样字 BFM#1～BFM#4——平均值采样次数选择

模拟量输入时，采用了平均值滤波的方式。把几次采样值进行平均值处理后作为一次采样值送入由 PLC 读取的 BFM 中。采样字就是确定平均值的次数。

采样字有 4 个：BFM#1～BFM#4，分别对应通道 CH1～CH4。其取值范围是 1～4096，一般取值 4、6、8 就够了，出厂值为 8。

【例3】试说明指令 TOP K1 K1 K4 K2 的执行功能。

指令执行功能是把 K4 分别写入 1#模块的 BFM#1 和 BFM#2 两个存储器。

如果 1#模块为 FX$_{2N}$-4AD，则表示（BFM#1）=4，（BFM#2）=4，其含义就是通道 CH1 和 CH2 采样字为 4，即采样值为采样 4 次的平均值。

这条指令仅对 CH1 和 CH2 通道的采样字进行了设置，其余两个通道 CH3、CH4 仍为出厂值 8，如果不用，则必须在通道字中将其关闭。

如果控制要求每个通道的采样值都不一样，那就要用指令 TO 一个一个写入。

3）速度字 BFM#15——通道的 A/D 转换速度

这个字表示模块的 A/D 转换速度，其设置如下。

（BFM#15）=0：转换速度为 15ms/通道。

（BFM#15）=1：转速速度为 6ms/通道。

其出厂值为 0。

应用时应注意以下两点：①为了保持高速（6ms/通道）转换率，应尽可能少使用 FROM/TO 指令；②如果程序中改变了转换速度后，BFM#1～BFM#4 将马上恢复到出厂值（BFM#1～BFM#4 为 0）。

通道字、采样字和速度字是在应用 FX$_{2N}$-4AD 模拟量输入模块进行数据传输前必须要先设置的 BFM 存储器的内容，因此，把这 3 个字的设置称为模块的初始化。

【例4】某 PLC 控制系统连接模块如图 3-17 所示。FX$_{2N}$-4AD 使用通道 CH1 输入 4～20mA 电流信号，CH3 输入−10～10V 电压信号，其余通道关闭。设置平均值采样次数为 4 次，A/D 转换速度为 15ms/通道。试编制 FX$_{2N}$-4AD 的初始化程序。

基本 单元	扩展 模块	脉冲 输出	扩展 模块	A/D	D/A
FX$_{2N}$-48MR	FX$_{2N}$-16EYS	FX$_{2N}$-10PG	FX$_{2N}$-16EX	FX$_{2N}$-4AD	FX$_{2N}$-4DA

图 3-17　例 4 控制系统连接模块图

由图 3-17 分析可知，FX$_{2N}$-4AD 位置编号是 1#。通道字为 H3031。采样字为 K4。速度字为 K0，与出厂值相同，可以不写。初始化程序如图 3-18 所示。

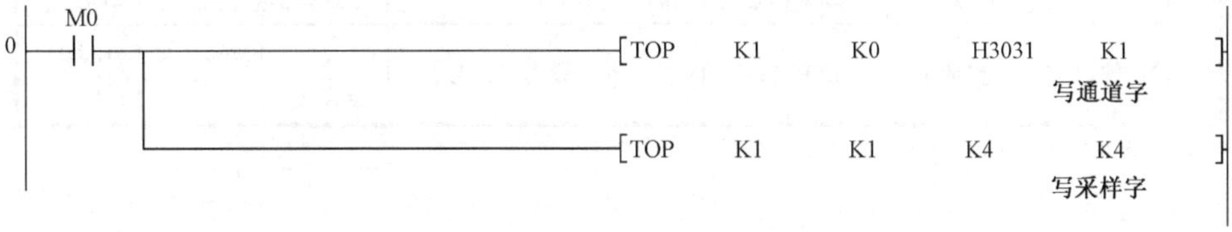

```
     M0
0 ──┤├──────────────────────[TOP    K1      K0      H3031    K1    ]
    │                                                      写通道字
    │
    └──────────────────────[TOP    K1      K1      K4       K4    ]
                                                          写采样字
```

图 3-18　例 4 程序图

2．数据读取缓冲存储器

外部模拟量经模块内部 A/D 转换成数字量后，被存放在规定的 BFM 缓冲存储器中。数字量以两种方式存放：一是以采样字设定的采样次数平均值存放，CH1～CH4 分别存放在 BFM#5～BFM#8 存储器中；二是以当前值存放，CH1～CH4 分别存放在 BFM#9～BFM#12 存储器中。

不论是平均值还是当前值都是在随外部模拟量变化而变化的，PLC 通过读指令 FROM 把这些数值复制到内部数据单元。

【例 5】试说明指令"FROM　K0　K5　D100　K1"的执行功能含义。

指令"FROM　K0　K5　D100　K1"的执行功能，是把 0#模块的 BFM#5 的内容送到 PLC 的 D100 存储器中。0#模块的 BFM# 5 的内容为 CH1 的平均值，即 D100 存储 CH1 的平均值。

【例 6】试说明指令"FROM　K2　K6　D10　K2"的执行功能含义。

指令"FROM　K2　K6　D10　K2"的执行功能，是把 2#模块的 BFM#6 和 BFM#7 的内容送到 PLC 的 D10 和 D11 存储器中。0#模块的 BFM#6 的内容为 CH2 的平均值，BFM#7 的内容为 CH3 的平均值，即 D10 存储 CH2 的平均值，D11 存储 CH3 的平均值。

3．查错保护和识别模块缓冲存储器

1）查错保护缓冲存储器 BFM#29

FX$_{2N}$-4AD 模拟量输入模块专门设置了一个缓冲存储器 BFM#29 来保存发生错误状态时的错误信息，供查错和保护用，其状态信息见表 3-17。

表 3-17　BFM# 29 故障状态信息表

BFM#29 的位	开（ON）位为"1"	关（OFF）位为"0"
b0：错误	如果 b1～b4 中任一为 ON，所有通道的 A/D 停止转换	无错误
b1：偏移/增益错误	在 EEPROM 中的偏移/增益数据不正常或者调整错误	增益/偏移数据正常
b2：电源故障	24V DC 电源故障	电源正常
b3：硬件错误	A/D 转换器或其他硬件故障	硬件正常
b10：数字范围错误	数字输出值小于−2048 或大于+2047	数字输出值正常
b11：平均采样数错误	平均采样数大于 4097 或小于 0	平均采样数正常（1～4096）
b12：偏移/增益调整禁止	禁止 BFM#21 的（b1，b0）设为（1，0）	允许 BFM#21 的（b1，b0）设为（1，0）

注：b4～b7、b9、b13～b15 没有定义。

　　故障信息状态可以通过 FROM 指令读出到组合位元件中，利用组合位元件的某些位软元件状态控制程序流程，程序如图 3-19 所示。

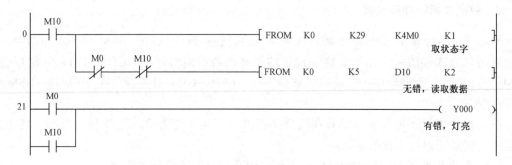

图 3-19　4AD 故障信息状态查询程序

2）模块识别缓冲存储器 BFM#30

　　三菱 FX_{2N} PLC 每一种特殊模块都有一个识别码，它固化在 BFM# 30 单元内，供模块识别用，FX_{2N}-4AD 的识别码为 K2010。

　　识别码相当于模块的身份证。当 PLC 所连接模块较多时，为防止在使用读/写指令时，弄错模块的位置编号，可以在程序中设计一个识别码校对程序，对指令所读/写模块进行确认。如果是，则继续执行后续程序；如果不是，则通过显示报警，并停止执行后续程序。这对程序调试十分有用，调试完毕，可将校对程序删除。如图 3-20 所示为识别码校对程序示例。必须注意，三菱 FX_{2N} PLC 的每种特殊模块的识别码是不相同的，具体模块的识别码可查询相应模块使用说明。

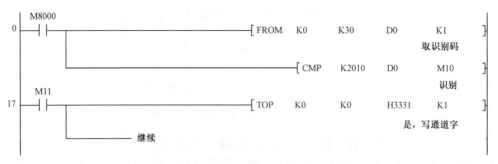

图 3-20 4AD 识别码程序

4. 标定修改缓冲存储器

有关标定调整的基本知识已在 1.4 节中详细介绍了。标定调整主要是对零点和增益值做重新修改，使之符合控制要求。在 FX$_{2N}$ PLC 的模拟量模块内，这种修改是通过下面 5 个步骤来完成的。

（1）对模块的所有可调整设定的 BFM 缓冲存储器进行允许选择设定。

（2）对每个通道的零点和增益点调整进行允许选择设定。

（3）对每个通道的零点进行调整。

（4）对每个通道的增益进行调整。

（5）调整完毕后，重新对模块的所有可调整设定的 BFM 缓冲存储器进行禁止设定。

上述 5 个步骤是通过模块的不同 BFM 缓冲存储器的设定来完成的。

1）模块调整字 BFM#21

设置：(BFM#21) = K1，允许调整；

(BFM#21) = K2，禁止调整。

出厂值：K1。

这个字的设置是针对模块所有 BFM 缓冲存储器，包括通道字、采样字、速度字等。当它被设定为禁止调整时，所有的 BFM 缓冲存储器都不能进行设置。一般情况下，对模块进行初始化和标定设置后，再通过程序把它设置为 K2，相当于对模块的调整加了一把密码锁。

在对标定进行调整时，必须设置(BFM#21)=K1。

2）通道调整字 BFM#22

FX$_{2N}$-4AD 有 4 个模拟量输入通道，每个通道均可有零点调整和增益调整，共有 8 个调整要进行是否允许调整选择。模块是通过 BFM#22 的低 8 位位值来决定每个通道的零点和增益是否进行调整，其设置如图 3-21 所示。

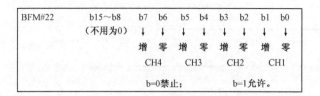

图 3-21　通道调整字

在写入通道允许调整字前，要先将 BFM#22 单元全部置 0。

【例 7】通道调整字 BFM#22 位值如下，试说明通道调整组态情况。

b7　b6　b5　b4　b3　b2　b1　b0
0　　1　　1　　0　　0　　0　　1　　1

比较设置图 3-20，则有：

● CH1：零点和增益点均可调整；

● CH2：零点和增益点均不可调整；

● CH3：零点不可调整，增益可调整；

● CH4：零点可以调整，增益不可调整。

通道调整时，一般零点和增益均设置成允许调整或禁止调整。例 7 中 CH3 和 CH4 的情况不可取。

【例 8】某控制系统要求对 FX$_{2N}$-4AD 的 CH1、CH3 的零点和增益进行调整，试写出 FX$_{2N}$-4AD 的通道调整字。

根据控制要求写出 BFM#22 的内容如下：

b15　b14　b13　b12　b11　b10　b9　b8　b7　b6　b5　b4　b3　b2　b1　b0
0　　0　　0　　0　　0　　0　　0　　0　　0　　0　　1　　1　　0　　0　　1　　1
　　　　0　　　　　　　　　0　　　　　　　　3　　　　　　　　3

其通道调整字为（BFM#22）=H0033。

3）零点调整值写入 BFM#23 和增益调整值写入 BMF#24

FX$_{2N}$-4AD 提供了 BFM#23 和 BFM#24 两个缓冲存储器作为零点调整值和增益调整值的写入单元。出厂值为(BFM#23) =K0，(BFM#24) = K5000。

当写入零点和增益的调整值时，输入调整值的单位是 mV 和μA。也就是说，所有电压和电流必须变换成以 mV 或μA 为单位的数值写入程序。例如，零点调整值是 2V，则 2V=2000mV，输入数值为 2000；同样，如果增益为 8mA，则 8mA=8000μA，输入数值为 8000。

FX$_{2N}$-4AD 有 4 个输入通道，而零点和增益写入单元只有 1 个，那么模块是如何区别写入的调整值是哪个通道的呢？它是通过通道调整字 BFM#22 的设置来区别的。

（1）如果 BTM#22 说明仅一个通道允许调整，则调整值写入该通道。

（2）如果 BTM#22 说明有一个以上通道允许调整，则调整值同时写入这几个通道。说明这几个通道调整值一样。

（3）如果两个或两个以上通道允许调整，但它们调整值不一样，则必须一个一个单独进行调整。

FX$_{2N}$-4AD 模块规定，缓冲存储器 BFM#0、BFM#23、BFM#24 的值都将被复制到 EEPROM 中，当零点和增益调整时，BFM#21、BFM#22 的值也将被复制到 EEPROM 中。而复制到 EEPROM 中需要一定的时间，这叫拷字，一般需 0.3s 以上时间。因此，在第一笔写入后，必须保证有 0.3s 以上的延迟，才能写入第二笔。EEPROM 的使用寿命大约是 10000 次，所以不要使用程序频繁地修改这些 BFM。

【例 9】设 CH1 的零点调整值为 500，增益调整值为 7000，编制 CH1 调整程序。

调整程序如图 3-22 所示。

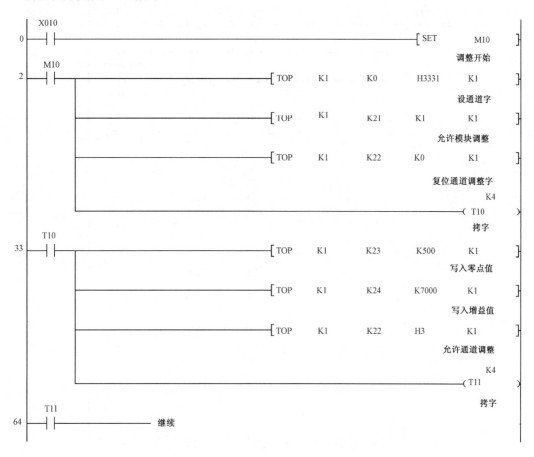

图 3-22　4AD 零点增益调整程序一

【例 10】设 CH1 和 CH3 的零点调整值均为 500，增益调整值均为 7000，编制 CH1 和 CH3 的调整程序。

调整程序如图 3-23 所示。

【例 11】设 CH2 通道的零点调整值为 1000，增益调整值为 10000；CH3 通道的零点调整值为 7000，增益调整值为 10000。编制 CH2 和 CH3 的调整程序。

调整程序如图 3-24 所示。

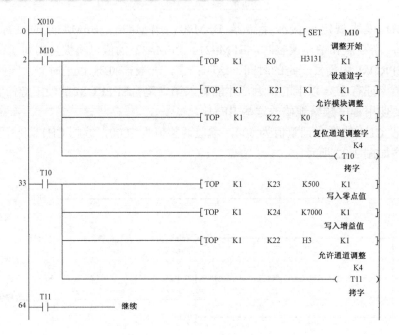

图 3-23　4AD 零点增益调整程序二

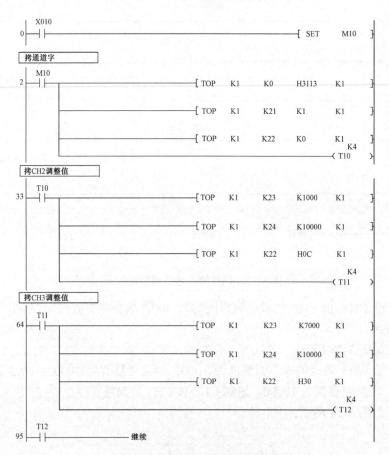

图 3-24　4AD 零点增益调整程序三

对 FX$_{3U}$ 系列 PLC 来说，上述程序都可以采用编程软元件 U□\G□ 来编制，现将图 3-24 程序编制成如图 3-25 所示程序。

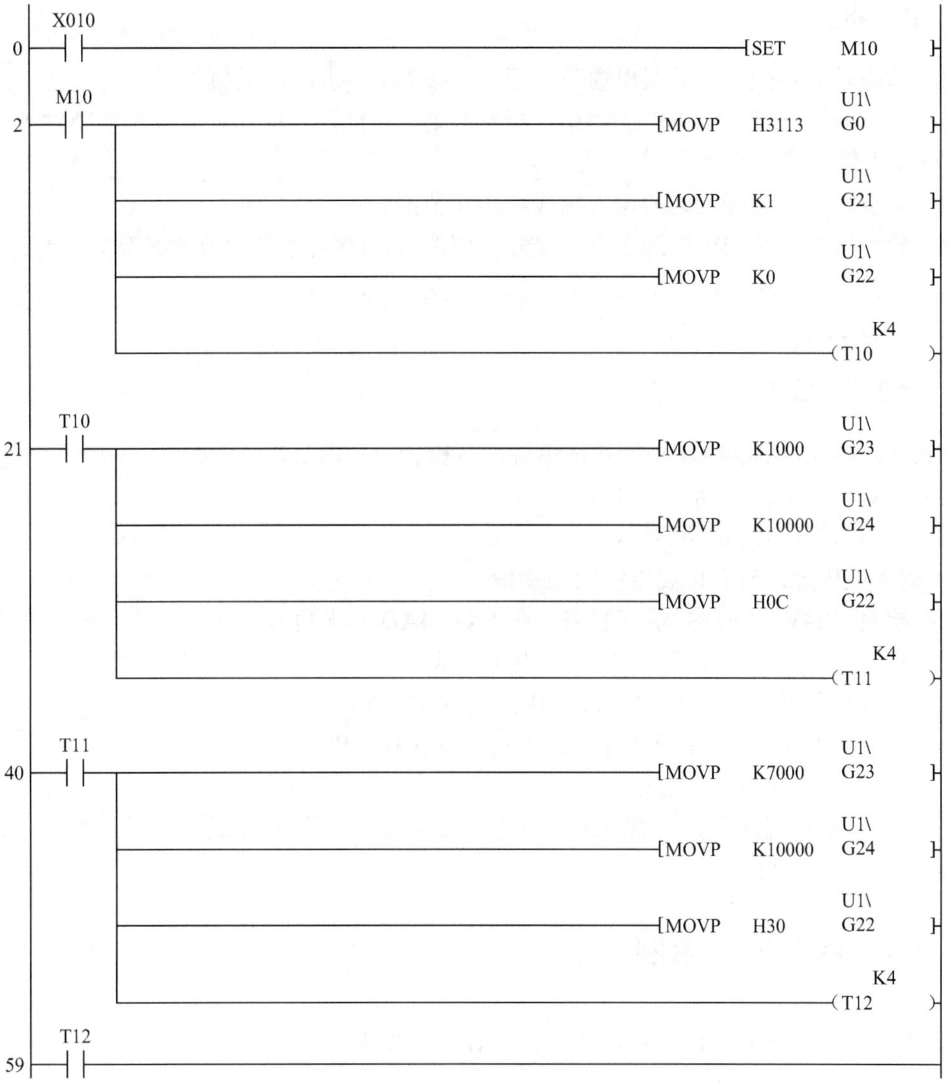

图 3-25　FX$_{3U}$ PLC 的 4AD 零点增益调整程序

5. 复位缓冲存储器

BFM#20 为复位缓冲存储器，其出厂值为 0，但如果将其设置为 K1 后，模块的所有设置都将复位到出厂值。复位缓冲存储器一般很少使用，仅当希望消除不希望的零点和增益调整时，使用该存储器可以很快地恢复出厂值。

3.3.3 诊断

1. 初步检查

（1）检查输入接配线和扩展电缆是否正确连接到 FX$_{2N}$-4AD 模拟量模块上。

（2）检查有无违背 FX$_{2N}$ PLC 的系统配置原则。例如，特殊功能模块不能超过 8 个，系统的 I/O 点不能超过 256 个。

（3）确保应用中选择正确的输入模式和操作范围。

（4）检查在 5V 或 24V 电源上有无过载。应注意，FX$_{2N}$ 主单元或者有源扩展单元的负载是根据所连接扩展模块或特殊功能模块的数目而变化的。

（5）设置 FX$_{2N}$ 主单元为 RUN 状态。

2. 错误发生检查

如果功能模块 FX$_{2N}$-4AD 不能正常运行，应检查下列项目。

（1）检查电源 LED 指示灯的状态。

① 点亮：扩展电缆正确连接。

② 熄灭或闪烁：检查扩展电缆的连接情况。

（2）检查"24V" LED 指示灯状态（在 FX$_{2N}$-4AD 右上角）。

① 点亮：FX$_{2N}$-4AD 正常，24V DC 电源正常。

② 熄灭：可能是 24V DC 电源故障或 FX$_{2N}$-4AD 故障。

（3）检查"A/D" LED 指示灯状态（FX$_{2N}$-4AD 右上角）。

① 闪烁：A/D 转换正常运行。

② 熄灭：检查缓冲存储器 BFM#29 状态，如果任何一位（b2 或 b3）是 ON 状态，那就是 A/D 指示灯熄灭的原因。

3.3.4 程序编制举例

【例 12】试编制 FX$_{2N}$-4AD 应用程序，设计要求如下：

（1）FX$_{2N}$-4AD 为 0#模块。

（2）CH1 为电压输入，CH3 为电流（4～20mA）输入，要求调整为（7～20mA）输入。

（3）平均值滤波平均次数为 4。

（4）转换速度均为 15ms。

（5）用 PLC 的 D0、D10 接收 CH1、CH3 的平均值。

分析：先分析通道字。第一个通道为电压输入，那么第一个通道应该是 0；第二个通道是关闭的，那么应该是 3；第三个通道是电流输出 4～20mA，应该是 1；第四个通道是关闭的，也是 3。因此，通道字是 H3130。平均次数都是 4，因此它的采样字是 K4，转换速度数是 15ms，15ms 就是出厂值，这个字可以不写。要求调整为 7～20mA 输入，零点值为 7000，增益值为 20000。

程序设计如图 3-26 所示。

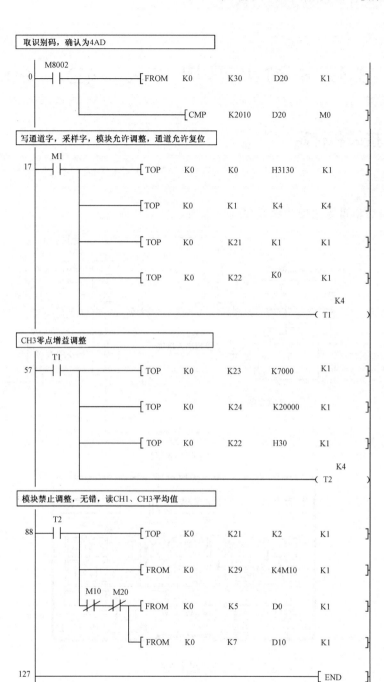

图 3-26　4AD 应用程序

3.4 模拟量输出模块 FX$_{2N}$-4DA 的应用

3.4.1 接线和标定

1. 接线

FX$_{2N}$-4DA 模拟量输出模块接线和端子排列如图 3-27 所示。

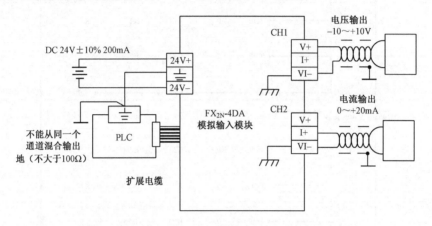

（a）接线图

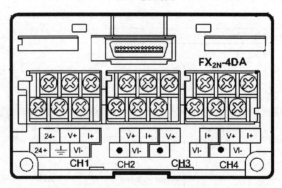

（b）端子排列图

图 3-27 FX$_{2N}$-4DA 接线和端子排列图

配线时应注意以下几点：

（1）模拟量输出应使用双绞屏蔽电缆，电缆应远离电源线或其他可能产生电气干扰的电线。

（2）在输出电缆的负载端使用单点接地（3级接地不大于 100Ω）。

（3）如果输出存在电气噪声或电压波动，可以连接一个平滑电容器（0.1～0.47μF/25V）。

（4）将 FX$_{2N}$-4DA 的接地端与 PLC 的接地端连接在一起。

（5）电压输出端子短路或者连接电流输出负载到电压输出端子都有可能损坏 FX_{2N}-4AD。

（6）不要将任何单元接到图 3-26（b）中的未用端子"·"。

2．性能指标

FX_{2N}-4DA 的性能指标见表 3-18。

表 3-18　FX_{2N}-4DA 性能指标

项　目	电　压　输　出	电　流　输　出
模拟量输出范围	DC –10～+10V （外部负载电阻 2kΩ～1MΩ）	DC 0～20Ma （外部负载电阻 500Ω以下）
有效数字量输入	11 位二进制+1 位符号位	10 位二进制
分辨率	5mV（10V×1/2000）	20μA（20mA×1/4000）
综合精度	±1%（10V 满量程）	±1%（20mA 满量程）
转换速度	2.1ms/4 个通道	
隔离方式	模拟和数字电路之间用光耦隔离，DC/DC 转换器用来隔离电源和 FX_{2N} 主单元；模拟通道之间没有隔离	
外部电源	DC 24V±10% 200mA	
占用 I/O 点数	8 点	

3．标定

FX_{2N}-4DA 有 3 种输出标定，如图 3-28 所示。

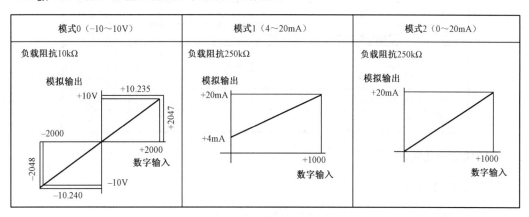

图 3-28　FX_{2N}-4DA 标定

3.4.2　缓冲存储器 BFM#功能分配

FX_{2N}-4DA 的缓冲存储器 BFM#功能和 FX_{2N}-4AD 有许多类似之处，凡是与 FX_{2N}-4AD 功能近似或相同的，本节将不再赘述，可参看 FX_{2N}-4AD 的相关叙述。

FX_{2N}-4DA 模拟量输出模块缓冲区存储单元功能及出厂值见表 3-19。

表 3-19　FX$_{2N}$-4DA 模拟量模块缓冲存储器一览表

BMF#	功　　能	设定范围	出厂值	数据类型
0	输出通道模式选择	H××××	H0000	16 进制
1	CH1 输出数据	−327678～+32767	0	10 进制
2	CH2 输出数据	−327678～+32767	0	10 进制
3	CH3 输出数据	−327678～+32767	0	10 进制
4	CH4 输出数据	−327678～+32767	0	10 进制
5	输出数据保持模式	0,1	H0000	16 进制
6～7	保留	—	—	—
8	CH1,CH2 通道禁止/允许调整组态选择	—	H0000	16 进制
9	CH3,CH4 通道禁止/允许调整组态选择	—	H0000	16 进制
10	CH1 偏移调整值	—	0	10 进制
11	CH1 增益调整值	—	5000	10 进制
12	CH2 偏移调整值	—	0	10 进制
13	CH2 增益调整值	—	5000	10 进制
14	CH3 偏移调整值	—	0	10 进制
15	CH3 增益调整值	—	5000	10 进制
16	CH4 偏移调整值	—	0	10 进制
17	CH4 增益调整值	—	5000	10 进制
18～19	保留	—	—	—
20	复位到出厂值	0,1	0	10 进制
21	模块 BFM 缓冲存储器禁止/允许调整	1,2	1	10 进制
22～28	保留	—	—	—
29	错误状态信息	—	—	10 进制
30	模块识别码	—	3020	10 进制
31	禁用	—	—	—

1. 模块初始化缓冲存储器

1）通道字 BFM# 0

与 FX$_{2N}$-4AD 一样，输出通道组态选择是由 BFM#0 储存器的内容所决定的。设置 BFM#0 为 4 位十六进制数，如图 3-29 所示。

```
BFM#0   H       ×     ×     ×     ×
                ↓     ↓     ↓     ↓
通道            CH4   CH3   CH2   CH1
```

图 3-29　FX$_{2N}$-4DA 模拟量通道组态选择

图 3-29 中，数值×所表示的输出模拟量类型如下。

- 0：−10～+10V，模拟量输出；
- 1：+4～+20mA，模拟量输出；
- 2：0～+20mA，模拟量输出。

通道字出厂值为 H0000。

模拟量输出模块的通道没有关闭设置，不需要输出通道时可设为 0。

2）数据保持字 BFM#5

(BFM#5) = 0：停电保持；(BFM#5) = 1：停电复位（归 0）。

其出厂值为 H0000。

数据保持字的含义是当 PLC 断电或由 RUN 变为 STOP 方式时，各通道输出数据最后输出值保持方式。它有两种方式供选取：停电保持和停电复位（归 0）。停电保持为复电或由 STOP 变为 RUN 方式后，仍然保持最后输出值。停电复位为复电或由 STOP 变为 RUN 方式后，原来的数据全部变为 0。

2．数据输出缓冲存储器

BFM# 1～BFM# 4 存储 CH1～CH4 输出模拟量，其出厂值均为 0。

FX$_{2N}$-4DA 的数据是通过写指令 TO 来写入的，当需要把数据送到外部控制器或执行器时，必须在程序中设计写入数据输出缓冲存储器中的指令程序。一旦写入程序执行，数据输出缓冲存储器接收到从 PLC 送来的数据，马上进行 D/A 转换，把数字量转换成相应的模拟量，并同步送到控制器或执行器。在 FX$_{2N}$-4DA 的程序设计中，除了读取识别码和错误状态用 FROM 指令外，基本上都是用 TO 指令来完成模块设置和数据传送功能。

【例 1】试说明指令 TOP　K1　K1　D100　K2 的执行功能含义。

指令执行功能是把 PLC 的 D100、D101 分别写入 BFM#1 和 BFM#2 两个存储器中。

如果 1#模块为 FX$_{2N}$-4DA，就是把 D100 的内容送到 1 通道，把 D101 的内容送到 2 通道。

3．查错保护和识别模块缓冲存储器

1）查错保护缓冲存储器 BFM#29

查错保护缓冲存储器 BFM#29 信息状态见表 3-20。

表 3-20　BFM#29 信息状态表

BFM#29 的位	开（ON）位为 "1"	关（OFF）位为 "0"
b0：错误	b1～b4 中任一为 ON	无错误
b1：偏移/增益错误	在 EEPROM 中的偏移/增益数据不正常或者调整错误	增益/偏移数据正常
b2：电源故障	24V DC 电源故障	电源正常
b3：硬件错误	D/A 转换器或其他硬件故障	硬件正常
b10：数字范围错误	数字输入或模拟量输出超出指定范围	数字输入或模拟量输出正常
b12：偏移/增益调整禁止	禁止 BFM#21 没有设为 1	可调状态（BFM#21=1）

注：b4～b9、b11、b13～b15 未定义。

2）模块识别缓冲存储器 BFM#30

识别码：(BFM#30) = K3010。

4．标定调整缓冲存储器

1）模块调整字 BFM#21

设置：(BFM#21) = K1，允许调整；

（BFM#21) = K2，禁止调整。

其出厂值为 K1。

2）通道调整字 BFM#8 和 BFM#9

与 FX$_{2N}$-4AD 不同，FX$_{2N}$-4DA 的通道调整是由 BFM#8 和 BFM#9 两个缓冲存储器决定的，如图 3-30 所示。

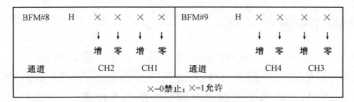

图 3-30　FX$_{2N}$-4DA 通道调整字选择

其出厂值为：(BFM#8) = H0000，(BFM#9) = H0000。

【例 2】下面为通道调整字的举例。

（BFM#8) =H1100：表示 CH2 可以调整，CH1 禁止调整。

（BFM#9) =H0011：表示 CH3 可以调整，CH4 禁止调整。

CH1 CH2 均可以调整，则(BFM#8)=H1111。

3）零点增益调整写入 BFM#10～BFM#17

FX$_{2N}$-4DA 的 4 个通道的零点增益调整值分别由 BFM#10～BFM#17 共 8 个缓冲存储器写入，如图 3-31 所示。需要调整哪个通道的零点和增益值，则写入该通道所对应的 BFM 中即可。同样，写入数值的单位是 mV 和μA。

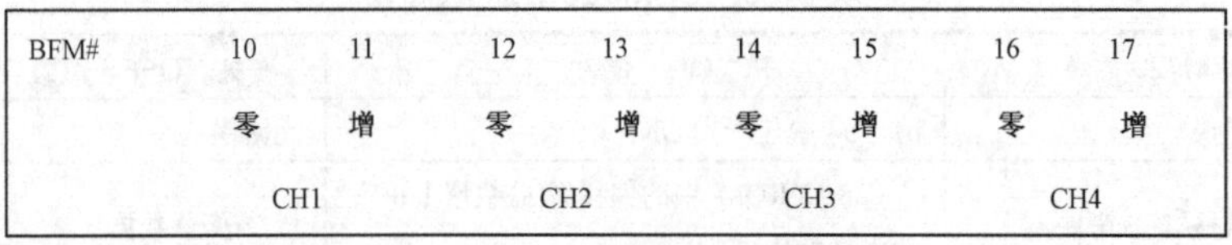

BFM#	10	11	12	13	14	15	16	17
	零	增	零	增	零	增	零	增
	CH1		CH2		CH3		CH4	

图 3-31　FX$_{2N}$-4DA 零点增益调整 BFM

其出厂值为：所有零点 BFM# = H0000，所有增益 BFM# = H5000。

FX$_{2N}$-4DA 模块规定，缓冲存储器 BFM#0、BFM#5、BFM#21 的值都将被复制到 EEPROM 中。当使用 BFM#8、BFM#9 时，BFM#10～BFM#17 的值也将复制到 EEPROM 中。同样，BFM#20 会导致 EEPROM 复位，拷字需 0.3s 以上时间。

5. 复位缓冲存储器

BFM#20 为复位缓冲存储器。其出厂值为 0，但如果设置为 K1 后，则将模块的所有设置都复位到出厂值。

3.4.3 诊断

1. 初步检查

（1）检查输入接配线和扩展电缆是否正确连接到 FX$_{2N}$-4DA 模拟量模块上。

（2）检查有无违背 FX$_{2N}$ 系统配置原则。例如，特殊功能模块不能超过 8 个，系统的 I/O 点不能超过 256 个。

（3）确保应用中选择正确的输出模式。

（4）检查在 5V 或 24V 电源上有无过载。应注意，FX$_{2N}$ 主单元或者有源扩展单元的负载是根据所连接扩展模块或特殊功能模块的数目而变化的。

（5）设置 FX$_{2N}$ 主单元为 RUN 状态。

2. 错误发生检查

如果功能模块 FX$_{2N}$-4DA 不能正常运行，应检查下列项目。

（1）检查电源 LED 指示灯的状态。

① 点亮：扩展电缆正确连接。

② 熄灭或闪烁：检查扩展电缆的连接情况。同时检查 5V 电源容量。

（2）检查"24V" LED 指示灯状态（在 FX$_{2N}$-4DA 右上角）。

① 点亮：FX$_{2N}$-4DA 正常，24V DC 电源正常。

② 熄灭：可能是 24V DC 电源故障或 FX$_{2N}$ 故障。

（3）检查"A/D" LED 指示灯状态（FX$_{2N}$-4DA 右上角）。

① 闪烁：A/D 转换正常运行。

② 熄灭：FX$_{2N}$-4DA 发生故障。

（4）检测连接到每个模块的输出端子的外部负载阻抗有没有超出 FX$_{2N}$-4DA 可以驱动的容量（电压输出：2kΩ～1MΩ；电流输出：500Ω）。

（5）用电流表或电压表检查输出电压或电流是否符合输出标定值，如果不符合，调整零点和增益值。

3.4.4 程序编制举例

【例 3】试编制满足以下控制要求的 FX$_{2N}$-4DA 程序。

（1）FX$_{2N}$-4DA 的位置编号为 2#。

（2）两个通道输出：一个为 4～20mA；另一个为 5～12mA。

（3）若发生停电，希望保存数据。

（4）将 PLC 的 D0 送到（4～20mA）通道输出，D10 送到（5～12mA）通道输出。

　　分析：设置 CH1 为 4～20mA 输出，CH2 为 5～12mA 输出，通道字为 H0021。数据保持字为 H0000，为出厂值可以不写。CH2 通道调整为零点值 5000，增益值为 12000。

　　程序设计如图 3-32 所示。

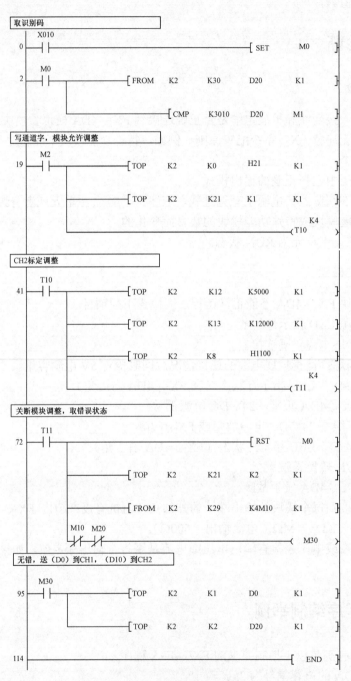

图 3-32　例 3 梯形图程序

3.5　模拟量模块 FX$_{2N}$-2AD 和 FX$_{2N}$-2DA 的应用

三菱 FX 系列模块除了 FX$_{2N}$-4AD 和 FX$_{2N}$-4DA 外，还有一种仅有两个通道的模拟量模块，即 FX$_{2N}$-2AD 和 FX$_{2N}$-2DA，它们可以用于模拟量控制较少的系统中。

3.5.1　模拟量输入模块 FX$_{2N}$-2AD 的应用

1. 接线和标定

FX$_{2N}$-2AD 的接线和端子排列如图 3-33 所示。

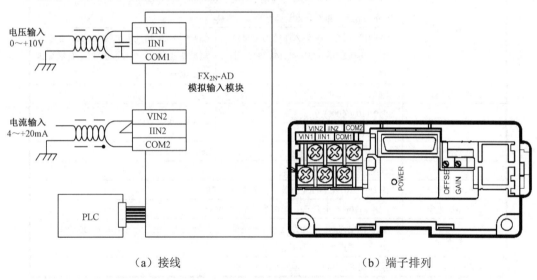

（a）接线　　　　　　　　　（b）端子排列

图 3-33　FX$_{2N}$-2AD 接线和端子排列图

接线说明如下：

（1）FX$_{2N}$-2AD 不能将一个通道作为电压输入而另一个通道作为电流输入，这是因为两个通道使用相同的零点和增益。

（2）当电压输入存在波动或有大量噪声时可如图 3-33 所示，接一个 0.1～0.47μF 的电容。

（3）电流输入，请如图短接 VIN2 和 IIN2 端子。

FX$_{2N}$-2AD 标定如图 3-34 所示。

2. 性能指标

FX$_{2N}$-2AD 的性能指标见表 3-21。

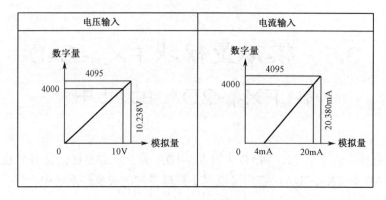

图 3-34　FX$_{2N}$-2AD 标定

表 3-21　FX$_{2N}$-2AD 的性能指标

项　　目	内　　容	
	电压输入	电流输入
模拟输入范围	出厂值为 0～10V 模拟电压输入对应于 0～4000 数字量输出，如果电流输入或 0～5V 电压输入，则必须重新调整零点和增益	
	0～10V 或 0～5V 输入阻抗为 200kΩ，当输入电压超过–0.5V 或+15V 时，可能烧毁接口单元	4～20mA 输入阻抗为 250Ω，当输入电流超过–2mA 或+60mA 时，可能烧坏接口单元
数字输出	12 位	
分辨率	2.5mV(10V/4000) 1.25mV(5V/4000)	4μA(4～20mA/4000)
集成精度	±1%(0～10V)	±1%(4～20mA)
处理时间	2.5ms/1 通道	
模拟电路电源	24V DC±10%，50mA 来源于主电源的内部电源供给	
数字电路电源	5V DC，20mA 来源于主电源的内部电源供给	
隔离	在模拟电路和数字电路之间用光电耦合器进行隔离；主单元的电源用 DC/DC 转换器隔离；模拟通道之间不进行隔离	
占用的 I/O 点数	模拟占用 8 个 I/O 点，输入或输出均可	

3．缓冲存储器分配

缓冲存储器 BFM 的各个单元的内容设置见表 3-22。

表 3-22　FX$_{2N}$-2AD 缓冲存储器 BFM 单元内容设置

BFM#	B15～b8	B7～b4	B3	B2	B1	B0
#0	保留	输入数据当前值（低 8 位）				
#1	保留		输入数据当前值（高 4 位）			
#2 到#16	保留					
#17	保留			模/数转换开始		通道字
#18 以上	保留					

缓冲存储器应用说明：

（1）FX$_{2N}$-2AD 为 12 位模/数转换器，当采样到模拟量被转换成 12 位数字量后，其低 8 位存储在 BFM#0 的低 8 位，而其高 4 位则存储在 BFM#1 的低 4 位（b0～b3 位）。在应用时，必须把这 12 位数字量读入一个 PLC 的数据存储器中。

（2）缓冲存储器 BFM#17 的使用。BFM#17 有两个功能：一是设置通道字，二是表示模数转换开始。由两个特殊模块写指令 TO 分别完成。

【例 1】选择通道 1 为 A/D 输入，程序如图 3-35 所示。

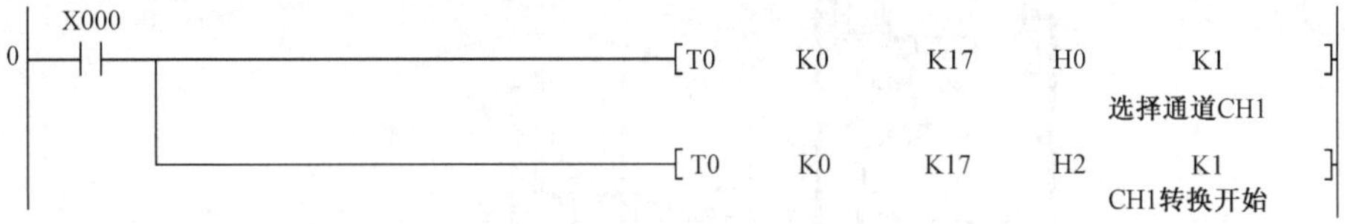

```
    X000
0 ─┤├──────────────────────┤TO    K0    K17    H0     K1├
   │                                         选择通道CH1
   │
   └──────────────────────┤TO    K0    K17    H2     K1├
                                            CH1转换开始
```

图 3-35　通道 1 选择并转换

【例 2】选择通道 2 为 A/D 输入，程序如图 3-36 所示。

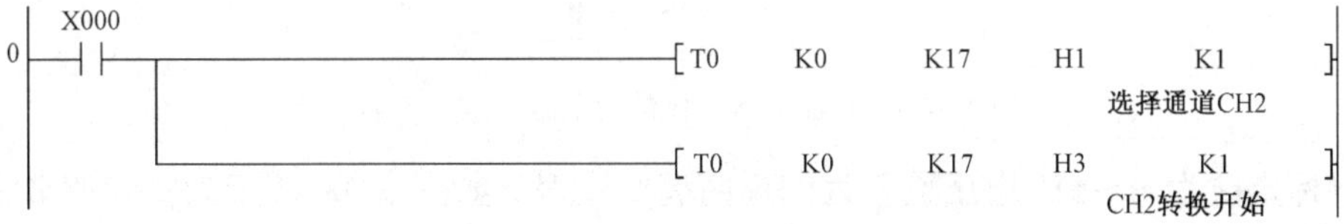

```
    X000
0 ─┤├──────────────────────┤TO    K0    K17    H1     K1├
   │                                         选择通道CH2
   │
   └──────────────────────┤TO    K0    K17    H3     K1├
                                            CH2转换开始
```

图 3-36　通道 2 选择并转换

（3）FX$_{2N}$-2AD 与 FX$_{2N}$-4AD 不同，其通道字仅用于选择通道，至于通道是电压输入还是电流输入则完全由接线方式规定（见图 3-33），而 FX$_{2N}$-4AD 则是由通道字规定。

（4）FX$_{2N}$-2AD 均为把当前模拟量转换成数字量，而 FX$_{2N}$-4AD 则有当前值和平均值两种选择。因此，在使用 FX$_{2N}$-2AD 时，常常在程序中增加数字滤波程序，以消除或削弱干扰信号的影响（详见 1.3.4 节）。

4．零点和增益调整

FX$_{2N}$-2AD 的标定出厂时为 0～10V 电压输入，其对应数字量为 0～4000，当 FX$_{2N}$-2AD 用做电流输入或 0～5V 电压输入或其他标定输入时，就必须对标定进行调整。调整的方法仍然是通过重新设置零点值和增益值来完成。与 FX$_{2N}$-2AD 不同的是 FX$_{2N}$-4AD 是通过模块内部的 BFM#缓冲存储器的设置来完成的，而 FX$_{2N}$-2AD 则是通过外部的容量调整器来完成的。

如图 3-37 所示为容量调节器位置示意图。

实际调节时，必须外接电压源或电流源，并向模块的端口输入电压或电流。在 PLC 内编制模拟量输入读取程序，将模拟量转化后的数字量读入 PLC 的数据存储器 D。然后，一边旋转容量调节器，一边通过编程软件或手持编程器监控数据存储器 D 的数字量变化。直到数字量符合标定要求为止。

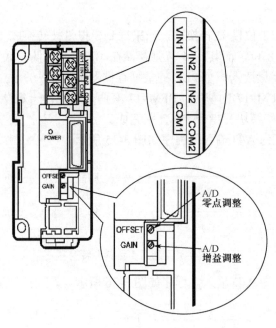

图 3-37　FX$_{2N}$-2AD 容量调节器位置示意图

现以标定改为 0～5V 电压输入为例说明调节过程。如图 3-38 所示为实际调节时外接电源接线图。调整前 PLC 中必须编制模拟量读取程序（可参考本节程序编制例，CH1 采样数据存 D100），同时将 PLC 与计算机相连接（或与手持编程器相连）。

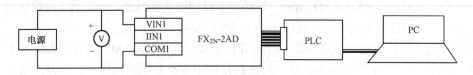

图 3-38　零点增益调整接线图

（1）增益调整：调节电源输出，使电压表读数为 5V。用编程软件（或手持编程器）监视数据存储器 D100 的内容，转动增益调节器（顺时针转动数字变大）使 D100 的数字值为 4000，实际增益值可为任意值，但为了将分辨率展示到最大，最好调到最大数字值 4000。

（2）零点调整：一般情况下不要将电压表的读数调至 0V，而是将电压表读数调至一较小电源，如 100mV；再转动零点调节器，使 D100 的数字值为 80（按正比例关系确定的值，如图 3-39 所示）。

（3）零点调整后，会使原来的增益调整值发生一些变化。因此，需要反复调整零点值和增益值，直到获得稳定的数字值。

（4）调整了一个通道的零点值和增益值时，另一个通道也会自动调整到调整值。

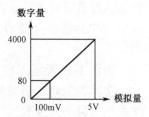

图 3-39　0～5V 标定图

（5）对于模拟输入的电路来说，每个通道都是相同的，但是为了获得最大精度，应独自检查每个通道。

（6）调整按增益/零点的顺序进行。

（7）如果发现数值不稳定，可在程序中加入数字滤波程序来调整增益和零点值。

5．错误发生检查

如果功能模块 FX$_{2N}$-2AD 不能正常运行，应检查下列项目。

（1）检查电源 LED 指示灯的状态。

① 点亮：扩展电缆正确连接。

② 熄灭或闪烁：检查扩展电缆的连接情况。

（2）确认外部接线与所选择的模拟量输入是否一致。

（3）确认链接到模拟量输入端子的外部设备，其负载阻抗是否对应 FX$_{2N}$-2AD 的内部阻抗，电压输入为 200kΩ，电流输入为 250Ω。

（4）确认所输入的电压或电流值是否符合要求，并根据标定检查模拟到数字的转换是否正确。

（5）当出厂标定不符合实际转换要求时，必须根据实际要求进行零点和增益的调整，使调整后的标定符合实际要求。

6．程序编制例

【例 3】试编制满足以下控制要求的 FX$_{2N}$-2AD 程序。

（1）FX$_{2N}$-2AD 的位置编号为 0#。

（2）两个通道输入，CH1 采样数据存 D100，CH2 采样数据存 D110。

程序设计如图 3-40 所示。

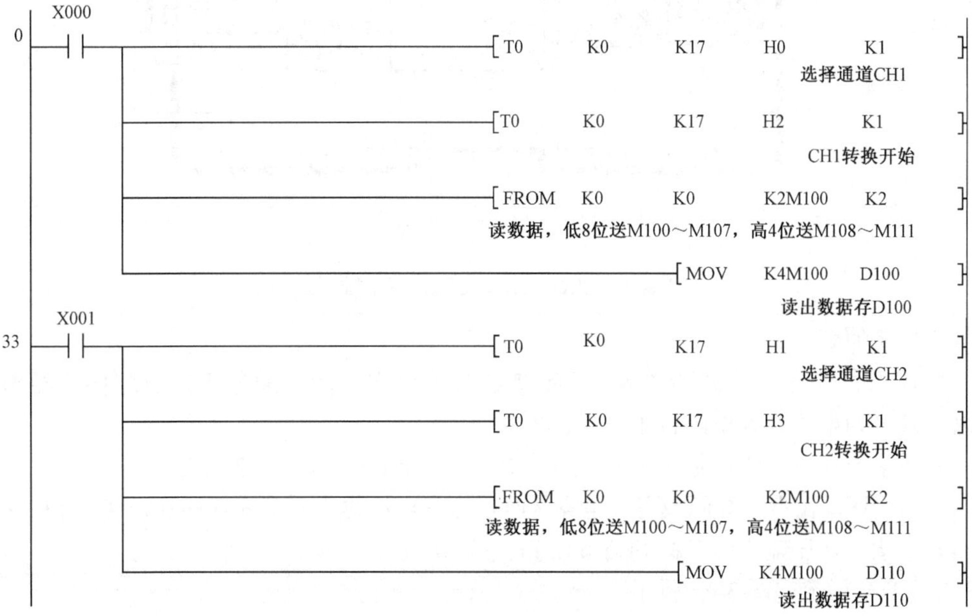

```
      X000
 0 ─┤├────┬──────────────────────[TO    K0    K17    H0     K1  ]┤
    │                                            选择通道CH1
    │      ├──────────────────────[TO    K0    K17    H2     K1  ]┤
    │                                            CH1转换开始
    │      ├──────────[FROM  K0    K0    K2M100   K2  ]┤
    │          读数据，低8位送M100～M107，高4位送M108～M111
    │      └───────────────────────────────[MOV   K4M100   D100 ]┤
    │                                            读出数据存D100
      X001
33 ─┤├────┬──────────────────────[TO    K0    K17    H1     K1  ]┤
    │                                            选择通道CH2
    │      ├──────────────────────[TO    K0    K17    H3     K1  ]┤
    │                                            CH2转换开始
    │      ├──────────[FROM  K0    K0    K2M100   K2  ]┤
    │          读数据，低8位送M100～M107，高4位送M108～M111
    │      └───────────────────────────────[MOV   K4M100   D110 ]┤
    │                                            读出数据存D110
```

图 3-40　FX$_{2N}$-2AD 程序例

3.5.2　模拟量输出模块 FX$_{2N}$-2DA 的应用

1. 接线和标定

FX$_{2N}$-2DA 的接线和端子排列如图 3-41 所示。

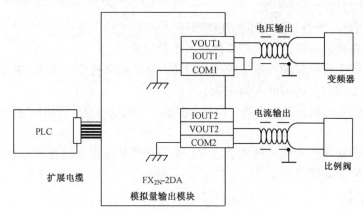

（a）接线

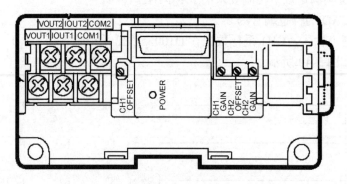

（b）端子排列

图 3-41　FX$_{2N}$-2DA 接线和端子排列图

接线说明如下：

（1）模拟量输出方式由图 3-41 所示接线方式决定，两个通道可以有相同的模拟量输出，也可以一为电压一为电流输出。

（2）两个通道可接收的输出为 0～10V DC 或 0～5V DC 和 4～20mA。

（3）当电压输出存在波动或有大量噪声时，可在电压输出两端间连接 0.1～0.47μF 电容。

（4）注意，电压输出时，必须将 IOUT 与 COM 进行短接。

FX$_{2N}$-2DA 标定如图 3-42 所示。

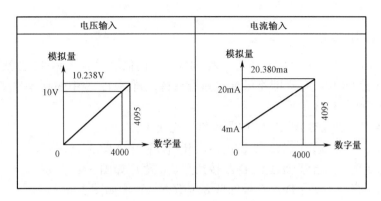

图 3-42　FX$_{2N}$-2DA 标定

2．性能指标

FX$_{2N}$-2DA 的性能指标见表 3-23。

表 3-23　FX$_{2N}$-2DA 的性能指标

项　目	内　容	
	电压输出	电流输出
模拟输出范围	出厂值为 0～10V 模拟电压输出对应于 0～4000 数字量输出，如电流输出或 0～5V 电压输出，必须重新调整零点和增益	
	0～10V DC 或 0～5V DC（外部负载阻抗为 2kΩ～1MΩ）	4～20mA 输出阻抗为 250Ω（外部负载阻抗为 500Ω或更小）
数字输出	12 位	
分辨率	2.5mV(10V/4000) 1.25mV(5V/4000)	4μA(4～20mA/4000)
集成精度	±1%（0～10V）	±1%（4～20mA）
处理时间	4ms/1 通道	
模拟电路电源	24V DC±10%，50mA 来源于主电源的内部电源供给	
数字电路电源	5V DC，20mA 来源于主电源的内部电源供给	
隔离	在模拟电路和数字电路之间用光电耦合器进行隔离；主单元的电源用 DC/DC 转换器隔离；模拟通道之间不进行隔离	
占用的 I/O 点数	模拟占用 8 个 I/O 点，输入或输出均可	

3．缓冲存储器分配

缓冲存储器 BFM 的各个单元内容设置见表 3-24。

表 3-24　FX$_{2N}$-2DA 缓冲存储器 BFM 单元内容设置

BFM#	b15～b8	b7～b3	b2	b1	b0
#0 到#15	保留				
#16	保留	输出数据当前值（8 位）			
#17	保留		D/A 低 8 位数据保持	通道 CH1 转换开始	通道 CH2 转换开始
#18 以上	保留				

缓冲存储器应用说明如下。

（1）BFM#16：12 位数字量分两次写入 BFM#16 的低 8 位，先将 12 位数字量的低 8 位写入 BFM#16 的低 8 位，并立即将低 8 位进行保持，再将 12 位中的高 4 位又写入 BFM#16 的低 4 位，程序如图 3-43 所示。

（2）BFM#17：通过对 BFM#17 的写操作，完成 3 种功能。

① b0 位由 1 变 0，通道 CH2 的 D/A 转换开始，程序如图 3-44 所示。

② b1 位由 1 变 0，通道 CH1 的 D/A 转换开始，程序如图 3-45 所示。

③ b2 位由 1 变 0，保持 D/A 转换的低 8 位数据，程序如图 3-46 所示。

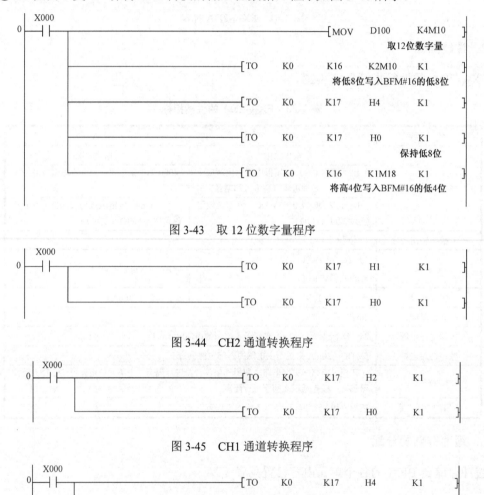

图 3-43　取 12 位数字量程序

图 3-44　CH2 通道转换程序

图 3-45　CH1 通道转换程序

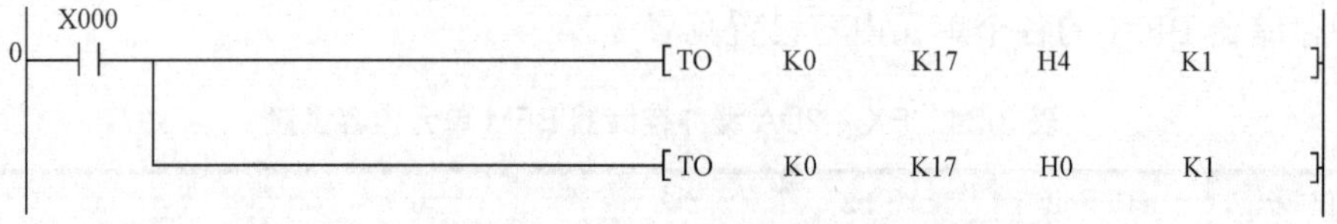

图 3-46　数据低 8 位保持程序

4. 零点和增益调整

FX$_{2N}$-2DA 出厂时，其输出标定为 0～10V DC，相应数字量为 0～4000。如果用做电流输出，或需要不同于出厂的标定，则需要对标定进行调整。

FX$_{2N}$-2DA 的容量调节器位置如图 3-47 所示。

和 FX$_{2N}$-2AD 不同，FX$_{2N}$-2DA 可分别对两个通道的零点值和增益值进行调整。实际调节时，须在输出端口接上电压表或电流表，如图 3-48 所示。同样，也要编写数字量模拟量转换程序（可参考本节程序编制示例）。在输出数据存储器中存入数值 4000，然后转动增益调节器，使电表读数为标定值，再存入零点数字值。转动零点调节器，使电表读数为标定值。具体条件步骤与 FX$_{2N}$-2AD 类似，不再赘述。

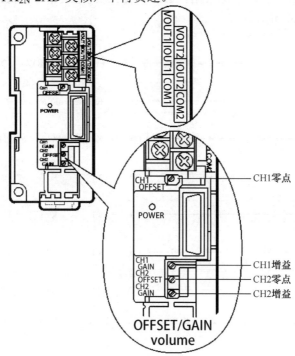

图 3-47　FX$_{2N}$-2DA 容量调节器位置示意图

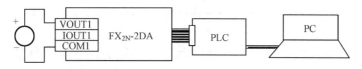

图 3-48　零点增益调整接线图

5．错误发生检查

如果功能模块 FX$_{2N}$-2DA 不能正常运行，应检查下列项目。

（1）检查电源 LED 指示灯的状态。

① 点亮：扩展电缆正确连接。

② 熄灭或闪烁：检查扩展电缆的连接情况。

（2）确认外部接线与所选择的模拟量输出一致。

（3）确认连接到模拟量输出端子的外部设备，其负载阻抗是否对应 FX$_{2N}$-2DA 的内部阻抗。

（4）当出厂标定不符合实际转换要求时，必须根据实际要求进行零点和增益的调整，使调整后的标定符合实际要求。

6. 程序编制例

【例4】试编制满足以下控制要求的 FX$_{2N}$-2DA 程序。

（1）FX$_{2N}$-2DA 的位置编号为 1#。

（2）两个通道输出：CH1 输出数据存 D100，CH2 输出数据存 D110。

程序设计如图 3-49 所示。

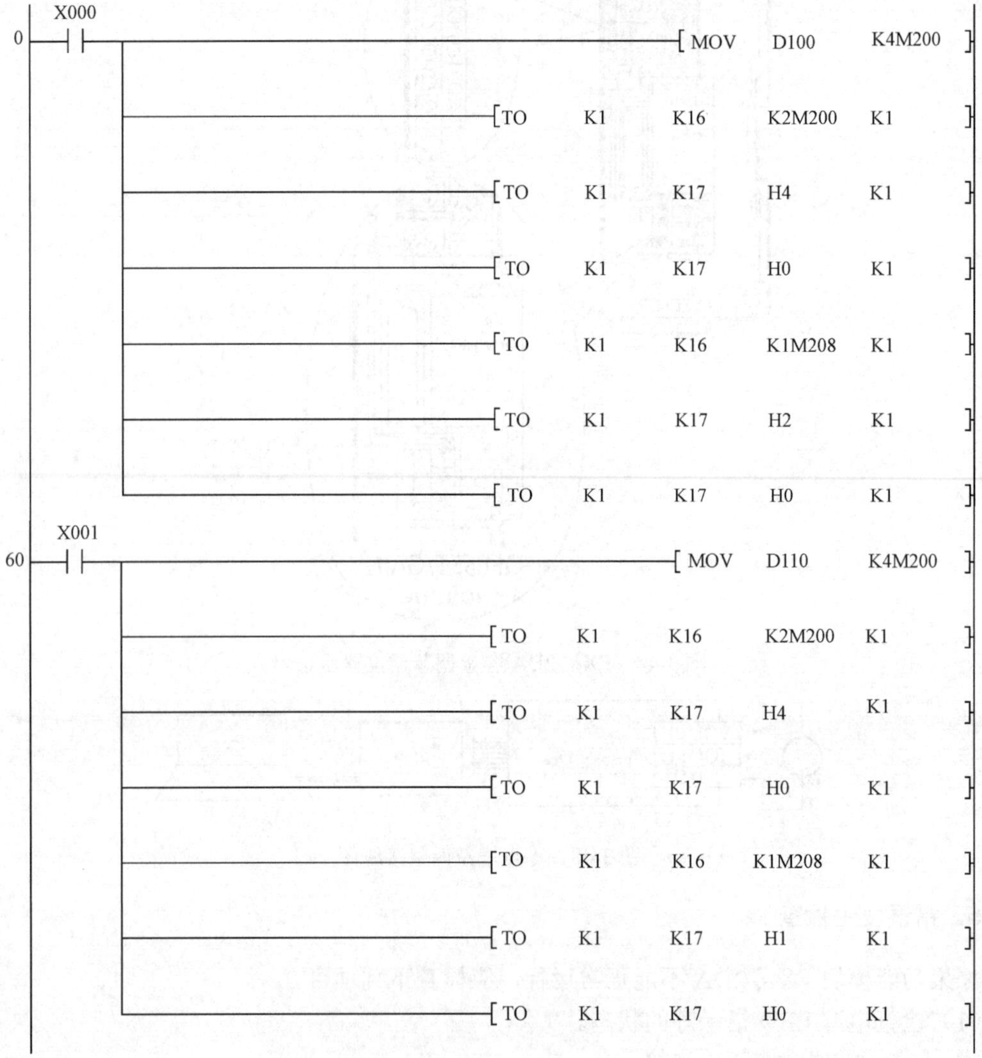

图 3-49　FX$_{2N}$-2DA 程序例

3.6　温度传感器用模拟量输入模块的应用

　　温度控制是模拟量控制中应用比较多的物理量控制，一般的温度传感器（热电阻和热电偶）只能将温度转换成电量，还必须通过变送器将非标准电量转换成标准电量，才能送到 A/D 转换模块或控制端口。三菱生产商为了方便温度传感器的接入，特意开发了温度传感器用模拟量输入模块 FX_{2N}-4AD-PT 和 FX_{2N}-4AD-TC。它们可以直接外接热电阻和热电偶，而变送器和 A/D 转换均由模块自动完成。

　　FX_{2N}-4AD-PT 是热电阻（铂电阻）PT100 传感器输入模拟量模块，FX_{2N}-4AD-TC 是热电偶（K 型、J 型）传感器输入模拟量模块。

　　相较于模拟量输入/输出模块，温度传感器输入模块应用要简单很多，除了通道字采样字外，基本上就是数据的读取，不存在标定调整问题。

　　两种温度传感器输入模块都有两种温度读取：摄氏温度（℃）和华氏（℉）温度，应用时必须注意。

3.6.1　温度传感器用模拟量输入模块 FX_{2N}-4AD-PT 的应用

1. 接线和标定

1）接线

FX_{2N}-4AD-PT 的接线和端子排列如图 3-50 所示。

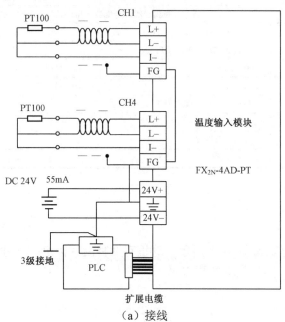

图 3-50　FX_{2N}-4AD-PT 接线和端子排列示意图

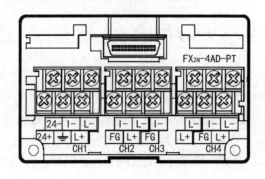

（b）端子排列

图 3-50 FX₂ₙ-4AD-PT 接线和端子排列示意图（续）

配线时应注意以下几点：

（1）应使用三导线的 PT100 传感器电缆作为模拟输入的电缆，并且和电源线或其他可能产生电气干扰的接线隔离开，三导线法可以通过压降补偿的方法来提高传感器的精度（详见2.1.1 节）。

（2）如果存在电气干扰，将外壳地线端子（PG）连接到模块的接地端与 FX₂ₙ 基本单元的接地端。

2）性能指标

FX₂ₙ-4AD-PT 性能指标见表 3-25。

表 3-25　FX₂ₙ-4AD-PT 性能指标

项　　目	摄氏温度（℃）	华氏温度（℉）
	通过读取适当缓冲存储器，可得到℃和℉两种温度	
模拟输入信号	铂温度 PT100 传感器（100Ω），3 线，4 通道，3850PPM/℃	
传感器电流	1mA 传感器：100Ω，PT100	
额定温度范围	−100～600℃	−148～1112℉
数字量输出	−1000～6000	−1480～11120
	12 位转换，11 位数据位+1 位符号位	
分辨率	0.2～0.3℃	0.36～0.54℉
综合精度	±1.0%（满量程）	
转换速度	15ms×4 通道	

3）标定

FX₂ₙ-4AD-PT 的标定如图 3-51 所示。这里有两种温度标定：一种是摄氏温度（℃），另一种是华氏温度（℉），可以根据需要选择。

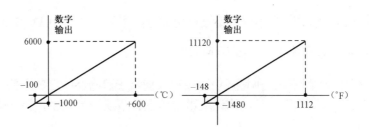

图 3-51 FX$_{2N}$-4AD-PT 标定

2. 缓冲存储器 BFM# 功能分配

FX$_{2N}$-4AD-PT 温度传感器用模拟量模块缓冲区存储单元功能及出厂值见表 3-26。

表 3-26 FX$_{2N}$-4AD-PT 温度传感器用模拟量模块缓冲存储器一览表

BMF#	功　　能	设定范围	出厂值	数据类型
0	未用	—	—	—
1～4	CH1～CH4 平均采样次数	1～4096	8	10 进制
5～8	CH1～CH4 平均摄氏温度（℃）输出值	—	—	10 进制
9～12	CH1～CH4 当前摄氏温度（℃）输出值	—	—	10 进制
13～16	CH1～CH4 平均华氏温度（℉）输出值	—	0	10 进制
17～20	CH1～CH4 当前华氏温度（℉）输出值	—	H0000	10 进制
21～27	保留	—	—	—
28	数字范围错误锁存	—	0	10 进制
29	错误状态信息	—	0	10 进制
30	模块识别码	—	2040	10 进制
31	禁用	—	—	—

1）采样字 BFM#1～BFM#4

同样，温度采样也有平均值和当前值之分，而平均值的平均次数由采样字决定。采样字的取值范围为 1～4096。

BFM# 1～BFM# 4 存储 CH1～CH4 平均值采样次数。

其出厂值为 K8。

2）温度读取缓冲存储器

有两种温度供 PLC 读取，每种又分为摄氏温度和华氏温度。

（1）平均值温度读取缓冲存储器。

BFM# 5～BFM# 8 为 CH1～CH4 平均摄氏（℃）温度读出缓冲存储器。

BFM# 13～BFM# 16 为 CH1～CH4 平均华氏（℉）温度读出缓冲存储器。

（2）当前值温度读取缓冲存储器。

BFM# 9～BFM# 12 为 CH1～CH4 当前摄氏（℃）温度读出缓冲存储器。

BFM# 17～BFM# 20 为 CH1～CH4 当前华氏（℉）温度读出缓冲存储器。

上述值均以 0.1℃或 0.1℉为单位，不过可用的分辨率只有 0.2～0.3℃或 0.36～0.54℉。

3）数字范围错误锁存缓冲储存器 BFM#28

FX$_{2N}$-4AD-PT 有一个数字范围错误锁存缓冲储存器 BFM#28。它的主要功能是当测量温度值发生过低或过高（或断线）时，能记录错误信息。错误一旦发生，错误信息就会记录并锁存在 BFM#28 内。

错误信息锁存由 BFM#28 的低 8 位表示，每 2 个二进制位表示一个通道，见表 3-27。

表 3-27　BFM#28 错误信息锁存表

b15～b8	b7	b6	b5	b4	b3	b2	b1	b0
未用	高	低	高	低	高	低	高	低
	CH4		CH3		CH2		CH1	

其出厂值为 K0。

表 3-27 中，每个通道会分为低位和高位，分别对应发下两种错误情况。

（1）低位：当测量温度低于最低可测量温度时该位由"0"变"1"。

（2）高位：当测量温度高于最高可测量温度时或发生热电偶断开时，该位由"0"变"1"。

当测量过程中发生上述错误情况时，温度数据会被锁存在温度读取缓冲储存器中。而 BFM#28 中则记录并锁存曾经发生过错误。如果测量值返回有效测量范围，温度读取缓冲储存器也会返回正常运行，但 BFM#28 中的错误信息仍然存在。

因此，可以通过读取 BFM#28 的值来判断曾经出现的错误情况。

【例 1】读取（BFM#28）=H0021，试说明曾经发生过什么错误情况。

H 0 0 2 1 = B 0 0 0 0 0 0 0 0 0 0 0 1 0 0 0 0 1

对照表 3-19，其中 b0=1，表示 CH1 曾经出现过温度低于最低可测量温度值，由标定可知最低可测量温度为–100℃；b5=1，表示 CH3 曾经出现过高于最高可测温度值，即大于+600℃或热电偶已断开（热电偶断开或断线故障）。

BFM#28 的锁存错误信息可用指令 TO 向其写入 K0 或断开电源来清除锁存信息。

4）错误状态缓冲储存器 BFM#29

错误状态缓冲储存器 BMF#29 信息状态见表 3-28

表 3-28　BMF#29 错误状态信息表

BFM#29 的位	开（ON）位为"1"	关（OFF）位为"0"
b0：错误	b1～b4 中任一为 ON，出错通道的 A/D 停止转换	无错误
b2：电源故障	24V DC 电源故障	电源正常
b3：硬件错误	A/D 转换器或其他硬件故障	硬件正常
b10：数字范围错误	数字输出或模拟输入超出指定范围	数字输出正常
b11：平均数错误	所选的平均数的数值超出可用范围；参考 BFM#1～#4	平均数正常（1～4096）

注：b1、b4～b9、b12～b15 没有定义。

5）模块识别缓冲存储器 BFM#30

识别码：(BMF#30) = K2040。

3. 诊断

1）初步检查

（1）检查输入接配线和扩展电缆是否正确连接到 FX$_{2N}$-4AD-PT 模拟量模块上。

（2）检查有无违背 FX$_{2N}$ 系统配置原则。例如，特殊功能模块不能超过 8 个，系统的 I/O 点不能超过 256 个。

（3）确保应用中选择正确的操作范围。

（4）检查在 5V 或 24V 电源上有无过载。应注意，FX$_{2N}$ 主单元或者有源扩展单元的负载是根据所连接扩展模块或特殊功能模块的数目而变化的。

（5）设置 FX$_{2N}$ 主单元为 RUN 状态。

2）错误发生检查

如果功能模块 FX$_{2N}$-4AD-PT 不能正常运行，应检查下列项目。

（1）检查电源 LED 指示灯的状态。

① 点亮：扩展电缆正确连接。

② 熄灭或闪烁：检查扩展电缆的连接情况。

（2）检查 "24V" LED 指示灯状态（在 FX$_{2N}$-4AD-PT 右上角）。

① 点亮：FX$_{2N}$-4AD-PT 正常，24V DC 电源正常。

② 熄灭：可能是 24V DC 电源故障或 FX$_{2N}$ 故障。

（3）检查 "A/D" LED 指示灯状态（在 FX$_{2N}$-4AD-PT 右上角）。

① 闪烁：A/D 转换正常运行。

② 熄灭：FX$_{2N}$-4AD-PT 发生故障。

4. 程序编制例

【例 2】如图 3-52 所示是一个 FX$_{2N}$-4AD-PT 的温度读取程序，读者可自行分析程序含义及控制要求。

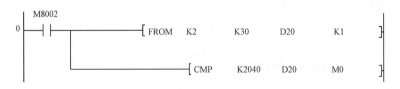

图 3-52 例 2 梯形图程序

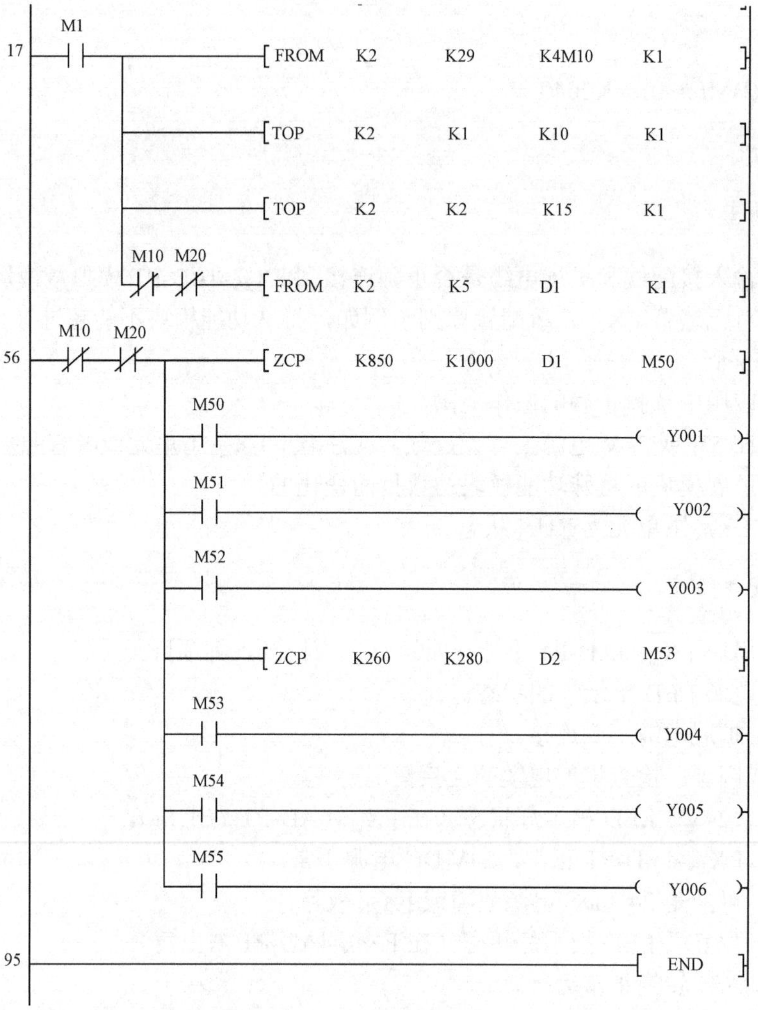

图 3-52　例 2 梯形图程序（续）

3.6.2　温度传感器输入模块 FX$_{2N}$-4AD-TC 的应用

1. 接线和标定

1）接线

FX$_{2N}$-4AD-TC 的接线和端子排列图如图 3-53 所示。

配线时应注意以下几点。

（1）与热电偶连接的温度补偿电缆如下。

类型 K：DX-G、KX-GS、KX-H、KX-HZ、WX-H、VX-G。

类型 J：JX-G、JX-H。

对于每 10Ω 的线阻抗，补偿电缆指示出它比实际温度高 0.12℃，使用前应检查线阻抗。长的补偿电缆容易受到噪声的干扰。因此，建议使用长度小于 100m。

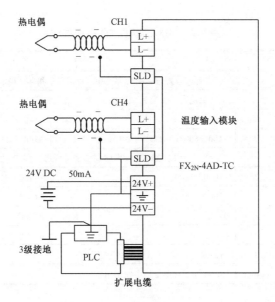

（a）接线

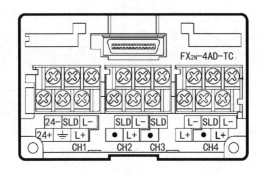

（b）端子排列

图 3-53　FX$_{2N}$-4AD-TC 接线和端子排列示意图

（2）不使用的通道在正负端子之间接上短路线。以防止在这个通道上检测到错误。

（3）如果存在过大的噪声，在本单元上，将 SLD 端子接到地端子上。

2）性能指标

FX$_{2N}$-4AD-TC 性能指标见表 3-29。

3）标定

FX$_{2N}$-4AD-TC 的标定如图 3-54 所示。这里有两种温度标定：一种是摄氏温度（℃），另一种是华氏温度（℉），可以根据需要选择。

表 3-29　FX₂ₙ-4AD-TC 性能指标

项　　目		摄氏温度（℃）	华氏温度（℉）	
		通过读取适当缓冲存储器，可得到℃和℉两种温度		
输入信号		热电偶：类型 K 或类型 J（每个通道都可用），4 通道		
额定温度范围	K	−100～1200℃	K	−148～2192℉
	J	−100～600℃	J	−148～1112℉
有效数字量输出		12 位转换，以 16 位 2 的补码形式存储		
	K	−1000～12000	K	−1480～21920
	J	−100～6000	J	−1480～11120
分辨率	K	0.4℃	K	0.72℉
	J	0.3℃	J	0.54℉
综合精度		±0.5%（满量程+1℃），纯水冷凝点为 0℃/32℉		
转换速度		(240ms±2%)×4 通道（不包括不使用通道）		

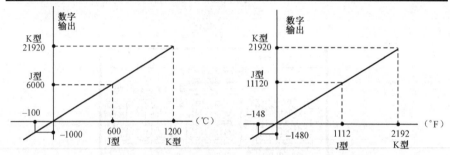

图中各特征值是在校正参考点0℃/32℉（0/320）后所得的读数（受限于总体精度）

图 3-54　FX₂ₙ-4AD-TC 标定

2. 缓冲存储器 BFM# 功能分配

FX₂ₙ-4AD-TC 温度传感器用模拟量模块缓冲区存储单元功能及出厂值见表 3-30。

表 3-30　FX₂ₙ-4AD-TC 温度传感器用模拟量模块缓冲存储器一览表

BMF#	功　　能	设定范围	出厂值	数据类型
0	输入通道热电偶类型组态选择	—	H0000	16 进制
1～4	CH1～CH4 平均采样次数	1～256	8	10 进制
5～8	CH1～CH4 平均摄氏温度（℃）输出值	—	—	10 进制
9～12	CH1～CH4 当前摄氏温度（℃）输出值	—	—	10 进制
13～16	CH1～CH4 平均华氏温度（℉）输出值	—	—	10 进制
17～20	CH1～CH4 当前华氏温度（℉）输出值	—	—	10 进制
21～27	保留	—	—	—
28	数字范围错误锁存	—	0	10 进制
29	错误状态信息	—	0	10 进制
30	模块识别码	—	2030	10 进制
31	保留	—	—	—

1）通道字 BFM#0

FX$_{2N}$-4AD-TC 输入通道组态选择是由 BFM#0 储存器的内容所决定的。设置 BFM#0 为 4 位十六进制数，如图 3-55 所示。

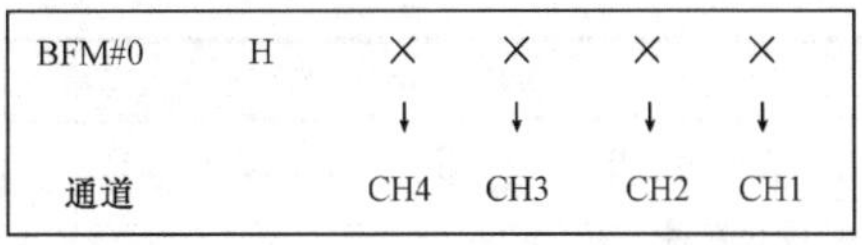

BFM#0	H	×	×	×	×
		↓	↓	↓	↓
通道		CH4	CH3	CH2	CH1

图 3-55　FX$_{2N}$-4AD-TC 通道组态选择

图 3-55 中，数值×所表示的输入模拟量类型如下。

0：K 型热电偶输入；1：J 型热电偶输入；3：通道关断。

不使用的通道设置为通道关断，可减少 A/D 转换时间。每个通道的转换时间为 240ms。总的转换时间是实际使用通道数乘以 240ms。

2）采样字 BFM#1～BFM#4

BFM# 1～BFM# 4 存储 CH1～CH4 平均值采样次数。其取值范围为 1～256。如果输入的数超过了这个范围，通道将使用出厂值 K8。

3）温度读取缓冲存储器

BFM# 5～BFM# 8 为 CH1～CH4 平均摄氏（℃）温度读出缓冲存储器。
BFM# 13～BFM# 16 为 CH1～CH4 平均华氏（℉）温度读出缓冲存储器。
BFM# 9～BFM# 12 为 CH1～CH4 当前摄氏（℃）温度读出缓冲存储器。
BFM# 17～BFM# 20 为 CH1～CH4 当前华氏（℉）温度读出缓冲存储器。

4）数字范围错误锁存缓冲存储器 BFM#28

和 FX$_{2N}$-4AD-PT 一样，错误信息锁存由 BFM#28 的低 8 位表示，每 2 个二进制位表示一个通道，见表 3-31。

表 3-31　BFM#28 错误信息锁存表

b15～b8	b7	b6	b5	b4	b3	b2	b1	b0
未用	高	低	高	低	高	低	高	低
	CH4		CH3		CH2		CH1	

其出厂值为 K0。

表中，每个通道会为低位和高位，分别对应如下两种错误情况。

（1）低位：当测量温度低于最低可测量温度时，该位由 "0" 变 "1"。

（2）高位：当测量温度高于最高可测量温度时或发生热电偶断开时，该位由 "0" 变 "1"。

当测量过程中发生上述错误情况时，温度数据会被锁存在温度读取缓冲存储器中，而 BFM#28 中则记录并锁存曾经发生过错误。如果测量值返回有效测量范围，温度读取缓冲存储器也会返回正常运行，但 BFM#28 中的错误信息仍然存在。

因此，可以通过读取 BFM#28 的值来判断曾经出现的错误情况。

5）错误状态缓冲存储器 BFM#29

查错状态缓冲存储器 BMF#29 信息状态见表 3-32。

表 3-32　BMF#29 错误状态信息表

BFM#29 的位	开（ON）位为 "1"	关（OFF）位为 "0"
b0：错误	b1～b3 中任一为 ON，出错通道的 A/D 停止转换	无错误
b2：电源故障	24V DC 电源故障	电源正常
b3：硬件错误	A/D 转换器或其他硬件故障	硬件正常
b10：数字范围错误	数字输出或模拟输入超出指定范围	数字输出正常
b11：平均数错误	所选的平均数的数值超出可用范围；参考 BFM#1～#4	平均数正常（1～256）

注：b1、b4～b9、b12～b15 没有定义。

6）模块识别缓冲存储器 BFM#30

识别码：(BMF#30) = K2040。

3. 诊断

1）初步检查

（1）检查输入接配线和扩展电缆是否正确连接到 FX$_{2N}$-4AD-TC 模拟量模块上。

（2）检查有无违背 FX$_{2N}$ 系统配置原则。例如，特殊功能模块不能超过 8 个，系统的 I/O 点不能超过 256 个。

（3）确保应用中选择正确的操作范围。

（4）检查在 5V 或 24V 电源上有无过载。应注意，FX$_{2N}$ 主单元或者有源扩展单元的负载是根据所连接扩展模块或特殊功能模块的数目而变化的。

（5）设置 FX$_{2N}$ 主单元为 RUN 状态。

2）错误发生检查

如果功能模块 FX$_{2N}$-4AD-TC 不能正常运行，应检查下列项目。

（1）检查电源 LED 指示灯的状态。

① 点亮：扩展电缆正确连接。

② 熄灭或闪烁：检查扩展电缆的连接情况。

（2）检查 "24V" LED 指示灯状态（在 FX$_{2N}$-4AD-TC 右上角）。

① 点亮：FX$_{2N}$-4AD-TC 正常，24V DC 电源正常。

② 熄灭：可能是 24V DC 电源故障或 FX$_{2N}$ 故障。

（3）检查 "A/D" LED 指示灯状态（FX$_{2N}$-4AD-TC 上角）。

① 闪烁：A/D 转换正常运行。

② 熄灭：FX$_{2N}$-4AD-TC 发生故障。

3.7　模拟量适配器 FX₃ᵤ-4AD-ADP 应用

3.7.1　接线和标定

1. 接线、端子排列和标定

FX₃ᵤ-4AD-ADP 接线和端子排列见图 3-56。接线说明如下：

（1）模拟量的输入线请使用双芯屏蔽双绞电缆，并与其他动力线或者易于受感应的线分开布线。

（2）电流输入时，请务必将"V□+"端子和"I□+"端子短接（□为通道号）。

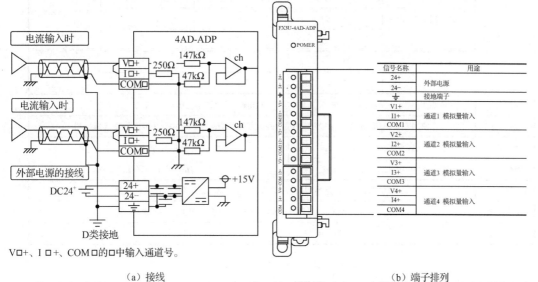

（a）接线　　　　　　　　　　　　　　　（b）端子排列

图 3-56　FX₃ᵤ-4AD-ADP 接线和端子排列图

FX₃ᵤ-4AD-ADP 的标定如图 3-57 所示，每个通道均可设定为电压输入或电流输入，而其标定只有一种。

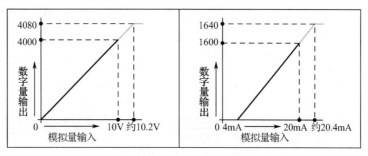

图 3-57　FX₃ᵤ-4AD-ADP 标定

2．性能指标

表 3-33 为 FX$_{3U}$-4AD-ADP 的一般规格，表 3-34 为其性能规格。

FX$_{3U}$-4AD-ADP 的电源有两种，一种为 DC5V 电源，它由基本单元供给；另一种为 DC24V 电源，可以由基本单元上内置的电源供给，也可单独由外置 DC24V 电源供给。

表 3-33　FX$_{3U}$-4AD-ADP 一般规格表

项　目	规　格				
环境温度	0～55℃（工作时）；-25～75℃（保存时）				
相对湿度	5%～95%RH（无结露）（工作时）				
耐振动	遵照 JIS C 60068-2-6				
		频率（Hz）	加速度（m/s^2）	单振幅（mm）	X、Y、Z 方向各 10 次（合计各 80 分钟）
	DIN 导轨安装时	10～57	—	0.035	
		57～150	4.9	—	
	直接安装时	10～57	—	0.075	
		57～150	9.8	—	
耐冲击	遵照 JIS C 60068-2-27（147m/s^2，作用时间 11ms，用正弦半波脉冲，X、Y、Z 方向各 3 次）				
耐噪音	使用噪音电压 1000Vp-p、噪音幅度 1μs、上升沿 1ns、周期 30～100Hz 的噪音模拟器				
耐电压	AC500V，1 分钟		遵照 JEM-1021		
绝缘电阻	使用 DC500V 兆欧表，5MΩ 以上		所有端子与接地端子间		
接地	D 类接地（接地电阻：100Ω 以下）；不可以和强电系统共同接地				
使用空气	无腐蚀性、可燃性气体；导电性尘埃（灰尘）不严重				
使用高度	遵照 JIS B3502、IEC61131-2（2000m 以下）				

表 3-34　FX$_{3U}$-4AD-ADP 性能规格表

项　目	规　格	
	电压输入	电流输入
模拟量输入范围	DC 0V～10V（输入电阻 194kΩ）	DC 4mA～20mA（输入电阻 250Ω）
最大绝对输入	-0.5V、+15V	-2mA、+30mA
数字量输出	12 位二进制	11 位二进制
分辨率	2.5mV（10V/4000）	10μA（16mA/1600）
综合精度	● 环境温度 25±5℃时：针对满量程 10V，±0.5%（±50mV）； ● 环境温度 0～55℃时：针对满量程 10V，±1.0%（±100mV）	● 环境温度 25±5℃时：针对满量程 16mA，±0.5%（±80μA）； ● 环境温度 0～55℃时：针对满量程 16mA，±1.0%（±160μA）
A/D 转换时间	200μs（每个运算周期更新数据）	
隔离方式	● 模拟量输入部分和可编程控制器之间，通过光耦隔离； ● 驱动电源和模拟量输入部分之间，通过 DC/DC 转换器隔离； ● 各 CH（通道）间不隔离	
输入输出占用点数	0 点（与可编程控制器的最大输入输出点数无关）	

3.7.2　特殊软元件和标定修改

1．特殊软元件及其使用

FX$_{3U}$-4AD-ADP 中没有缓冲存储器，三菱 FX$_{3U}$ 系列 PLC 专门分配了一些特殊辅助继电器和特殊数据寄存器给 ADP 使用，它们是 M8260～M8299、D8260～D8299，一共 80 个。这 80 个继电器和寄存器是 FX$_{3U}$ 系列 PLC 所开发的 4 种 ADP 所共有的，只不过在每种 ADP 内所表示功能含义会有不同。其中，特殊辅助继电器的功能是输入模拟量的使用选择，而特殊数据寄存器主要功能是模拟量数据传输存储、参数设置及出错状态存储。

FX$_{3U}$ 系列 PLC 的基本单元最多可连接 4 台模拟量适配器，这 4 台适配器可以是同一型号的适配器，也可以是不同型号适配器的组合。因此，在使用这 80 个辅助继电器和寄存器时，必须先要分清那一台是什么型号的适配器，然后才根据该型号的适配器使用辅助继电器和寄存器。

表 3-35 为 FX$_{3U}$-4AD-ADP 特殊软元件一览表，下面对它们的使用进行说明。

表 3-35　FX$_{3U}$-4AD-ADP 特殊软元件一览表

R：读出　　W：写入

特殊软元件	软元件编号				内　　容	属性
	第 1 台	第 2 台	第 3 台	第 4 台		
特殊辅助继电器	M8260	M8270	M8280	M8290	通道 1 输入模式切换	R/W
	M8261	M8271	M8281	M8291	通道 2 输入模式切换	R/W
	M8262	M8272	M8282	M8292	通道 3 输入模式切换	R/W
	M8263	M8273	M8283	M8293	通道 4 输入模式切换	R/W
	M8264～M8269	M8274～M8279	M8284～M8289	M8294～M8299	未使用（请不要使用）	—
特殊数据寄存器	D8260	D8270	D8280	D8290	通道 1 输入数据	R
	D8261	D8271	D8281	D8291	通道 2 输入数据	R
	D8262	D8272	D8282	D8292	通道 3 输入数据	R
	D8263	D8273	D8283	D8293	通道 4 输入数据	R
	D8264	D8274	D8284	D8294	通道 1 平均次数（设定范围：1～4095）	R/W
	D8265	D8275	D8285	D8295	通道 2 平均次数（设定范围：1～4095）	R/W
	D8266	D8276	D8286	D8296	通道 3 平均次数（设定范围：1～4095）	R/W
	D8267	D8277	D8287	D8297	通道 4 平均次数（设定范围：1～4095）	R/W
	D8268	D8278	D8288	D8298	出错状态	R/W
	D8269	D8279	D8289	D8299	机型代码＝1	R

１）输入模式的切换

由表 3-35 可知，辅助继电器 M8260～M8299 为通道模拟量输入信号类型选择（其中一部分不能使用），选择方式如下：

$$M82\times\times = ON \qquad 电流输入$$

M82××= OFF　　　　电压输入

下面举例说明。

【例1】假设基本单元连接 4 台 FX₃ᵤ-4AD-ADP，试说明图 3-57 程序所执行的功能含义。执行的功能含义见图 3-58 中的注释。

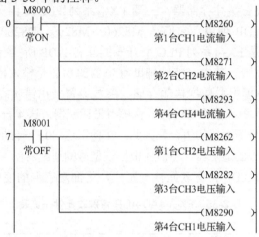

图 3-58　例 1 程序

【例2】假设基本单元连接适配器如图 3-59 所示，试说明图 3-60 程序所执行的功能含义。执行的功能含义见图 3-60 中的注释，其内容可参看各个适配器的使用说明书。

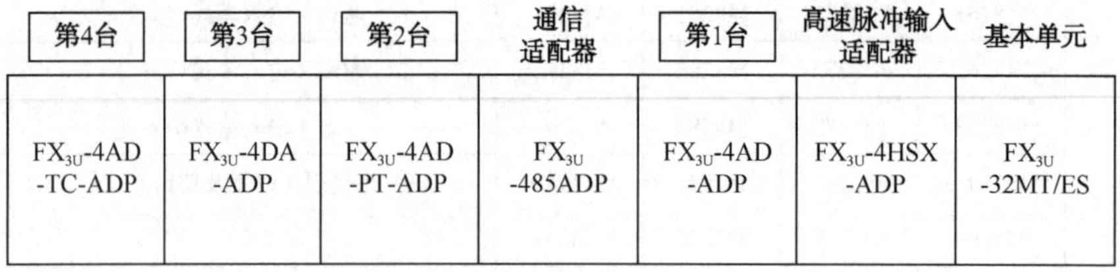

第4台	第3台	第2台	通信适配器	第1台	高速脉冲输入适配器	基本单元
FX₃ᵤ-4AD-TC-ADP	FX₃ᵤ-4DA-ADP	FX₃ᵤ-4AD-PT-ADP	FX₃ᵤ-485ADP	FX₃ᵤ-4AD-ADP	FX₃ᵤ-4HSX-ADP	FX₃ᵤ-32MT/ES

图 3-59　例 2 图

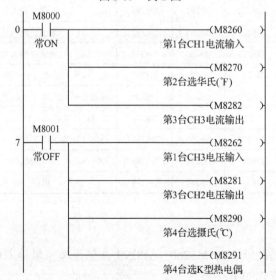

图 3-60　例 2 程序

2）平均值的平均次数设定

FX$_{3U}$-4AD-ADP 模拟量数据输入有两种方式：一种是当前值输入，一种是平均值输入。平均值输入的平均次数由数据寄存器 D82×× 的值决定，其规定是：

$$D82×× = K1　　　　　　　当前值输入；$$
$$D82×× = K1 \sim K4095　　　平均值平均次数。$$

每台 FX$_{3U}$-4AD-ADP 的每一个通道所对应的特殊数据寄存器如表 3-35 所示。平均次数用 MOV 指令送入相应寄存器，见【例3】程序。

【例3】假设基本单元连接 4 台 FX$_{3U}$-4AD-ADP 适配器，试说明图 3-61 程序所执行的功能含义。

执行的功能含义见图 3-60 中的注释。

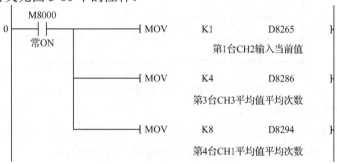

图 3-61　例 3 程序

3）模拟量数据的传输

FX$_{3U}$-4AD-ADP 的数据传输过程是这样的：每个扫描周期执行一次 A/D 转换，当 PLC 在执行 END 指令的时候，开始自动将 4 个通道的模拟量由 A/D 转换成的数字量送入各自的特殊数据寄存器。实际上每个扫描周期对模拟量刷新一次。当 PLC 需要数据时，编写读取程序，将特殊数据寄存器的内容复制到指定的存储单元去即可。

数据传送用的特殊寄存器虽然是可读/写的寄存器，但不能通过程序、触摸屏或者编程软件的软元件监控读寄存器的值来进行修改。

【例 4】编制程序，将第 1 台 CH1 输入数据送到 D100 中，CH2 输入数据送到 D101 中。

程序如图 3-62 所示。

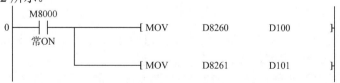

图 3-62　例 4 程序

4）出错状态保存寄存器

4AD-ADP 适配器给每一个通道都设置了一个指定的寄存器，用来保存 4AD-ADP 运行出错时的错误信息，供查错和保护用。错误信息由寄存器的二进制位的状态表示，表 3-36

为错误状态寄存器的二进制位所对应的错误信息内容。

表 3-36　二进制位与错误信息对应表

位	1	0
b0	CH1 数据溢出	
b1	CH2 数据溢出	
b2	CH3 数据溢出	
b3	CH4 数据溢出	正常
b4	EEPROM 出错	
b5	平均次数设定出错	
b6	硬件出错	
b7	通信数据出错	
b8～b15	未使用	

当某位位值为"1"时表示出错。对表 3-36 中各位出错内容说明如下。

（1）检测出量程溢出（b0～b3）。

当输入的模拟量超出了规格范围，读位为 ON。在电压输入时不能超过 0～4080，电流输入时不能超过 0～7640。如果接线不正确，也会引起该位为 ON。

（2）EEPROM出错（b4）。

该位为 ON，表示 EEPROM 出错或损坏，应当去检修。

（3）平均次数的设定出错（b5）。

任何一个通道的平均次数设定超出了 1～4095 范围，该位为 0N。

（4）4AD-ADP异常出错（b6）。

异常情况是指未正确供电（DC24V 电源），或未正确连接及其他异常等。

（5）4AD-ADP通信出错（b7）。

当 4AD-ADP 与 PLC 通信时发生异常。

当 4AD-ADP 在使用中发生错误时，出错状态除 b6 和 b7 外均会在 PLC 由 OFF 转换为 ON 时自动清除为 0，而 b6 和 b7 位不会自动清 0，必须设计程序强制清 0。

如果需确认 4AD-ADP 出错时的错误所在，则必须设计程序来检测。

2．标定修改

与特殊功能模块不同，4AD-ADP 的标定修改是通过定坐标指令 SCL 来完成的，关于 SCL 指令的功能说明及应用可参考本章 3.1.2 节讲解。

4AD-ADP 的修订是重新设计一个数字量转换标定，将经 A/D 转换过的数字量值作为新标定的 x 轴坐标，而作为希望输出的数字量值为新标定的 y 轴坐标。其转换方式是，每输入一个模拟量值，首先通过 A/D 转换自动转换成数字量，然后把这个数字量代入到新标定中，计算出相应的数字量，也就是用户所希望的输出数字量值。这个转换标定的计算是通过编写 SCL 指令程序来完成的，下面举例说明。

【例 5】4AD-ADP 的标定如图 3-63（a）所示。某用户希望输入模拟量与输出数字量之间的关系如图（b）所示。新标定（c）的 x 坐标为用户标定上的模拟量在 4AD-ADP 标定上所转换的数字量值，而 y 坐标则为用户所希望转换的数字量值。

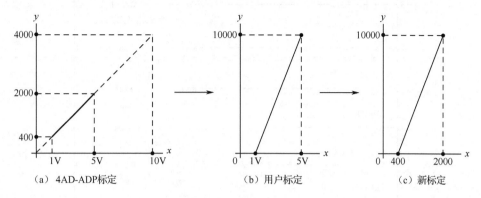

（a）4AD-ADP标定　　　　　　　　（b）用户标定　　　　　　　　（c）新标定

图 3-63　例 5 标定修改

标定修改的 SCL 指令程序如图 3-64 所示。

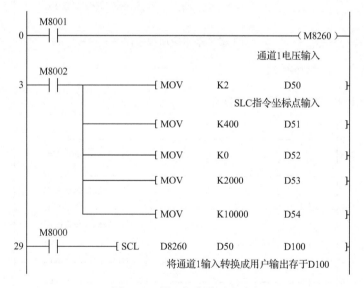

图 3-64　例 5 标定修改程序

3．应用程序例

1）4AD-ADP 基本应用程序样例

4AD-ADP 基本应用程序样例如图 3-65 所示。

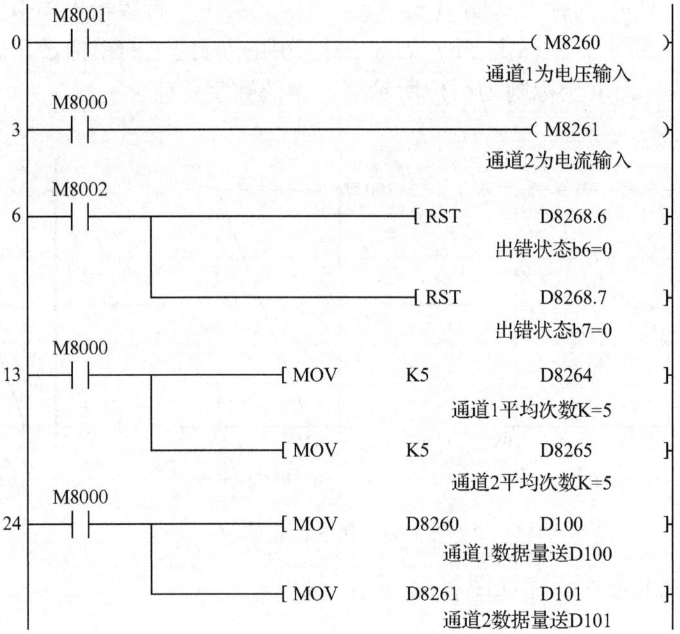

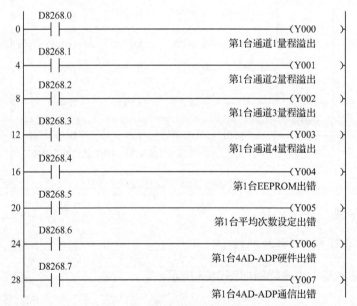

图 3-65　基本应用程序样例

2）错误状态读出程序样例

错误状态读出程序样例如图 3-66 所示。

图 3-66　错误状态读出程序样例

3.8 温度传感输入适配器 FX₃U-4AD-TC-ADP 应用

3.8.1 接线和标定

1. 接线、端子排列和标定

FX₃U-4AD-TC-ADP 为热电偶型温度传感器输入适配器，它使用 K 型和 J 型两种规格的热电偶。根据使用的热电偶不同，接线也不一样，如图 3-67 所示。接线说明如下：

（1）接入 K 型热电偶时，J-type 端子请不要接线。

（2）接入 J 型热电偶时，请务必短接 J-type 的端子。

（3）使用热电偶时请务必远离有电感性噪音的场所。

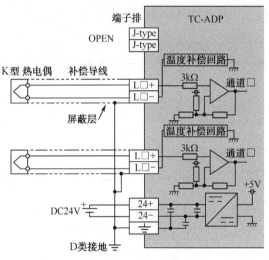
（a）K型热电偶

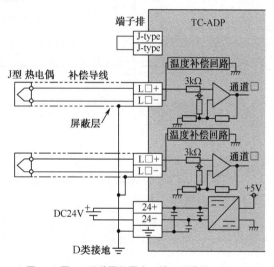
（b）J型热电偶

图 3-67 接线图

4AD-TC-ADP 的端子排列如图 3-68 所示。

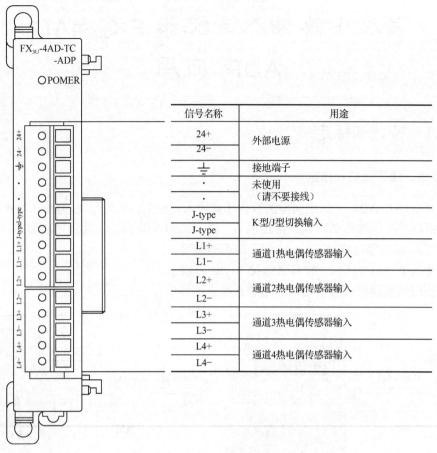

图 3-68　端子排列图

4AD-TC-ADP 的标定如图 3-69 所示，每一种型号热电偶都分为摄氏（℃）和华氏（℉）两种温度单位标定。

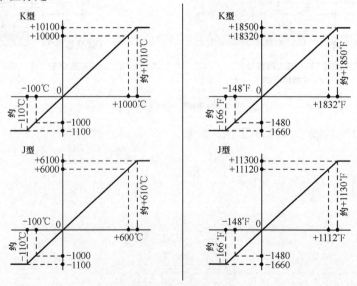

图 3-69　4AD-TC-ADP 标定

2．性能指标

表 3-37 为 4AD-TC-ADP 的一般规格，表 3-38 为其性能规格。

4AD-TC-ADP 的电源有两种，一种为 DC5V 电源，它由基本单元供给；另一种为 DC24V 电源，可以由基本单元上内置的电源供给，也可单独由外置 DC24V 电源供给。

表 3-37　FX$_{3U}$-4AD-TC-ADP 一般规格表

项　目	规　格			
环境温度	0～55℃（工作时）；–25～75℃（保存时）			
相对湿度	5%～95%RH（无结露）（工作时）			
耐振动	遵照 JIS C 60068-2-6			
		频率（Hz）	加速度（m/s²）	单振幅（mm）
	DIN 导轨安装时	10～57	—	0.035
		57～150	4.9	—
	直接安装时	10～57	—	0.075
		57～150	9.8	—
耐冲击	遵照 JIS C 60068-2-27（147m/s²，作用时间 11ms，用正弦半波脉冲，X、Y、Z 方向各 3 次）			
耐噪音	使用噪音电压 1000Vp-p、噪音幅度 1μs、上升沿 1ns、周期 30～100Hz 的噪音模拟器			
耐电压	AC500V，1 分钟		遵照 JEM-1021	
绝缘电阻	使用 DC500V 兆欧表，5MΩ 以上		所有端子与接地端子间	
接地	D 类接地（接地电阻：100Ω 以下）；不可以和强电系统共同接地			
使用环境	无腐蚀性、可燃性气体；导电性尘埃（灰尘）不严重			
使用高度	遵照 JIS B3502、IEC61131-2（2000m 以下）			

注：耐振动栏 X、Y、Z 方向各 10 次（合计各 80 分钟）

表 3-38　FX$_{3U}$-4AD-TC-ADP 性能规格表

项　目	规　格		
	摄氏度（℃）		华氏度（℉）
输入信号	热电偶 K 型或者 J 型，JIS C1602-1995		
额定温度范围	K 型　–100℃～+1000℃	K 型	–148℉～+1832℉
	J 型　–100℃～+600℃	J 型	–148℉～+1112℉
数字量输出	K 型　–1000～+10000	K 型	–1480～+18320
	J 型　–1000～+6000	J 型	–1480～+11120
分辨率	K 型　0.4℃	K 型	0.72℉
	J 型　0.3℃	J 型	0.54℉
综合精度	±（0.5%满量程+1℃）		
A/D 转换时间	200μs（每个运算周期更新数据）		
隔离方式	● 模拟量输入部分和可编程控制器之间，通过光耦隔离； ● 驱动电源和模拟量输入部分之间，通过 DC/DC 转换器隔离； ● 各 CH（通道）间不隔离		
输入输出占用点数	0 点（与可编程控制器的最大输入输出点数无关）		

3.8.2 特殊软元件

1. 特殊软元件及其使用

表 3-39 为 4AD-TC-ADP 特殊软元件一览表。与 4AD-ADP 相比，其特殊软元件的功能含义不同题，但很多使用说明都类似，因此在说明 4AD-TC-ADP 的特殊软元件使用时不再举例说明，可参看 4AD-ADP 的程序举例应用。

下面对它们的使用进行说明。

表 3-39　4AD-TC-ADP 特殊软元件一览表

R：读出　　W：写入

特殊软元件	软元件编号				内　容	属性
	第 1 台	第 2 台	第 3 台	第 4 台		
特殊辅助继电器	M8260	M8270	M8280	M8290	温度单位选择	R/W
	M8261	M8271	M8281	M8291	K 型、J 型模式切换	R/W
	M8262~ M8269	M8272~ M8279	M8282~ M8289	M8292~ M8299	未使用（请不要使用）	—
特殊数据寄存器	D8260	D8270	D8280	D8290	通道 1 测定温度	R
	D8261	D8271	D8281	D8291	通道 2 测定温度	R
	D8262	D8272	D8282	D8292	通道 3 测定温度	R
	D8263	D8273	D8283	D8293	通道 4 测定温度	R
	D8264	D8274	D8284	D8294	通道 1 平均次数（设定范围：1~4095）	R/W
	D8265	D8275	D8285	D8295	通道 2 平均次数（设定范围：1~4095）	R/W
	D8266	D8276	D8286	D8296	通道 3 平均次数（设定范围：1~4095）	R/W
	D8267	D8277	D8287	D8297	通道 4 平均次数（设定范围：1~4095）	R/W
	D8268	D8278	D8288	D8298	出错状态	R/W
	D8269	D8279	D8289	D8299	机型代码=10	R

1）温度单位选择

由表 3-39 可知，辅助继电器 M8260、M8270、M8280、M8290 为通道温度单位选择。4AD-TC-ADP 有两种温度单位：摄氏（℃）和华氏（℉）。

选择方式如下：

M82×× = ON　　　　选择华氏温度单位(℉)；
M82×× = OFF　　　选择摄氏温度单位(℃)。

2）热电偶类型选择

由表 3-39 可知，辅助继电器 M8261、M8271、M8281、M8291 为通道热电偶类型选择，选择方式如下：

M82×× = ON　　　　选择 J 型热电偶；

$$M82×× = OFF \qquad 选择 K 型热电偶。$$

3）平均值的平均次数设定

4AD-TC-ADP 温度数据输入有两种方式：一种是当前值输入，一种是平均值输入。平均值输入的平均次数由数据寄存器 D82XX 的值决定，其规定是：

$$D82×× = K1 \qquad 当前值输入；$$
$$D82×× = K1~K4095 \qquad 平均值平均次数。$$

每台 ADP 的每一个通道所对应的平均值输入的平均次数寄存器如表 3-39 所示。平均次数用 MOV 指令送入相应寄存器。

4）温度数据输入传输

4AD-TC-ADP 的温度数据传输过程与 4AD-ADP 一样，这里不再赘述。为了使温度测定稳定，上电后，要有 30 分钟以上的预热时间。

数据传输程序可参看 4AD-ADP 的示例。数据传送用的特殊寄存器虽然是可读/写的寄存器，但不能通过程序、触摸屏或编程软件的软元件监控读寄存器的值来进行修改。

5）出错状态保存寄存器

4AD-TC-ADP 发生错误时，由出错状态保存寄存器保存错误状态，通过错误寄存器各个位值的状态判断发生错误的内容。错误状态内容见表 3-40。

表 3-40　　FX3U-4AD-TC-ADP 错误状态

位	1	0
b0	CH1 数据溢出或断线	
b1	CH2 数据溢出或断线	
b2	CH3 数据溢出或断线	
b3	CH4 数据溢出或断线	
b4	EEPROM 出错	正常
b5	平均次数设定出错	
b6	硬件出错	
b7	通信数据出错	
b8~b15	未使用	

对表 3-40 中各位出错内容说明如下：

（1）测定温度范围外及检测出断线。

当输入在测定温度 K 型超过 -110℃～1010℃范围、J 型超过 -110℃～610℃范围，或与热电偶连接断线时，该位为 ON。

（2）其他错误状态内容均与 4AD-ADP 相同，请参考 4AD-ADP 的相关内容。

2. 应用程序例

4AD-TC-ADP基本应用程序样例如图3-70所示。

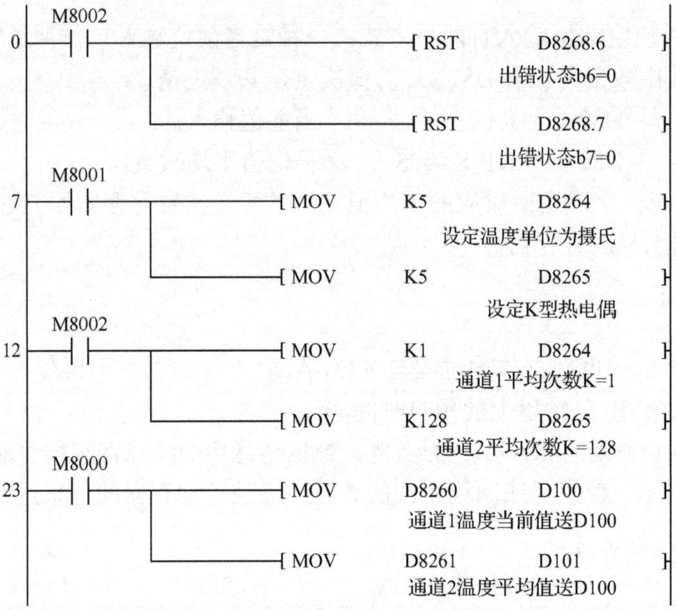

```
      M8002
0 ────┤ ├────────────────────────────[ RST      D8268.6      ]
                                                出错状态b6=0

                                         ─────[ RST      D8268.7      ]
                                                出错状态b7=0

      M8001
7 ────┤ ├──────────────────────[ MOV    K5         D8264      ]
                                                设定温度单位为摄氏

                                  ─────[ MOV    K5         D8265      ]
                                                设定K型热电偶

      M8002
12 ───┤ ├──────────────────────[ MOV    K1         D8264      ]
                                                通道1平均次数K=1

                                  ─────[ MOV    K128       D8265      ]
                                                通道2平均次数K=128

      M8000
23 ───┤ ├──────────────────────[ MOV    D8260      D100       ]
                                                通道1温度当前值送D100

                                  ─────[ MOV    D8261      D101       ]
                                                通道2温度平均值送D100
```

图 3-70　4AD-TC-ADP 基本应用程序样例

第 4 章　PID 控制及其应用

在工程实际中，应用最为广泛的调节器控制规律为比例、积分、微分控制，简称 PID 控制，又称为 PID 调节。PID 控制器问世至今已有近 70 年历史，因其结构简单、稳定性好、工作可靠、调整方便而成为工业控制的主要技术之一。

学习模拟量控制就必须学习 PID 控制。在本章中，除了比较详细地介绍 PID 控制的基本知识外，重点是学习三菱 FX PLC 的 PID 的指令应用和 PID 控制参数的整定。

4.1　PID 控制介绍

4.1.1　PID 控制入门

PID 是什么？初学者往往是从这个问题开始学习 PID 控制的。在 1.1.3 节中，曾经对 PID 做了简单的介绍。PID 是模拟量闭环控制无静差控制的一种控制方式。它是一种既能消除偏差控制中所存在的静差，又能进一步解决稳定性、快速性的较好的控制方式。

PID 是什么？简单地说，PID 是比例积分微分控制的简称。它是一种控制器。当系统受到扰动（包括设定值改变和干扰），被控制量偏离控制值时，PID 控制器能使系统稳定、快速地自动回到设定值上。

由于 PID 涉及积分、微分等高等数学的知识。对于没有高等数学知识的初学者，如何用通俗易懂的语言来讲解 PID 控制过程的确相当有难度。这里仅做一些尝试，供大家在学习 PID 知识时参考。

如图 4-1 所示是一个对容器水位进行控制的工作示意图。容器的上方是一个进水阀门，定量地向容器进水，容器下方是一个出水阀门，定量地向容器外出水。如果进水流量 Q 等于出水流量 Q'，容器液面处于不变状态，如图中水位 A。假定水位 A 是被控制量，控制要求是在任何情况下，液面都能保持在水位 A 不变，一般称 A 为设定值。

如果因为某种原因引起的出水量 Q' 加大，显然由于 $Q'>Q$，水位会下降至 B 位，一般称 B 位为实际值。于是产生了水位偏差 e，$e=A-B$。

为保持水位 A 不变，必须向容器加入水。另外设计一把比例勺。它加水的量是 $Q_p=P\cdot e$，式中 P 为比例系数，e 为偏差。加水的量与有偏差成正比，e 越大加水越多。如果加入的水一下子超过了水位 A，如图中水位 C，这时比例勺必须向外舀水，同样舀水的量也是 $Q_p=P\cdot e$。比例勺的功能是在水少时向内加水，水多时向外舀水，直到水位回到设定值 A 为止。

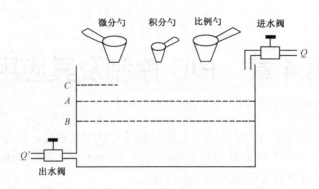

图 4-1　对容器水位进行控制的工作示意图

比例勺的不同比例系数 P 对控制过程有什么影响呢？讨论前，先假设水位 A 为 3m，由于出水阀的流量突然加大使水位降至 B 位为 2.5m，产生偏差 $e=A-B=0.5$m。以 $P=1.5$、$P=2$、$P=2.5$ 三种情况来观察水位的变化。方法是水少了就加水；水多了就舀水，直到偏差为 0。

先看 $P=1.5$ 时的变化情况。

水位低了，第一次加水 $Q_p=1.5\cdot0.5=0.75$m，加水后水位为 2.5+0.75=3.25m，已经超过设定值，为负偏差-0.25m。

第二次为舀水 $Q_p=1.5\cdot0.25=0.375$m，舀水后水位为 3.25-0.375=2.875m，水位又低于设定值，偏差为 0.125m。

第三次为加水 $Q_p=1.5\cdot0.125=0.1875$m，加水后水位为 2.875+0.1875=3.0625m，水位又高了，偏差为-0.0625m

第四次为舀水 $Q_p=1.5\cdot0.0625=0.09375$m，舀水后水位为 3.0625-0.09375=2.96875m，偏差为 0.03125m。

第五次加水为 $Q_p=1.5\cdot0.03125=0.046875$m，加水后水位为 3.015625m，偏差为-0.015625m

按照相同的方法，计算出 $P=2$、$P=2.5$ 时的水位变化及偏差，并与 $P=1.5$ 的计算结果合并列出表 4-1。

表 4-1　不同比例系数 P 之水位变化

次　　数		1	2	3	4	5	……
$P=1.5$	偏差	−0.25	0.125	−0.625	0.03125	−0.015625	
	水位	3.25	2.875	3.0625	2.96875	3.015625	
$P=2$	偏差	−0.5	0.5	−0.5	0.5	−0.5	
	水位	3.5	2.5	3.5	2.5	3.5	
$P=2.5$	偏差	−0.75	1.13	−1.7	1.575	−2.3625	
	水位	3.75	1.875	4.7	1.425	5.3625	

根据表中数据画出水位随比例勺动作次数变化折线图，如图 4-2 所示。

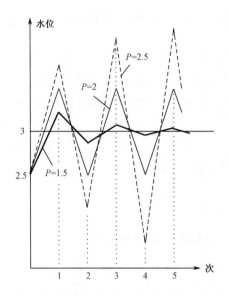

图 4-2　不同比例系数 P 之水位变化图示

由图可以看出，在同样扰动的偏差下，不同比例系数控制效果是不一样的。P=1.5，水位在设定值附近波动几下后慢慢趋近于设定值。而 P=2、P=2.5 则会引起振荡，不能恢复到设定值。

比例勺的控制方式实际上并不能让水位重新平衡到 A 位，总是留有一点余差。如图 4-1 所示，如果水位平衡到 A 位，则偏差为 0，比例勺既不加水也不舀水。这时，由于 Q′>Q，平衡马上破坏，水位下降。所以水位是不可能平衡在 A 位的，其结果不是高于 A 位，就是低于 A 位。

为了解决比例勺的余差，给容器又加一个积分勺。积分勺和比例勺一样，也是不停地加水、舀水，但它的动作和比例勺不同，它是有差则动，无差则停。有差则动是指水位低了，就不停地加水；水位高了，它就不停地舀水；而没有水位偏差时，它就停止动作。由图 4-1 可看到积分勺是个小勺，说明它的加水量很小，远小于比例勺，水量虽少但细水长流，积少成多。比例勺的这个余差就是靠这个积少成多解决的。如果说比例勺是控制的主导，那么积分勺就是微调。

比例勺和积分勺基本上解决了水位控制在设定值 A 位的问题。在实际控制中，不但要求在受到扰动后被控制值能回到设定值，还要求整个过渡过程中，能够快速、平稳地回到设定值。再看图 4-2，加大比例勺的比例系数 P 就可以较快地达到设定值，但较大的 P 所引起的波动（超过设定值部分）也较大，这种现象在控制中称为超调。能不能找到一种方法，即能保持较快的反应，又不要有过大的超调？微分勺就可以帮助解决这个问题。

微分勺也是向容器加水和舀水，它的动作是反其道而行。当比例勺给容器加水使水位上升时，微分勺却从比例勺向外舀水；当比例勺给容器舀水使水位下降时，它却向比例勺加水。微分勺加水（或舀水）的容量与水位上升或下降的速度（即单位时间内水位上升的高度）成正比。可以想象，当比例勺加水时，微分勺却逆其而动，拼命向外舀水，使比例勺加水的水量减少，自然超调的幅度也降低了。反过来，当比例勺向外舀水时，它向内加水，使下降的幅度变小。微分勺的作用就是使水位波动的幅度减少，波动幅度减小，控制过程相对比较稳定。当水位变化较小时，微分勺基本不去加水或舀水。因此，微分勺在控制过程中仅起一种补偿作用。

利用比例勺、积分勺、微分勺之间巧妙的配合，就可以使容器中的水位受到扰动后能快速且平稳地回到设定值上，这就是 PID 控制过程的通俗讲解。

当然，实际控制时，水位的偏差是通过一个 PID 控制器控制进水阀门的开度开来实现水位恒定的。

4.1.2 PID 控制介绍

1. PID 控制基本公式

在模拟量控制中，PID 控制的数学表达式如下：

$$U = P\left(e + \frac{1}{I}\int_0^t e dt + D\frac{de}{dt} \right) + U(0)$$

式中，U——被控制量；

$\quad\quad P$——比例系数（比例增益）；

$\quad\quad I$——积分时间常数；

$\quad\quad D$——微分时间常数；

$\quad\quad e$——偏差（设定值与被控制量测定值之差）；

$\quad\quad U(0)$——偏差为零时被控制量。

由表达式可知，PID 控制是由偏差，偏差对时间的积分和偏差对时间的微分所叠加而成。它们分别为比例控制、积分作用和微分输出。在简介 PID 时，基本上对这三种控制规律的作用有了一些了解。现在对它们的作用进一步说明。

比例控制为偏差与比例系数的乘积组成。这是 PID 控制中最基本的控制，起主导作用。系统一出现误差，比例控制立即产生作用以减少偏差。比例系数越大控制作用越强，但也容易引起系统不稳定。比例控制可减少偏差，但无法消除偏差，控制结果会产生余差。

积分作用与偏差对时间的积分以及积分时间有关。加入积分作用后，系统波动加大，动态响应变慢，但却能使系统最终消除余差，使控制精度得到提高。

微分输出与偏差对时间的微分以及微分时间有关。它对比例控制起补偿作用，能够抑制超调、减少波动、减少调节时间，使系统保持稳定。

把三种控制规律组合在一起，并根据被控制系统的特性选择合适的比例系数、积分时间和微分时间，就得到了在模拟量控制中应用最广泛并解决控制的稳定性、快速性和准确性问题的无静差控制——PID 控制。

在第 1 章中，曾经提及 PID 控制是无静差控制中被大量应用的较好的控制方法。因此，PID 控制是一个模拟量闭环控制，只不过在这个闭环控制中，其控制器是 PID 控制器，PID 控制系统的框图如图 4-3 所示。

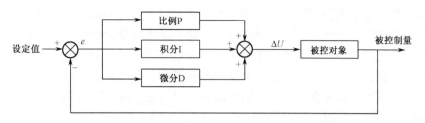

图 4-3　PID 控制系统原理框图

在表达式中，$U(0)$ 是偏差为 0 时的控制输出值。偏差为 0 有两种情况：一种是控制系统处于停止状态，这时 $U(0)=0$，偏差为设定值。在 $t=0$ 瞬间控制系统启动后，控制器的输出为实际控制值。另一种是控制系统处于稳态的运行中，这时 $U(0)$ 为控制器稳态输出值。如果在 $t=0$ 瞬间由于扰动出现了偏差 e，偏差 e 经过 PID 控制后的输出值为 ΔU，实际 PID 控制器输出值应为 $U(0) + \Delta U$。直到经过 PID 控制使偏差 $e=0$，这时 $U(0)$ 为新的稳态值。

关于 PID 控制的更多知识将在 4.2 节中叙述。

2．PID 控制特点

PID 控制器问世至今已有近 70 年历史，就目前而言，在工业控制领域尤其是控制系统的底层，PID 控制器仍然是应用最广泛的工业控制器。具有 PID 控制器的产品已在工程实际中得到了广泛的开发和应用，有 PID 参数自整定功能的智能调节器，有利用 PID 控制实现的压力、温度、流量、液位控制器，有能实现 PID 控制功能的可编程控制器（PLC），还有可实现 PID 控制的 PC 系统等。

PID 控制本身也在与时俱进，结合现代控制理论、智能控制理论和其他控制规律的优点，出现了诸多新颖的 PID 控制器，如自校正 PID、专家自适应 PID、预估 PID、模糊PID、神经网络 PID、非线性 PID 控制器等，使 PID 控制应用远远超过了线性、非时变的范围。可以说，PID 控制是工业控制领域中的常青树，长久不衰。

为什么 PID 在工业控制领域应用如此广泛，又长久不衰呢？这是因为 PID 控制具有以下几个特点。

（1）当被控对象的结构和参数不能完全掌握，或得不到精确的数学模型时，或者控制理论的其他技术难以采用时，或者系统控制器的结构和参数必须依靠经验和现场调试来确定时，应用 PID 控制最为方便。也就是说，当我们不完全了解一个系统和被控对象，或不能通过有效的测量手段来获得系统参数时，最适合用 PID 控制。

（2）PID 解决了模拟量闭环控制所要解决的最基本问题，即系统的稳定性、快速性和准确性。调节 PID 控制的参数，可以实现在系统稳定的前提下，兼顾系统的带载能力和抗干扰能力，做到无静差控制。

（3）有典型的 PID 控制硬件电路和对 PID 控制规律进行离散化处理得到的 PID 控制算法。特别是 PID 控制算法，使 PID 控制在数字控制设备中得到了广泛的应用，出现了许多智能化的 PID 控制调节仪表，实现了 PLC 和 PC 对控制系统进行 PID 控制的可能。

（4）PID 控制有较强的适应性和灵活性，有各种改进的控制方式。根据控制对象的不同、工况变化、主要干扰及对控制质量的要求，可以选择比例控制（P）、比例积分控制（PI）、比例微分控制（PD），也可以选择比例积分微分（PID）控制。

（5）PID 控制参数的整定有比较成熟的经验试凑法来进行参数整定。特别是计算机技术的发展，在许多智能化仪表及 PLC 指令上都设置了参数自整定功能而无须进行人工整定，为 PID 控制参数整定提供了很大的方便，也为 PID 控制的应用能得到进一步推广创造条件。

（6）PID 控制知识本身具有积分、微分等高等数学知识，但其实际应用中一般人都能学习掌握，其应用过程易懂易学，并不需要很深的知识，这也是为什么 PID 控制能够在各行各业得到普遍推广应用的原因。

4.1.3　PID 控制功能的实现

在实际应用中，PID 控制器可以通过两种方式完成。一种是利用电子元件和执行元件组成 PID 控制电路。这种方式叫作模拟式控制器、硬件控制电路。另一种是利用数字计算机强大的计算功能，编制 PID 的运算程序，由软件完成 PID 控制功能的控制器，这种方式又叫作数字式控制器、软件控制器。

1．模拟式 PID 控制功能实现

利用电阻、电容和集成运算放大器，可以很方便地组成一个 PID 控制电路。如图 4-4 所示为 P、PI、PD、PID 的基本形式原理电路图。读者利用电路分析知识可了解它们的输出和输入关系，这里不再详述。

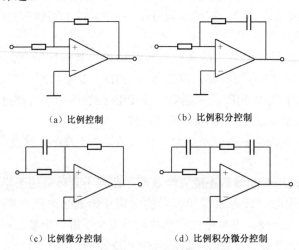

（a）比例控制　　　　　　　　　　　（b）比例积分控制

（c）比例微分控制　　　　　　　　　（d）比例积分微分控制

图 4-4　模拟式 PID 控制原理电路图

模拟式 PID 控制器可以自己制作。但多数情况下是采用由硬件电路所组成的模拟式过程控制仪表。其中，应用最广泛的是单元组合电动仪表——DDZ—III 型调节器。

DDZ—III 型调节器是 20 世纪 70 年代研制成功的，它不但具有 PID 运算功能，还有其他一些辅助功能，如内给定、偏差指示、正反动作切换、手动/自动双向切换和阀位指示功能等，实际应用中可以根据控制要求很方便地组成 P、PI、PD 和 PID 控制电路。

2．PLC 控制中 PID 控制功能实现

PLC 是一个数字式控制设备。在 PLC 的模拟量控制中，实现 PID 控制功能又有三种方式。

1）PID 指令

目前，很多 PLC 都提供了 PID 控制用的 PID 应用功能指令。PID 指令实际上是一个 PID 控制算法的子程序调用指令。使用者只要根据指令所要求的方式写入设定值、PID 控制参数和被控制量的测定值，PLC 就会自动进行 PID 运算，并把运算结果输出值送到指定的存储器。一般情况下，它必须和模拟量输入/输出模块一起使用。PID 指令是本书重点介绍的方式，后面将做详细介绍。

2）PID 控制模块

PLC 早期应用时，没有 PID 指令可供使用，生产商开发出 PID 控制模块，如三菱 "A" 系列 PLC 的 A81CPU PID 控制模块。在 PID 控制模块中都含有 A/D、D/A 及 PID 控制程序，用户使用时只要设置一些参数即可，一块模块可以控制几十路闭环控制回路，与 CRT 显示单元一起使用时，还可以在 CRT 上监视 PID 控制状态。

三菱 FX_{2N} PLC 的温度控制特殊模块 FX_{2N}-2LC 就支持 PID 控制功能。

3）自编程序进行 PID 控制

对于没有 PID 控制指令的 PLC 机型，用户可以自编 PID 运算程序来实现 PID 控制功能，有的虽然有 PID 指令，但用户希望采用其他的 PID 控制运算，这时，也可以自编程序完成 PID 控制功能。

自编 PID 控制运算程序并非一般人可以做到，必须具有扎实深厚的 PLC 编程知识和 PID 控制知识才行。

3．智能设备中 PID 控制功能实现

目前，在许多智能化设备中都具有内置 PID 功能，如变频器、智能温控仪等。这类设备均可将被控制量反馈信号接到相应的输入端，用其内部的 PID 控制器组成闭环控制，控制参数也可以很方便地用操作面板进行设置。很多智能温控仪还带有 PID 参数自整定功能，很受广大工控人员欢迎。这类设备的 PID 控制功能也是数字式控制器，是通过 PID 运算程序来完成 PID 控制的功能的。

4.1.4　PID 控制算法介绍

在数字控制设备中 PID 控制是通过编制运算程序来完成的。这就涉及 PID 控制算法的问题。本节将对 PID 控制的常用算法做一些简单的介绍。使读者对这个问题有一些基本了解，有基础的读者也可以跳过这一节，直接阅读下一节内容。

1. 位置式 PID 控制算法

数字 PID 控制算法是对 PID 控制规律进行离散化处理得到的。

PID 控制规律数学表达式为

$$U(t) = P\left(e(t) + \frac{1}{I} \int_0^t e(t)\mathrm{d}t + D\frac{\mathrm{d}e(t)}{\mathrm{d}t} \right) \tag{4-1}$$

在数字采样系统中，式（4-1）中的积分式和微分项不能直接使用，必须进行离散化处理。离散化的方法是：以 T 作为采样周期，k 作为采样序号，则离散化采样时间 kT 对应时间 t，用矩形法数值积分近似代替积分，用一阶差分来代替微分，即有：

$$\int_0^t e(t)\mathrm{d}t \approx T\sum_{i=0}^k e(i)$$

$$\frac{\mathrm{d}e(t)}{\mathrm{d}t} \approx \frac{e(k) - e(k-1)}{T} \tag{4-2}$$

将式（4-2）代入式（4-1），得到离散化的 PID 控制表达式为

$$U(k) = P\left(e(k) + \frac{T}{I}\sum_{i=0}^k e(i) + D\frac{e(k) - e(k-1)}{T} \right) \tag{4-3}$$

式中，$U(k)$——第 k 次采样时刻 PID 控制输出值；

$e(k)$——第 k 次采样时刻输入偏差值；

$e(k{-}1)$——第 $k{-}1$ 次采样时刻输入偏差值；

T——采样周期；

P、I、D——PID 控制参数。

如果采样周期足够小，则由式（4-3）的近似计算可以获得精确的结果，其控制过程与模拟电路十分接近。

式（4-2）是直接根据式（4-1）所给出的 PID 控制规律定义进行计算的，它给出的是全部控制量的大小，直接给出了执行器的执行位置（如电动机的转速、阀门的开度等），因此被称为全量式或位置式 PID 控制算法。

这种算法的缺点是：由于是全量输出，所以每次输出均与过去状态有关，计算时要对 $e(k)$ 进行累加，工作量大；并且因为输出是执行器的实际位置，如果数字系统出现故障，输出 $U(k)$ 会发生大幅度变化，会引起执行器的大幅度变化，很可能造成生产事故，这在实际生产中是不允许的。而增量式 PID 控制算法则可避免这种情况发生。

2. 增量式 PID 控制算法

所谓增量式 PID 控制算法，是指其输出只是被控制量的增量 $\Delta U(k)$。当执行机构需要的控制量是增量而不是位置量的绝对值时，如步进电动机等，都使用增量式控制算法，

增量式 PID 控制算法可通过式（4-3）推导出来，由式（4-3）得到控制器的第 $(k{-}1)$ 个采样时刻输出值 $U(k{-}1)$ 为

$$U(k-1) = P\left(e(k-1) + \frac{T}{I}\sum_{i=0}^{k-1} e(i) + D\frac{e(k-1) - e(k-2)}{T} \right) \tag{4-4}$$

将式（4-3）减去式（4-4）并整理，可以得到增量式 PID 控制算法公式为

$$\Delta U(k) = U(k) - U(k-1)$$
$$= P\left(e(k) - e(k-1) + \frac{T}{I}e(k) + D\frac{e(k) - 2e(k-1) + e(k-2)}{T}\right) \qquad (4\text{-}5)$$
$$= Ae(k) + Be(k-1) + Ce(k-2)$$

式中，$A = P\left(1 + \frac{T}{I} + \frac{D}{T}\right)$；

$\qquad B = P\left(1 + \frac{2D}{T}\right)$；

$\qquad C = P\frac{D}{T}$。

由式（4-5）可看出，当采样周期确定后，一旦确定了 A、B、C，只要使用前后三次测量的偏差值，就可以求出控制的增量，它表示在两次采样时间间隔内执行器的位置变化量。与位置式相比，增量式计算量小很多，因而在实际中得到广泛应用。

而位置式 PID 控制算法也可以通过增量式 PID 控制算法推出其递推计算公式：
$$U(k) = U(k-1) + \Delta U(k) \qquad (4\text{-}6)$$
式（4-6）就是目前在数字控制设备中广泛应用的数字递推 PID 控制算法。

3．PID 控制算法的改进

数字式 PID 控制算法的一个很大的优点是它可以根据不同的控制对象、不同的工况而对 PID 控制进行改进，使 PID 控制在不同的领域中都能得到高质量的控制效果，下面仅简单地介绍几种常用 PID 控制算法的改进形式。

1）微分先行 PID 控制算法

这种方式是只对测量值进行微分，而不是对偏差进行微分。这样在设定值变化时，输出不会突变，而被控制量变化较为缓和。

2）积分分离 PID 控制算法

使用一般 PID 控制时，在开工、停工或大幅度改变设定值变化时，由于短时间内产生很大的偏差，会造成严重的超调或长时间振荡。所谓积分分离，就是在偏差大到一定数值时，取消积分作用；而当偏差小于这个数值时，才引入积分作用。这样既可以减少超调，又能使积分发挥消除静差作用。

3）不完全微分 PID 控制算法

微分的引入可改善动态性能，增加稳定性，但对高频十分敏感，容易引起干扰振荡。为此，在 PID 控制的微分部分增加一阶惯性滤波，变成了不完全微分 PID 控制算法，虽然计算变得复杂，但控制质量较好。

还有其他一些改进算法，有兴趣的读者可以参看有关的资料书籍。

4．三菱 FX PLC PID 控制算法

三菱 FX 系列 PLC 采用 PID 指令来完成 PID 控制功能，它采用的是数字递推增量式 PID 控制算法，并综合使用了一阶惯性数字滤波、不完全微分和微分先行等措施。根据编程手册介绍，其计算公式如下。

正动作：
$$\Delta U(k) = k\left(e(k) - e(k-1) + \frac{T}{T_i}e(k) + D(k)\right)$$

$$e(k) = PV_f(k) - SV$$

$$D(k) = \frac{T_d}{T + \alpha_d T_d}(-2PV_f(k-1) + PV_f(k) + PV_f(k-2)) + \frac{\alpha_d T_d}{T + \alpha_d T_d}D(k-1)$$

$$U(k) = \sum \Delta U$$

反动作：
$$\Delta U(k) = k\left(e(k) - e(k-1) + \frac{T}{T_i}e(k) + D(k)\right)$$

$$e(k) = SV - PV_f(k)$$

$$D(k) = \frac{T_d}{T + \alpha_d T_d}(2PV_f(k-1) - PV_f(k) - PV_f(k-2)) + \frac{\alpha_d T_d}{T + \alpha_d T_d}D(k-1)$$

$$U(k) = \sum \Delta U$$

式中，$e(k)$——本次采样偏差；

    $e(k-1)$——个周期前的偏差；

    SV——设定值；

    $PV_f(k)$——滤波后本次采样测定值；

    $PV_f(k-1)$——个周期前的滤波后的测定值；

    $PV_f(k-2)$——二个周期前的滤波后的测定值；

    ΔU——输出变化量；

    $U(k)$——本次输出值；

    $D(k)$——本次微分项；

    $D(k-1)$——个周期前微分项；

    k——比例增益；

    T——采样周期；

    T_i——积分时间；

    T_d——微分时间；

    α_d——微分增益。

其中，$PV(k)$是根据读入的测定值由下列运算式求得的值：

    （滤波后的测定值 $PV_f(k)$）$= PV(k) + L(PV_f(k-1) - PV(k))$

式中，$PV(k)$——本次采样时的测定值

    L——滤波系数（$0 < L < 1$）

4.2　基本控制规律和控制参数对过渡过程的影响

4.2.1　基本控制规律

在模拟量控制系统中，控制器是整个控制系统的核心，它是将被控制量反馈到输入端与给定值比较，得到偏差 $e(t)$，送到控制器，然后按照不同的控制规律进行控制，在控制器的输出端产生一个能够使被控制量趋于给定值的控制信号 $\mu(t)$。而控制器的控制规律就是指其输出 $\mu(t)$ 与 $e(t)$ 之间的关系，即

$$\mu(t) = f\left[e(t)\right]$$

控制器的规律来源于人工操作规律，是在模仿人操作经验的基础上发展起来的。生产过程中常用的基本控制规律有位式控制、比例控制、积分控制、微分控制以及它们的组合控制。

1. 位式控制

当模拟量输出对恒定值要求并不是很高，允许其输出值在一定范围里波动时，可采用位式控制。位式控制也是有反馈的控制。只不过它的输出是由继电特性的开关所控制的，其中双位控制是位式控制最简单也是最常用的形式。双位式控制的过程是：当被控输出值大于设定值时，控制器的输出 C 为最大（或最小），相应地执行器为全开（或全闭）。当被控输出值小于设定值时，控制器的输出 C 为最小（或最大），相应地执行器为全闭（或全开）。例如，空调器的温度调节就是典型的二位式控制（指非变频式空调器）。二位式控制如果仅在设定值上下进行，执行器动作会非常频繁，这样就会使系统中的运动部件（继电器、电磁线圈等）频繁动作而损坏，也不保证系统能安全可靠地工作。因此，在实际生产中，被控制值和设定值之间总是允许有一定的偏差，形成一个中间波动区域，这时控制过程就变成当被控输出值大于给定值上限或小于给定值下限时，执行器才动作；而在波动范围内，执行器是不动作的。

双位式控制的缺点是被控输出值总是处于波动之中，使控制不能相对平稳一些进行。在这某些模拟量的控制中，不符合控制要求。这时可以采用三位式控制，如图 4-5 所示。

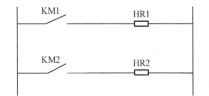

位置	KM1	KM2
$Y>X_上$	断开	断开
$X_下<T<X_上$	断开	闭合
$Y<X_下$	闭合	闭合

图 4-5　三位式控制

当被控制值大于设定值上限或小于下限时，两组加热器或同时断开或同时接通，进行快速降温或升温；而当被控制值处于中间范围时，则加热器 HR1 接通，使温度在这一段范围内缓慢变化，相对平稳地进行。

位式控制一般由控制仪表或调节器完成。当然用 PLC 也可以进行位式控制，而且更方便、更可靠，但性价比要低很多。

2. 比例控制（P）

1）比例控制规律

比例控制规律如下：

$$\Delta U = P \cdot e$$

式中，ΔU——控制器的输出变化量；

$\quad$ P——控制器的比例系或比例增益；

$\quad$ e——控制器的输入，即偏差。

由上式可以看出，ΔU 与 e 成正比，在时间上没有延滞。作为控制器 P 应是可调的，所以比例控制器实际上是一个比例系数 P 可调的放大器。P 越大，同样的偏差情况下输出越大。

在模拟量电路中，一个具有电阻性负反馈的放大器就是一个比例控制器。如图 4-6 所示为一个电阻性负反馈电路框图。

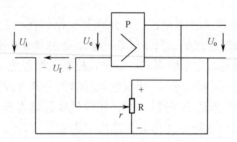

图 4-6　电阻性负反馈电路

由图可知：

$$U_e = U_i - U_f$$

$$U_f = \frac{r}{R} U_o = F U_o$$

式中，F——反馈系数。

$$U_o = P U_e = P(U_i - U_f) = P U_i - P U_f$$

$$= P U_i - P \frac{r}{R} U_o = P U_i - P F U_f$$

整理有：

$$U_o = \frac{P}{1 + PF} U_i$$

式中，P——开环放大倍数。一般情况下，$P \gg 1$，亦即 $PF \gg 1$，故有

$$U_o = \frac{1}{F}U_i = P_f U_i$$

式中，P_f——闭环放大倍数。

由于反馈系数 F 是可调的（改变电位器位置可得到不同的 F 值），所以 P_f 也是可调的。从而得到比例调节规律的控制器。

2）比例度 σ

在工业生产上，常用比例度 σ 来表示比例控制作用的强弱。比例度 σ 的定义是控制输入的相对变化量与其相应的输出相对变化量之比的百分数。用数学式表示为

$$\delta = \frac{\dfrac{e}{Z_{max} - Z_{min}}}{\dfrac{\Delta U}{U_{max} - U_{min}}} \times 100\%$$

式中，e——偏差；

$\quad$ $Z_{max} - Z_{min}$——控制器输入变化范围；

$\quad$ $U_{max} - U_{min}$——控制器输出变化范围；

$\quad$ ΔU——偏差相对应的输出变化。

将公式进行一下变换得到：

$$\delta = \frac{e}{Z_{max} - Z_{min}} \times \frac{U_{max} - U_{min}}{\Delta U} \times 100\% = \frac{U_{max} - U_{min}}{Z_{max} - Z_{min}} \times \frac{e}{\Delta U} \times 100\%$$

在过程控制中，控制器的输入信号是由变送器送来的，与控制器的输出信号都是标准的统一信号，因此 $(U_{max} - U_{min})/(Z_{Max+} - Z_{min}) = 1$。这样 σ 和 P 互为倒数关系，即：

$$\sigma = \frac{1}{P} \times 100\%$$

3）比例控制的特点

（1）响应快，无滞后。只要一有偏差，立即就有相应的调节作用，及时克服扰动，使被控制量很快回到给定值附近。

（2）有静差。当扰动出现后，比例控制不能使被控制量完全回到给定值，而只能回到给定值附近，产生静差。

3．积分控制和比例积分控制（PI）

1）积分控制规律

积分控制规律就是控制器的输出变化量与输入偏差的积分成正比的控制规律。其数学表达式为

$$\Delta U = K_I \int_0^t e\,dt = \frac{1}{T} \int_0^t e\,dt$$

式中，K_I——积分比例系数；

$\quad$ T——积分时间。

由数学知识可知，当偏差 e 为一阶跃输入时，其输出是一条直线，其斜率为 $K_I \cdot A$，如图 4-7 所示。由图可看出，输出的变化速度与偏差 e 的大小成正比，所以只需要偏差 e 存在，控制器的输出就会变化；而当偏差 e 为 0 时，输出才不变化，并保持输出不变。因此，积分控制规律是有差即动，无差则停，可见积分控制是能够消除静误差的。

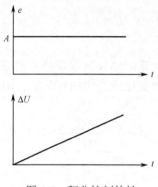

图 4-7　积分控制特性

另外，在相同的偏差情况下输出变化的速度与积分比例系数 K_I 成正比，与积分时间 T 成反比，这就表明积分控制的强弱与积分时间有关：T 越小，输出变化越大；而 T 越大，积分控制也越弱。

2）积分控制特点

（1）能消除静差。积分控制和比例控制不同，控制器输出信号和输入偏差之间没有相对应的关系，有差即动，只要偏差存在，（$e \neq 0$）输出控制信号就在不断变化。这一点在过程控制中意味着执行器是在不断变化。无差则停，执行器不停变换的目的就是消除偏差，直到偏差消除。但是执行器并不停止工作，而是停止变化，保持当前工作状态不变。

（2）调节动作缓慢。积分控制的作用是由零开始积分的，并随时间而逐渐累积，因此积分控制有滞后，控制作用不及时，控制过程比较缓慢。积分控制的过程也是控制不稳定的过程，因为这个原因，积分控制一般不单独作用，而是和比例控制一起组成比例积分控制或比例积分微分控制。

3）比例积分控制规律（PI）

在比例控制基础上加上积分控制，就变成了比例积分控制。其数学关系式为

$$\Delta U = P\left(e + \frac{1}{T}\int_0^t e\,\mathrm{d}t\right)$$

一个比例积分控制器可看做一个比例增益 P 不断变化（变大）的比例控制器，如图 4-8 所示。一开始，控制器的比例增益为 P，但随着时间的增加，由于积分控制作用，输出也在不断增加，相当于比例增益在不断增加大。从理论上讲当时间趋于无穷时，控制器的比例增益也趋于无穷，因而它能最终消除静差。一旦静差消失，偏差 e 也为零，积分控制作用消失，而控制器的输出将稳定在输出范围的任意值上。

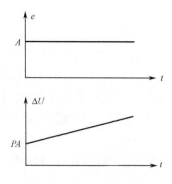

图 4-8　比例积分控制特性

比例积分控制既有比例控制作用的及时性、快速性，又有积分控制作用能消除静差的性能，在工业生产上应用非常广泛。

4．微分控制和比例微分控制（PD）

1）微分控制规律

具有微分控制规律的控制器，其输出变化量与偏差的关系可用下式表示：

$$\Delta U = D\frac{\mathrm{d}e}{\mathrm{d}t}$$

式中，D——微分时间。

微分控制作用比较难以理解，实际上微分控制也是受到人工操作启发而来的。假设有一工艺参数如温度在变化，操作工人发现这个温度参数上升较快，虽然还不到设定值，但估计很快就会超过设定值而产生比较大的偏差，因为温度滞后现象严重（滞后与热量传递的过程有关）。这时，有经验的操作工人就会减少或关闭加温来克服这个预期的偏差。这种估计及提前减少或关闭加温的超前行为，就是微分动作。微分控制作用就是模仿了操作工人的这种操作，因此有人又称微分控制为"超前调节"。

当偏差 e 为一阶跃信号时，微分控制输出如图 4-9 所示。

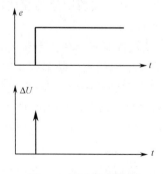

图 4-9　微分控制特性

在偏差 e 的跳变瞬间，微分控制输出最大为一个幅度为无穷大，脉宽趋于 0 的尖脉冲。其后偏差 e 变化为 0，微分控制也为 0，可见微分控制作用只与偏差的变化速度有关，而与偏差大小无关。当偏差变化很小或没有变化时，微分控制作用很弱或没有控制作用。

2）微分控制特点

（1）防止超调。微分控制作用是根据偏差的变化速度来调节的。所以它的控制作用与偏差的变化速度成正比，而与偏差的大小无关，但只要它的变化速度很大，则微分控制就会有一个较大的输出去进行调节，它的作用比比例作用还要快。因此，微分有事先预防控制的作用，当一发现偏差有加快变化的可能，马上就发出阻止其快速变化的控制信号，防止出现过冲或超调。

微分控制作用主要用于容量滞后较大的如温度控制系统等场合，而在压力、流量、液位等场合，一般都不加微分控制。

（2）有静差。当偏差没有变化时，微分控制作用也停止，此时，即使偏差本身很大，微分控制器也不会动作，因此微分作用不能消除静差。而且，当偏差变化速度很慢时，微分控制作用不明显。但是经过一段时间后，被控制量的偏差，都可以积累到相当大的数值而得不到矫正。

所以，微分控制一般不能单独使用，而是和比例控制组成比例微分控制或比例积分微分控制。

（3）过大引起振荡。微分控制的预防超调作用是阻止被控制量快速变化，所以适当加入微分控制，可以减小被控制量的动态偏差，抑制振荡，提高系统的稳定性。但是，如果加入过大的微分控制，反而会使被控制量产生高频振荡，特别是当测定值中有显著的噪声时，如带有不规则的高频扰动信号，则不宜引入微分控制，有时甚至需要引入反微分控制。因此，对太大的微分控制要加以限制。这也是微分控制应用受到很大限制的主要原因。

3）比例微分控制规律（PD）

比例微分控制规律的数学表达式为

$$\Delta U = P\left(e + D\frac{de}{dt}\right)$$

在比例控制系统中加入微分控制，可以减少被调量的动态偏差，抑制振幅，提高系统的稳定性。这是因为微分控制的作用是阻止被控制量的变化，被控制量变化小，波动幅度也小，就比较稳定。比例微分控制特性如图4-10所示。一个 PI 控制系统，如果在稳定状态下 $t=0$ 时，有一个阶跃信号的扰动，使被控制量产生上升偏差，在 $t=0$ 瞬间，偏差的上升速度最大（即 de/dt 最大），微分控制的作用也最大，超前阻止被控制量的上升幅度，使被控制量的上升幅度减少。当被控制量的偏差达到最大时，其变化速度为 0（$de/dt=0$），微分控制也为 0。当被控制量由最高点开始下降时，微分控制为负值，同样也阻止被控制量下降，使下降幅度减小。因此，由于加入微分控制，系统的波动幅度和周期都变小。比例控制加入微分控制后的过渡过程如图4-11所示。

在比例控制中，加入微分控制，可以把比例增益 P 适当加大一些，如加大 20%左右，静差也会减少。

在实际应用中，比例微分控制用得比较少，仅用于容量迟滞较大的温度调节。

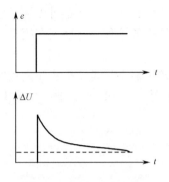

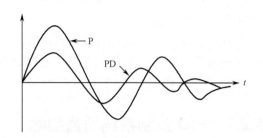

图 4-10　比例微分控制特性　　　　　　图 4-11　比例微分控制过渡过程

5. 比例积分微分控制（PID）

把比例、积分和微分三种控制规律叠加在一起，就组成了比例积分微分控制，简称 PID 控制。

PID 控制的输出变化量与偏差的关系可用下式表示：

$$\Delta U = P\left(e + \frac{1}{I}\int_0^t e\mathrm{d}t + D\frac{\mathrm{d}e}{\mathrm{d}t}\right)$$

当偏差信号为一阶跃信号时，PID 控制输出如图 4-12 所示。

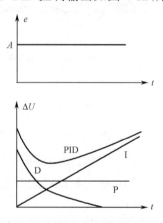

图 4-12　PID 控制特性

图中显示，开始时，微分控制 D 作用最大，使输出幅度大幅度降低，产生强烈的"超前"控制作用，这种控制作用可看做"预调"。然后，微分控制 D 作用逐渐消失，积分控制 I 逐渐占主导地位，只要有偏差，积分输出就不断增加，这种控制作用可以看做"微调"。一直到偏差为零，积分作用才停止。比例控制 P 是最基本的主要控制作用，它自始至终与偏差相对应。

在 PID 控制规律中，比例、积分、微分这三者的关系是：比例控制其主要的调节作用，是主导作用；积分控制是辅助调节作用；微分控制是补偿作用。但这三者又不是简单的叠加，而是三者控制互相促进、互相关联的。例如引入微分控制，可以加大比例控制和减少积分时间，这样又使系统的动态偏差和静态偏差减少，并加速过渡过程进行，从而提高了控制质量。

PID 控制规律综合了三种基本控制规律的优点，且控制参数 P、I、D 都可以调，因此具有较好的控制性能，可以获得较好的控制质量。PID 控制规律的这种特点使其在模拟控制系统中获得了广泛的应用。

由于 P、I、D 三个参数都可以调整，所以一个 PID 控制器不论是模拟式还是数字式，如果把 D 调为零，就是一台 PI 控制器；把 I 调到最大，就是一台 PD 控制器；如果把 D 调为零，I 调为最大，就变成一台比例控制器。

4.2.2 PID 控制系统质量指标

在 1.1.2 节中，曾经介绍过衡量控制系统质量的依据就是系统的过渡过程。当一个系统输入一个为阶跃信号后，系统的过渡过程表现为四种形式：发散振荡、等幅振荡、衰减振荡、单调发散，如图 1-7 所示。但在大多数情况下，都希望得到衰减振荡这种过渡过程，并用它来衡量系统控制质量的依据。PID 控制也不例外。

如图 4-13 所示是过渡过程质量指标示意图，也是在阶跃信号干扰作用影响下的过渡过程曲线图。

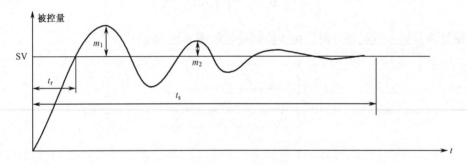

图 4-13 过渡过程质量指标示意图

用过渡过程衡量系统控制质量时，有一些常用的指标，如下所述。

（1）上升时间 t_r：输出量第一次到达设定值的时间，它表示消除因干扰而产生的偏差的速度，是描述过渡过程快速性的一个指标。

（2）过渡时间 t_s：从干扰发生起至被控量又建立新的平衡状态止的这段时间。它是过渡过程快速性的一个指标，即控制系统恢复原值或跟随给定值的速度。

（3）超调量 σ_p：有时也称为最大偏差，它表示被控量的偏离设定值的程度。当被调量偏离设定值时，就称为系统产生过冲现象。超调量表示过冲的程度，它是过渡过程稳定性的一个指标，超调量越大，控制系统的稳定性越差，反之亦然。

超调量的定义是：

$$\sigma_P = \frac{\text{第一个波峰值} - \text{设定值}}{\text{设定值}} = \frac{m_1}{\text{SV}}$$

（4）衰减比 n：也就是前后两个峰值的比，图 4-13 中的 $m_1 : m_2$ 习惯上表示为 $n:1$，它用于描述过渡过程振荡衰减的速度。n 越大，表示衰减越快，说明系统很稳定，振荡很快停止；反之，n 很小，说明系统稳定性差，要振荡多次才能停止。

衰减比有时用衰减度 ψ 来表示，其定义是：

$$\psi = \frac{\text{第一个波峰值} - \text{第二个波峰值}}{\text{第一个波峰值}} = \frac{m_1 - m_2}{m_1 + \text{SV}}$$

（5）静差：就是过渡过程结束时与设定值的偏差或在随动系统中偏离给定值的大小。如前所述，静差代表了控制系统的精度，静差越小，精度越高。

一般在表征控制系统时，常用上升时间 t_r 和过渡过程时间 t_s 表示系统的快速性能，用超调量 σ_p 和衰减比 n 表示系统的稳定性能，用静差表示系统的控制精度。除了上面的指标外，还有一些指标可供参考。

（6）振荡周期：过渡过程中从第一个波峰到二个波峰之间的时间。

（7）振荡次数：过渡时间内被调参数振荡的次数。

衡量一个 PID 控制系统质量的好坏，主要是看在外界干扰产生后，被控量偏离给定值后回复到给定值的情况。如果偏离了以后能很快地、波动较小且振荡较少地回复到给定值，就认为是好的。

那么什么样的曲线才是最好的呢？工业控制领域曾流传两句话，指出了最佳曲线图形："理想曲线两个波，前高后低四比一"，如图 4-14 所示。

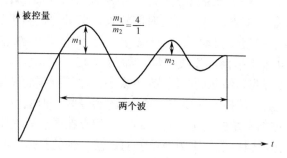

图 4-14　最佳过渡过程曲线图

通常认为图 4-14 所示的过渡过程是最好的，并以此作为衡量 PID 控制系统的质量指标。选用这个曲线作为指标的理由是：因为它第一次回复到给定值较快，以后虽然又偏离了，但是偏离不大，并经过二次振荡就稳定下来了。定量地看：第一个波峰的高度 m_1 是第二个波峰高度 m_2 的 4 倍，所以这种曲线又称为 4:1 衰减曲线。在 PID 控制参数整定时，以能得到 4:1 的衰减过渡过程为最好，这时的 PID 控制参数可称为最佳参数。

4.2.3　PID 控制参数对过渡过程的影响

掌握控制参数对过渡过程的影响对现场参数整定非常重要，这样在参数整定时便不会陷入无方向的参数试凑中，浪费大量时间而没有结果。

1. 比例增益 P 对过渡过程影响

比例控制能够较快地克服扰动对被控制量的影响，使系统趋向稳定，因此，比例控制是 PID 控制器中主要的控制，是不可缺少的基本作用控制。

比例控制对过渡过程的影响与比例增益 P（或比例度δ）有很大的关系，P 对被控制量的影响如图 4-15 所示。

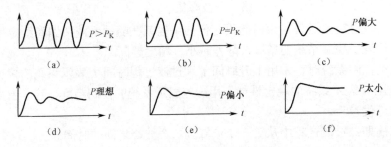

图 4-15　比例增益 P 对过渡过程影响

图中，P_K 为临界比例增益。当 $P=P_K$ 时（图 4-15（b））被控制量出现等幅振荡，这是控制作用的一种临界状态。等幅振荡不是控制系统所要求的，它是不稳定的。而当 $P>P_K$ 时（图 4-15（a））出现了发散振荡，波动的幅度越来越大，当 P 太大时连振荡都没有，是一种单调发散状态（见 1.1.2 节图 1-7（d））。不论是发散振荡还是单调发散，都不允许出现在过渡过程中。而当 $P<P_K$ 时，又可分为几种情况，当 P 偏大时（图 4-15（d）所示）被控制量经过多次的衰减振荡才稳定下来，其不稳定时间较长，但最终仍趋于稳定。图 4-15（d）所示是最理想的过渡过程，曲线仅波动了 2～3 次就趋于稳定。当 P 偏小时振荡的次数减小了，甚至 P 太小时出现了不振荡的过渡过程，如图 4-15（e）、图 4-15（f）所示。是不是图 4-15（f）这种情况很好呢？不是的，因为 P 太小，比例控制的过渡过程时间会变长。而且 P 越小，静差越大。从系统稳定性要求，希望 P 小一些；但从控制精度来看，又希望 P 大一些。可见，模拟量控制系统的稳定性与准确性之间存在矛盾。在实际中，应根据具体控制要求，统筹考虑，选择控制参数。比例增益 P 对过渡过程的具体影响可见表 4-2。

表 4-2　比例增益 P 对过渡过程影响

比例增益 P	小 ←——→ 大
控制作用	弱 ←——→ 强
稳定程度	增加 ←——→ 降低
静差	大 ←——→ 小
短期最大偏差	大 ←——→ 小
超调量	小 ←——→ 大
上升时间	大 ←——→ 小
振荡周期	大 ←——→ 小
衰减比	大 ←——→ 小
振荡次数	少 ←——→ 多

2. 积分时间对 PI 控制过渡过程影响

一般情况下，积分控制总是和比例控制组成 PI 控制器。PI 控制规律应用比较广泛，是目前模拟量过程控制中常用的控制规律。

在过程控制中加入积分控制可以有效地消除静差，从而实现无静差控制。因此，静差的消除必定和积分控制的积分时间有关。在同样的比例增益 P 下，积分时间对过渡过程的影响如图 4-16 所示。

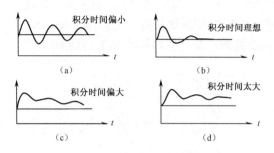

图 4-16　积分时间对过渡过程影响

由图可见，积分时间过大，积分作用太弱，静差消除时间很长，如 4-16 图（d）所示。而积分时间过小，容易引起振荡，如图 4-16（a）所示。只有当积分时间合适时，过渡过程才能够较快的衰减而消除静差，如图 4-16（b）所示。

对于积分控制来说，同样，若加强积分控制作用，一方面，可以较快地消除静差，但另一方面又会使过渡过程产生波动，稳定性降低。因此，在 PI 控制中，消除静差的快慢和稳定性之间也存在矛盾。

在 PI 控制中，积分时间对过渡过程的影响见表 4-3。

表 4-3　积分时间对过渡过程影响

积分时间	小 ←——→ 大
控制作用	强 ←——→ 弱
稳定程度	增加 ←——→ 降低
消除静差时间	短 ←——→ 长
短期最大偏差	小 ←——→ 大
上升时间	短 ←——→ 长
振荡周期	小 ←——→ 长

比例控制中加入积分控制后，因为积分控制的滞后性及缓慢性，往往在加入积分控制后，系统会发生超调，被控制量波动增加，如图 4-17 所示。因此，为保持原来比例控制的稳定性，往往在加入积分控制时要适当减小比例增益 P。

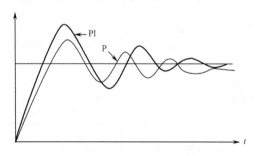

图 4-17　积分时间 I 对 PI 过渡过程影响

3. 微分时间对 PID 控制过渡过程影响

PI 控制广泛地应用于压力、流量、液位和那些控制对象时间滞后不大的物理量控制中，而对于那些控制对象时间滞后较大、负荷变化较大，但不甚频繁且控制质量要求较高的场合，如温度控制和成分控制等，在 PI 控制器的基础上又加入微分控制，组成了 PID 控制器。

这时，微分控制对 PID 控制过渡过程的影响如图 4-18 所示。

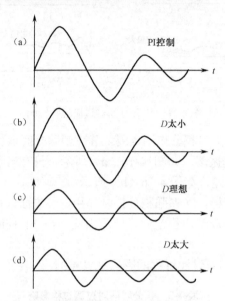

图 4-18　微分时间 D 对过渡过程的影响

由图可见，微分时间 D 太小，则对过渡过程没有影响或影响很小，如图 4-18（b）所示。如果选取适当的 D，系统的过渡过程会得到很大的改善，超调量减小，衰减比增加，振荡次数下降，如图 4-18（c）所示。而当 D 过大时，反而导致系统过渡过程产生振荡，如图 4-18（d）所示。

图 4-19 所示为 P、PI 和 PID 控制过渡过程比较图形。可以看出，单独的 P 控制最终达不到设定值，留有余差。加入 I 为 PI 控制后，消除了余差，达到设定值，但形成了较大的超调，且需要较长时间才能稳定到设定值。而 PID 控制效果最好，既克服了超调，又能较快地稳定到设定值。

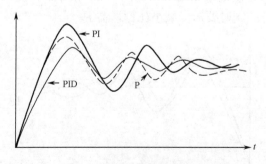

图 4-19　P、PI、PID 过渡过程比较

4.2.4　控制规律的选用

控制规律有 P、PI、PD 和 PID，其中以 PID 控制为最好，但这并不意味着在任何情况下应用 PID 控制都是合适的。一个合适的控制规律必须从两方面加以考虑：一是控制对象的特性，二是生产过程对控制质量的要求。

1. 控制对象特性

对象特性是指控制对象的输出参数和输入参数之间的相互作用规律，一般来说，对象的被控制量是它的输出参数，而控制值（给定值）和干扰值是它的输入参数，干扰和控制值的变化都是引起被控制量变化的原因。

对过程控制对象特性的详尽讨论不是本书的范围，这里仅介绍一些有关具有自平衡能力的控制对象的特性。所谓具有自平衡能力的控制对象，是指控制对象在受到扰动导致原来的稳定状态被破坏后，不需要人工操作或控制装置的干预，能够依靠自身的能力重新回到新的稳定状态的能力的控制对象。

具有自平衡能力的控制对象其特性参数有如下三个。

1）放大系数 K

这是一个描述控制对象特性的静态特性参数。它的意义是：输出量的变化量和输入量的变化量之比，即

$$K = \frac{\Delta y}{\Delta x} = \frac{y(\infty) - y(0)}{\Delta x}$$

式中，$y(\infty)$——变化后的稳态输出值；

　　　$y(0)$——变化前的稳态输出值。

放大系数仅与变化前后的稳态值有关，而与过渡过程无关。

2）时间常数 T

在电工学中，由电阻 R 和电容 C 组成的充（放）电路其充（放）电的时间常数是 $T=R \cdot C$。它用于表征电容两端电压充（放）电的快慢。把这个概念引申到过程控制中，任何控制对象都具有时间常数 T，它表征了当输入量发生变化后，所引起输出量变化的快慢，也即被控制量达到新稳态值的快慢。显然，这是一个与过渡过程有关的参数，是描述对象动态特性的参数。

时间常数 T 的大小也表征了控制对象惯性的大小，时间常数 T 越大，则被控制量变化越慢，达到新稳态值的时间也越长。时间常数大的控制对象，系统的稳定性就好，动态偏差较小，但系统的快速响应较差。

3）滞后时间 τ

某些控制对象，其输入量发生变化后，输出量并不立即发生变化，而是要延迟一段时间才会响应，这种对象称为具有时滞特性的对象，而这段延迟时间则称为滞后时间 τ（或纯滞后时间 τ）。

滞后给控制带来极为不利的影响，它使控制作用不能及时克服扰动的影响，使偏差越来

越大，以至整个控制系统的稳定性和准确性都会受到严重影响，所以在实际设计安装和调试时，都应把滞后时间减到最小。

产生控制对象滞后的原因很多，一般是由于信息的传输需要时间而引起的。同时，如果信息传输不当，如测量点选择不当、传感元件安装不合格等也会造成滞后。

和时间常数 T 一样，滞后时间 τ 也是描述控制对象动态特性的一个参数。

在这三个控制对象的特性参数中，与控制规律选择关系比较大的是其动态特性参数 T 和 τ。

常用被控制量的控制对象特性见表 4-4。

表 4-4　常用被控制量的控制对象特性

被 控 制 量	τ	T	说明
压力	不大	不大	
流量	较小	较小	数秒至数十秒
液位	很小	稍大	数分钟至数十分钟
温度	较大	较大	
成分	较大	较大	

2. 控制规律的选用

正确地针对不同控制系统选用控制规律对提高控制系统的控制质量与控制参数整定有很大的作用。在生产过程控制中，定值控制是使用最广泛、最基本的控制，这里仅就定值控制对控制规律的选用做一般性介绍。

常见的被控制物理量有温度、压力、流量、物位和成分等，这些被控制量在控制中的要求也是各不相同的，因此同一物理量控制要求不同，控制规律选择也不同。

关于控制规律的选择有以下几点供参考：

（1）在定值控制中，如果控制对象的滞后较小、负荷变化不大，而工艺要求又不高，允许控制量在一定范围内变化时，可选用单纯的比例控制（P），如液位、空压机的压力等。

（2）如果控制对象的 T 较小，负荷变化也较小，不允许有余差的场合，采用比例积分控制（PI）可获得较好的控制质量，如流量控制、压力控制及要求严格的液位控制等。

（3）当控制对象具有较大的容量滞后、负荷变化较大、控制精度要求较高的场合，应采用比例积分微分控制（PID）来获得较高的控制质量，如温度、成分等控制。

（4）而对于滞后很小或噪声严重场合，应避免加入微分控制，否则会导致控制系统极不稳定，如压力、流量等，如噪声显著时，甚至加入反微分控制。

4.3　三菱 PLC PID 指令应用

4.3.1　PID 指令形式与解读

1. PID 指令形式与解读

三菱 FX PLC PID 指令格式如图 4-20 所示。

图 4-20　PID 指令形式

解读：当驱动条件 X0 闭合时，每当到达采样时间后的扫描周期内把设定值 SV 与测定值 PV 的差值用以 S 为首址的 PID 控制参数进行 PID 运算，将运算结果送到 MV。

源址 SV、PV、S 和终址 MV 所运用的软元件均为 D 存储器，其中 PID 控制参数存储器仅限用 D0～D7975 存储器。

【例 1】试说明图 4-21 所示指令执行功能。

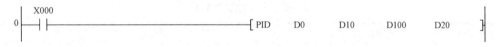

图 4-21　PID 指令例 1

指令的执行功能是当驱动条件 X0 闭合时，每当到达采样时间后的扫描周期内把寄存在 D0 存储器中的设定值 SV 与寄存在 D10 存储器中的测定值 PV 进行比较，对其差值进行 PID 控制运算，运算结果为输出值 MV，送至 D20 中。PID 运算控制参数（T_s、P、I、D 等）寄存在以 D100 为首址的存储器群组中。

设定值 SV、测定值 PV 和输出值 MV 在 PLC 模拟量控制系统中的相应位置如图 4-22 所示。

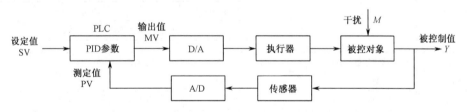

图 4-22　PID 指令参数值位置

测定值 PV 就是被控制值的反馈值。它表示被控制值的实际值。输出值 MV 是 PID 控制的数字量输出控制值，如果执行器为模拟量控制，必须通过 D/A 转换模块才能控制执行器动作，也可直接用脉冲序列输出去控制执行器。设定值一般在 PLC 内通过程序给定，如果设定值需要调整，可以通过触摸屏进行。在没有触摸屏的情况下，也可以通过 A/D 转换模块输入或通过在输入开关量接口接入开关量组合位元件方式输入。

如果控制系统中需要 PID 控制的回路不止一个，PID 指令可多次使用，使用次数不受限制。但必须注意，多个 PID 指令应分别使用不同的源址 SV、PV，终址 MV 和参数群地址，不能有重复。多个 PID 指令的执行，势必要延长扫描时间，使系统的动态响应变慢。

PID 指令可以在定时器中断、子程序、步进梯形图和跳转指令中使用，但在执行 PID 指令前必须将 S+7 存储器清零，如图 4-23 所示。

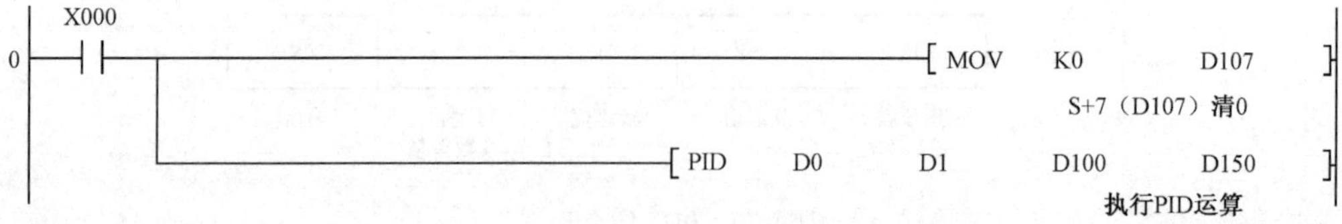

```
    X000
0 ──┤ ├──────────────────────────────────────[ MOV   K0        D107  ]
                                                    S+7（D107）清0
     ────────────────────────────────────────[ PID   D0    D1    D100   D150  ]
                                                    执行PID运算
```

图 4-23　PID 指令中断前 S+7 清零程序

2．控制参数表

在指令中，S 是 PID 控参数群首址，它一共占用了 25 个 D 存储器，从 S 到 S+24，每个存储器都有它规定的内容，见表 4-5。

表 4-5　PID 控制参数表

存储器地址	参数名称（符号）	设 定 内 容		
S	采样时间（T_s）	1～32767ms		
S+1	动作方向（ACT）	位	0	1
		bit0	正动作	逆动作
		bit1	输入变化量报警无	输入变化量报警有
		bit2	输出变化量报警无	输出变化量报警有
		bit3	不可使用	
		bit4	自动调谐不动作	执行自动调谐
		bit5	不设定输出上下限	设定输出上下限
		bit6～bit15	不可使用	
		bit5 和 bit2 不能同时为 ON		
S+2	输入滤波常数（α）	0～99（%）　设定为 0 时无输入滤波		
S+3	比例增益（P）	1～32767（%）		
S+4	积分时间（I）	0～32767（×100ms）　设定为 0 时无积分处理		
S+5	微分增益（KD）	0～100%　设定为 0 时无微分增益		
S+6	微分时间（D）	0～32767（×100ms）　设定为 0 时无微分处理		
S+7→S+19	PID 运算的内部处理用			
S+20	输入变化量（增加）报警设定	0～32767　（bit1=1 时有效）		
S+21	输入变化量（减少）报警设定	0～32767　（bit1=1 时有效）		
S+22	输出变化量（增加）报警设定 或输出上限设定	0～32767　（bit2=1，bit5=0 时有效） −32768～32767　（bit2=0，bit5=1 时有效）		
S+23	输出变化量（减少）报警设定 或输出下限设定	0～32767　（bit2=1，bit5=0 时有效） −32768～32767　（bit2=0，bit5=1 时有效）		
S+24	报警输出	bit0 输入变化量（增加）溢出 bit1 输入变化量（减少）溢出　（bit1=1 或 bit2=1 时有效） bit2 输出变化量（增加）溢出 bit3 输出变化量（减少）溢出		

这 25 个 D 存储器的选取范围是 D0～D7975，但要求输出值 MV 必须选取非停电保持存储器，即 D0～D199。如果选取 D200 以上存储器，必须在 PLC 编写程序在开始运行即对 MV 存储器清零。

在实际应用中，如果动作方向存储器（S+1）的位设定 bit1=0，bit2=0，bit5=0，即不需要报警设定和输出上下限设定时仅占用 S—S+19 共 20 个存储器单元。

关于控制参数的详细说明见 4.3.2 节内容。

4.3.2　PID 控制参数详解

1．采样时间（T_s）

这里的采样时间 T_s 与 1.3 节中所叙述的采样周期不一样，它所指的是 PID 指令相邻两次计算的时间间隔。一般情况下，不能小于 PLC 的一个扫描周期。确定了采样时间后，实际运行时，仍然会存在误差，最大误差为-（1 个扫描周期+1ms）～+（1 个扫描周期）。因此，当采样时间 T_s 较小时（接近 1 个扫描周期时或小于 1 个扫描周期时），可采用定时器中断来运行 PID 指令或恒定扫描周期工作。

2．动作方向（ACT）

动作方向是指当反馈测定值增加时，输出值是增大还是减小。如图 4-24 所示，当输出值随反馈测定值增加而增加时，就叫作正动作、正方向。例如，变频控制空调机温度控制中，温度越高，则要求压缩机的转速也越高。反之，当输出值随反馈测定值的增加而减小时，则叫作逆动作、反方向。例如在变频控制恒压供水中，如果发现压力超过设定值，则要求水泵电动机的转速降低。

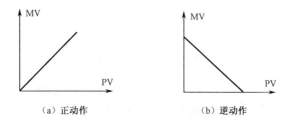

图 4-24　PID 动作方向图解

3．输入滤波常数（α）

三菱 PLC 在设计 PID 运算程序的时候，使用的是位置式输出的增量式 PID 算法，控制算法中使用了一阶惯性数字滤波，当由被控对象反馈的控制量的测定值输入到 PLC 后，先进行一阶惯性数字滤波处理，再进行 PID 运算。这样做，会有更好的使测点值变化平滑的控制效果。

一阶惯性数字滤波可以很好地去除干扰噪声。以百分比（0%～99%）来表示大小，α 越大，滤波效果越好。但过大会使系统响应变慢，动态性能变坏。取 0% 表示没有滤波，一般可先取 50%，待系统调试后，再观察系统的响应情况，如果响应符合要求，可适当加大滤波常数。而如果调试过程始终存在响应迟缓的问题，可先设为 0%，观察是否是该参数影响动态响应，再慢慢由小到大加入。

4．比例增益（P）、积分时间（I）、微分时间（D）

这三个参数是 PID 控制的基本控制参数，其设置对 PID 控制效果影响极大。有关它们的相关知识和整定知识在本章其他部分已详细讲述，这里不再赘述。

5．微分增益（KD）

微分增益 KD 是在进行不完全微分和反馈量微分 PID 算法中的一个常数（<1），它和微分时间 D 的乘积组成了微分控制的系数，它有缓和输出值激烈变化的效果，但又有产生微小振荡的可能。不加微分控制时，可设为 0。

6．输出限定

输出限定的含义是如果 PID 控制的输出值超过了设定的输出值上限值或输出值下限值，则按照所设定的上、下限定值输出，好像电子电路中的限幅器一样。使用输出限定功能时，不但输出值被限幅，而且还有抑制 PID 控制的积分项增大的效果，如图 4-25 所示。

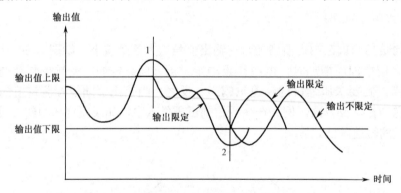

图 4-25　PID 输出限定图解

图中 1 处出现了输出值超过上限情况，在设置输出限定时，输出值按照上限输出；同时，由于限定抑制了积分项，使后面的输出向前移动了一段时间。当输出值变化至 2 处时，与 1 处一样，不但输出按照下限值输出，同时也向前移动一段时间，这就形成了图中所示的输出限定的波形。

FX_{2N} PLC PID 指令规定，该功能使用有两个设定内容。首先，进行功能应用设定，设置 S+1 存储器（动作方向）的 bit5=1，bit2=0；然后在 S+22 存储器中设置输出上限值，在 S+23 中设定输出下限值。

7．报警设定

报警设定的含义是当输入或输出发生较大变化量时，可对外进行报警。所谓变化量，是指前后两次采样的输入量或输出量的比较，即本次变化量=上次值−本次值。如果这个差值超过报警设定值，则发出报警信号。一般来说，模拟量是连续光滑变化的曲线，前后两次采样的输入值不应相差太大；如果相差太大，则说明输入有较大变化或有较大干扰。严重时会使 PID 控制变坏，甚至失去控制作用。

如图 4-26 所示为 PID 指令报警功能示意图。

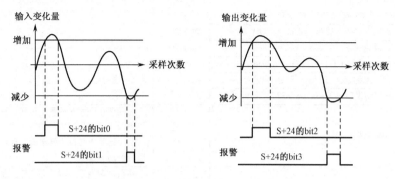

图 4-26　PID 指令报警功能示意图

FX$_{2N}$ PLC PID 指令的报警设定有三个设定内容：功能应用设定、变化量设定和告警位指定，详细情况见表 4-5。

表 4-5 指出，输出告警设定和输出上下限设定都使用两个相同存储器：S+22 和 S+23。因此，这两个设定只能设定其中一个，由 S+1 的 bit2 和 bit5 的设定来区别。如果 bit2=0，bit5=1，则为输出上下限设定；如果 bit2=1，bit5=0，则为输出告警设定；如果 bit2=bit= 5=0，则都不设定，不允许出现 bit2 和 bit5 同时为 1 的情况。应用时，应根据实际情况选用。

如果输出报警和上下限都不设定（bit2=bit5=0），则存储器 S+20 到 S+24 都不被占用，可移作他用。这时 PID 指令的参数群仅用了 20 个存储器。

4.3.3　PID 指令应用错误代码

PID 指令应用中如果出现错误，则标志继电器 M8067 变为 ON，发生的错误代码存在 D8067 存储器中。为防止错误产生，必须在 PID 指令应用前，将正确的测定值读入 PID 的 PV 中。特别是对模拟量输入模块输入值进行运算时，需注意其转换时间。

D8067 存储器中的错误代码所表示的错误内容、处理状态及处理方法见表 4-6。

表 4-6　PID 指令运用出错代码表

代码	错误内容	处理状态	处理方法
K6705	应用指令的操作数在对象软元件范围外		
K6706	应用指令的操作数在对象软元件范围外		
K6730	采样时间（T_s）在对象软元件范围外（$T<0$）		
K6732	输入滤波常数（α）在对象软元件范围外（$\alpha<0$ 或 $100\leqslant\alpha$）	PID 命令运算停止	请确认控制数据的内容
K6733	比例增益（P）在对象软元件范围外（$P<0$）		
K6734	积分时间（I）在对象软元件范围外（$I<0$）		
K6735	微分增益（KD）在对象软元件范围外（$KD<0$ 或 $201\leqslant KD$）		
K6736	微分时间（D）在对象软元件范围外（$D<0$）		

代 码	错 误 内 容	处理状态	处 理 方 法
K6740	采样时间（T_s）≤运算周期		
K6742	测定值变化量超过 （PV＜−32768 或 32767＜PV）		
K6743	偏差超过（EV＜−32768 或 32767＜EV）	PID 命令 运算继续	
K6744	积分计算值超过（−32768～32767 以外）		
K6745	由于微分增益（KD）超过微分值超过		
K6746	微分计算量超过（−32768～32767 以外）		
K6747	PID 运算结果超过（−32768～32767 以外）		
K6750	自动调谐结果不良	自动调谐 结束	自动调谐开始时的测定值和目标值的差为 150 以下或自动调谐开始时的测定值和目标值的差的 1/3 以上则结束确认测定值、目标值后，请再次 进行自动调谐
K6751	自动调谐动作方向不一致	自动调谐 继续	从自动调谐开始时的测定值预测的动作方向和 自动调谐用输出时实际动作方向不一致。请使目 标值、自动调谐用输出值、测定值的关系正确 后，再次进行自动调谐
K6752	自动调谐动作不良	自动调谐 结束	自动调谐中的测定值因上下变化不能正确动 作。请使采用时间远远大于输出的变化周期，增 大输入滤波常数。设定变更后，请再次进行自动 调谐

4.3.4 PID 指令程序设计

1. PID 程序设计的数据流程

在图 4-22 中，虽然介绍的是 PID 指令中各参考数值的相应位置，但实际上也给出了 PID 指令执行的数据流。图 4-27 所示为用 PID 指令执行 PID 控制的数据流向。对图进行进一步分析，就可以得到 PID 指令控制程序的结构与内容。

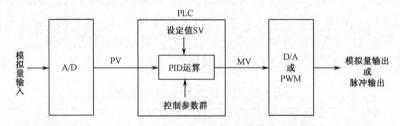

图 4-27　PID 程序设计数据流向

（1）PID 指令控制必须通过 A/D 将模拟量测定值转换成数字量 PLC。因此，对 A/D 模块的初始化及其采样程序也是必不可少的一部分。

（2）PID 的指令的设定值 SV 及 PID 控制参数群参数必须在指令执行前送入相关的存储器。这部分内容称为 PID 指令的初始化，PID 指令的初始化程序必须在执行 PID 指令前完成。

（3）用 PID 指令对设定值 SV 和测定值 PV 的差值进行 PID 运算，并将运算结果送入 MV 存储器。

（4）如果是模拟量输出，则还要经过 D/A 模块将数字量转换成模拟量送到执行器，因此 D/A 模块的初始化和其读取程序也是必不可少的一部分。

（5）如果是脉冲量输出，则直接通过脉宽调制指令 PWM 在 Y0 或 Y1 输出口输出占空比可调的脉冲序列。

综上所述，就有 PID 指令的 PID 控制程序设计框图，如图 4-28 所示。

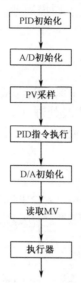

图 4-28　PID 指令控制程序框图

2．动作方向字的设定

在 PID 指令控制参数群中，有一个动作方向存储器。它的存储内容可称为动作方向字。由于这个字涉及众多内容，这里将进一步讲解。

动作方向字除了确定控制动作方向外（这是 PID 指令必须要求设置的）还与输入/输出变化量报警、输出上下限设定和 PID 自动调谐有关。在实际应用中，用得最多的是单独确定控制方向，这时正方向动作方向字为 H0，反方向为 H1。如果还用到输入/输出报警等，动作方向字也随之改变。表 4-7 列出了可能存在的动作方向字，供读者在应用时参考。

表 4-7　PID 指令动作方向字

正动作	逆动作	输入变化量报警	输出变化量报警	设定输出上下限	执行自动调谐	动作方向字
○						H0000
	○					H0001
○		○				H0006
○				○		H0022
○				○		H0020
	○	○	○			H0007
	○	○				H0023
	○			○		H0021
				○	○	H0030

说明：（1）表示该项设置。其中动作方向设置是必须设置项。

（2）输出变化量报警和输出上下限不能同时设置，只能取其一。

（3）自动调谐时，一般要求设定输出上下限，以防调谐时发生意外。

3．PID 指令程序设计

在了解 PID 控制的数据流程，程序框图及动作方向字的设置后，PID 指令控制程序设计就变得比较简单了。PID 指令可以在程序扫描周期内执行，也可在定时器中断中执行，其区别是在扫描周期内执行时，采样时间大于扫描周期；而当采样时间 T_s 较小时，采用定时器中断程序执行。

1）PID 指令程序设计

在程序样例中，采用了 FX$_{2N}$-2AD 模拟量输入模块位置（编号 1#）作为测定值 PV 的输入，并对输入采样值进行中位值平均滤波处理（关于中位值平均滤波及其程序说明，详见1.3 节）。PID 控制的输出采用脉冲序列输出，用输出值去调制一个周期为 10s 的脉冲序列占空比，以达到控制目的。

程序中各存储器分配见表 4-8

表 4-8　存储器分配表

寄 存 器	内 容	寄 存 器	内 容
Z0	采样次数	D100	采样时间
D0	采样值	D101	动作方向
D1～D10	排序前采样值	D102	滤波系数
D11～D20	排序后采样值	D103	比例增益
D200	设定值 SV	D104	积分时间
D202	测定值 PV	D105	微分增益
D204	输出值 MV	D106	微分时间

PID 指令执行程序如图 4-29 所示。

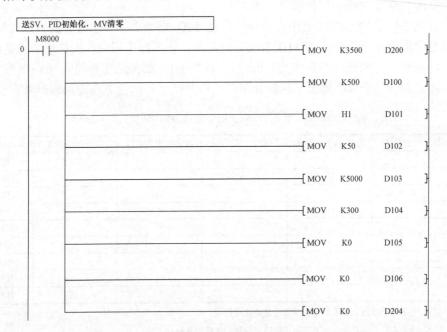

图 4-29　PID 指令执行程序

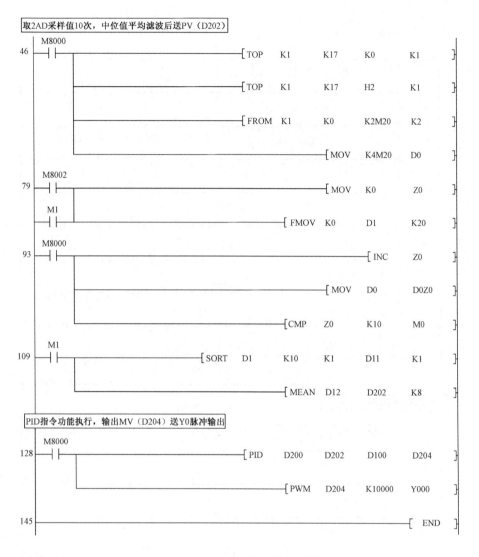

图 4-29　PID 指令执行程序（续）

2）PID 指令定时器中断程序设计

PID 指令也可在定时器中断中应用。在这个样例中，采用 FX$_{2N}$-4AD 模拟量输入模块（位置编号 0#）作为测定值 PV 的输入，采用 FX$_{2N}$-4DA（位置编号 1#）作为 PID 控制输出值 MV 的模拟量输出。中断指针为 I690，I6 表示采用定时器中断，90 表示 90ms，也就是说该中断服务子程序每隔 90ms 就自动执行一次。PID 指令的中断执行方式保证了有较快的响应速度。

PID 指令中断执行程序如图 4-30 所示。

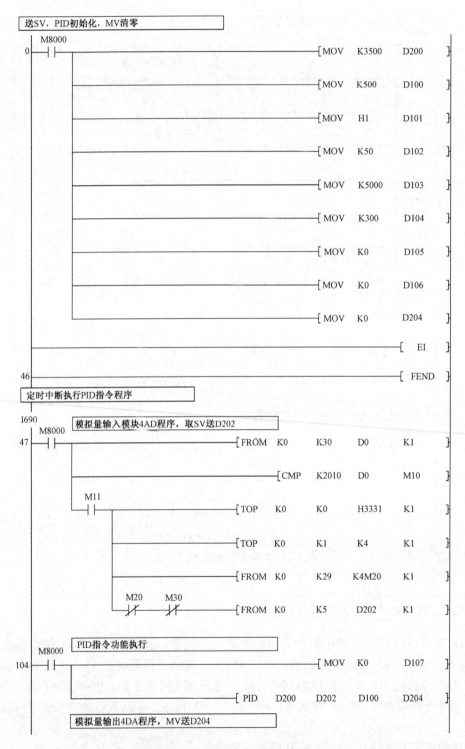

图 4-30　PID 指令中断执行程序

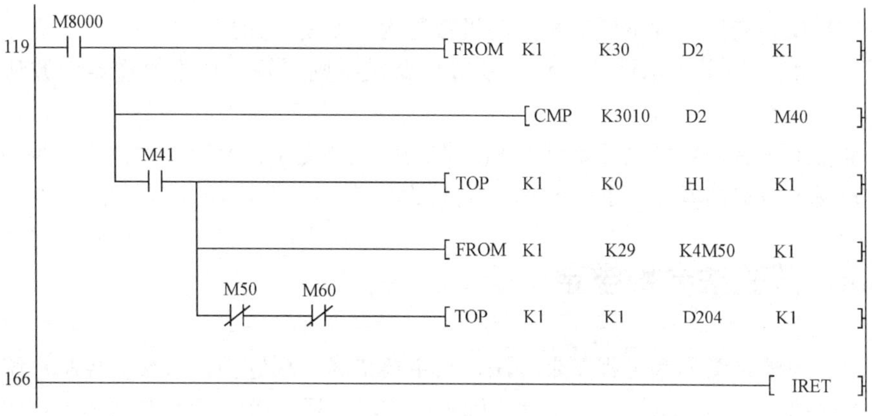

```
       M8000
119 ─┤├──────────────────────────[ FROM  K1    K30   D2    K1 ]
     │                         ──[ CMP   K3010 D2    M40 ]
     │   M41
     │  ─┤├──────────────────────[ TOP   K1    K0    H1    K1 ]
     │                         ──[ FROM  K1    K29   K4M50 K1 ]
     │   M50   M60
     │  ─┤/├──┤/├───────────────[ TOP   K1    K1    D204  K1 ]
166 ─────────────────────────────────────────────────[ IRET ]
```

图 4-30　PID 指令中断执行程序（续）

4.4　PID 控制参数整定

当一个模拟量 PID 控制系统组成之后，控制对象的静态、动态特性都已确定。这时，控制系统能否自动完成控制功能，就完全取决于 PID 控制的控制参数的取值，只有控制参数的选择与控制系统相配合时，才能取得最佳的控制效果。因此，PID 控制的控制参数整定就显得非常重要。

PID 控制参数整定是建立在正确的系统设计基础上的。一个不正确的系统设计，是不可能通过 PID 控制参数的整定来得到好的控制效果的。

4.4.1　参数整定前准备工作

控制系统根据设计要求正确安装后，在进行控制参数整定前还必须做好准备工作。这些工作有：

（1）对系统进行全面的检查，如安装是否可靠、所使用的各种仪表是否准确、安装位置是否正确。必要时，可一个一个地测试它们的工况，以保证控制参数整定的可靠性。设备及工艺流程的检查可请设备人员和工艺人员完成。

（2）对系统的电气控制部分，要认真细致地检查其主通道及反馈通道是否能正常工作。基本做法是做脱机模拟试验，即把控制对象脱离电气控制；然后人为地在 A/D 模块输入通道加入模拟电压或电流，观察执行器是否动作、动作是否符合控制要求等。脱机模拟试验可以检查控制线路连接是否正确、PLC 程序是否符合控制要求等。

（3）对于某些模拟量控制系统，还需增加手动/自动的切换检查，目的是防止过大的波动对生产设备的冲击。

（4）一个很重要的准备工作是在做好整定过程中，对被控制量的波动观察。当改变 PID 控制参数时，必定会引起被控制量的波动，而参数就是根据这个波动情况来进行调整的。一般可以通过对仪表的摆动观察或对相关的机械机构的波动（如摆杆舞的摆动）观察来了解整定的效果。当然，如果有示波器、记录仪等仪器设备则更好，可直接观察到波动的波形变化。

做好准备工作后，就可以开始进行 PID 控制参数整定了。整定参数的方法很多，常用的有试验法和现场整定试凑法，下面分别给以介绍。

4.4.2　试验法参数整定

试验法参数整定又称为工程整定方法，它主要依靠工程经验，直接在控制系统的试验中进行，且方法简单、易于掌握，在工程实际中被广泛采用。PID 控制参数的工程整定方法有三种：临界比例度法、阶跃响应法和衰减曲线法。它们的共同点是通过试验，在响应曲线上找出相应的特征参数，由这些特征参数再根据经验公式求出控制参数 P、I、D。但无论采用哪种方法，得到的控制参数都需要在实际运行中进行最后调整与完善。

1. 临界比例度法

临界比例度法是目前使用较多的一种办法，它也是使 PID 调节过程能达到最佳调节特性的工程实验整定方法。参数整定无须求得控制对象特性，而是直接在闭环的系统中进行。它是先通过试验得到临界比例度和临界周期，然后根据经验公式求出 PID 控制参数值，具体步骤如下。

（1）待控制系统稳定后，取消积分和微分控制（$T_I=0$，$T_D=0$），仅使用比例控制。

（2）通过外界干扰或使设定值作一阶跃信号，由大到小逐步减小比例度，细心观察输出和调节过程变化的情况。如果输出是振荡发散的，则增加比例度；如果输出是振荡衰减的，则应减小比例度。直到输出出现持续 4～5 次等幅振荡为止。此时的比例度为临界比例度 δ_k。

（3）观察振荡图形，从振荡的第一个波顶到第二个波顶的时间为临界周期 T_k，如图 4-31 所示。

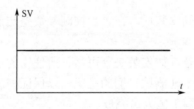

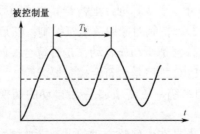

图 4-31　临界比例度法

（4）有了 δ_k 和 T_k 就可以根据表 4-9 所示的经验公式求出 PID 控制参数 P、I、D 了。

求得具体数值后，先把比例增益放在计算值小一些的数值上，然后再加上积分时间值和微分时间值。控制系统正常后，最后再把比例增益放在计算值上。

表 4-9　临界比例度法经验公式表

控 制 规 律	比例度 δ（%）	积分时间 T_i（min）	微分时间 T_d（min）
P	$2\delta_k$		
PI	$2.2\delta_k$	$0.85T_k$	
PD	$1.8\delta_k$		$0.1T_k$
PID	$1.7\delta_k$	$0.5T_k$	$0.125T_k$

临界比例度法比较简单方便，容易掌握，容易判断，适用于一般的流量、压力、液位和温度调节系统。但它对临界比例度很小的调节系统并不适用，因为临界比例度很小，控制器输出变化一定很大，使执行器全开或全关，影响生产的正常操作。另外，有些不允许出现等幅振荡的工艺工况也不宜使用该法。

临界比例度法整定参数时一定要注意工艺过程的稳定性，在保证系统运行安全的前提下，才能使用本方法进行参数整定。

2．阶跃响应法（飞升曲线法）

阶跃响应法是指当控制系统处于给定值附近稳定后，突然给被控对象一个阶跃输入信号（给定信号或扰动信号），这时记录在阶跃信号下的输入量变化的曲线（即飞升曲线），在飞升曲线的最大斜率处（拐点处）作切线，求得一系列特征参数值，PID 控制参数可以通过这些特征参数和经验公式求得。

三菱 PLC 介绍了阶跃反应法，如图 4-32 所示。

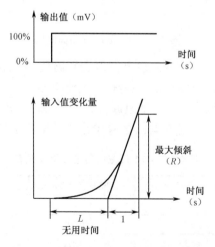

图 4-32　三菱 PLC 阶跃反应法图示

当输出值 MV 突然加上阶跃信号后，则有图示的输入值变化飞升曲线。根据图形可测定出其特征参数 L 和 R 值。结合表 4-10 可得到 PID 控制参数整定值。

表4-10　三菱PLC阶跃响应法经验公式表

控制规律	比例增益 P（%）	积分时间 T_i（×100ms）	微分时间 T_d（min）（×100ms）
P	(1/RL)×MV%		
PI	(0.9/RL)×MV%	33L	
PID	(1.2/RL)×MV%	20L	50L

用这种方法整定好参数后，同样要做扰动试验对系统调节效果进行检验，然后根据研究分析调节过程曲线，再修正PID参数，直至达到满意的调节效果。

3．衰减曲线法

临界比例度法是通过使控制系统产生等幅振荡来取得控制参数整定值的，而衰减曲线法则是通过使控制系统产生衰减而取得控制参数整定值的。有4:1和10:1两种衰减曲线法，具体做法如下（以4:1为例）：

（1）待控制系统稳定后，取消积分和微分作用，仅使用比例增益控制。

（2）通过外界干扰使设定值作一阶跃信号变化，由大到小改变比例度值，直到4:1衰减比为止。所谓4:1衰减比，是指衰减振荡的第一个波峰幅值与第二个波峰的幅值之比为4:1，如图4-33所示。

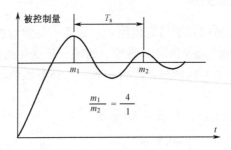

图4-33　4:1衰减振荡曲线图

（3）记下此时的比例度 δ_s，并从曲线上得出衰减周期 T_s（两个峰值之间的时间）。对有些控制系统，控制过程很快，难以从记录曲线上找到衰减比。这时，只要被控制值波动2次就能达到稳定状态，可近似认为是4:1的衰减过程。其波动一次的时间为 T_s。

有了比例度 δ_s 和周期 T_s，根据表4-11的经验公式求出控制参数 P、I、D 值。

表4-11　4:1衰减振荡法经验公式表

控制规律	比例度 δ（%）	积分时间 T_i（min）	微分时间 T_d（min）
P	δ_s		
PI	$1.2\delta_s$	$0.5T_s$	
PID	$0.8\delta_s$	$0.3T_s$	$0.1T_s$

当某些控制系统的变化为4:1衰减比会振荡过强，这时可采用10:1衰减曲线法。试验方法和4:1类似。得到10:1衰减曲线后，记下此时的比例度 δ_s 和最大偏差时间 T_R（又称为

上升时间，在 10:1 曲线中到达第一个峰值所用时间，如图 4-34 所示），然后根据表 4-12 中的经验公式求出控制参数 P、I、D。

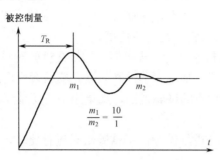

图 4-34　10:1 衰减振荡曲线图

表 4-12　10:1 衰减振荡法经验公式表

控 制 规 律	比例度 δ（%）	积分时间 T_i（min）	微分时间 T_d（min）
P	δ_S		
PI	$1.2\delta_S$	$2T_R$	
PID	$0.8\delta_S$	$1.2T_R$	$0.4T_R$

衰减曲线法适用于各种类型的调节系统，但对于外界干扰作用频繁、记录曲线不规则的或呈带状的调节系统，由于得不到正确的衰减比例度 δ_S 和操作周期 T_R，所以不适用。

4.4.3　试凑法参数现场整定

1. 用优选法确定比例增益 P

在控制参数中，比例增益 P 是 PID 控制的最基本也是最重要的参数。它的整定对控制系统的稳定性、快速性都影响很大。积分和微分控制也只是在比例增益 P 的选定后才加入的。因此，如何快速、准确地基本确定比例增益 P 是 PID 控制参数现场整定的关键。

在现场整定中，比例增益是通过多次试验比较才能基本确定，三菱 PID 指令的选择范围是 0.01～327.67。当然不可能从 1 试到 327，这样试验次数太多了。也有人采取平分法、分批试验法等方法来做实验，但这些方法总是有局限性，不是试验次数太多，就是试验结果不是最优。而优选法就解决了上述问题。

在工农业生产中，经常会碰到寻找最优、最佳的问题。例如，在生产工艺中，怎样选取最合适的配方、配比，使产品的质量最好。这种最好的配方、配比方案，一般称为最优；把选取最合适的配方、配比叫作优选。也就是根据问题的性质在一定条件下选取最优方案。

最优化问题大体上有两类：一类是求函数的极值。如果目标函数有明显的表达式，一般可用微分法、变分法、极大值原理或动态规划等分析方法求解（间接选优）；另一类是求泛函的极值，如果目标函数的表达式过于复杂或根本没有明显的表达式，则可用数值方法或试验方法等直接方法求解（直接选优）。优选法就是研究如何用较少的试验次数，迅速找到最优方案的一种科学方法。

优选法是数学家华罗庚教授在 20 世纪 70 年代为普及科学试验知识而在全国推广的两法之一，另一种方法为统筹法。优选法可适用于任何试验，全国各行各业都将优选法运用于生产实践，取得了不可估量的经济效益。有研究表明，用这种"优选法"做 16 次试验，相当于用"均分法"做 2500 多次试验所达到的精度。

优选法分为单因素方法和多因素方法两类。如果在试验时只考虑一个对目标影响最大的因素，其他因素尽量保持不变，则称为单因素问题。单因素优选法一般步骤如下：

（1）首先应估计包含最优点的试验范围，如果用 a 表示起点，b 表示终点，试验范围为 $[a, b]$。

（2）然后在试验范围取点进行试验，将试验结果进行比较，留下好的，去掉不好的，直到找出最优点。

优选法是如何用较少的选点而很快得到最优点的呢？下面结合对比例增益 P 的优选来说明优选法的应用过程。

首先要选择比例增益 P 的优选范围，对模拟量控制系统来说，各种物理量的控制对比例增益 P 的取值有一个大致的范围，见表 4-13。这张表已经用了几十年，是硬件 PID 控制电路的经验值，供读者在现场整定时参考。

表 4-13　PID 控制参数经验取值表

物　理　量	P	I（min）	D（min）
液位	1.25～2.5		
压力	1.4～3.5	0.4～3	
温度	1.6～5	3.0～10	0.5～3
流量	1.0～2.5	0.1～1	

三菱 PID 指令比例增益 P 的设置范围为 1%～32767%。为方便说明优选法的应用，假定某控制系统的比例增益 P 的优选范围是 1000%～2000%，在这个范围内首先确定 2 个试验点 A 和 B，其计算公式是：

$$B = 起点+[终点-起点]×0.618$$
$$A = 起点+终点-B 点$$

在本例中，计算出，$B=1618$，$A=1382$，如图 4-35 所示。

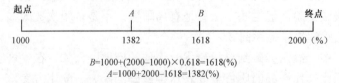

$$B=1000+(2000-1000)×0.618=1618(\%)$$
$$A=1000+2000-1618=1382(\%)$$

图 4-35　优选法第 1 点，第 2 点选取

对 A、B 两点分别进行试验，并比较试验结果，如果 A 点试验结果比 B 点好，则保留 A 点，并去掉 B 点右边的部分（1618%～2000%），剩下的（1000%～1618%）作为下一步选取优选点的范围；反之如果 B 点好过 A 点，则去掉 A 点左边的部分（1000%～1382%），保留 B 点。新的优选范围为（1328%～2000%）。这里假定 A 点比 B 点好，称 A 为保留点。

下面寻找新点与保留点比较，新点计算公式为

新点 = 起点+终点−保留点。

代入得到新点 C=1000%+1618%−1382%=1236%，如图 4-36 所示。对 C 点进行试验并与保留点 A 比较。保留试验结果较好的点，并去掉另一点的边上部分，得到新的试验范围，按上述方法继续找 D 点、E 点…。

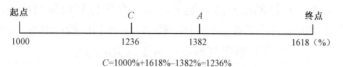

C=1000%+1618%−1382%=1236%

图 4-36　优选法第 3 点选取

假定 A 点仍然好过 C 点，则新的试验范围为（1236%～1618%），新的一点 D 点为 D=1236%+1618%−1382%=1472%，如图 4-37 所示。

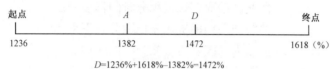

D=1236%+1618%−1382%=1472%

图 4-37　优选法第 4 点选取

假定 D 点好过 A 点，则新的试验范围是（1382%～1618%），新的一点 E 点为 E=1382%+1618%−1472%=1528%，如图 4-38 所示。

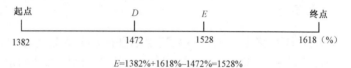

E=1382%+1618%−1472%=1528%

图 4-38　优选法第 5 点选取

至此，按照优选法已经选择了 5 个点。如果 D、E 两点比较，试验结果仍然相差很大，说明还必须如此继续试验下去，直到出现两个点的效果相差不多，或者出现了一个点的试验结果满足控制要求为止。

观察一下 D、E 二点，实际上已经很接近了，D=1472%=14.72，E=1528%=15.28，仅差 0.56。试验经验说明，当试验 4～5 个点后，基本上已找到最优点所在的范围了，在这个范围内，各个点的试验结果都差不多了，因此也就没有必要为找出最优点而去做更多的试验了。只要在最后留存的两点中取一点作为优选值就可以了。

在使用"优选法"时，要根据以往的经验来确定试验范围，这是非常重要的。如果第一次选取的 A、B 二点，试验结果发现输出值波动都非常大，说明选取的取值范围 1000%～2000%有问题，那就应该直接去掉范围 1382%～2000%，以取值范围 1000%～1382%开始优选或重新选取范围进行优选。有时候连做几次试验后，发现试验结果没有什么改善，仍然波动较大，说明最优点可能在试验范围之外这时可在做过几次试验后，再在第一次去掉的另一段做一次试验，若试验效果好就必须向该端扩大试验范围。

2. 试凑法参数现场整定

试凑法是人们多年实践总结出来的经验方法，是目前工业生产中应用最广泛的一种方法。早先，人们根据生产经验及整定过程的曲线，在闭合的控制系统上反复进行试凑，最后得到满意的结果。后来，总结的经验越来越多，再结合各种物理量的特性，有了一套试凑法的整定方法。20世纪70年代，工业控制领域就流行一个PID控制整定口诀，口诀如下：

> 参数整定找最佳，从小到大顺序查，
> 先是比例后积分，最后再把微分加。
> 曲线振荡很厉害，比例度盘要放大，
> 曲线漂浮绕大弯，比例度盘往小板。
> 曲线偏离回复慢，积分时间往下降，
> 曲线波动周期长，积分时间再加长。
> 曲线振荡频率快，先把微分降下来，
> 动差大来波动慢，微分时间应加长。
> 理想曲线两个波，前高后底四比一，
> 一看二调多分析，调节质量不会低。

下面，结合整定口诀介绍一下试凑法整定步骤。"先是比例后积分，最后再把微分加"，这就给出了参数整定的先后顺序：先比例，再积分，最后加微分。

1）比例增益 P 的整定

P 的整定是试凑法的核心整定，也是参数整定的基础，其整定方法是：将积分时间 $I=\infty$，微分时间 $D=0$（即去除积分和微分作用情况下），根据上述优选法确定比例系数 P 的最佳值。这时，对 P 值的优选范围必须掌握好，可参看表 4-13 并适当加大一点范围，最佳 P 值的曲线应该是虽有大的波动但波动中心与设定值偏差不大。记下这时的 P 值 P_A。在现场整定中，如果 P 的整定结果已完全满足控制要求，如波动在允许范围内、波动的次数不影响控制稳定要求、静差符合控制精度等，就不需要再加 I 和 D 了。

2）积分时间常数 I 的整定

取 $P=(0.8\sim0.85)P_A$ 为 I 整定时的 P 值，按表 4-13 的经验取值，选取较大积分时间常数 I 加入，观察被调节量的曲线波动过程。可参考 4.2.3 节所述控制参数对控制过程的影响。"曲线偏离回复慢，积分时间往下降"，当波形曲线向设定值趋近的速度非常慢时，说明积分时间过大，这时应减少积分时间；"曲线波动周期长，积分时间再加长"，当发现加工后，波形曲线波动周期比原来的波动周期长了，说明积分时间太小，需加大积分时间。

当再次对 I 整定时，要按照 P、I 同时加大同时减小的原则进行。为什么要这样做，在4.2.1 节里已经叙述过，比例增益 P 和积分时间常数 I 都对输出起到控制作用，若在比例增益 P 的整定中，已经优选出了最佳 P_A 值，这时输出的波动也是最好的。如果在不改变 P_A 的情况下，希望加入 I 而减少波动，那是不行的，因为加入 I（不管加多大）只会进一步加强输出的波动。这也是很多人反复加入不同的 I 值，都不能改善控制效果的根本原因。在 I 整定前，为什么要将 P 值取为（0.8～0.85）P_A，然后再整定 I，也是这个道理。

对 I 的整定就是一个反复调整 P、I 值的过程，一定要按 P、I 值一起增大、一起减小的原则进行，直到达到满意的调节过程为止。

至于 P 应加多少、减多少，则需要根据控制对象、被控制物理量及个人的调节经验所决定。一般来说，如果想提高响应速度，则 P 应加大多一些，而 I 则增加小一些。如果想提高稳定性，则应 P 减小少一些，而 I 则可减少多一点。

3）微分时间常数 D 的整定

对于大部分控制系统来说，P 和 I 的整定就能满足要求，不需要再加 D。但对于一些滞后较大的物理量控制，如温度控制，加入 D 会改善其调节过程。

D 的整定是微微减小 P 和 I 的整定值，然后按照 $D=\left(\dfrac{1}{3}\sim\dfrac{1}{4}\right)\times I$ 的计算值由小到大进行整定，观察曲线的波动情况，寻求最佳整定效果。

3. 试凑法整定几点注意

比例作用都作为基本部分（相对积分、微分而言）起到主要作用，积分和微分作用都是辅助部分，整定参数时，不要依赖积分和微分。首先要确定比例作用，当比例作用能把系统基本控制住时，再加入积分和微分作用。

过分夸大和偏重积分和微分作用时，也许在一般工况会收到预期的效果，但遇到特殊工况时，将带来严重的、难以预料的恶果。

试凑法相对于试验法而言，比较简单，容易掌控，是广大工控人员喜欢的一种 PID 控制参数整定方法，也是目前用得最多的整定方法。试凑法的缺点是工控人员必须有丰富的 PID 控制知识和整定经验，否则，可能花费很长的时间也不能得到较佳的整定参数值。

为了避免试凑的盲目性，本节提出以下几个注意点，供读者在应用试凑法时参考。

（1）试凑法的关键是对动态响应曲线的分析，并从找出比例增益 P、积分时间 I 和微分时间 D 对动态响应曲线的影响。因此，掌控 P、I、D 对控制过程影响就显得特别重要，在前面的章节中，已经介绍了这方面的知识。

（2）对动态响应曲线是非振荡型的，应考虑是否比例增益 P 过大、积分时间过长。若 P 过大，曲线会漂移不定，并且反应缓慢。积分时间过大时，曲线会有较大的余差。如果曲线出现不规则的波形，则如图 4-39 所示。

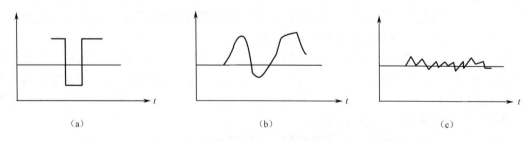

|（a）|（b）|（c）|

图 4-39　非振荡曲线图形

如 P、I 值比较正常，就必须考虑是执行器（如阀门等）、仪表等外来干扰等原因。图 4-39（a）所示情况往往是由于阀门间隙过大（有空行程）或仪表不灵敏；图 4-39（c）所示情况则是灵敏度太高造成；图 4-39（b）所示情况往往是由仪表指针传动机构有卡塞或由其他外来干扰造成。在调试中，只要 P 不是太大、I 不是太长，不管参数整定是否正确，所得曲线都是规则的，一旦发生扰动，曲线总会经过规则的波动向设定值趋近。但外来干扰所造成的曲线往往是不规则的。

（3）对振荡型的动态曲线，要区分主要是哪种控制参数引起的。在一般情况下，P 过大、I 过小、D 过大都会引起曲线振荡，但它们引起振荡的周期却不一样。I 过小，引起的振荡周期较长；P 过大，引起的振荡周期较短；D 过大，引起的振荡周期更短。在调试中，可以由意识地增加或减少某一参数，而保持其他参数不变，然后观察曲线的振荡周期变化情况，以判断该参数的影响。

（4）PID 参数整定还带有随机性，两套看似一样的系统，却可能通过调试得到完全不同的参数值。甚至同一系统，在停机一段时间后重新启动都要重新整定参数。因此，各种 PID 参数整定的经验和公式只能供用户参考，实际的 PID 参数整定值必须在调试中获取。

最后，说明一下"理想曲线两个波，前高后低四比一"，这就是在 4.2.2 节中介绍的 PID 控制最好的过渡过程曲线。在实际的调试中，能够达到这种过程是最理想的，但这可能要花费大量的调试时间。因此，还是要满足以生产实际要求为标准，满足生产本身对稳定性、准确性和快速性要求，能够生产出符合质量标准和产能的产品就可以了。

4.4.4　PID 控制参数自整定

当 PID 控制参数的选择与控制系统的特性和工况相配合时，才能取得最佳控制效果。而控制对象是多种多样的，它们的工况也是千变万化的，前面介绍的参数整定方法往往是经验与技巧多于科学。整定参数的选择往往取决于调试人员对 PID 控制过程的理解和调试经验。因此，参数整定的结果并不是最佳的。在这种情况下就产生了参数自整定和自适应的整定方法。

1. 参数自整定和自适应

什么是 PID 控制参数自整定？自整定是 PID 控制器的一个功能。这个功能的含义是当按照控制器的说明按下某个控制键（自整定功能键）或在功能参数里设置了自整定方式后，PID 控制器能自动设置控制对象的动态特性，并根据控制目标自动计算出 PID 控制的优化参数，把它装入控制器中，完成参数整定功能。因为控制参数的整定是由控制器自己完成的，所以叫自整定。自整定功能又称为自动调谐功能。

PID 控制器的自整定功能是随着计算机技术、人工智能、专家系统技术的发展而发展的。能实现 PID 参数自整定的方法有工程阶跃响应法、波形识别法，还有专家智能自整定法。不管采用哪种方法，都是对控制过程进行多次测定、多次比较和多次校正的结果，当测定结果符合一定要求后自整定便结束。

目前，各种智能型的数字显示调节仪表，一般都具有 PID 参数自整定功能。仪表在初次使用时，就可以进行参数自整定，使用也非常方便。通过参数自整定能满足大多数控制系统的要求。对于不同的系统，由于特性参数不同，整定的时间也不同，从几分钟到几小时不等。

自整定功能虽然解决了令人头疼的人工整定问题，但其整定值是与控制系统的工况密切相关的，如果工况改变，如设定值改变、负荷发生变化等，通过自整定的控制参数值在新的工况下就不一定是最优了，因此就期望出现一种具有能随控制系统的改变不断自动整定控制参数值以适应控制系统的变化的自整定方法，这种自整定控制方法称为自适应控制。而自整定可以认为是一种简单的自适应控制。目前自适应 PID 控制器还在不断发展中。

2. 三菱 FX PLC 的 PID 自动调谐

三菱 FX PLC 的 PID 指令设置参数自动调谐功能。其自整定的方法是采用 4.2.2 节中介绍的阶跃响应法。对系统施加 0%～100% 的阶跃输出，由输入变化识别动作特性（R 和 L），自动求得动作方向、比例增益、积分时间和微分时间。

自动调谐是通过执行 PID 指令自动调谐程序完成的，对 PID 指令自动调谐程序有以下一些要求：

（1）设定自动调谐不能设定的参数值，如采样时间、滤波常数、微分增益和设定值。

（2）自动调谐的采样时间必须在 1s 以上，尽量设置成远大于输出变化周期的时间值。

（3）自动调谐开始的测定值和设定值的差应在 150 以上，否则不能正确自动调谐。如果不到 150，可把自动调谐设定值暂时设置大一些，待自动调谐结束后，再重新调整设定值。

（4）自动调谐时，一般要求设定输出上下限，所以自动调谐动作方向字为 H0030（见表 4-7）。

（5）用 MOV 指令将自动调谐用输出值送入 PID 指令的输出值存储器 MV 中。其值的大小为系统输出值的 50%～100%。

上述 PID 指令自动调谐用初始化程序后，只要自动调谐用 PID 指令驱动条件成立，就开始执行自动调谐 PID 指令。在测定值达到自动调谐开始时的测定值与设定值的差值的 1/3 以上时（即实际测定值=开始测定值+$\frac{1}{3}$（设定值–测定值）），自动调谐结束，系统自动设置自动调谐为失效状态，并自动将自动调谐的控制参数——动作方向、比例增益、积分时间、微分时间——送入相应存储器中。自动调谐求得的控制参数的可靠性除了编写正确的自动调谐程序外，还取决于控制系统是否在稳定状态下执行 PID 指令，如果不在稳定状态下执行，那么求出的控制参数可靠性就差。因此，应该在系统处于稳定状态下才投入 PID 指令自动调谐运行。

执行 PID 指令自动调谐时如果出错，错误代码见表 4-6。

在很多情况下，由自动调谐求得的控制参数值并不是最佳值。因此，如果在自动调谐后 PID 控制过渡过程不是很理想，还可以对调谐值进行适当修正，以求得较好的 PID 控制效果。

下面通过编程手册上的程序例对 PID 指令的自动调谐程序编制和操作做进一步介绍。

1）系统结构

图 4-40 所示为一个电加热炉温度控制系统组成图，测温热电偶（K 型）通过模拟量温度输入模块 FX$_{2N}$-4DA-TC 将加温炉的实测温度差送入 PLC。在 PLC 中设计 PID 指令控制程序控制加温炉电热器的通电时间，从而达到控制炉温的目的。

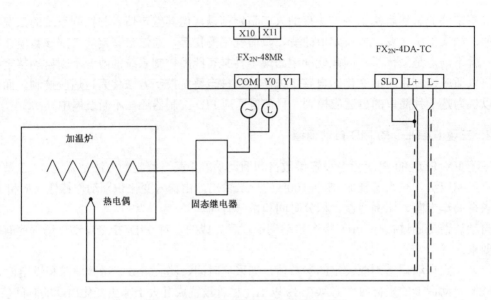

图 4-40　电加热炉温度控制系统组成图

2）PLC I/O 分配与 PID 控制参数设置

PLC I/O 分配见表 4-14。

PID 控制参数设置及内存分配见表 4-15。

表 4-14　PLC I/O 分配表

输　　入		输　　出	
X10	执行自动调谐	Y0	自动调谐出错指示
X11	执行 PID 控制	Y1	加热器控制

表 4-15　PID 控制参数设置及内存分配表

参 数 设 置		自 动 调 谐	PID 控 制	内 存 分 配
设定值 SV		500（50℃）	500（50℃）	D200
采样时间（T_s）		3000ms	500ms	D210
输入滤波常数（α）		70%	70%	D212
微分增益（KD）		0	0	D215
输出上限		2000	2000(2S)	D232
输出下限		0	0	D233
动作方向（ACT）	输入变化量报警	无	无	D211
	输出变化量报警	无	无	
	输出上下限设定	有	有	
输出值 MV		1800	根据运算	D202
测定值 PV				D201

3）FX_{2N}-4DA-TC 初始化

通道字：H3330（CH1：K 型热电偶输入，其余关闭）。

采样字：K8（出厂值）。

温度读取：BFM#9，当前摄氏温度（℃）。

模块位置编号：0#。

4）电加热器动作

电加热器采用可调脉宽的脉冲量控制输出进行电加热（详见 1.1.4 节）。设定可调制脉冲序列周期为 2s（2000ms），PID 控制输出值为脉冲序列的导通时间，如图 4-41 所示。在自动调谐时，强制输出值为系统输出的 50% ～ 100%，这里取 90% 输出值：2000ms×90%=1800ms，如图 4-42 所示。

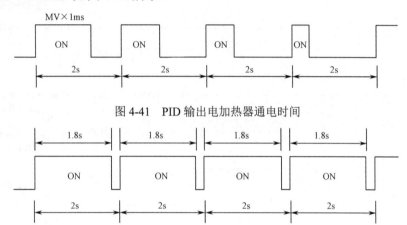

图 4-41　PID 输出电加热器通电时间

图 4-42　PID 自动调谐电加热器通电时间

5）程序设计

（1）PID 自动调谐程序如图 4-43 所示。

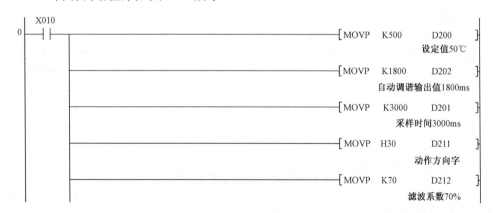

图 4-43　PID 自动调谐程序

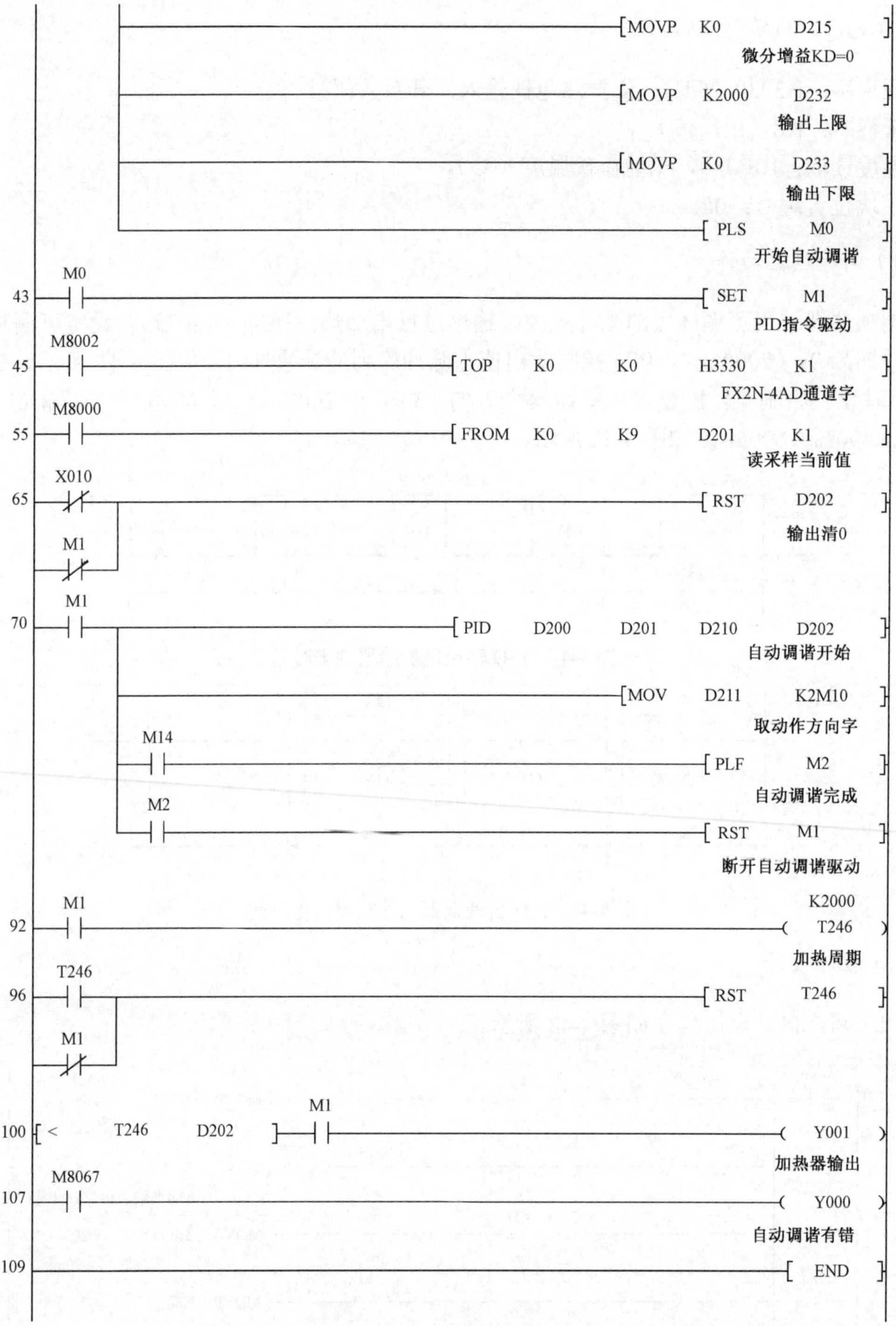

```
                                              ┌[MOVP    K0        D215    ]┐
                                                     微分增益KD=0

                                              ┌[MOVP    K2000     D232    ]┐
                                                     输出上限

                                              ┌[MOVP    K0        D233    ]┐
                                                     输出下限

                                              ┌[PLS             M0       ]┐
                                                     开始自动调谐
        M0
 43  ───┤├──────────────────────────────────┌[SET             M1       ]┐
                                                     PID指令驱动
        M8002
 45  ───┤├────────────────┌[TOP     K0    K0      H3330    K1    ]┐
                                       FX2N-4AD通道字
        M8000
 55  ───┤├────────────────┌[FROM    K0    K9      D201     K1    ]┐
                                       读采样当前值
        X010
 65  ───┤/├──────┐                             ┌[RST             D202    ]┐
        M1       │                                    输出清0
     ───┤/├──────┘

        M1
 70  ───┤├───────┬─────────┌[PID   D200   D201   D210    D202   ]┐
                 │                     自动调谐开始
                 │                            ┌[MOV   D211   K2M10   ]┐
                 │                                   取动作方向字
              M14│
              ───┤├────────────────────────────┌[PLF             M2       ]┐
                                                     自动调谐完成
              M2 │
              ───┤├──────────────────────────┌[RST             M1       ]┐
                                                   断开自动调谐驱动
        M1                                                K2000
 92  ───┤├──────────────────────────────────────────────(  T246  )
                                                     加热周期
        T246
 96  ───┤├──────┐                             ┌[RST             T246    ]┐
        M1      │
     ───┤/├─────┘
                                      M1
100  ┌[<    T246    D202 ]┤├──────────────────────────(  Y001  )
                                                     加热器输出
        M8067
107  ───┤├────────────────────────────────────────────(  Y000  )
                                                     自动调谐有错
109  ─────────────────────────────────────────────────┌[ END  ]┐
```

图 4-43 PID 自动调谐程序（续）

（2）PID 控制+PID 自动调谐程序如图 4-44 所示。

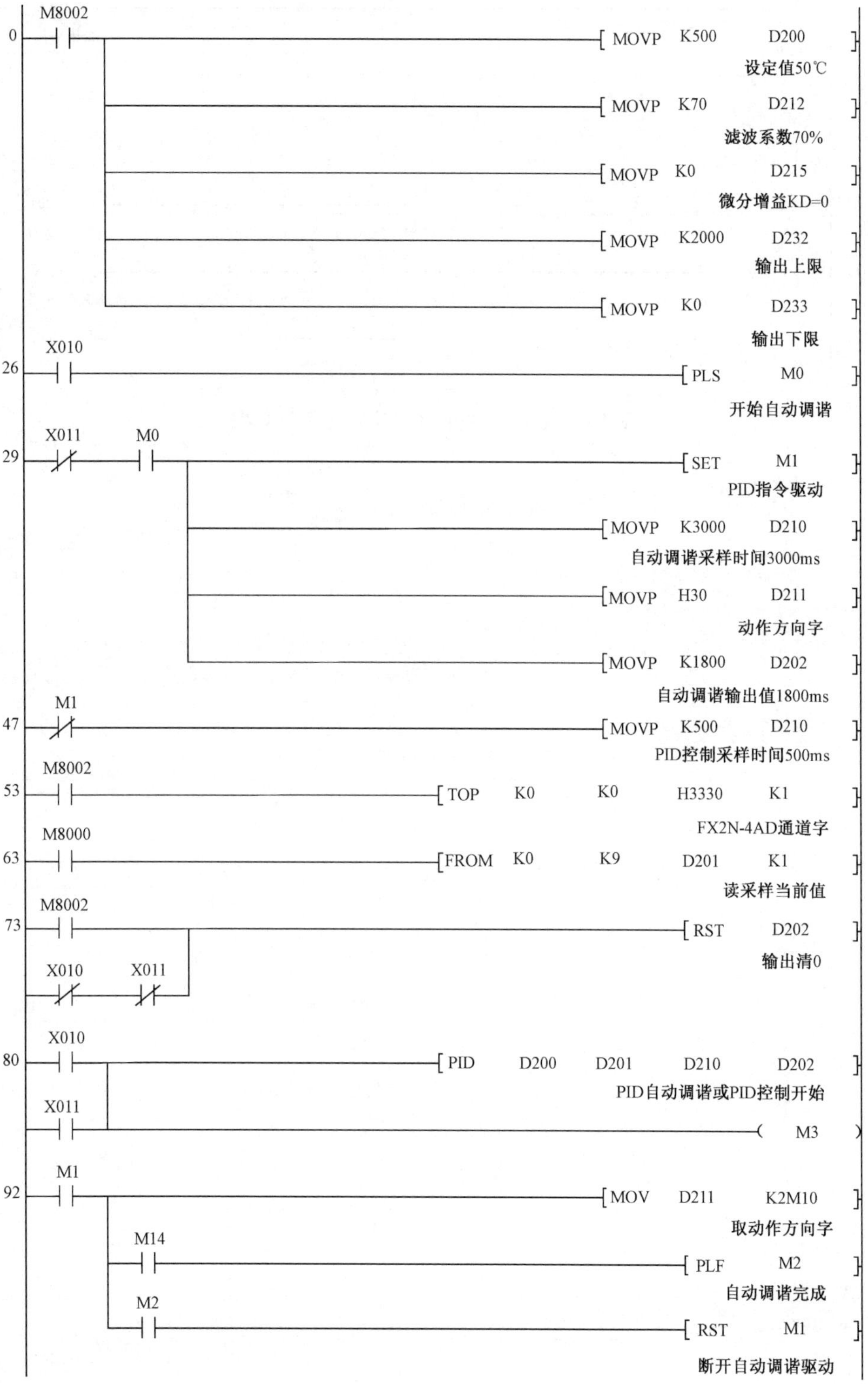

```
        M8002
0       ─┤├─────────────────────────────────────┤ MOVP   K500      D200    ├
                                                          设定值50℃

                                                 ┤ MOVP   K70       D212    ├
                                                          滤波系数70%

                                                 ┤ MOVP   K0        D215    ├
                                                          微分增益KD=0

                                                 ┤ MOVP   K2000     D232    ├
                                                          输出上限

                                                 ┤ MOVP   K0        D233    ├
                                                          输出下限

        X010
26      ─┤├─────────────────────────────────────────────┤ PLS       M0    ├
                                                          开始自动调谐

        X011   M0
29      ─┤/├───┤├──────────────────────────────────────┤ SET       M1    ├
                                                          PID指令驱动

                                                 ┤ MOVP   K3000     D210    ├
                                                          自动调谐采样时间3000ms

                                                 ┤ MOVP   H30       D211    ├
                                                          动作方向字

                                                 ┤ MOVP   K1800     D202    ├
                                                          自动调谐输出值1800ms

        M1
47      ─┤/├────────────────────────────────────┤ MOVP   K500      D210    ├
                                                          PID控制采样时间500ms

        M8002
53      ─┤├──────────────────────────┤ TOP   K0      K0     H3330    K1    ├
                                                          FX2N-4AD通道字

        M8000
63      ─┤├──────────────────────────┤ FROM  K0      K9     D201     K1    ├
                                                          读采样当前值

        M8002
73      ─┤├──────┬───────────────────────────────────────┤ RST       D202  ├
                 │                                         输出清0
        X010   X011
        ─┤/├───┤/├─┘

        X010
80      ─┤├──────┬──────────────┤ PID   D200    D201    D210    D202 ├
                 │                        PID自动调谐或PID控制开始
        X011     │
        ─┤├──────┘                                            ─( M3 )─

        M1
92      ─┤├──────┬────────────────────────────────┤ MOV   D211   K2M10 ├
                 │                                        取动作方向字
                 │  M14
                 ├──┤├────────────────────────────────────┤ PLF   M2  ├
                 │                                        自动调谐完成
                 │  M2
                 └──┤├────────────────────────────────────┤ RST   M1  ├
                                                          断开自动调谐驱动
```

图 4-44　PID 控制+PID 自动调谐程序

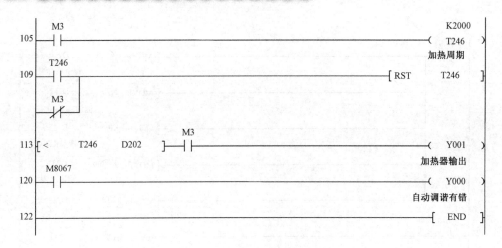

图 4-44　PID 控制+PID 自动调谐程序（续）

第5章 变频器 PID 控制及其应用

随着变频器技术的迅猛发展，变频器作为交流调速系统的主体已经在各种生产领域中得到越来越广泛的应用。可以预见，变频器应用技术将来会像电工技术那样成为每个普通电工都必须掌握的知识。

随着科学技术的进步和计算机技术的发展，变频器的功能也日臻完善，除了通常的调试功能外，还具有控制方式选择功能、直流制动功能、通信功能、失速防止功能等。而内置PID 控制功能则是几乎所有的变频器都有的功能，内置 PID 控制功能使变频器在模拟量控制中应用更为广泛。

本章通过三菱 FR-A700 变频器和 LG-iG5 变频器来具体介绍变频器的内置 PID 控制功能及其应用。

5.1 变频器 PID 控制功能结构

图 5-1 所示为 PLC 中 PID 控制数据流向图。实际上，它也是 PID 控制的功能结构图。由图可知，一个控制器能完成 PID 控制功能是由下面几个功能结构所组成的。

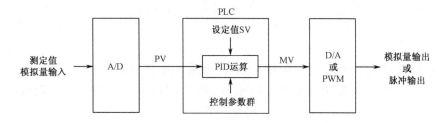

图 5-1 PLC PID 控制控制数据流向图

（1）必须能给控制器输入一个被控制量的设定值。在 PLC 中，设定值是通过用户程序来设定的，也可以通过外部模拟量输入来设定。

（2）必须能获取被控制量的现场测定值。在 PLC 中，测定值是通过传感器、变送器和A/D 模块输入到 PLC 指定存储器中。

（3）必须能够对 PID 的参数进行设置和整定。在 PLC 中，专门设计了 PID 控制参数存储器组，用于对参数进行设置和整定。

（4）必须能够完成 PID 控制功能。在 PLC 中，是通过运行 PID 指令执行数字 PID 控制算法来执行 PID 控制的。

（5）必须将 PID 控制的输出值送回到执行器。在 PLC 中，PID 控制的输出是通过 D/A模块转换成模拟量送往执行器的，也可以直接发出占空比可调的脉冲序列控制执行器。

变频器也是一个数字控制设备，变频器的内置 PID 控制也必须有上述五个功能结构，图 5-2 所示为变频器完成 PID 控制的结构框图。

图 5-2　变频器 PID 控制功能框图

众所周知，变频器的应用功能比较丰富，除了 PID 控制功能外，还有频率给定功能、运行控制功能、电动机控制方式功能、直流制动功能、通信控制功能等。变频器的功能应用是由其端口接线方式及功能参数设置来共同完成的。一个功能的应用往往涉及较多的端口功能参数设置。而目前各种品牌的变频器对功能的理解、端口的配线及功能参数的设置都有很大的不同，这就给变频器功能的讲解和应用带来一定的困难。因此，下面对变频器内置 PID 控制的功能结构仅做一般性介绍，至于具体的应用，还必须结合具体的变频器使用手册进行。

与 PLC 不同的是，变频器是一个交流调速驱动器，它所控制的仅是交流电动机的转速，也就是说它的输出控制对象是电动机，被控制量为电动机的转速，或由电动机转速所间接控制的各种物理量如线速度、压力、流量、张力等。

下面介绍一下变频器内置 PID 控制的功能结构。

1）设定值给定

变频器 PID 控制设定值是频率，其设定方式可以由功能参数设置，也可以由变频器的频率给定方式所决定，如操作面板给定、模拟量或数字量输入端口给定、通信给定，某些变频器还可以用多段速频率给定方式。具体给定方式由变频器所决定。

2）测定值输入

测定值是被控制量的当前值，在变频器中一般是把被控制量通过传感器、变送器送入指定的模拟量输入端口，如果是偏差输入型的，则必须在外部与设定值进行比较后将偏差值送入变频器的指定端口。

3）PID 控制参数设置和整定

凡是内置 PID 控制功能的变频器，在其功能参数设置上都有一个 PID 控制参数群，专门用于对 PID 控制参数进行设置和整定。不同的变频器其 PID 控制参数群的组成和内容是不相同的，使用时必须严格按照使用说明书进行设置和整定。

4）PID 控制功能的完成

PLC 的 PID 控制是通过执行 PID 指令完成的。在变频器中，大多数是通过 PID 控制选择功能参数设置为 PID 控制来完成的。PID 控制选择功能参数相当于一个开关，当其选择为 PID 控制时，开关合上，这时变频器就自动执行 PID 控制功能，执行过程中所需的各种控制参数均由 PID 控制参数组设定。部分变频器 PID 控制选择还须由数字量输入端口外接开关状态决定，如三菱 FR-700 系列变频器。

5）输出值输出

变频器的 PID 控制输出值就是变频器本身的输出端电压的频率，并直接控制电动机的转速。

在具体应用某个品牌变频器的 PID 控制功能时，只要按照上述五个功能结构的思维去阅读和理解变频器使用说明书，就可以比较快地掌握该品牌变频器的 PID 控制功能。

5.2　三菱 FR-700 变频器 PID 控制

三菱公司在 FR-500 系列变频器的基础推出了 FR-700 系列变频器，它们是 FR-A700、F-700、D700 和 E-700。FR-700 系列变频器和 FR-500 相比，性能有了较大的改进，主要体现在调速范围扩大、响应变速加快、增强了网络通信功能等方面。在采用闭环控制、专用电动机后，变频器的整体性能已经接近于交流伺服驱动器，可以实现位置控制和快速响应、高精度的速度控制（零速控制.伺服锁定等）及转矩控制。

下面以恒压供水为例说明 FR-A700 变频器 PID 控制系统设计过程。

【例 1】某大楼供水系统要求恒压供水，正常供水压力是 3MPa，供水压力上限为 4MPa，下限为 2.5MPa，其压力传感器范围是 0～5MPa，反馈电流为 4～20mA。试画出三菱 FR-A700 变频器 PID 控制系统电路图及变频器参数设置。

1. 变频器 PID 控制系统电路图和 PID 控制参数

大楼供水系统恒压供水变频器 PID 控制系统电路图如图 5-3 所示。

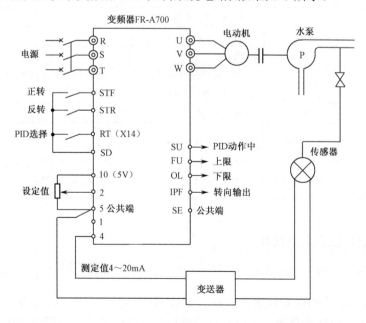

图 5-3　FR-A700 变频器 PID 控制系统电路图

三菱 FR-A700 变频器 PID 控制参数见表 5-1。

表 5-1　FR-A700 变频器 PID 控制参数

参 数 号	名　称	设定范围	含　义	出　厂　值
127	PID 控制自动切换频率	0～400Hz	设定自动切换到 PID 控制的频率	9999
		9999	无 PID 控制自动切换的功能	
128	PID 动作选择	10	PID 负作用	偏差信号输入（端子 1）	10
		11	PID 正作用		
		20	PID 负作用	测量值（端子 4）目标值（端子 4 或 Pr133 设定）	
		21	PID 正作用		
		50	PID 负作用	偏差值信号输入（LonWorks、cc-Link 通信）	
		51	PID 正作用		
		60	PID 负作用	测量值，目标值输入（LonWorks、cc-Link 通信）	
		61	PID 正作用		
129	PID 比例带	（0.1～1000）%	增益 P 为比例带的倒数，须整定	100%
		9999	无比例控制	
130	PID 积分时间	0.1～3600s	PID 控制参数，须整定	1s
		9999	无积分控制	
131	PID 上限	0%～100%	设定上限，如果反馈超过此设定，就输出 FUP 信号，测量值（端子 4）的最大输入（20mA/5V/10V）等于 100%	9999
		9999	功能无效	
132	PID 下限	0%～100%	设定下限，如果反馈超过此设定，就输出 FDN 信号，测量值（端子 4）的最大输入（20mA/5V/10V）等于 100%	9999
		9999	功能无效	
133	PID 目标设定	0%～100%	设定 PID 控制目标值	9999
		9999	端子 2 输入为目标值	
134	PID 微分时间	0.01～10.00s	PID 控制参数，须整定	9999
		9999	无微分控制	
575	输出中断检测时间	0～3600s	PID 运算后的输出频率未满，Pr576 设定值状态持续到 Pr575 设定时间以上时，中断变频器的运行	1s
		9999	无输出中断功能	
576	输出中断检测水平	0～400Hz	设定实施输出中断出来的频率	0Hz
577	输出中断解除水平	900%～1100%	设定解除 PID 输出中断功能的水平（Pr577 为 1000%）	1000%

2. 变频器 PID 控制参数设置

1）变频器 PID 控制选择功能

仅当变频器选择了 PID 功能时，才执行 PID 控制功能。三菱 FR-A700 变频器是通过两个设置来完成 PID 控制选择的。先将其开关量输入端口中的一个设置成 PID 控制选择功能

（X14），三菱 FR-A700 开关量输入端口有 12 个，对应参数 Pr178～Pr189。在本例中，选择 RT 端子（对应参数 Pr183）为 PID 控制功能选择端，即设置 Pr183=14。然后，将 RT 端子外接开关，当 X14=ON 为执行 PID 控制；而当 X14=OFF 时，为通常的变频器运行（但是通过 LonWorks 通信进行 PID 控制时，没有必要将 X14 信号设置为 ON）。

三菱 FR-A700 还有正/负作用切换功能，这时须将某个开关输入端子设置为"64"，即正/负功能选择。外接开关，如果 X64 置为 ON，则 PID 负作用时，功能切换到正作用。而正作用时，能够切换到负作用。

上述介绍可用表 5-2 及图 5-4 表示。

表 5-2　FR-A700 变频器 PID 控制选择参数

信　号	使　用　端　子	设　置　值	功　　能	应　　用
X14	Pr178～Pr183 中任	14	PID 控制选择	X14=ON，PID 控制
X64	意一个端子	64	PID 正/负作用切换	X64=ON，正/负作用切换

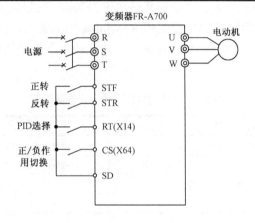

图 5-4　FR-A700 变频器 PID 控制系统电路图

2）PID 控制设定值与测定值输入选择

三菱 FR-A700 的 PID 控制功能有两种偏差输入方式，一种是偏差值输入，偏差值由设定值和测定值在变频器外由电路产生然后送入模拟量输入端子 1，如图 5-5 所示。

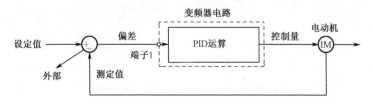

图 5-5　FR-A700 变频器 PID 控制偏差值输入

另一种是设定值和测量值分别通过模拟量输入端 2 和 4 直接输入到变频器，在变频器内部产生偏差。如图 5-6 所示，本例采用测定值输入。

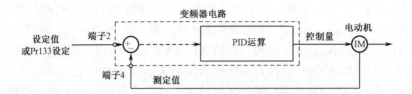

图 5-6   FR-A700 变频器 PID 控制测定值输入

变频器采用偏差值输入还是测定值输入除了端口接线不同外，还必须正确设置参数 Pr128。参数 Pr128 还涉及动作方向，在本例中，当水压大于设定值时，要求电动机转速减小；而当水压小于设定值时，则要求电动机转速增加，因此，动作方向是负作用。

如果选择端子 2 输入，则 Pr133=9999。如果由 Pr133 设置设定值，则端子 2 为空端。本例中设定值采用端子 2 模拟量输入，如图 5-3 所示。设定值的电位器两端电压为 0～5V。那么电位器应调节到多少电压才是正常供水压力 3MPa 呢？或者，如果用参数 Pr133 来设置设定值，那么应该设置为百分比多少才是正常供水压力 3MPa 的设定值呢？

（1）测定值输入。本例中，测定值采用 4～20mA 电流输入，FR-A700 的 PID 控制的测定值输入还可采用 0～5V 或 0～10V 电压输入。测定值输入的模拟量类型由参数 Pr267 设置决定，见表 5-3。

表 5-3   PID 控制测定值输入参数设置

参 数 号	名 称	设 定 值	含 义	出 厂 值
128	PID 动作选择	20	测定值输入端子 4	10
267	端子 4 模拟量输入选择	0	4～20mA，0%～100%	0
		1	0～5V，0%～100%	
		2	0～10V，0%～100%	

（2）设定值输入。设定值有两种输入形式：一种是通过端子 2 输入模拟量，输入模拟量的类型则由参数 Pr73 设置决定，见表 5-4；另一种是在参数 Pr133 中设置，见表 5-5。

表 5-4   PID 控制设定值输入参数设置

参 数 号	名 称	设 定 值	含 义	出 厂 值
128	PID 动作选择	20	设定值输入端子 2 或 Pr133	10
73	端子 2 模拟量输入选择	6，7	4～20mA，0%～100%	1
		1,3,5,11,13,15	0～5V，0%～100%	
		0,2,4,10,12,14	0～10V，0%～100%	

在变频器当中很多设定都是用百分比数来设置的，如 PID 控制参数 Pr131、Pr132、Pr133 的设置都是按照百分比来设置的。

把被控制模拟量转换成以百分比表示的数来进行参数设定，涉及标定（又叫标度）的转换问题。首先要确定压力表的压力与它输出的电流的对应关系，如图 5-7（a）所示。4mA 时的压力是 0，20mA 时对应的压力是 5MPa，这是一个线性的对应关系。由代数知识可知，直线的方程是：压力 = 3.2×电流+4。根据这个公式可以计算出当压力为 2.5MPa、3MPa、

4MPa 相对应的电流是 12mA、13.6mA、16.8mA。

但是光算出对应的电流还不行，因为设置的参数是百分比。因此，还要做出一个百分比转换图，如图 5-7（b）所示。一般来说，设定百分数时，都是设最小值为 0%，最大值为 100%，而其他相比较的数用最大值的百分比数来表示。在这里，4mA 表示为 0%，20mA 表示为 100%，那么 12mA、13.6mA、16.8mA 所对应的就是 50%、60%、80%，即百分数是 50、60、80。如用参数 Pr133 设置设定值，则 Pr133=60。

同理，电位器的电源是 0～5V，其与百分数的对应关系如图 5-7（c）所示。由图可知，60%对应的是 3V，即 3MPa 压力对应的模拟量输入电压为 3V。

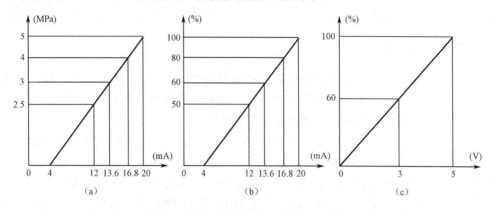

图 5-7　设定值输入标定变换图

（3）测定值输入限定。本例中，供水压力上限为 4MPa，下限为 2.5MPa。由上面的标定转换可知，2.5MPa 为 50%，4MPa 为 80%。因此 PID 上限设定参数 Pr131=80，下限设定参数 Pr132=50。在实际运行中，如果测定值超过上下限，则相应的输出信号会显示。

3）PID 控制参数 P、I、D 的选择

在 PID 控制中，对 P、I、D 三个参数的设置就是 PID 的参数整定。在某些变频器，不设微分时间 D，仅调节 P 和 I。

对比例增益 P，有些变频器采用比例带 δ 表示，有些变频器采用比率增益 P 表示。δ 和 P 互为倒数。在整定时，如果是比例带，越小则控制作用越强；而比例增益则是越大控制作用越强。

综上所述。本例中 PID 控制参数设置见表 5-5。

表 5-5　PID 控制参数设置

参　数　号	名　　　称	设　定　值	含　　义
127	PID 自动切换频率	9999	无 PID 控制自动切换的功能
128	PID 动作选择	20	PID 负作用 测量值（端子 4）目标值（端子 4 或 Pr133 设定）
183	端子 RT	14	PID 控制选择
73	端子 2 模拟量输入选择	1	0～5V, 0%～100%
267	端子 4 模拟量输入选择	0	4～20mA, 0%～100%
129	PID 比例带	（0.1～1000）%	PID 控制参数，须整定

续表

参 数 号	名　称	设 定 值	含　义
130	PID 积分时间	0.1～3600s	PID 控制参数，须整定
131	PID 上限	80	设定上限，4MPa
132	PID 下限	50	设定下限，205MPa
133	PID 目标设定	9999	端子 2 输入为目标值
134	PID 微分时间	0.01～10.00s	PID 控制参数，须整定
575	输出中断检测时间	9999	无输出中断功能

3．PID 控制其他功能

1）PID 控制自动切换功能

FR-A700 设置了 PID 自动切换功能，功能参数为 Pr127。由于变频器的 PID 控制是一种缓慢上升的调节过程（如果把比例度设置过小，虽然上升速度加快但波动会加大），对某些模拟量控制来说，在这个缓慢上升过程中，产品的质量不能得到保证，因此，它属于非正常生产时间。在实际生产中，希望这个调节过程时间越短越好。而通过参数 Pr127 的设置，可以加快系统的启动速度。该功能的含义是在启动阶段，变频器和普通的速度控制运行一样，使电动机快速上升到 Pr127 所设定的频率。到达 Pr127 所设定的频率后，变频器再自动转入 PID 控制运行，此时，PID 状态输出信号才置 ON。变为 PID 控制运行后，即使输出频率在 Pr127 以下，也仍然继续 PID 控制运行。PID 自动切换功能如图 5-8 所示。

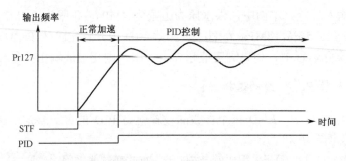

图 5-8　PID 控制自动切换功能功能图

2）PID 控制输出中断检测功能

为了减少变频器在低速运行下的能源消耗。在 PID 控制中设置了输出中断功能。该功能有三个参数，见表 5-6。

表 5-6　PID 控制输出中断检测参数设置

参 数 号	名　称	设 定 范 围	含　义	出 厂 值
575	输出中断检测时间	0～3600s	PID 运算后的输出频率未满 Pr576 设定值状态持续到 Pr575 设定时间以上时，中断变频器的运行	1s
		9999	无输出中断功能	
576	输出中断检测水平	0～400Hz	设定实施输出中断出来的频率	0Hz
577	输出中断解除水平	900%～1100%	设定解除 PID 输出中断功能的水平（Pr577 为 1000%）	1000%

该功能的含义是：在 PID 运行中，如果运行后的输出频率未达到由参数 Pr576 所设置的频率并且持续时间超过参数 Pr567 所设置的时间，变频器运行中断。仅当在中断过程中，PID 控制的偏差值大于参数 Pr577 所设置的输出中断解除水平后，才解除 PID 输出中断功能，自动重新开始 PID 控制运行，如图 5-9 所示。

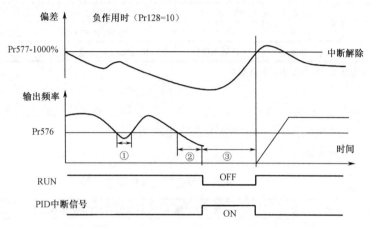

注：（1）虽然输出频率低于 Pr576，但持续时间小于 Pr575，输出无中断。

（2）输出频率低于 Pr576，持续时间大于 Pr575，发生输出中断。

（3）输出中断期，直到偏差大于 Pr577 设置值，恢复运行。

图 5-9 PID 控制输出中断检测功能图

在 PID 输出中断功能动作中，变频器可以输出中断中信号（SLEEP）。此时，变频器运行中信号（RUN）关断，PID 控制动作中信号（PID）则接通。

3）PID 控制状态监视功能

（1）输出开关量 PID 状态监视。FR-A700 变频器的内部状态可以通过输出开关量端子进行输出。开关量输出端子为集电极开路输出端子 5 个，继电器输出 2 对。这些输出端子都可以通过参数设置来表示变频器的内部状态。

表 5-7 列出了为输出端子参数号、名称、出厂值及含义。

表 5-7 输出端子参数号、名称、出厂值及含义

参 数 号	名 称		出 厂 值	含 义
190	集电极开路输出	RUN	0	变频器运行中
191		SU	1	频率到达
192		IPF	2	瞬时停电，欠电压
193		OL	3	过载报警
194		FU	4	输出频率检测

在 PID 控制中与 PID 控制相关的功能及设定值见表 5-8。

表 5-8　PID 控制相关的功能及设定值

信　号	使 用 端 子	设定值	功　能	动　作	相 关 参 数
FDN	Pr190～Pr196 中的任意端子	14 或 114	PID 下限	达到 PID 下限时输出	Pr127～Pr134 Pr575～Pr577
FUP		15 或 115	PID 上限	达到 PID 上限时输出	
RL		16 或 116	PID 正反转	PID 控制时正转输出	
PID		47 或 147	PID 运行中	PID 控制中输出	
SLEEP		70 或 170	PID 输出中断	PID 输出中断功能工作输出	

注：设定值小于 100 为正逻辑，大于 100 为负逻辑。

（2）PID 控制值监视功能。PID 控制设定值、测定量及偏差值可以通过操作面板或模拟量输出端子 CA 及 AM 输出显示（外接电压表或电流表）。

其相关参数及设置见表 5-9。

表 5-9　PID 控制值监视参数设置

参 数 号	名　称	设 定 值	功 能 含 义
52	DU/PU 显示数据选择	52	输出 PID 设定值
		53	输出 PID 测定值
		54	输出 PID 偏差值
54	CA 端子功能选择	52	输出 PID 设定值
		53	输出 PID 测定值
158	AM 端子功能选择	52	输出 PID 设定值
		53	输出 PID 测定值

4．PID 控制应用注意事项

（1）X14 信号处于 ON 状态时，如果输入多段速度（RH、RM、RL 信号）及点动运行（点动信号），不进行 PID 控制，而进行多段速度或者点动运行。

（2）进行以下设定时，PID 控制无效：Pr79 运行模式选择 = 6（切换模式）或 5（程序运行）。Pr858 端子 4 功能分配、Pr868 端子 1 功能分配 = 4（转矩指令）。

（3）当 Pr128 = 20 或 21 时，如果同时输入给定值、测定值和偏差值，则给定值和测定值之间的计算偏差将与偏差值叠加后共同生效。

（4）PID 控制方式下使用端子 4（测定值）、端子 1（偏差值）。输入时，请设定 Pr858 端子 4 功能分配、Pr868 端子功能分配 = 0（初始值）。

（5）选择 PID 控制时，下限频率为 Pr902，上限频率为 Pr903，但 Pr1 上限频率，Pr2 下限频率设定也有效。

（6）PID 运行中，遥控操作功能无效。

（7）PID 控制的给定值输入（模拟电压），测定值输入（模拟电流）可以通过参数 Pr902，Pr903 和 Pr904，Pr905 进行零点，增益的调整，其调整方法与正常的调整方法相同，详见 FR-A700 变频器使用说明书。

5.3　放线架变频器 PID 控制

【例 2】某线缆生产线的放线架，牵引线速度为 V_e=800m/min；线盘最小内径为 25cm，最大外径为 50cm；电动机为 1.5kW，4 极/380V。选取变频器为 LG-iG5，试画出 PID 控制的电路图和变频器参数设置。

1．放线架工作图及控制过程分析

放线架的工作图如图 5-10 所示。

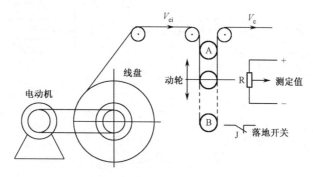

图 5-10　放线架的工作图

下面对放线架动态控制过程进行分析。

反馈测定值由电位器 R 产生，电位器由动轮带动，动轮上下移动带动电位器旋转，测定值就跟着变化。J 是个紧急开关，当动轮掉下来的时候，就碰到开关，开关断开，电动机就停止转动。因此这个开关要接到变频器的正转端口，正常工作时，处于常闭状态。

V_{ei} 为电动机放线线速度，V_e 为牵引机的线速度，动轮的移动则由线速度 V_e 和 V_{ei} 决定。当 $V_e>V_{ei}$ 时，动轮上移。电位器所产生的反馈测定值必须引起电动机转速上升，使放线线速度 V_{ei} 上升与 V_e 平衡，动轮也下移回到平衡位置。当 $V_{ei}>V_e$ 时，动轮下移，其控制过程应和上面相反，仅当 $V_{ei}=V_e$ 时，动轮一直处于平衡位置。PID 控制必须稳定而迅速地完成上述控制过程。

哪些因素会引起动轮的变化呢？主要有两个因素，第一个是卷径的逐渐减少会引起放线线速度的下降。这时，就需要通过 PID 控制使放线电动机的转速增大，以保持线速度的平衡。这个变化是渐进的、缓慢的。因此动轮在变化的过程中基本保持在平衡位置。第二个是牵引线速度 V_e 的突然变大或变小。这时，动轮就会发生较大的摆动，最后才逐渐趋于平衡位置。动轮的摆动过程就是 PID 控制过程。

动轮在现场叫"舞蹈轮"，有经验的工控人员可以跟根据舞蹈轮不同的动作来调节 PID 控制参数使舞蹈轮发生较大的摆动时能稳定而迅速地回到平衡位置保持不动，这就是 PID 调节过程。

2. LG-iG5 变频器放线架 PID 控制系统设计

LG-iG5 是韩国 LG 公司生产的高性能通用变频器。现将其中有关 PID 控制功能介绍如下。

1）PID 控制方框图

在许多品牌变频器中，介绍 PID 控制参数时，都有一张 PID 控制方框图（或称为 PID 过程原理图），这张图对于理解 PID 控制流程和 PID 控制参数的设置都很有帮助。

如图 5-11 所示为 LG-iG5 变频器 PID 控制方框图。

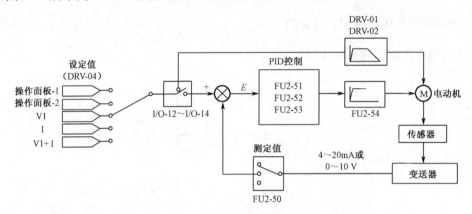

图 5-11　PID 控制方框图

这个图有两层含义，一层含义表示了 PID 的流程，信号从哪里进来，经过 PID 控制后送到哪里去，图示的这个流程是很清楚的，设定信号和反馈测定信号经过比较器得出一个偏差 E，偏差 E 经过 PID 的控制送到电动机 M。传感器就测定这个电动机的转速，通过变送器就变成反馈测定信号送到比较器，这就是 PID 的控制流程。另一层含义表示了在应用 PID 控制时，应设定哪些参数，在什么地方，怎么设定。例如设定值，是通过参数 DRV-04 来设定的；反馈测定值是通过 FU-50 来设定的；FU-51、FU-52、FU-53 这三个参数是 PID 的控制参数；而参数 FU-54 是限制设定；DRV-01、DRV-02 参数是加速、减速时间的设置；参数 I/O-12、I/O-14 在必要时进行设置。如果应用 PID 控制功能的话，那么图中标示的参数基本要进行设置。这样只要在进行 PID 控制的时候读懂这个图，针对图中所标示的参数了解它的参数的含义和设置方法，可以比较快地应用 PID 控制功能。

2）PID 控制相关参数表

LG-iG5 变频器的 PID 控制相关参数见表 5-10。

表 5-10　LG-iG5 变频器 PID 控制相关参数设置

参　数　号	名　　称	设　定　值	含　　义	出　厂　值
FU2-40	PID 控制选择	0	V/F 控制	0
		1	滑差补偿运行	
		2	PID 反馈控制	

续表

参　数　号	名　称	设　定　值	含　义	出　厂　值
FU2-50	反馈测定值选择	0	模拟量电流输入端口 I	0
		1	模拟量电压输入端口 V1	
FU2-51	比例增益	0～9999	PID 控制参数，须整定	3000
FU2-52	积分增益	0～9999	PID 控制参数，须整定	300
FU2-53	微分增益	0～9999	PID 控制参数，须整定	0
FU2-54	PID 上限频率	0-FU1-20	设定 PID 输出上限频率（Hz）	50
DRV-1	加速时间	0～999.9s	从 0Hz 到最大频率的时间	10.0
DRV-2	减速时间	0～999.9s	从最大频率到 0Hz 的时间	20.0
DRV-4	频率模式	0（操作面板-1）	操作面板-方式 1 输入	2
		1（操作面板-2）	操作面板-方式 2 输入	
		2 (V1)	0～10V 电压从 V1 端口输入	
		3 (I)	4～20mA 从 I 端口输入	
		4 (V1+I)	V1 端口与 I 端口叠加输入	
		5 (RS485)	通信输入	

与三菱 FR-A700 变频器 PID 控制参数比较，LG-iG5 变频器的 PID 控制参数简单许多：①没有 PID 控制动作方向选择；②没有偏差值输入型；③只有输出上限频率而没有下限频率；④没有输入中断检测功能；⑤没有 PID 控制自动切换功能；⑥没有 PID 控制状态输出功能。这些缺陷在后来开发的 LG-iS5 系列变频器得到了改进。

3）放线架 PID 控制系统设计

在进行电路设计前先要进行两个核算：一个是电动机的最大转速，另一个是最小转速。很明显，最大转速就是在盘经最小内径时，线速度 $V_e = \pi \times D \times N$，根据公式得出最大转速 $N_{\max} = 800 \div (3.14 \times 0.25) = 1020$ 转/min；最小转速就是在盘经最大内径的时候，最小转速 $N_{\min} = 800 \div (3.14 \times 0.5) = 510$ 转/min。核算的目的就是确定机械变速机构的传动比，如果这两个转速基本上在这个电动机的转速范围内，传动比就为 1:1。如果这两个转速不在这个电动机的转速范围内，就要进行加速或减速传动。这里核算结果是在电动机的转速范围内，传动比就为 1:1。

如图 5-12 所示为是放线架 PID 控制的电路图。

图中，J 是落地开关，FX 表示正转，当动轮掉过最低处的时候，就碰到开关 J，J 断开，电动机就停止转动，并启动直流制动功能，使电动机迅速停止。DB 电阻器为制动电阻。反馈测定值信号从 V1 输入，VR 为变频器 11V 电源正极。电位器 R 不是一个普通的电位器，当动轮是上下移动时就带动电位器旋转。这个电位器一天要旋转很多次，若是普通的电位器两个小时就磨损了。这个电位器是一种专用的电位器，叫薄膜塑料电位器。

表 5-11 列出了 PID 控制参数设置。

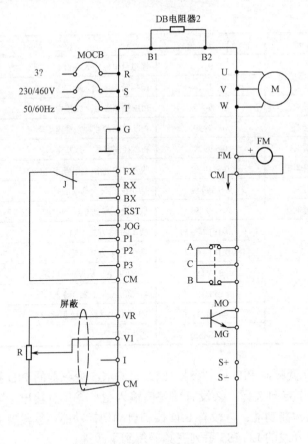

图 5-12 放线架 PID 控制原理图

表 5-11 放线架 PID 控制参数设置

参 数 号	名 称	设 定 值	含 义
FU2-40	PID 控制选择	2	PID 反馈控制
FU2-50	反馈测定值选择	1	模拟量电压输入端口 V1
FU2-51	比例增益	0～9999	PID 控制参数，须整定
FU2-52	积分增益	0～9999	PID 控制参数，须整定
FU2-53	微分增益	0～9999	PID 控制参数，须整定
FU2-54	PID 上限频率	40	设定 PID 输出上限频率（Hz）
DRV-01	加速时间	0.1	从 0Hz 到最大频率的时间
DRV-02	减速时间	0.1	从最大频率到 0Hz 的时间
DRV-04	频率模式	0	操作面板-方式 1 输入
I/O-01	滤波时间	20	V1 信号滤波时间 20ms
FU1-07	停止模式	1	DC 制动停止变频器
FU1-08	制动频率	10	变频器开始输出 DC 电压的频率
FU1-09	延迟时间	0.1	DC 制动之前的变频器输出延迟时间
FU1-10	制动电压	50	DC 注入制动电压
FU1-11	制动时间	2	加到电动机上的 DC 电流的时间

系统加入直流制动功能，FUI-07～FUI-11 为直流制动功能参数。直流制动与减速时间有关，希望减速时间越短越好。但过短会引起变频器过压跳闸，这时须逐步加长减速时间，直到不产生跳闸为止。I/O-01 为电压输入之滤波时间，对信号 V1 有滤波作用，但会使响应时间变慢。关于直流制动参数的设置含义这里不作说明，可参看相关资料。

3．PID 控制调试

放线架的调试可分两步进行，离线调试和在线调试。

什么叫离线调试？离线调试是指在调试时并不带线运转，仅手动舞蹈轮上下移动，通过观察变频器频率变化情况来判断 PID 控制的过渡过程是否正确；在线调试则是指带线运转后，通过观察舞蹈轮的波动情况来进行控制参数 P、I 的整定，下面分别给予说明。

1）放线架 PID 控制离线调试

（1）确定动轮的平衡位置和电位器的中心设定。动轮平衡位置是指动轮在工作时处于相对静止的位置，一般来说取动轮上下移动范围的中间位置作为它的平衡位置。动轮上下移动时，带动电位器旋转，为了保证反馈测定值变化在动轮移动时两边基本相同，当动轮处于平衡位置时电位器的中间抽头应处于其旋转的中心位置。

中心位置怎么确定呢？转动电位器，测量中心抽头到两端电压，如果电源电压是 11V，中心抽头到两端电压都是 5.5V，就说明电位器处于中间位置。这时，把动轮移到平衡位置（平衡位置应为动轮波动时最高与最低位置的中间），并固定好动轮带动电位器旋转的传动机构（一般是链条传动），动轮的平衡位置与电位器中心位置就调试好了。

这是调试的第一步，必须要做，否则就会使整个调节范围就大大缩小。特别是如果电位器不在中心位置，会使 PID 控制变得不能正常工作，甚至会发出生产事故。

（2）确定设定频率。把设定频率设定为 25Hz，为什么呢？因为设定值频率与电位器中心值有关。电位器中心值为 5.5V，这也是平衡点的电位，所以取变频器的频率设定线的中间 25Hz。

（3）PID 控制过程是否正确。为什么要离线调试 PID 控制过程是否正确？这是因为 LG 变频器没有动作方向选择。就是说它的正方向、负方向没有参数设置，这可以通过离线调试解决。

离线调试的方法是，系统接好之后并把动轮放在平衡位置，通电。然后慢慢地把动轮往上移动，动轮若向上移动则说明电动机放线速度低了，线速度低了便要求电动机转速要增加，这时观察变频器的频率是否在增加，增加就说明动作方向正确；反过来，动轮下移则频率应该减小。如果动轮上移频率减小、动轮下移频率加大，那就相反了（收线架应是这样），这时就要把电位器的接在变频器上的 VR 端和 CM 端调换一下即可。

2）放线架 PID 控制在线调试

（1）PID 控制参数的整定。PID 整定原则是先 P 后 I 再加 D，在前面的章节中已有详细的讲解。由于放线架 PID 控制比较简单，调试也比较轻松。

首先是整定比例增益 P。比例增益可以不用优选法来确定，只要把积分增益和微分增益大都设为 0，就用出厂值 $P=3000$ 来进行调试。生产启动后观察动轮的波动情况来增大或减

小 P 值，常见动轮的波动情况与 P 值的整定方向见表 5-12。此表为经验总结，仅供参考。

表 5-12　放线架 PID 控制参数设置

序　号	动　轮　动　作	整　定　方　向
1	大幅度上下波动，并落地断开开关	P 太大，调小
2	大幅度上下波动，且上下波动时间长	P 大，调小
3	上下呈现幅度变化不大的等幅波动	P 稍大，调小
4	波动幅度越来越小	P 可以
5	1～2 次波动后向平衡位置附近慢慢趋近，时间较长	P 小，调大

一般的情况下，PI 调节就能够满足放线架的控制要求了。这时，就不用加 D 了，故设 $D=0$。

一般来说，只要调到波动幅度越来越小就可以了。P 整定后，可加入积分增益作进一步整定。LG-iG5 变频器积分控制所整定的不是积分时间，而是积分增益，其参数值是越大控制作用越强，适当减少 P 值为上述整定 P 值的 85%左右，加入积分增益为出厂值 300。仔细观察动轮波动及趋近平衡位置的动态过程，然后按照比例增益和积分增益联动方式（即比例增益增加同时将积分增益减少，或比例增益减少同时将积分增益增大的方式）反复调整进行整定。直到动轮的波动符合整定要求为止。

在正常放线情况下，动轮应该在平衡位置不动，如有波动，则必须整定 P 和积分增益。

（2）PID 控制时电动机启动运行。

当变频器设定为 PID 运行功能时，变频器的"加速时间"和"减速时间"的设定都将失效，电动机加、减速的快慢只取决于设定信号和反馈信号的偏差和比例增益 P 的大小，如果偏差很大（这就是刚启动时的情况），P 也很大，则在启动过程中很可能因为加速过快而导致"过流跳闸"。

针对这种情况，有三种处理方法。

① 设置"开环运行"和"PID 运行"之间的切换功能，选择一个多功能输入端，外接开关进行切换，在启动过程中，使拖动系统先处于开环运行，待一定时间后才切换到 PID 运行。前提是变频器具备该种功能。

② 设置"PID 运行加、减速时间"，这样在 PID 运行时，按 PID 加速时间上升。

上面两种方法，都会使 PID 控制电动机的转速跟不上变化要求，对某些控制对象来说，会发生"过紧"或"过松"的现象，这就要求必须设计储线机构进行缓冲。

③ 如果变频变频器没有上述功能，则只能采取下面的处理方法：

加大变频器容量。容量加大后，其所过电流值也加大，这是没有办法的办法。

延长主机的加速时间。凡变频器单独 PID 控制的设备，一般在拖动系统中均处于被动运行，这时，只要将主机的加速时间适当加长，就可使电动机平稳地进入 PID 运行，这种方法在线缆生产的收、放线控制中非常有效。

下　篇

PLC 通信控制变频器应用实践

第6章　PLC 变频器的控制方式

本章将简单介绍 PLC 对变频器的控制。

PLC 变频器的控制方式分为四种：开关量控制、模拟量控制、脉冲量控制和通信方式控制。

6.1　开关量控制

PLC 通过其输出点直接与变频器的开关量信号输入端子相连，通过程序控制变频器的运行（启动、正反转、点动、复位、停止等），也可以控制变频器的多段速运行，还可以控制变频器的运行速度。

其特点是：方便简单，易理解，速度调节精度低。

6.1.1　变频器运行控制

变频器运行控制如图 6-1 所示。这里的 FR-E500 是三菱的变频器，STF、STR 是正、反转的控制端子。把 FX$_{2N}$-16MR PLC 的输出端子 Y0、Y1 接到变频器的 STF、STR 上，当 Y0 接通时，变频器正转；当 Y1 接通时，变频器反转，这是早期最简单的 PLC 用于变频器的控制。在数字量控制系统中，这种控制方式仍在大量应用。为防止出现因为接触不良而带来的误动作，需要使用高可靠性的控制继电器。

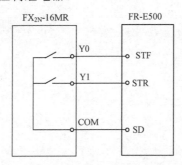

图 6-1　FX$_{2N}$-16MR 与 FR-E500 运行控制

如果使用 PLC 来控制变频器的正、反转，从性价比角度来说是一种很不经济的事。但变频器的多段速给定功能以及其他一些复杂功能的出现，使 PLC 有了用武之地，用 PLC 代替传统的继电控制线路来对变频器进行控制得到了越来越广泛的应用。

多段速给定是利用变频器多功能端口的不同输入逻辑组态来给定频率。一般是 3 个或 4

个端口，3 个端口可以组成 8 种状态表示 8 种不同的频率给定，4 个端口可以组成 16 种不同的频率给定。但全部断开时为 0Hz，不算在内，所以通常是给出 7 段或 15 段频率给定。这种频率给定是固定的频率，不是连续变化的。

下面以三菱 FR-E500 变频器为例来说明 PLC 在变频器多段速功能上的应用。

1．变频器功能参数设置

多段速运行主要要进行 3 种参数设置：一是要把端口设置成多段速运行功能；二是要对各段频率进行设置；三是某些变频器还要对各段的加/减速时间进行设置。掌握上述参数设置方法后，还必须对变频器的有关多段速使用说明进行阅读和理解。

三菱 FR-E500 变频器参数设置见表 6-1。

表 6-1　三菱 FR-E500 变频器参数设置

参　数	名　称	设 定 范 围	多段速设定	出 厂 值
180	RL 端子功能选择	0～8，16，18	0	0
181	RM 端子功能选择	0～8，16，18	1	1
182	RH 端子功能选择	0～8，16，18	2	2
183	MRS 端子功能选择	0～8，16，18	8	6
59	遥控设定功能选择	0～2	0	0
Pr79	操作模式选择	0～8	3	0

三菱 FR-E500 变频器多段速功能的频率参数设置比较特殊，分为 3 段速、7 段速和 15 段速三种情况。各段频率参数设置见表 6-2～表 6-4。

表 6-2　3 段速

段　速	1	2	3
RL、RM、RH 组态	001	010	100
频 率 参 数	Pr4	Pr5	Pr6

表 6-3　7 段速

段　速	4	5	6	7
RL、RM、RH 组态	110	101	011	111
频 率 参 数	Pr24	Pr25	Pr26	Pr27

表 6-4　15 段速

段　速	8	9	10	11	12	13	14	15
MRS、RL、RM、RH 组态	1000	1100	1010	1110	1001	1101	1011	1111
频 率 参 数	Pr232	Pr233	Pr234	Pr235	Pr236	Pr237	Pr238	Pr239

应用的一些说明如下。

（1）各段的输入端逻辑关系，如 1 段的 001 表示 RL 断、RM 断、RH 接通。其余类推。

（2）3 段速运用时规定了 RH 是高速、RM 是中速、RL 是低速。如果同时有两个以上接通，低速优先。7 段速、15 段速不存在上述问题，每段都单独设置。

（3）频率参数设置都为 0～400Hz，但如果是 3 段速，则其他段速参数均要设置为 9999；如果是 7 段速，则 8～15 段速参数设置为 9999。

（4）所有段的加减速时间均由 Pr7 和 Pr8 设定。

（5）实际使用中，不一定非要 3、7、15 段，也可以是 5 段、8 段等，这时只要将其他设置成 9999 即可。但必须注意段的端口逻辑组合和对应频率设置不要弄错。

2．PLC 与变频器的连接

PLC 与变频器的连接如图 6-2 所示。

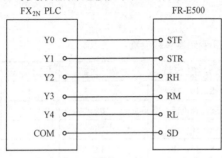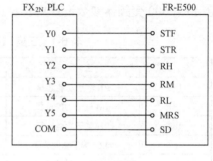

图 6-2　PLC 与变频器的连接

3．程序设计例

【例 1】某生产设备有 3 挡转速，要求用 4 个开关控制其运行工况，其中 3 个开关控制 3 挡转速，第 4 个开关控制如下运行：高速正转运行 2min，中速反转运行 1min，低速又正转运行 2min 后停止。当变频器发生故障时，停止所有输出。

根据控制要求，I/O 地址分配见表 6-5。

表 6-5　I/O 地址分配表

输　入		输　出	
X1	低速开关	Y0	接变频器 STF
X2	中速开关	Y1	接变频器 STR
X3	高速开关	Y2	接变频器 RH
X4	多速开关	Y3	接变频器 RM
X5	变频器告警	Y4	接变频器 RL

三菱 FX$_{2N}$ PLC 与三菱 FR-E500 变频器接线如图 6-3 所示，图中 PLC 和变频器的常规接法未画出。

变频器参数设置留给读者自己去完成。

程序设计如图 6-4 所示。

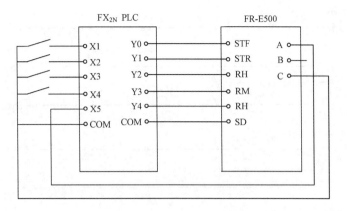

图 6-3　FX$_{2N}$ PLC 与 FR-E500 变频器的连接

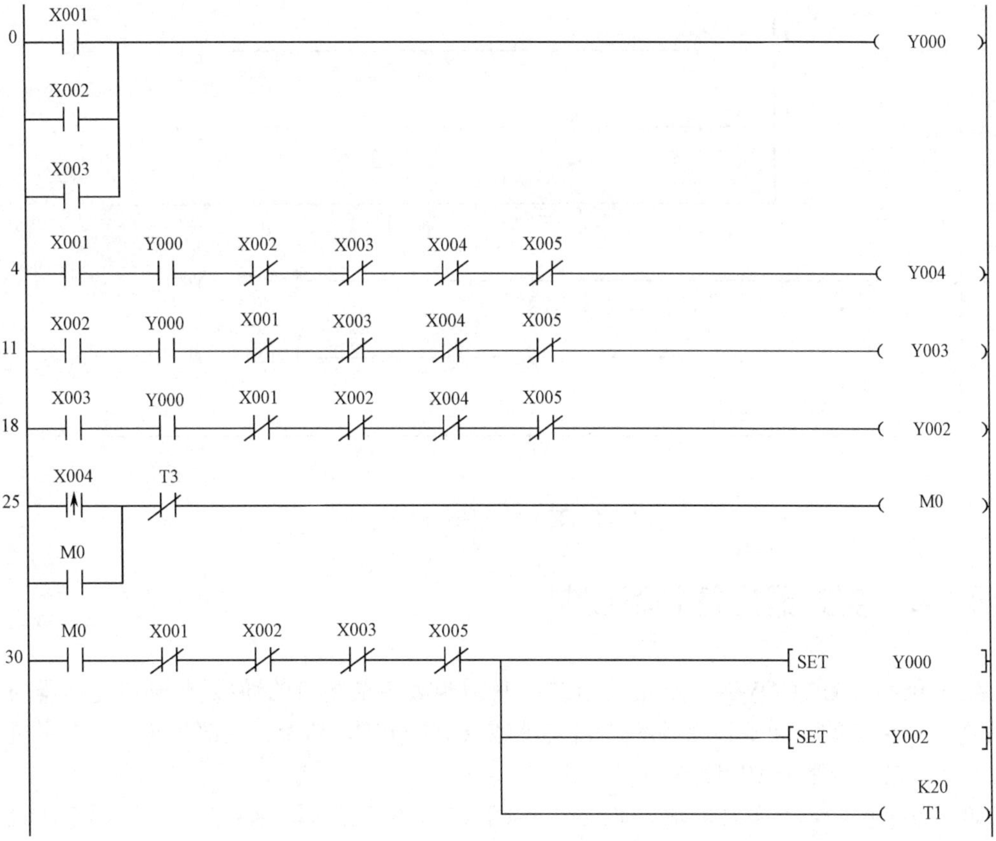

图 6-4　例 1 梯形图程序

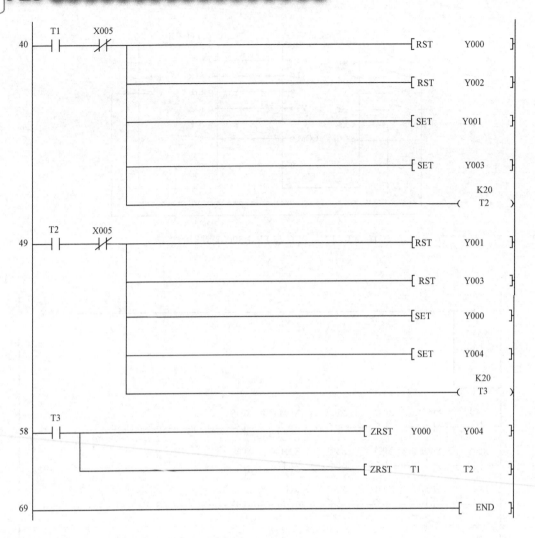

图 6-4　例 1 梯形图程序（续）

6.1.2　变频器运行频率控制

频率升/降（UP/DOWN）给定是指通过变频器数字量端口的通/断来控制变频器的频率升/降而进行给定的，通常称为频率升/降功能或 UP/DOWN 功能。大部分变频器是通过多功能输入端口进行数字量 UP/DOWN 给定的。

如图 6-5 所示，当多功能端口被设定为 UP/DOWN 功能时，K1 接通，则频率在设定频率的基础上按 0.01Hz 速率上升（具体速率视变频器不同稍有不同），当 K1 断开时，则频率上升停止，电动机按停止时频率运行；同理，若 K2 接通，则频率下降，K2 断开，下降停止。

三菱变频器与 FX$_{2N}$ PLC 的 UP/DOWN 功能端口接线如图 6-6 所示。这个图和多段速接线一致。而区别它们控制作用的是变频器的参数设置。

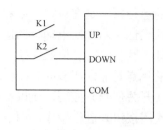

图 6-5　UP/DOWN 功能端口设定

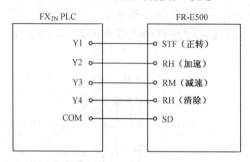

图 6-6　FR-E500 变频器与 FX₂ₙ PLC 的 UP/DOWN 功能端口接线

三菱 FR-E500 是通过 Pr59 和 Pr79 的设置来实现不同功能的，见表 6-6。

表 6-6　I/O 地址分配表

参　数	功　能	多　段　速	UP/DOWN
Pr59	遥控设定功能选择	0	1, 2
Pr79	操作模式选择	3	2, 3

当 Pr59=1、2 时，端口 RH、RM、RL 便完成 UP/DOWN 功能。由图 6-7 所示可知，当 STF 接通后，如果同时接通 RH 则加速，或同时接通 RM 就减速，断开则保持不变。RL 接通为清除频率升降设定，变频器便停止。实际输出频率=设定频率+端口给定频率。

如图 6-7 所示为 UP/DOWN 功能时序图。

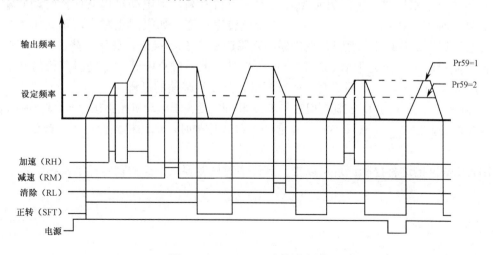

图 6-7　UP/DOWN 功能时序图

由时序图可以看出：电动机的运行频率是在设定频率和上限频率之间运行，而所谓的记忆功能是在停电后又恢复供电后的记忆。同时，电动机的运行仍由运行控制方式来控制，即使加、减速端口都不接通，电动机仍然会按设定频率运行。

UP/DOWN 功能的频率给定的优点是非常明显的。UP/DOWN 端子频率给定属于数字量给定，精度较高，因为是数字量（开关信号）控制，所以不受线路电压降的影响，抗干扰能力强，适合远距离操作；可以直接用按钮来进行操作，调节简便且不易损坏；可靠性好；特别适合多地操作。

UP/DOWN 功能主要用于远距离和多地控制，如天车、起重机械、深水泵、生产线的操作台等。同时，这种控制方式还可用在对精度要求不高的恒值控制中，如图 6-8 所示的稳压供水系统。

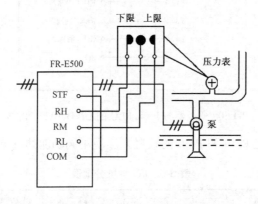

图 6-8 UP/DOWN 控制稳压供水系统示意图

在供水系统中，对压力偏差的要求并不是十分严格的，如水压可以在 2.8～3.2MPa 之间供应。图 6-8 中的压力表示电接点压力表，把它的两个触点调至 2.8MPa 和 3.2MPa 闭合、利用 UP/DOWN 功能端口 RH、RM 即可实现恒值供水。这里的恒压实际是水压在 2.8～3.2MPa 之间变化。

如果水压降至 2.8MPa，则升速端子 RH 接通，频率上升，电动机转速上升，压力升高。升高到一定水压时，下限触点断开，频率不再升高，但电动机仍然保持转动并输出流量。如果此时用水达到平衡，则电动机维持该转速不变。如果用水减少，那么压力就会上升，当上升到 3.2MPa 时，上限触点接通，则降速端子 RM 接通，频率下降，电动机转速下降，输出流量减少，压力下降。降到一定压力时，上限触点断开，电动机又维持在一个转速，使用水达到平衡。一旦不平衡，就反复进行升速和降速的过程。

这种控制方式不是 PID 控制，但它与 PID 相同之处在于电动机始终在运转。这种控制方式是二位式控制，但与二位式又不同。普通的二位式控制时，电动机到位停止，或到位全速运行。

UP/DOWN 的这种控制原理可以推广到许多对精度要求不高的稳定控制系统中。

6.2 模拟量和脉冲量控制

1. 模拟量控制

PLC 可以通过模拟量输出模块，与变频器模拟信号输入端口连接，对变频器进行频率调节。

变频器 FR-E500 的 2 和 5 端口是模拟量的电压输入（或电流输入），通过这个就可以调节变频器的速度。但是，变频器的输入是一个模拟量，即一个连续变化的电压量，而 PLC 的输出是个数字量，不能够直接接到变频器上，必须通过一个接口，即数模转换接口。它可以把 PLC 的数字量转换成模拟量送到变频器的模拟量输入，通过程序来控制变频器的速度，如图 6-9 所示。

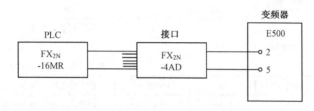

图 6-9 PLC 模拟量控制示意图

对变频器进行频率调节，这种方式在早期 PLC 控制变频器调速中用得比较普及，特别是多台电动机同步控制使用这种方式比较多。D/A 接口有几个通道，如果每个通道接到一个变频器，就可以同步控制，这种控制比较平滑可靠。

这种控制必须注意模拟量输出模块与变频器信号的匹配。例如，当 PLC 输出为 0～10V 时，变频器也必须相对应是 0～10V 输入。如果不匹配，就必须增加电平转换环节，也可以通过变频器参数进行调节。例如，FR-E500 变频器可以通过设定参数 Pr73 选择 0～5V 和 0～10V 输入。但是这种情况只利用 0～5V 部分，与利用 0～10V 相比，频率设定的分辨率会差一些。

同时，还必须采取适当的防干扰措施，保证环境干扰不会影响控制电压。这种控制的优点是程序编写制简单，信号平滑连续，工作稳定。其缺点是当控制线路较长时，电压信号有损失，影响系统的稳定性。另外从经济性来说，由于增加了接口模块，成本较高。

2. 脉冲量控制

脉冲量控制是指 PLC 通过变频器指定的外部脉冲给定输入端口输入脉冲序列信号进行频率给定的方式，改变脉冲序列的频率就可以调整变频器的输出频率。与模拟量输入相比，脉冲量输入不需要进行中间转换的数模转换接口，而且抗干扰能力远优于模拟量控制。

脉冲量控制并不是每个变频器都具有的功能，不同的变频器对脉冲给定都有不同的说明，下面以三菱 FR-A700 变频器为例进行说明。

（1）端口接线如图 6-10 所示。

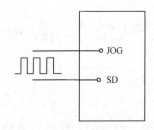

图 6-10　三菱 FR-A700 脉冲量控制端口接线

（2）参数设置见表 6-7。

表 6-7　三菱 FR-A700 脉冲量控制参数设置

参 数 号	名　称	初　始　值	设 定 范 围	内　　容
291	脉冲列输入/输出选择	0	0	端子 JOG
			1	脉冲列输入
384	输入脉冲分度倍率	0	0	脉冲列输入无效
			1～250	表示相对于输入脉冲的分度倍率，根据设定值不同，相对于输入脉冲的频率分辨率将发生变化
385	输入脉冲零时频率	0Hz	0～400Hz	设定输入脉冲为零时频率（偏置）
386	输入脉冲最大时频率	50Hz	0～400Hz	设定输入脉冲最大时频率（增益）

　　三菱 FR-A700 变频器是先将多功能输入端设定成 JOG，再一次通过参数 Pr291 设定成外部脉冲输入端口（Pr291=1）。

　　参数 Pr384、Pr385、Pr386 用于设定输入脉冲与输出频率之间的关系。下面举例说明一下。

　　当要求输入脉冲最大为 4000 脉冲/s 时，变频器为 30Hz 频率运行，参数设定如下：

　　　　Pr385=0Hz　　　　　　Pr386=30Hz

　　　　Pr384=(最大脉冲数÷400)=4000 ÷400=10

　　　　Pr291=1

在外部脉冲给定时，其上限频率须按下式给定：

　　　　$f_{\perp}$=Pr386×1.1+Pr385=30×1.1+0= 33Hz

详细情况请参考 FR-A700 变频器使用手册。

6.3　通　信　控　制

　　PLC 与变频器之间通过通信方式实施控制得到了越来越广泛的应用，因为这种控制方式抗干扰能力强、传输距离远、硬件简单且成本较低。它的缺点是编程工作量大，实时性不如模拟量控制及时。这种控制方式不但控制变频器的运行和频率变化，而且还能读取变频器的各种数据，对变频器进行监控和处理。

为了保证 PLC 与变频器之间的数据通信准确、及时、稳定可靠，必须对它们的硬件和软件进行统一的规定和处理，必须解决数字传输的一系列技术问题。

第一要解决的是通信接口。PLC 和变频器都必须具备能够进行通信的硬件电路，然后用导线将它们连接起来进行通信。这种硬件电路称为通信接口。硬件电路的设计标准不同，就形成了各种不同接口标准，如 RS232、RS422、RS485 等。PLC 对变频器进行通信控制，双方的接口标准必须一致。如果不一致，必须在中间加上接口转换设备，把接口标准变成一致。例如，三菱的 FX$_{2N}$ PLC 的通信接口是 RS422，而三菱 FR-E500 变频器的通信接口是 RS485。它们的接口标准不同，不能直接进行通信，必须把 PLC 的 RS422 转换成 RS485 才能接到变频器上。这个接口转换设备就是三菱生产商专门开发的 FX$_{2N}$-485BD 通信卡，如图 6-11 所示。如果 PLC 的接口标准就是 RS485，如台达的 ES 系列 PLC，那就不需要外接转换接口，PLC 和变频器直接相连即可。

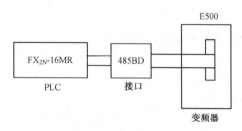

图 6-11　FX$_{2N}$-16N 与 E500 的通信控制

第二要解决的是通信传输方式。所谓通信传输方式，是指通信双方按照什么规定来进行数字通信，如并行还是串行、同步还是异步、单工还是双工、基带传输还是频带传输、用什么样的传输介质、通信速率是多少，等等，这些技术问题一部分是通过硬件来完成的，另一部分是通过通信设置来完成的。

第三要解决的是通信控制数据内容的约定，如控制哪个变频器、控制的内容如何表示等。这些问题是由双方对通信的约定——通信协议来解决的。

上述 3 点是学习 PLC 通信控制变频器的纲。抓住这个纲，纲举目张，学习就会变得十分有条理、比较顺利。

在变频器 PLC 通信控制中，PLC 是通信的主体，而变频器是通信的对象。也就是说，可以通过设计 PLC 的通信程序向变频器进行各种控制，而这种控制只需要几根（最少两根）通信线即可实现。那么，PLC 能对变频器进行哪些控制呢？一般按控制功能和通信数据流向可分为如下 4 种内容。可以说 PLC 对变频器控制已经包含了大部分变频器的功能控制。

1．对变频器进行运行控制

所谓运行控制，就是 PLC 通过通信对变频器的正转、反转、停止、运转频率、点动、多段速等各种运行进行控制。其通信过程是 PLC 直接向变频器发出运行指令信号。

2．对变频器进行运行状况监控

运行状况监控是指把变频器当前电流、电压、运行频率、正反转等各种运行状况送到 PLC

进行处理和显示。其通信过程是：PLC 首先要向变频器发送一个要求读取运行状态的指令信号；然后变频器回传给 PLC 一个信号（包含有要读取运行状态的值），存到 PLC 的指定存储单元；PLC 再把这些存储单元的内容（即运行状况参数）进行处理或送到触摸屏上显示出来。

3. 对变频器相关参数进行设定修改

PLC 可以对变频器进行参数设定和修改。例如，对上、下限频率，加/减速时间，操作模式，程序运行等多种变频器参数进行修改。其通信过程是 PLC 直接向变频器发出参数修改指示。

4. 读取变频器参数值

PLC 也可以读取变频器当前所设定的各种参数值。其通信过程是 PLC 先向变频器发送一个要求读取参数的指令，变频器则要回传给 PLC 一个信号（包含有要读去的参数值），存到 PLC 的指定存储单元。PLC 再进行处理。

这 4 个内容是所有 PLC 与变频器通信的内容。

第7章　数据通信基础知识

数据通信基础知识包括数制、码制、数据通信方式和 PLC 通信方式的实现。这些知识对于学习数字电子技术、PLC 控制技术和数据通信控制技术都非常重要。本章将介绍与此有关的基础知识。

7.1　数　　制

7.1.1　数制三要素

数制是指计算数的方法。其基本内容有两个：一个是如何表示一个数；另一个是如何表示数的进位。公元 400 年，印度数学家最早提出了十进制计数系统，当然，这种计数系统与人的手指有关，这也是很自然的事。这种计数系统（就是数制）的特点是逢十进一，有 10 个不同的数码表示数（0~9 个阿拉伯数字），这个计数系统就称为十进制。

十进制计数内容已经包含了数制的三要素：基数、位权、复位和进位。下面就以十进制为例来讲解数制的三要素。

如图 7-1 所示是一个十进制数表示的数制三要素示意图。

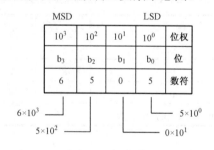

图 7-1　数制三要素示意图

这是一个十进制的四位数：6505。其中，6、5、0 是它的数码，也叫数符。我们知道：十进制数有 10 个数码，0~9。这 10 个数码就称为十进制数的基数。基数既表示了数制所包含数码的个数，同时也包含了数制的进位，即逢十进一。N 进制必须有 N 个数码，逢 N 进一。

把这四位数的位分别以 b_0 位、b_1 位、b_2 位、b_3 位表示数码所在的位（也即通常所说的个位、十位、百位、千位）。注意，规定最右位（个位）为 b_0 位，然后依次往左为 b_1、b_2…我们会发现 b_2 位的 5 和 b_0 位的 5 虽然都是数码 5，但它们表示的数值是不一样的。b_2 位的 5 表示 500，b_0 位的 5 只表示 5，为什么呢？这是因为不同的位的位值是不一样的。位值又叫位权，位权是数制的三要素之一，它表示数码所在位的值。位权一般是基数的正整数幂，从0开始，按位递增。b_0 位位权为 10^0，b_1 位位权为 $10^1 \cdots$ 以此类推。N 进制的位权为 N^0，N^1，$N^2 \cdots$

当数中某一位（如 b_0 位）超过最大数码值后，必须产生复位和进位的运算。当 b_0 超过 9（最大数码）后，则 b_0 位会变为 0，并向 b_1 位进 1。复位和进位是数制必需的运算处理。

基数、位权、进位和复位称为数制三要素。

一般来说，数制的数值由各位数码乘以位权然后相加得到，如

$$6505 = 6 \times 10^3 + 5 \times 10^2 + 0 \times 10^1 + 5 \times 10^0$$

数制中数的位权最大的有效值（最左边的位）称为最高有效位 MSD（Most Significal Digit），而最右边的有效位称为最低有效位 LSD（Least Significal Digit）。在二进制中，常常把 LSD 位称为低位，而把 MSD 位称为高位。

上面虽然是以十进制来介绍数制的知识，但是数制的三要素对所有进制都是适用的。一个 N 进制的 n 位数，则有：基数为 N，有 n 个不同的数码，逢 N 进一，其位权由 LSD 位到 MSD 位分别为 N^0、N^1、$N^2 \cdots$ 当某位计数超过最大数码时，该位复位为最小数码，并向上一位进 1，而其数值为

$$b_{n-1} \cdot N^{n-1} + b_{n-2} \cdot N^{n-2} + \cdots + b_1 \cdot N^1 + b_0 \cdot N^0$$

7.1.2 二、八、十、十六进制数

下面介绍在数字电子技术中，特别是在 PLC 中常用的二、八、十、十六进制。

根据 7.1.1 节介绍的知识，很快可以得到关于二、八、十、十六进制的三要素，见表 7-1。

表 7-1 二、八、十、十六进制的三要素对照表

进 制	符 号	基 数	位 权	进 位	例 举
二	B	0，1	2^n	逢二进一	B 11010
八		0~7	8^n	逢八进一	
十	K	0~9	10^n	逢十进一	K 2502
十六	H	0~9，A，B，C，D，E，F，	16^n	逢十六进一	H 1A2E

本来，N 进制数制的基数 n 个数码是人为随意规定的。但是，目前国际上关于二、八、十、十六进制的基数都已做了明确的规定，如表中所示。可以发现这 4 个进制的基数有部分是相同的，这就出现了数制如何表示的问题。例如：1101 是二进制、八进制、十进制还是十六进制数呢？为了明确区分，在数的前面（或者后面）加上前缀（或者后缀），以示区分，这就是表中"符号"的含义。例如，B1101、1101B 是二进制数，K1101 是十进制数，而 H1101、1101H 是十六进制数。今后在程序编写时必须严格按这个规定进行。

既然十进制已经用了 1000 多年，而且也很方便应用，为什么还要提出二进制呢？这实际上是数字电子技术发展的必然。因为在脉冲和数字电路中，所处理的信号只有两种状态：高电位和低电位，这两种状态刚好可以用 0 和 1 来表示。当把二进制引入数字电

路后，数字电路就可以对数进行运算，也可以对各种信息进行处理了。可以说，计算机今天能够发挥如此大的作用是与二进制数的应用分不开的。要学习数字电子技术，就必须学习二进制。

八进制在 40 多年前比较流行，因为当时很多微型计算机的接口是按八进制设计的（三位为一组）然而今天已经用得不多了。目前，只有 PLC 上的输入/输出（I/O）接口的编址还在使用八进制。这里不再叙述，留待讲解 PLC 基本知识时再予以介绍。

二进制数的优点是只用两个数码，和计算机信号状态相吻合，可直接被计算机利用。它的缺点是表示同样一个数，需要用到更多的位数。例如，十进制数 K14 只有两位；而二进制数为 B1110，有四位；如果用十六进制数表示，只有一位 HE。太多的二进制数数位使得阅读和书写都变得非常不方便，如 B11000110，你根本看不出是多少，而如果是 K97，很容易就有了数量大小的概念。因此，在数字电子技术中引入十进制数就是为了阅读和书写的方便。而引进十六进制数除了表示数的位数更少、更简约之外，还因为它与二进制的转换十分简单方便，这一点会在数制的转换中讲到。

7.1.3 二、十六进制数转换成十进制数

二、十六进制数转换成十进制数，前面已经有初步的讲解，其值为各个位码乘以位权然后相加。

一般来说，一个 N 进制数如果有 n 位（从 0，1，…$n-1$ 位），则其十进制公式为

$$等值十进制数 = b_{n-1} \cdot N^{n-1} + b_{n-2} \cdot N^{n-2} + \cdots + b_1 \cdot N^1 + b_0 \cdot N^0$$

式中，b_0，b_1，…，b_{n-2}，b_{n-1} 为 N 进制数的基数之一；

N^0，N^1，…，N^{n-2}，N^{n-1} 为 N 进制数的位权。

下面就以二、十六进制为例进行说明。

【例 1】试把二进制数 B11011 转换成等值的十进制数。$N=2$，$n=5$。

$$B11011 = b_4 N^4 + b_3 N^3 + b_2 N^2 + b_1 N^1 + b_0 N^0 = 1 \times 2^4 + 1 \times 2^3 + 0 \times 2^2 + 1 \times 2^1 + 1 \times 2^0 = K27$$

从中可以看出，数码为 0 的位，其值也为 0，可以不用加，这样把一个二进制数转换为十进制数只要把数码为 1 的权值相加即可。

【例 2】试把十六进制数 H3E8 转换成十进制数。$N=16$，$n=3$。

$$H3E8 = b_2 N^2 + b_1 N^1 + b_0 N^0 = 3 \times 16^2 + 14 \times 16^1 + 8 \times 16^0 = K1000$$

其计算过程和二进制完全一样。

7.1.4 十进制数转换成二、十六进制数

1. 方法一

口诀：除 N 取余，逆序排列。

【例3】将十进制数 K 200 转换为二进制数。

$$200 \div 2 = 100 \cdots 0 \qquad \text{LSD}$$
$$100 \div 2 = 50 \cdots 0$$
$$50 \div 2 = 25 \cdots 0$$
$$25 \div 2 = 12 \cdots 1 \qquad\qquad \text{K } 200 = \text{B } 1100\ 1000$$
$$12 \div 2 = 6 \cdots 0$$
$$6 \div 2 = 3 \cdots 0$$
$$3 \div 2 = 1 \cdots 1$$
$$1 \div 2 = 0 \cdots 1 \qquad\qquad \text{MSD}$$

【例4】将十进制数 K 8000 转换为十六进制数。

$$8000 \div 16 = 500 \cdots 0 \qquad \text{LSD}$$
$$500 \div 16 = 31 \cdots 4$$
$$31 \div 16 = 1 \cdots 15\ (\text{F})$$
$$1 \div 16 = 0 \cdots 1 \qquad\qquad \text{MSD}$$

K 8000 = H 1F40

2. 方法二

口诀：找大位，定高位，依次除权，取商用余。

当把一个十进制数转换为二、十六进制数时，首先找大位，定高位。大位和高位均指二、十六进制的位权值。大位和高位必须符合条件：大位 > 十进制数 > 高位。定下高位后，从高位开始进行转换。下面用实例对"依次除权，取商用余"进行说明。

【例5】将十进制数 K 200 转换为二进制数。

首先写出二进制的位权表，见表7-2。

表 7-2　二进制的位权表

b_9	b_8	b_7	b_6	b_5	b_4	b_3	b_2	b_1	b_0	位
512	256	128	64	32	16	8	4	2	1	权

（大位）256 > 200 > 128（高位）

$$200 \div 128 = 1 \cdots 72$$
$$72 \div 64 = 1 \cdots 8$$
$$8 \div 32 = 0 \cdots 8$$
$$8 \div 16 = 0 \cdots 8$$
$$8 \div 8 = 1 \cdots 0$$
$$0 \div 4 = 0 \cdots 0$$
$$0 \div 2 = 0 \cdots 0$$
$$0 \div 1 = 0 \cdots 0$$

K 200 = B 1100 1000

【例 6】将十进制数 K 8000 转换为十六进制数。

首先写出十六进制的位权表，见表 7-3。

表 7-3　十六进制的位权表

b₄	b₃	b₂	b₁	b₀	位
65536	4096	256	16	1	权

（大位）65536 > 8000 > 4096（高位）

$$8000 \div 4096 = 1 \cdots\cdots 3904$$
$$3904 \div 296 = 15 \ (F) \cdots 64$$
$$64 \div 16 = 4 \cdots 0$$
$$0 \div 1 = 0 \cdots 0$$

K 8000=H 1F40

必须注意，除以权值后如果商大于 9，必须用十六进制数 A、B、C、D、E、F 表示。

7.1.5　二、十六进制数互换

口诀：二转十六，四位并一位，按表查数。

　　　十六转二，一位变四位，按数查表。

二进制数和十六进制数的对应关系见表 7-4。

表 7-4　二－十六进制对照表

二　进　制	0000	0001	0010	0011	0100	0101	0110	0111
十 六 进 制	0	1	2	3	4	5	6	7
二　进　制	1000	1001	1010	1011	1100	1101	1110	1111
十 六 进 制	8	9	A	B	C	D	E	F

【例 7】B　　0001　　1110　　1001　　0011

　　　　H　　1　　　E　　　9　　　3

7.2　码　　制

7.2.1　8421BCD 码

二进制数的优点是数字系统可以直接应用它，但是阅读和书写不符合人们的习惯。如何既不改变数字系统处理二进制数的特征，又能在外部显示十进制数字？于是就产生了用二进制数表示十进制数的编码——BCD 码。

数字 0～9 一共有 10 种状态。3 位二进制数只能表示 8 种不同的状态，显然不行。用 4 位二进制数来表示 10 种状态是有余了，因为 4 位二进制数有 16 种状态组合，还有 6 种状态没有用上。

从 4 位二进制数中取出 10 种组合表示 10 进制数的 0～9，可以有很多种方法。因此 BCD 码也有多种，如 8421BCD 码、2421BCD 码、余 3 码等，其中最常用的是 8421BCD 码。

用 4 位二进制数来表示十进制数的 8421BCD 码码表见表 7-5。

表 7-5　8421BCD 码码表

十　进　制	0	1	2	3	4
8421BCD 码	0000	0001	0010	0011	0100
十　进　制	5	6	7	8	9
8421BCD 码	0101	0110	0111	1000	1001

从表中可以看出，8421BCD 码实际上就是用二进制数的 0～9 来表示十进制数的 0～9。为了区分二进制数和 8421BCD 码的不同，通常把二进制数的码叫作纯二进制码。

4 位二进制数的组合中，还有 6 种组合没有使用，称为未用码，它们是 1010～1111。在实际应用中，未用码是绝对不允许出现在 8421BCD 码的表示中的。

要表示一个十进制数，用纯二进制码和 8421BCD 码表示有什么不同呢？下面通过一个实例来加以说明。

【例 1】将十进制数 58 用二进制数和 BCD 码表示。

（1）二进制数表示：

K 58=B 111010

（2）8421BCD 码表示：

```
      5           8
   0101        1000
   K 58 = 01011000 BCD
```

【例 2】1001010100000010BCD 表示多少？

```
   1001   0101   0000   0010
    9      5      0      2
```

7.2.2　格雷码

定位控制是自动控制的一个重要内容。精确地进行位置控制在许多领域中都有着广泛的引用，如机器人运动、数控机床的加工、医疗机械和伺服传动控制系统等。

编码器是一种把角位移或直线位移转换成电信号（脉冲信号）的装置。按照其工作原理，可分为增量式和绝对式两种。增量式编码器是将位移产生周期性的电信号，再把这个电信号转换成计数脉冲，用计数脉冲的个数来表示位移的大小；而绝对式编码器则是用一个确定的二进制码来表示其位置，其位置和二进制码的关系是用一个码盘来传送的。

如图 7-2 所示为一个 3 位纯二进制码的码盘示意图。

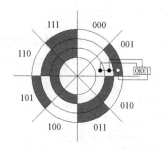

图 7-2　3 位纯二进制码码盘

　　一组固定的光电二极管用于检测码盘径向一列单元的反射光，每个单元根据其明暗的不同输出相当于二进制数 1 或 0 的信号电压。当码盘旋转时，输出一系列的 3 位二进制数，每转一圈，有 8 个二进制数（000～111），每个二进制数表示转动的确定位置（角位移量）。图中是以纯二进制编码来设计码盘的。但是这种编码方式在码盘转至某些边界时，编码器输出便出现了问题。例如，当转盘转至 001 到 010 边界时（如图 7-2 所示），这里有两个编码改变，如果码盘刚好转到理论上的边界位置，编码器输出多少？由于是在边界，001 和 010 都是可以接收的编码。然后由于机械装配得不完美，左边的光电二极管在边界两边都是 0，不会产生异议，而中间和左边的光电二极管则可能会是 1 或者 0。假定中间是 1，左边也是 1，则编码器就会输出 011，这是与编码盘所转到的位置 010 不相同的编码；同理，输出也可能是 000，这也是一个错码。通常在任何边界只要是一个以上的数位发生变化，都可能产生此类问题，最坏的情况是 3 位数位都发生变化的边界，如 000～111 边界和 011～100 边界，错码的概率极高。因此，纯二进制编码是不能作为编码器的编码的。

　　格雷码解决了这个问题。如图 7-3 所示为格雷码编制的码盘。

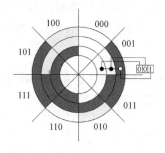

图 7-3　格雷码编制的码盘

　　与上面纯二进制码相比，格雷码的特点是：任何相邻的码组之间只有一位数位变化。这就大大减少了由一个码组转换到相邻码组时在边界上产生的错码的可能。因此，格雷码是一种错误最少的编码方式，属于可靠性编码，而且格雷码与其所对应的角位移量是绝对唯一的，所以采样格雷格码的编码器又称为绝对式旋转编码器。这种光电编码器已经越来越广泛地应用于各种工业系统中的角度、长度测量和定位控制中。

　　格雷码是无权码，每一位码没有确定的大小，因此不能直接进行比较大小和算术运算，要利用格雷码进行定位，还必须经过码制转换，变成纯二进制码，再由上位机读取和运算。

　　但是格雷码的编制还是有规律的，它的规律是：最后一位的顺序为 01、10、01…倒数第二位为 0011、1100、0011…倒数第三位为 00001111、11110000、00001111…倒数第四位为

0000000011111111、1111111100000000…以此类推。

表 7-6　4 位编制的格雷码对照表

十 进 制	二 进 制	格 雷 码	十 进 制	二 进 制	格 雷 码
0	0000	0000	8	1000	1100
1	0001	0001	9	1001	1101
2	0010	0011	10	1010	1111
3	0011	0010	11	1011	1110
4	0100	0110	12	1100	1010
5	0101	0111	13	1101	1011
6	0110	0101	14	1110	1001
7	0111	0100	15	1111	1000

7.2.3　ASCII 码

前面讨论的纯二进制码、8421BCD 码、格雷码都是用二进制码来表示数值的，事实上，数字系统所处理的绝大部分信息是非数值信息，如字母、符号、控制信息等。用二进制码来表示这些字母、符号等，就形成了字符编码。其中 ASCII 码是使用最广泛的字符编码。ASCII 码是美国国家标准学会制定的信息交换标准代码，包括 10 个数字、26 个大写字母、26 个小写字母及大约 25 个特殊符号和一些控制码。ASCII 码规定用 7 位或者 8 位二进制数组合来表示 128 种或 256 种的字符及控制码。标准 ASCII 码是用 7 位二进制组合来表示数字、字母、符号和控制码的。

标准的 ASCII 码码表见表 7-7。ASCII 码表有两种表示方法：一种是二进制表示，这是在数字系统中（如计算机、PLC）中真正的表示；另一种是十六进制表示，这是为了阅读和书写方便的表示。

表 7-7　标准 7 位 ASCII 码码表

	二 进 制	000	001	010	011	100	101	110	111
二进制	十六进制	0	1	2	3	4	5	6	7
0000	0	NUL	DLE	SP	0	@	P	、	P
0001	1	SOH	DC1	!	1	A	Q	a	q
0010	2	STX	DC2	”	2	B	R	b	r
0011	3	ETX	DC3	#	3	C	S	c	s
0100	4	EOT	DC4	$	4	D	T	d	t
0101	5	ENQ	NAK	%	5	E	U	e	u
0110	6	ACK	SYN	&	6	F	V	f	v
0111	7	BEL	ETB	'	7	G	W	g	w
1000	8	BS	CAN	(	8	H	X	h	x
1001	9	HT	EM	)	9	I	Y	i	y
1010	A	LF	SUB	*	:	J	Z	j	z
1011	B	VT	ESC	+	;	K	[	k	{

续表

二　进　制		000	001	010	011	100	101	110	111
1100	C	FF	FS	,	〈	L	\	l	:
1101	D	CR	GS	-	=	M	]	m	}
1110	E	SO	RS	.	〉	N	↑	n	~
1111	F	SI	US	/	?	O	—	o	DEL

如何通过 ASCII 码表查找字符的 ASCII 码呢？下面举例加以说明。例如要查找数字 E 的 ASCII 码，首先在表中找到"E"，然后向上、向左找到相应的二进制或十六进制数，如图 7-4 所示。

二进制		二进制	100	
	十六进制		4	
			↑	
0101	5	←	E	

图 7-4　ASCII 码表查找示意图

则"E"的 ASCII 码由上面的和左面的二进制数或十六进制数相拼而成。"E"= B1000101 或"E"=H45。为了和二、十六进制数相区别，常常把数制符放在数的后面，即"E"=1000101 B 或"E"=45H。以此类推，可查到"W"=1010111B 或"W"=57H 等。

在 ASCII 码表中，有一部分是表示非打印字符的控制字符的缩写词，如开始"STX"、回车"CR"、换行"LF"等，也叫控制码。控制码含义如下：

ACK	应答	BEL	振铃	BS	退格
CAN	取消	CR	回车	DC1~DC4	直接控制
DEL	删除	DLE	链路数据换码	EM	媒质终止
ENQ	询问	OT	传输终止	ESC	转义
ETB	传输块终止	ETX	文件结束	FF	换页
FS	文件分隔符	GS	组分隔符	HT	水平制表符
LF	换行	NAK	否认应答	NUL	零
RS	记录分隔符	SI	移入	SO	移出
SOH	报头开始	SP	空格	STX	文件开始
SUB	替代	SYN	同步空闲	US	单位分隔符
VT	纵向制表符				

【例 3】将十六进制码 01E1107AD 转换成 ASCII 码。

0	1	E	1	1	0	7	A	D
30H	31H	45H	31H	31H	30H	37H	41H	44H

为什么要进行 ASCII 码转换呢？因为在 PLC 与变频器的通信控制中，某些变频器只能接收以 ASCII 码编制的字符、数字、字母数据，而 PLC 则是以十六进制来存储数据的，所以在数据传输前必须要将十六进制数据转换成 ASCII 码数据后才能发送。同样 PLC 接收到的变频器所回

传的数据也是 ASCII 码形式存放的，必须转换成十六进制数才能进行监控和处理。

为方便十六进制与 ASCII 码之间的转换，FX$_{2N}$ 有专门的转换指令 ASCI 和 HEX。例如从变频器传回数据后，马上就可应用 HEX 指令将数据转换成十六进制数保存在指定的存储单元。这一点，在后面的章节中将会详细介绍。

7.3 数据通信概述

只要两个系统之间存在着信息交换，那么这种交换就是通信。通过对通信技术的应用，可以实现在多个系统之间的数据的传送、交换和处理。一个通信系统，从硬件设备来看，是由发送设备，接收设备，控制设备和通信介质等组成的。从软件方面来看，还必须有通信协议和通信软件的配合。图 7-5 所示为一个通信系统的组成关系。

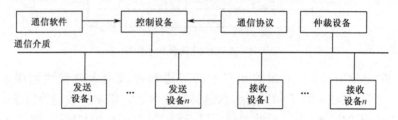

图 7-5　通信系统组成关系示意图

对一个数据通信系统来说，可以有多个发送设备和多个接收设备，而且，有的通信系统还有专门的仲裁设备来指挥多个发送设备的发送顺序，避免造成数据总线的拥堵和死锁。

在数据通信系统中，一个通信设备的功能是多样的。有些设备在它发送数据的同时，也可以接收来自其他设备的信息。有些设备虽然只能接收数据，但同时也可以发送一些反馈信息。控制设备则是按照通信协议和通信软件的要求，对发送和接收之间进行同步协调，确保信息发送和接收的正确性和一致性。通信介质是数据传输的通道，不同的通信系统，对于通信介质在速度、安全、抗干扰性等方面也有不同的要求。通信协议则是通信双方所约定的通信规程，它的作用规定了数据传输的硬件标准、数据传输的方式、数据通信的数据格式等各种数据传送的规则，这是数据通信所必需的，其目的是更有效地保证通信的正确性，更充分地利用通信资源和保存通信的顺畅。通信软件是人与通信系统之间的一个接口，使用者通过通信软件了解整个通信系统的运作情况，进而对通信系统进行各种控制和管理。

PLC 通信是指 PLC 与计算机、PLC 和 PLC 之间以及 PLC 与外部设备之间的通信系统。PLC 通信的目的就是要将多个远程 PLC、计算机及外部设备进行互连，通过某种共同约定的通信方式和通信协议，进行数据信息的传输、处理和交换。用户既可以通过计算机来控制和监视多台 PLC 设备，也可以实现多台 PLC 之间的联网以组成不同的控制系统，还可以直接用 PLC 对外围设备进行通信控制。PLC 与变频器、温控仪、伺服、步进等控制就是这种类型的控制。

7.4　数据通信方式

7.4.1　按传送位数分类

1. 并行通信

并行通信按字（16 位的二进制数）或字节（8 位二进制数）为单位进行传送，字中各位是同时进行传送的。除了地线外，n 位必须要 n 根线。其特点是传送速度快、通信线多、成本高，但不适宜长距离数据传送。计算机或 PLC 内部总线都是以并行方式传送的，PLC 和扩展模块之间或近距离智能模块之间的数据通信，也是通过总线以并行方式交换数据的。

2. 串行通信

串行通信是以二进制的位（bit）为单位的数据传输方式，每次只传送一位，除了地线外，在一个数据传输方向上只需要一根数据线，这根线既作为数据线又作为通信联络控制线，数据和联络信号在这根线上按位进行传送。串行通信需要的信号线少，最少的只需要两三根线，适用于距离较远的场合。计算机和 PLC 都备有通用的串行通信接口，工业控制中一般使用串行通信。串行通信多用于 PLC 与计算机之间、多台 PLC 之间和 PLC 对外围设备的数据通信。

在串行通信中，通信的速率与时钟脉冲有关，接收方和发送方的传送速率应相同，但是实际的发送速率与接收速率之间总是有一些微小的差别，如果不采取一定的措施，在连续传送大量的信息时，将会因积累误差造成错位，使接收方收到错误的信息。为了解决这一问题，需要使发送和接收同步。按同步方式的不同，可将串行通信分为同步传送和异步传送。

1）同步传送

同步通信以字节为单位（一个字节由 8 位二进制数组成），每次传送 1~2 个同步字符、若干个数据字节和校验字符（一帧信息）。同步字符起联络作用，用来通知接收方开始接收数据。在同步通信中，发送方和接收方要保持完全的同步，这意味着发送方和接收方应使用同一时钟脉冲。在近距离通信时，可以在传输线中设置一根时钟信号线。在远距离通信时，可以在数据流中提取出同步信号，使接收方得到与发送方完全相同的接收时钟信号。由于同步通信方式不需要在每个数据字符中加起始位、停止位和奇偶校验位，只需要在数据块（往往很长）之前加一两个同步字符，所以传输效率高，但是对硬件的要求较高，一般用于高速通信。

2）异步传送

异步传送是指在数据传送过程中，发送方可以在任意时刻传送字串，两个字串之间的时间间隔是不固定的。接收方必须时刻做好接收的准备。但在传送一个字串（也叫一帧）时，所有的比特位是连续发送的。

异步传送速率低，但通信方式简单可靠，成本低，容易实现。异步通信传送附加的非有效信息较多，传输效率较低，一般用于低速通信，这种通信方式广泛应用在 PLC 系统中。

异步传送有个缺点，就是信号传送过来时，接收方不知道发送方是什么时候发送的信号，很可能会出现当接收方检测到数据并做出响应前，第一位比特已经过去了。因此首先要解决的问题就是，如何通知传送的数据到了。异步传送是在两个设备之间，这两个设备的时钟频率可能不一样，如 PLC 用的 CPU 的时钟频率和变频器的 CPU 的时钟频率不一样，此时需要将两个时钟频率调整至一致，这是进行异步传送的基础。要解决这些问题，就要通过通信格式来解决，在后面将专门介绍。

还必须注意，同步传送中的"帧"与异步传送中的"帧"是不一样的。同步的"帧"是指在一个数据块内面可以有很多字符，而异步的"帧"则是一个字符串。

7.4.2 按传送方向分类

在串行通信中，按照数据流的方向可分成三种基本的传送方式：单工、半双工和全双工。

1. 单工通信方式

单工通信方式：数据传送始终保持同一方向，如图 7-6 所示。

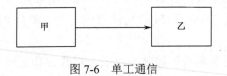

图 7-6　单工通信

单工通信中的数据传送是单向的，发送端和接收端的身份是固定的，发送端只能发送，接收端只能接收，如遥控遥测、打印机、条码机等。

单工方式在 PLC 通信系统中很少采用，故不做介绍。

2. 半双工通信方式

半双工通信中数据传送是双向的，但某一时刻只能在一个方向上传送。

若使用同一根传输线既接收又发送，虽然数据可以在两个方向上传送，但通信双方不能同时收/发数据，这样的传送方式就是半双工制，如图 7-7 所示。采用半双工方式时，通信系统每一端的发送器和接收器，通过收/发开关转接到通信线上，进行方向的切换，因此会产生时间延迟。收/发开关实际上是由软件控制的电子开关。

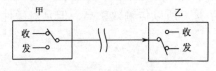

图 7-7　半双工通信

当计算机主机用串行接口连接显示终端时，在半双工方式中，输入过程和输出过程使用同一传输线。有些计算机和显示终端之间采用半双工方式工作，这时，从键盘输入的字符在发送到主机的同时就被送到终端上显示出来，而不是用回送的方法，所以避免了接收过程和发送过程同时进行的情况。在日常生活中，保安所用的对讲机就是半双工通信方式。

3．全双工通信方式

全双工通信中数据传送在任何时刻都可以在两个方向上传送。

当数据的发送和接收分流，分别由两根不同的传输线传送时，通信双方都能在同一时刻进行发送和接收操作，这样的传送方式就是全双工制，如图 7-8 所示。在全双工方式下，通信系统的每一端都设置了发送器和接收器，因此，能控制数据同时在两个方向上传送。全双工方式无须进行方向的切换，所以没有切换操作所产生的时间延迟，这对那些不能有时间延误的交互式应用（如远程监测和控制系统）十分有利。这种方式要求通信双方均有发送器和接收器，同时还需要 2 根数据线传送数据信号（可能还需要控制线、状态线及地线）。

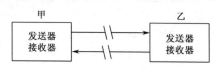

图 7-8　全双工通信

例如，计算机主机用串行接口连接显示终端，而显示终端带有键盘。这样，一方面键盘上输入的字符送到主机内存；另一方面，主机内存的信息可以送到屏幕显示。通常，在键盘上输入 1 个字符以后，先不显示，计算机主机收到字符后，立即回送到终端，然后终端再把这个字符显示出来。这样，前一个字符的回送过程和后一个字符的输入过程是同时进行的，即工作于全双工方式。

目前多数终端和串行接口都为半双工方式提供了换向能力，也为全双工方式提供了两根独立的引脚。在实际使用中，一般并不需要通信双方同时既发送又接收。

在 PLC 与变频器通信中，半双工方式和全双工方式都有在应用。

7.4.3　按数据是否进行调制分类

1．基带传输

基带传输是按照数字信号原有的波形（以脉冲形式）在信道上直接传输，它要求信道具有较宽的通频带。基带传输不需要调制解调，设备花费少，适用于较小范围的数据传输。基带传输时，通常对数字信号进行一定的编码，常用数据编码方法有非归零码 NRZ、曼彻斯特编码和差动曼彻斯特编码等。后两种编码不含直流分量，包含时钟脉冲，便于双方自同步，所以应用广泛。

基带传输只能传送数据、调制信号和纯模拟信号。

2．频带传输

频带传输是一种采用调制解调技术的传输形式。发送端采用调制手段，对数字信号进行某种变换，将代表数据的二进制 1 和 0，变换成具有一定频带范围的模拟信号，以适应在模拟信道上传输；接收端通过解调手段进行相反变换，把模拟的调制信号复原为 1 或 0。常用的调制方法有频率调制、振幅调制和相位调制。具有调制、解调功能的装置称为调制解调器，即 MODEM。频带传输较复杂，传送距离较远，若通过市话系统配备 MODEM，则传送距离可不受限制。

频带除能传送数据、调制信号和纯模拟信号外，还能传送声音、图像。

PLC 通信中，基带传输和频带传输两种传输形式都有采用，但多采用基带传输。

7.4.4　按通信介质分类

通信介质就是在通信系统中位于发送端与接收端之间的物理通路。通信介质一般可分为导向性和非导向性介质两种。导向性介质有双绞线、同轴电缆和光纤等，这种介质将引导信号的传播方向；非导向性介质一般通过空气传播信号，它不为信号引导传播方向，如短波、微波和红外线通信等。

下面简单介绍几种常用的导向性通信介质。

1．双绞线

双绞线是一种廉价而又广泛使用的通信介质，它是由两根彼此绝缘的导线按照一定规则以螺旋状绞合在一起的。这种结构能在一定程度上减弱来自外部的电磁干扰及相邻双绞线引起的串音干扰。但在传输距离、带宽和数据传输速率等方面，双绞线仍具有一定的局限性。

在实际应用中，通常将许多对双绞线捆扎在一起，用起保护作用的塑料外皮将其包裹起来制成电缆。采用上述方法制成的电缆就是非屏蔽双绞线电缆。为了便于识别导线间的配对关系，双绞线电缆中每根导线使用不同颜色的绝缘层。为了减少双绞线间的相互串扰，电缆中相邻双绞线一般采用不同的绞合长度。非屏蔽双绞线电缆价格便宜、直径小、节省空间、使用方便灵活、易于安装，是目前最常用的通信介质。

非屏蔽双绞线易受干扰，缺乏安全性。因此，往往采用金属包皮或金属网包裹以进行屏蔽，这种双绞线就是屏蔽双绞线。屏蔽双绞线抗干扰能力强，有较高的传输速率，100m 内可达到 155Mbps。但其价格相对较贵，需要配置相应的连接器，使用时不是很方便。

2．同轴电缆

同轴电缆由内、外层两层导体组成。内层导体是由一层绝缘体包裹的单股实心线或绞合线（通常是铜制的），位于外层导体的中轴上；外层导体是由绝缘层包裹的金属包皮或金属网。同轴电缆的最外层是能够起保护作用的塑料外皮。同轴电缆的外层导体不仅能够充当导体的一部分，而且还起到一定的屏蔽作用。这种屏蔽一方面能防止外部环境造成的干扰，另一方面能阻止内层导体的辐射能量干扰其他导线。

与双绞线相比，同轴电线抗干扰能力强，能够应用于频率更高、数据传输速率更快的情况。对其性能造成影响的主要因素来自衰损和热噪声，采用频分复用技术时还会受到交调噪声的影响。虽然目前同轴电缆大量被光纤取代，但它仍广泛应用于有线电视和某些局域网中。

目前得到广泛应用的同轴电缆主要有 50Ω电缆和 75Ω电缆两类。50Ω电缆用于基带数字信号传输，又称为基带同轴电缆。电缆中只有一个信道，数据信号采用曼彻斯特编码方式，数据传输速率可达 10Mbps，这种电缆主要用于局域以太网。75Ω电缆是 CATV 系统使用的标准，它既可用于传输宽带模拟信号，也可用于传输数字信号。对于模拟信号而言，其工作频率可达 400MHz。若在这种电缆上使用频分复用技术，则可以使其同时具有大量的信道，每个信道都能传输模拟信号。

3．光纤

光纤是一种传输光信号的传输媒介。处于光纤最内层的纤芯是一种横截面积很小、质地脆、易断裂的光导纤维，制造这种纤维的材料可以是玻璃也可以是塑料。纤芯的外层裹有一个包层，它由折射率比纤芯小的材料制成。正是由于在纤芯与包层之间存在着折射率的差异，光信号才得以通过全反射在纤芯中不断向前传播。在光纤的最外层则是起保护作用的外套。通常都是将多根光纤扎成束并裹以保护层制成多芯光缆。

根据传输模式不同，光纤可分为多模光纤和单模光纤；单模光纤的带宽最宽，多模渐变光纤次之，多模突变光纤的带宽最窄；单模光纤适于大容量远距离通信，多模渐变光纤适于中等容量、中等距离的通信，而多模突变光纤只适于小容量的短距离通信。

与一般的导向性通信介质相比，光纤具有很多优点：

（1）光纤支持很宽的带宽。其范围为 1014～1015Hz，覆盖了红外线和可见光的频谱。

（2）具有很高的传输速率。当前限制其所能实现的传输速率的因素主要来自信号生成技术。

（3）光纤抗电磁干扰能力强。由于光纤中传输的是不受外界电磁干扰的光束，而光束本身又不向外辐射，所以它适用于长距离的信息传输及安全性要求较高的场合。

（4）光纤衰减较小，中继器的间距较大。采用光纤传输信号时，在较长距离内可以不设置信号放大设备，从而减少了整个系统中继器的数目。

当然光纤也存在一些缺点，如系统成本较高、不易安装与维护、质地脆、易断裂等。

双绞线、同轴电缆、光缆的基本性能比较见表 7-8。

表 7-8　双绞线、同轴电缆、光缆的基本性能比较表

	双 绞 线	同 轴 电 缆	光 缆
传输速率（bps）	9.6k～2M	1～450M	10～500M
连接方式	多点 点到点	多点 点到点	点到点
传输距离（km）	1.5	10	50
传输信号	基带	宽带	宽带
抗干扰	好	很好	极好

7.5　PLC 通信实现

7.5.1　PLC 与计算机之间的通信方式

PLC 与上位机（通常是通用计算机，如 PC 或工控机等）进行通信控制是常用的一种 PLC 通信实况。在这种通信控制方式中，PLC 将各种系统参数发送到计算机，然后计算机对这些数据进行一系列的加工处理和分析之后，以某种方式显示给操作者，操作者再将需要 PLC 执行的操作输入到计算机中，由计算机再将操作命令回传给 PLC。可以看出，这种方式可以使操作者直观、准确、迅速地了解控制系统当前运作情况和各种参数设置，便于对控制系统进行控制和干预。

由于通用计算机软件丰富、直接面向用户、人机界面友好、编程调试方便，所以在 PLC 与计算机组成的系统中，计算机主要完成数据的传输和处理，修改参数，显示图像，打印报表，监视工作状态、网络通信以及编制 PLC 程序等任务。PLC 仍然面向工作现场，面向控制设备，进行实时控制。由于 PLC 的通信口一般都是 RS422 或 RS485 接口标准，而计算机的串行通信口为 RS232 接口标准，所以需要配接专用的通信接口转换模块（或接口转换器）才能进行通信。

三菱 FX 系列 PLC 与计算机连接有两种模式：一种是一台计算机与一台 PLC 相连接，如图 7-9 所示；另一种是一台计算机与多台 PLC（最多 16 台）相连接，如图 7-10 所示。

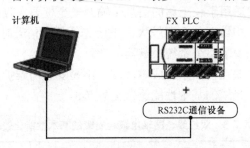

图 7-9　一台计算机与一台 PLC

一台计算机与一台 PLC 相连接时，一般采用 RS232C 接口标准，其通信距离不能超过 15m；而一台计算机与多台 PLC 相连接时，一般采用 RS485（或 RS422）接口标准，其通信距离可达 500m（但包含有 485BD 时为 50m 以内）。

通信时由计算机发出读/写 PLC 中数据的帧信息，PLC 收到后返回响应帧信息；用户无须对 PLC 编程，只要在计算机上编写通信程序即可。PLC 的响应帧是自动生成的。

如果计算机使用组态软件，组态软件会提供常见品牌 PLC 的通信驱动程序，用户只需在组态软件中进行通信设置，PLC 侧和计算机侧都不需要用户设计通信程序。

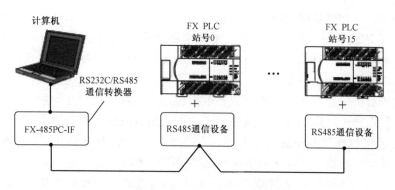

图 7-10　一台计算机与多台 PLC

7.5.2　PLC 网络 *N*:*N* 通信方式

PLC 与 PLC 之间的通信，主要应用于 PLC 网络控制系统，可以组成 1:1、*N*:*N*、*M*:*N* 等各种控制网络，如图 7-11 所示。

多台 PLC 联网时，有如下两种通信方式。

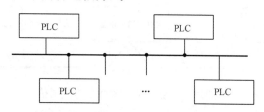

图 7-11　多台 PLC 网络通信示意图

1．主从 1:*N* 通信方式

1:*N* 通信方式又称为总线通信方式，是指在总线结构的 PLC 子网上有 *N* 个站，其中只有 1 个主站，其他皆是从站。

1:*N* 通信方式采用集中式存取控制技术分配总线使用权，通常采用轮询表法。所谓轮询表，是一张从站站号排列顺序表，该表配置在主站中，主站按照轮询表的排列顺序对从站进行询问，看它是否要使用总线，从而达到分配总线使用权的目的。对于实时性要求比较高的站，可以在轮询表中让其从站站号多出现几次，赋予该站较高的通信优先权。在有些 1:*N* 通信中，把轮询表法与中断法结合使用，紧急任务可以中断正常的周期轮询，获得优先权。

在 1:*N* 通信方式中，当从站获得总线使用权后有两种数据传送方式：一种是只允许主从通信，不允许从从通信，从站与从站要交换数据，必须经主站中转；另一种是既允许主从通信也允许从从通信，从站获得总线使用权后先安排主从通信，再安排自己与其他从站之间的通信。

2．*N*:*N* 通信方式

N:*N* 通信方式又称为令牌总线通信方式，是指在总线结构的 PLC 子网上有 *N* 个站，它们地位平等，没有主站与从站之分，也可以说 *N* 个站都是主站。*N*:*N* 通信方式采用令牌总

线存取控制技术，在物理总线上组成一个逻辑环，让一个令牌在逻辑环中按一定方向依次流动，获得令牌的站就取得了总线使用权。令牌总线存取控制方式限定每个站的令牌持有时间，保证在令牌循环一周时每个站都有机会获得总线使用权，并提供优先级服务，因此令牌总线存取控制方式具有较好的实时性。取得令牌的站有两种数据传送方式，即无应答数据传送方式和有应答数据传送方式。采用无应答数据传送方式时，取得令牌的站可以立即向目的站发送数据，发送结束，通信过程也就完成了；而采用有应答数据传送方式时，取得令牌的站向目的站发送完数据后并不算通信完成，必须等目的站获得令牌并把应答帧发给发送站后，整个通信过程才结束。后者比前者的响应时间明显增长，实时性下降。

三菱 FX PLC 的网络 $N{:}N$ 通信方式是 $1{:}N$ 通信方式。也就是在多台 PLC（最多是 8 台）进行通信连接时，其中有一台是主站，其余为从站。主站和从站之间、从站和从站之间均可进行读/写操作，如图 7-12 所示。

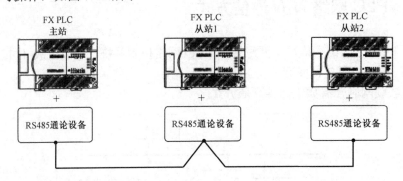

图 7-12　FX$_{2N}$ PLC 1:N 主从方式通信

根据所使用从站的数量，PLC 所占用的内存软元件地址会不一样。各台 PLC 共享的数据范围有 3 种模式可供选择：模式 0 共享每台 PLC 的 4 个数据存储器；模式 1 共享每个 PLC 的 32 个辅助继电器 M 和 4 个数据存储器；模式 3 则共享每个 PLC 的 64 个辅助继电器 M 和 8 个数据存储器。

应用时，主站必须编写通信设定程序（主站站号、从站数量、重试次数、监视时间等），而主站和从站则都要编写相应的读/写程序。

7.5.3　PLC 网络 1:1 通信方式

在实际通信控制中，PLC 网络 1:1 指两台 PLC 之间通信。两台三菱 FX PLC 的连接又称为并联连接，如图 7-13 所示。

PLC 网络 1:1 通信方式的优点是在通信过程中不会占用系统的 I/O 点数，而是在辅助继电器 M 和数据存储器 D 中专门开辟一块地址区域，按照特定的编号分配给 PLC。在通信过程中，两台 PLC 的这些特定的地址区域是不断交换信息的。信息的交换是自动进行的，每（70ms+主站扫描周期）ms 时间刷新一次。图 7-14 所示为两台 FX$_{2N}$ PLC 的普通模式信息交换的特定区域示意图。

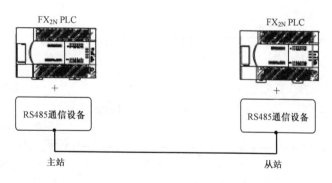

图 7-13　FX$_{2N}$ PLC 1∶1 主从方式通信

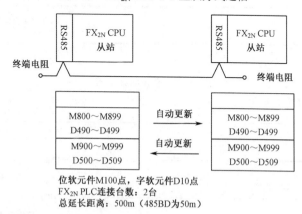

图 7-14　FX$_{2N}$ PLC 1∶1 主从方式通信普通模式链接软元件

由图 7-14 所示可见，主站中辅助继电器 M800～M899 的状态不断被传送到从站的辅助继电器 M800～M899 中，这样，从站的 M800～M899 和主站的 M800～M899 的状态完全对应相同。同样，从站的辅助继电器 M900～M999 的状态也不断送到主站的 M900～M899 中，两者状态相同。对数据存储器来说，主站的 D490～D499 的存储内容不断传送到从站的 D490～D499 中，而从站的 D500～D509 存储内容则不断传送到主站的 D500～D509 中，两边数据完全一样。这些状态和数据相互传送的软元件，称为链接软元件。两台 PLC 的并联连接的通信控制就是通过链接软元件进行的。

在进行通信控制时，先对自己的链接软元件进行编程控制，另一方则根据相应的链接软元件按照控制要求进行编程处理。因此，两台 PLC 相连接进行通信控制时，双方都要进行程序编制，才能达到控制要求。

【例 1】如图 7-14 所示的两台 PLC，其中 FX$_{2N}$-48MT 设为主站，FX$_{2N}$-32MR 设为从站。要求两台 PLC 之间能够完成如下控制要求：

（1）将主站的输入口 X0～X7 状态传送到从站，通过从站的输出口 Y0～Y7 输出。

（2）当主站的计算值（D0+D2）≤100 时，从站的 Y10 为 ON。

（3）将从站的 M0～M7 的状态传送到主站，通过主站的 Y0～Y7 输出。

（4）将从站的数据存储器 D10 值传送到主站，作为主站计数器 T0 的设定值。

根据控制要求，主站控制系统程序如图 7-15 所示；从站控制系统程序如图 7-16 所示。

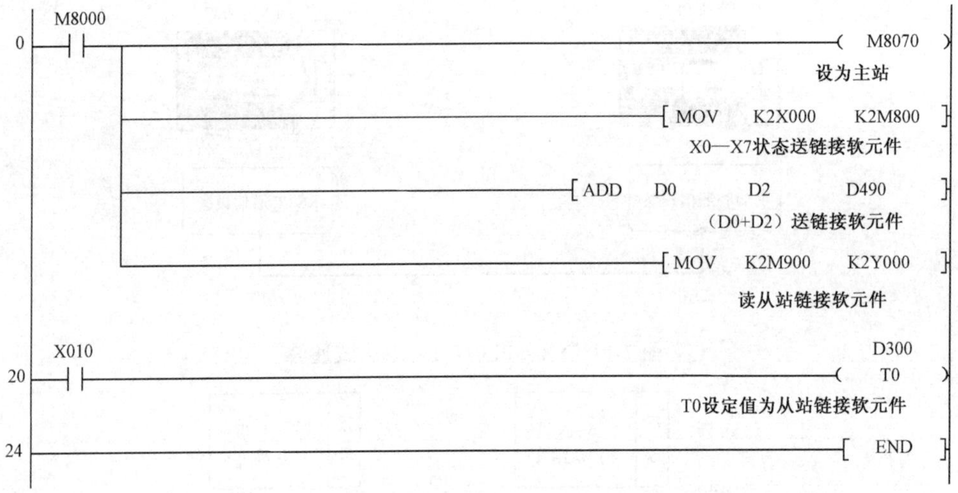

```
       M8000
   0   ─┤├──┬─────────────────────────────────────────────( M8070 )
              │                                              设为主站
              │
              ├──────────────────────────────[ MOV  K2X000   K2M800 ]
              │                                 X0—X7状态送链接软元件
              │
              ├──────────────────────────[ ADD  D0    D2    D490 ]
              │                             （D0+D2）送链接软元件
              │
              └──────────────────────────────[ MOV  K2M900   K2Y000 ]
                                                读从站链接软元件

       X010                                                   D300
  20   ─┤├──────────────────────────────────────────────(    T0    )
                                               T0设定值为从站链接软元件

  24   ──────────────────────────────────────────────────[ END ]
```

图 7-15　主站控制程序

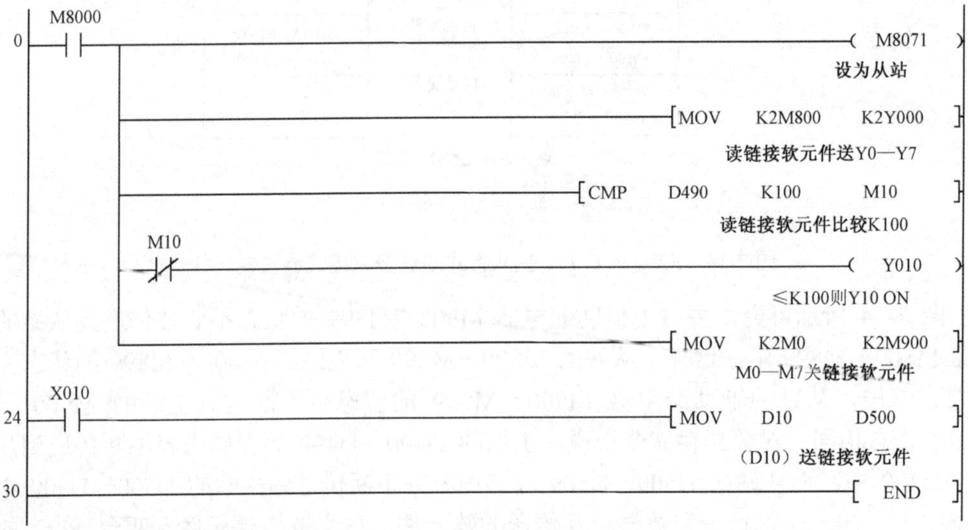

```
       M8000
   0   ─┤├──┬─────────────────────────────────────────────( M8071 )
              │                                              设为从站
              │
              ├──────────────────────────────[ MOV  K2M800   K2Y000 ]
              │                                 读链接软元件送Y0—Y7
              │
              ├──────────────────────────[ CMP  D490   K100   M10 ]
              │                             读链接软元件比较K100
              │   M10
              ├──┤/├──────────────────────────────────────( Y010 )
              │                               ≤K100则Y10 ON
              │
              └──────────────────────────────[ MOV  K2M0    K2M900 ]
                                                M0—M7关链接软元件

       X010
  24   ─┤├──────────────────────────────────[ MOV  D10     D500 ]
                                              （D10）送链接软元件

  30   ──────────────────────────────────────────────────[ END ]
```

图 7-16　从站控制程序

7.5.4　PLC 与控制设备之间的通信方式

PLC 与外部设备间的通信又可细分为两大类：一类是与通用设备之间的通信，如打印机、条形码阅读器、文本显示器等；另一类是与各种智能控制设备之间的通信，如变频器、伺服电动机、温控仪等。第一类通信不在本书讨论的范围之内，本书重点讨论的是 PLC 与其控制的智能设备之间的通信。

PLC 与这些外部设备进行通信控制有很多共同之处，如都采用串行异步通信方式；通信接口都采用 RS232 和 RS485 接口标准；都采用 MODBUS 协议或控制设备的专用协议通信；对三菱 FX PLC 来说，都采用 RS 串行通信指令进行数据传送。

如图 7-17 所示，PLC 与控制设备的通信为 1:N 主从式通信方式，PLC 是主站，其余皆为从站。主站与任意从站均可单向或双向数据传送，从站与从站之间不能互相通信，如果有数据传送则通过主站中转。主站编写通信程序，从站只需设定相关的通信协议参数即可。

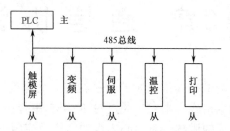

图 7-17　PLC 与控制设备通信示意图

图 7-17 中的 485 总线是一种习惯叫法，实际上只是 RS485 通信接口标准所组成的连接结构。

目前，触摸屏已得到越来越广泛的应用。它是一种可编程图形操作终端，可以代替某些硬件操作和显示。现在的触摸屏产品一般都能与多种品牌的 PLC 连接。与组态软件一样，触摸屏与 PLC 的通信程序也不需要由用户来编写，在为触摸屏画面组态时，只需要设定画面中的元素（按钮、指示灯、输入单元等）与 PLC 中的软元件相对应的关系即可，二者之间数据交换是自动完成的。

一般来说，主站编写程序对从站进行读/写，控制从站的运行，修改从站的参数和读取从站参数及运行状况供监控、显示和处理用。如果想在触摸屏或文本显示器上显示变频器的运行参数，在触摸屏不直接和变频器通信时则先从变频器中读出运行参数，然后送到触摸屏上显示。

第8章 通信协议

通信协议是指通信双方对数据传送控制的一种约定，又称为通信规程。通信协议的核心内容是接口、通信格式和数据格式。本章将通过对 RS485 串行接口标准、MODBUS 通信协议和三菱变频器专用通信协议的讲解，对核心内容的组成及应用进行详尽的说明。

掌握本章知识是学习 PLC 和变频器通信控制的基础。

8.1 通信网络开放系统互连模型 OSI

为了实现不同厂家生产的智能设备之间的通信，国际标准化组织 ISO 提出了如图 8-1 所示的开放系统互连模型 OSI。作为通信网络国际标准化的参考模型，它详细描述了软件功能的 7 个层次，自下而上依次为：物理层、数据链路层、网络层、传送层、会话层、表示层和应用层。每层都尽可能自成体系，均有明确的功能。

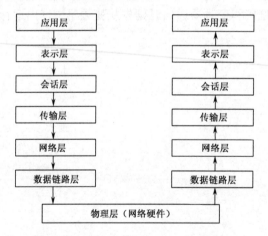

图 8-1 开放系统互连（OSI）参考模型

下面就简要介绍一下 OSI 模型。

1. 物理层

物理层是为建立、保持和断开在物理实体之间的物理连接，提供机械的、电气的、功能性的特性和规程。它建立在传输介质之上，负责提供传送数据比特位 "0" 和 "1" 码的物理条件。同时，它定义了传输介质与网络接口卡的连接方式以及数据发送和接收方式。常用的串行异步通信接口标准 RS232C、RS422 和 RS485 等就属于物理层。

2．数据链路层

数据链路层通过物理层提供的物理连接，实现建立、保持和断开数据链路的逻辑连接，完成数据的无差错传输。为了保证数据的可靠传输，数据链路层的主要控制功能是差错控制和流量控制。在数据链路上，数据以帧格式传输。帧是包含多个数据比特位的逻辑数据单元，通常由控制信息和传输数据两部分组成。常用的数据链路层协议是面向比特的串行同步通信协议——同步数据链路控制协议/高级数据链路控制协议（SDLC/HDLC）。

3．网络层

网络层完成站点间逻辑连接的建立和维护，负责传输数据的寻址，提供网络各站点间进行数据交换的方法，完成传输数据的路由选择和信息交换的有关操作。网络层的主要功能是报文包的分段、报文包阻塞的处理和通信子网内路径的选择。常用的网络层协议有 X.25 分组协议和 IP 协议。

4．传输层

传输层是向会话层提供一个可靠的端到端（end-to-end）的数据传送服务。传输层的信号传送单位是报文（Message），它的主要功能是流量控制、差错控制、连接支持。典型的传输层协议是因特网 TCP/IP 协议中的 TCP 协议。

5．会话层

两个表示层用户之间的连接称为会话，对应会话层的任务就是提供一种有效的方法，组织和协调两个层次之间的会话，并管理和控制它们之间的数据交换。网络下载中的断点续传就是会话层的功能。

6．表示层

表示层用于应用层信息内容的形式变换，如数据加密/解密、信息压缩/解压和数据兼容，把应用层提供的信息变成能够共同理解的形式。

7．应用层

应用层作为参考模型的最高层，为用户的应用服务提供信息交换，为应用接口提供操作标准。7 层模型中所有其他层的目的都是为了支持应用层，它直接面向用户，为用户提供网络服务。常用的应用层服务有电子邮件（E-mail）、文件传输（FTP）和 Web 服务等。

7 层模型中，除了物理层和物理层之间可直接传送信息外，其他各层之间实现的都是间接的传送。在发送方计算机的某一层发送的信息，必须经过该层以下的所有低层，通过传输介质传送到接收方计算机，并层层上传直至到达接收方中与信息发送层相对应的层，如图 8-1 所示。

OSI 7 层参考模型只是要求对等层遵守共同的通信协议，并没有给出协议本身。OSI 7 层协议中，高 4 层提供用户功能，低 3 层提供网络通信功能。

8.2　通信协议基本知识

1. 什么是通信协议

在 8.1 节中，提出了通信协议的概念。那么什么是通信协议呢？

所谓通信协议，是指通信双方对数据传送控制的一种约定。约定中包括对通信接口、同步方式、通信格式、传送速度、传送介质、传送步骤、数据格式及控制字符定义等一系列内容做出统一规定，通信双方必须同时遵守，因此又称为通信规程。

举个例子，两个人进行远距离通话，一个在北京，一个在上海，如果光用口说，那肯定是听不到的，也不能达到通话的目的。那么，如果要正确地进行通话，要具备哪些条件呢？首先是用什么通信手段，是移动电话、座机还是网络视频，这就是通信接口的问题。都是用移动电话，则可以直接进行通话。如果一个是用移动，另一个是联通或座机，那还要进行转换，要把两个不同的接口标准换成一个标准。在网络通信中，这种通信手段就是物理层所定义通信接口标准。通常说的 RS232、RS422 和 RS485 就是通信接口标准。在 PLC 与变频器通信中，如果 PLC 是 RS422 标准，而变频器是 RS485 标准，则不能直接进行通信，必须进行转换，要么把 RS422 转换成 RS485，要么把 RS485 转换成 RS422。其次，还要解决通信语言的问题，如果北京的说英语，上海的说普通话（这里假设一方只能懂一种语言），虽然接通了，仍然不能通话，因为听不懂。所以，还必须规定只能说一种双方都懂的语言。在网络通信中，这就是信息传输的规程，也就是通常所说的通信协议。

综上所述，通信协议应该包含两部分内容：一是硬件协议，即所谓的接口标准；二是软件协议，即所谓的通信协议。

2. 硬件协议——串行数据接口标准和通信格式

如上所述，硬件协议——串行数据接口标准属于物理层。而物理层是为建立、保持和断开在物理实体之间的物理连接，提供机械的、电气的、功能性的特性和规程。

因此，串行数据接口标准对接口的电气特性要做出规定，如逻辑状态的电平、信号传输方式、传输速率、传输介质、传输距离等；还要给出使用的范围，是点对点还是点对多。同时，标准还要对所用硬件做出规定，如用什么连接件、用什么数据线，以及连接件的引脚定义和通信时的连接方式等，必要时还要对使用接口标准的软件通信协议提出要求。在串行数据接口标准中，最常用的是 RS232 和 RS485 串行接口标准，后面将详细介绍。

在 PLC 通信系统中，采用的是异步传送通信方式，这种方式速率低，但通信简单可靠，成本低。容易实现。异步传送在数据传送过程中，发送方可以在任意时刻传送字符串，两个字符串之间的时间间隔是不固定的，接收方必须时刻做好接收的准备。也就是说，接收方不知道发送方是什么时候发送信号，很可能会出现当接收方检测到的数据并做出响应前，第一位比特已经发过去了。因此首先要解决的问题就是，如何通知传送的数据到了。其次，接收方如何知道一个字符发送完毕，要能够区分上一个字符和下一个字符。再次，接收方接收到一个字符后如何知道这个字符有没有错。这些问题是通过通信格式的设置来解决的，这也是本章所要介绍的重点。

3. 软件协议——通信协议

在硬件协议——串行数据接口标准中对信号的传输方式做了规定，而软件协议——通信协议则主要对信息的传输内容做出规定。

信息传输的主要内容是：对通信接口提出要求，对控制设备间通信方式进行规定，规定查询和应答的通信周期；同时，还规定了传输的数据信息帧（即数据格式）的结构、设备的站址、功能代码、所发送的数据、错误检测，信息传输中字符的制式等。

通信协议分为通用通信协议和专用通信协议两种。通用的通信协议是公开透明的，例如MODBUS 通信协议，供应商可无偿采用。而专用通信协议则是供应商针对自己所开发的控制设备专门制定的，它只对该控制设备有效，如三菱变频器专用通信协议、西门子变频器的USS 协议等。

后面将对 MODBUS 通信协议和三菱 FR-E500 变频器专用协议做比较详细的介绍。

8.3　RS232 和 RS485 串行接口标准

PLC 与控制装置的通信采用的方式基本上都由串行通信接口标准及通信协议所包含。下面对最常用的串行通信接口标准 RS232/RS485 进行详细介绍。

8.3.1　RS232 串行通信接口标准

1. RS232 接口标准介绍

RS232、RS422 与 RS485 都是串行数据接口标准，最初都是由美国电子工业协会（EIA）制定并发布的。RS232 在 1962 年发布作为工业标准，以保证不同厂家产品之间的兼容。1970 年，美国电子工业协会（EIA）联合贝尔系统、调制解调器厂家及计算机终端生产厂家共同制定了用于串行通信的标准 RS232C 接口（C 表示是 RS232 的改进）。它的全名是"数据终端设备（DTE）和数据通信设备（DCE）之间串行二进制数据交换接口技术标准"。该标准定义了数据终端设备（DTE）和数据通信设备（DCE）间按位串行传输的接口信息，合理安排了接口的电气信号和机械要求，在数据通信、计算机网络以及分布式工业控制系统中得到了广泛的应用。

RS232C 标准最初是为远程通信连接数据终端设备 DTE 与数据通信设备 DCE 而制定的。因此，这个标准的制定并未考虑计算机系统的应用要求。但目前它又广泛地被借来用于计算机（更准确地说，是计算机接口）与终端或外设之间的近端连接标准。例如，目前在PC 上的 COM1、COM2 接口就是 RS232C 接口。

2．RS232 电气特性

RS232 电气特性见表 8-1（表中同时列出了 RS422 和 RS485 的电气特性，以便比较）。

表 8-1　RS232/RS422/RS485 电气特性

规定	RS232	RS422	RS485
工作方式	单端	差分	差分
节点数	1 发 1 收	1 发 10 收	1 发 32 收
最大传输电缆长夜（ft）	50	400	400
最大传输速率	20kbps	10Mbps	10Mbps
最大驱动输出电压（V）	±25	−0.25～+6	−7～+12
驱动器输出电平（负载最小值）负载（V）	±5～±15	±2.0	±1.5
驱动器输出电平（空载最大值）空载（V）	±25V	±6V	±6
驱动器负载阻抗（Ω）	3k～7k	100	54
摆率最大值	30V/μs	N/A	N/A
接收器输入电压范围（V）	±15	−10～+10	−7～+12
接收器输入门限	±3V	±200mV	±200mV
接收器输入电阻（kΩ）	3～7	4	≥12
驱动器共模电压（V）		−3～+3	−1～+3
接收器共模电压（V）		−7～+7	−7～+12

单端工作方式是一种不平衡传输方式，收、发端信号的逻辑电平均相对于信号地而言。

RS232 最初为 DET 与 DCE 一对一（即点对点）通信而制定的，一般用于全双工传送，也可用于半双工传送。

RS232 是负逻辑，逻辑电平是±5～±15V。

RS232 传输距离短仅 15m，实际应用可达 50m，再长则须加调制。

3．RS232 物理接口 DB9 连接器

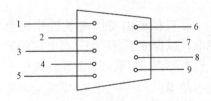

图 8-2　DB9 连接器的引脚

RS232 标准物理接口为 DB25 外连接器，但其中常用的为 9 个引脚。早期的 DB25 是为 PC XT 设计的，AT 机以后均采用 DB9 连接器。这里不介绍 DB25 连接器，仅介绍 DB9 连接器。

DB9 连接器的引脚定义及功能如图 8-2 及表 8-2 所示。

表 8-2　RS232 DB9 连接器之引脚定义及功能

引脚序号	信号名称	符　号	流　向	功　能
1	载波检测	DCD	DTE→DCE	表示 DCE 接收到远程载波
2	接收数据	RXD	DTE←DCE	DTE 接收串行数据
3	发送数据	TXD	DTE→DCE	DTE 发送串行数据
4	数据终端准备好	DTR	DTE→DCE	DTE 准备好

续表

引脚序号	信号名称	符号	流向	功能
5	信号地	GND		信号公共地
6	数据设备准备好	DSR	DTE←DCE	DCE 准备好
7	请求发送	RTS	DTE→DCE	DTE 请求 DCE 将线路切换到发送方式
8	允许发送	CTS	DTE←DCE	DCE 告诉 DTE 线路已接通，可以发送数据
9	振铃指示	RI	DTE←DCE	表示 DCE 与线路接通，出现振铃

注：DTE 指数字终端设备，DCE 指数据通信设备。

在 DB9 的 9 个引脚中，并不是所有信号端都使用的，如 RTS/CTS 仅在半双工方式中作发送和接收时的切换用，而在全双工方式中，因配置双向通道而不需要。

一般在全双工方式中，RS232 标准接线只要 3 条线即可，2 根数据信号 TxD/RxD，1 根信号地线 GND（有称为 SG）。双方连接的方式是：TxD 与 RxD 交叉连接，信号地线直接相接。各自的 RTS/CTS、DSR/DTR 短接，而 DCD 及 RI 则置空，如图 8-3 所示。

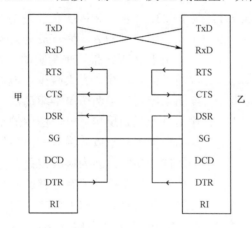

图 8-3　RS232 的标准接线

4．RS232 的不足之处

（1）接口信号电平高（±5～±15V），容易烧坏接口电路芯片，不能与 TTL 电路电平兼容。

（2）波特率低，仅 20kbps，传输效率低。

（3）采用不平衡的单端通信传输方式，易产生共模干扰，抗干扰能力差。

共模干扰： 运算放大器有两个输入端和一个输出端，如果这两个输入端加上相同信号，那么两个输入端的电位差为 0。理论上输出端应该是没有输出的，但是实际上有，因此称为共模干扰。

（4）传输距离短仅 50m，长距离须加调制。

8.3.2　RS485 串行通信接口标准

1．RS485 接口标准介绍

为改进 RS232 通信距离短、速率低的缺点，1977 年 EIA 制定了 RS422 标准。RS422 定义了一种平衡通信接口，将传输速率提高到 10Mbps，传输距离延长到 4000ft（速率低于 100kbps 时），并允许在一条平衡总线上连接最多 10 个接收器。RS422 是一种单机发送、多机接收的单向、平衡传输规范。为扩展应用范围，EIA 又于 1983 年在 RS422 标准的基础上制定了 RS485 标准，它采用平衡驱动器和差分接收器的组合，具有很好的抗噪声干扰性能，它的最大传输距离为 1200m，实际可达 3000m，传输速率最高可达 10Mbps。

RS485 采用半双工通信方式，允许在简单的一对屏蔽双绞线上进行多点、双向通信，即允许多个发送器连接到同一条总线上；同时，增加了发送器的驱动能力和冲突保护特性，扩展了总线共模范围。利用单一的 RS485 接口，可以很方便地建立起一个分布式控制的设备网络系统。因此，RS485 现已成为首选的串行接口标准。

大部分控制设备和智能化仪器仪表设备都配有 RS485 标准的通信接口。因此，这里不再介绍 RS422，而是重点介绍 RS485 串行通信接口标准。

2. RS485 电气特性

RS485 的电气特性见表 8-1。与 RS232 不同，RS485 的工作方式是差分工作方式。所谓差分工作方式，是指在一对双绞线中，一条定义为 A，另一条定义为 B，如图 8-4 所示。

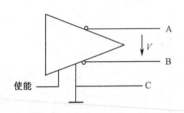

图 8-4　RS485 差分工作方式

由于 RS485 采用平衡驱动、差分接收电路，从根本上取消了信号地线，大大减少了地电平带来的共模干扰。平衡驱动器相当于两个单端驱动器，其输入信号相同，两个输出信号互为反相信号，图中的小圆圈表示反相。外部输入的干扰信号是以共模方式出现的，两极传输线上的共模干扰信号相同，因为接收器是差分输入，共模信号可以互相抵消。只要接收器有足够的抗共模干扰能力，就能从干扰信号中识别出驱动器输出的有用信号，从而克服外部干扰的影响。

通常情况下，发送驱动器 A、B 之间的正电平为+2～+6V，是一个逻辑状态，负电平为 −6～−2V，是另一个逻辑状态。另有一个信号地 C。在 RS485 中还有一个"使能"端，用于控制发送驱动器与传输线的切断与连接。接收器也有与发送端相对的规定，收、发端通过平衡双绞线将 AA 与 BB 对应相连。采用这种平衡驱动器和差分接收器的组合，其抗共模干扰能力增强，抗噪声干扰性好。在工业环境中，更好的抗噪性和更远的传输距离是一个很大的优点。

RS485 是半双工通信方式，半双工的通信方式必须有一个信号来互相提醒，如前所述通过开关来转换发送和接收。而使能端相当于这个开关，在电路上就是通过这个使能端，控制数据信号的发送和接收。在使能端如果信号是"1"，信号就能输出；如果是"0"，信号就无法输出。

RS485 接口的最大传输距离标准值为 4000ft，实际上可达 3000m。

RS232C 接口在总线上只允许连接 1 个收发器，（1:1），即单站能力。而 RS485 接口在总线上允许连接多达 128 个收发器，即具有多站能力，这样用户可以利用单一的 RS485 接口方便地建立起设备网络。在 1:N 主从方式中，RS485 的节点数是 1 发 32 收，即一台 PLC 可以带 32 台通信装置。因为它本身的通信速度不高，带多了必然会影响控制的响应速度，所以一般只能带 4～8 台。

RS485 接口具有良好的抗噪声干扰性、较长的传输距离和多站能力等优点，所以成为串行接口的首选。RS485 接口组成的半双工网络，一般只需要 2 根连线，所以 RS485 接口均采用屏蔽双绞线传输，成本低、易实现。RS485 接口的这种优秀特点使它在分布式工业控制系统中得到了广泛的应用。

PLC 与控制装置的通信基本上都采用 RS485 串行通信接口标准。

3．RS485 物理接口与端口接线

因为 RS485 接口组成的半双工网络，一般只需要 2 根连线，所以对 RS485 接口连接器并没有强制的统一规定，最初一般采用 DB9 的 9 芯插头座。与智能终端连接，RS485 接口采用 DB9（孔）；与键盘连接的键盘接口，RS485 采用 DB9（针）。普通微机一般不配备 RS485 接口，但工业控制微机基本上都有配置。在变频器 PLC 控制中，有的干脆用接线端子进行双绞线的连接，有的则使用水晶头 RJ45 或 RJ11。

RS485 端口接线分为二线制和四线制两种方式，如图 8-5 和 8-6 所示。

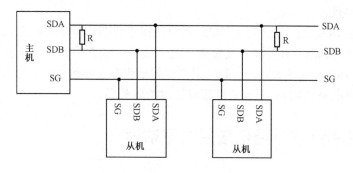

图 8-5　RS485 的二线制端口接线

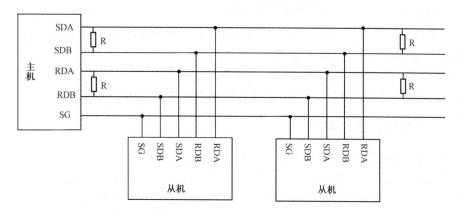

图 8-6　RS485 的四线制端口接线

如图 8-5 所示为二线制，主机是 PLC，从机是两个控制装置。二线制接法比较简单，全部同名端相连接。图 8-6 所示为四线制，注意二线制接线与四线制接线的异同。二线制主机与从机全部同名端相连，而四线制则主机的发送端 SDA、SDB 接从机的接收端 RDA、RDB，而主机的接收端 RDA、RDB 则接从机的发送端 SDA、SDB。

电阻 R 为终端电阻。在通信过程中，有两种原因会导致信号反射：阻抗不连续和阻抗不

匹配。阻抗不连续是指信号在传输线末端突然遇到电缆阻抗很小甚至没有，信号在这个位置就会引起反射。这种信号反射的原理，与光从一种媒质进入另一种媒质要引起反射是相似的，这是其一。其二，各种传输线均有其特性阻抗，如果其终端阻抗与其特性阻抗不匹配，会产生回波反射信号，而使信号波形失真。当传输距离大于 300m 时，为消除信号反射的影响，就必须在电缆的末端跨接一个与电缆的特性阻抗同样大小的终端电阻 R，使电缆的阻抗连续和匹配。因为信号在电缆上的传输是双向的，所以在通信电缆的另一端也必须跨接一个同样大小的终端电阻。与电缆特性阻抗相匹配电阻 R 一般为 120Ω左右，传输距离小于 300m 时可不加。RS485 在传输总线的两端各加一只终端电阻。电阻在四线制中的作用与二线制是相同的。

二线制能实现多点双向通信，而四线制只能实现点对多点的双向通信。RS485 串行接口标准目前应用相当广泛，是学习的重点之一。在 PLC 与控制装置及智能仪表的通信控制中，大多数都是 RS485 接口标准。

如果控制设备的接口是 RS232 标准的，如 PC 等，要接到 RS485 总线上，必须加接 RS232/RS485 转换器。

一个典型的错误观点就是认为 RS485 通信链路不需要信号地，而只是简单地用一对双绞线将各个接口的"A"、"B"端连接起来。这种处理方法在短距离及干扰不大的情况下也可以工作。但对 RS485 网络来说，一条低阻的信号地也是必不可少的。这条信号地可以是额外的一对线（非屏蔽双绞线），或者是屏蔽双绞线的屏蔽层。

8.3.3 RS485 串行通信应用注意事项

RS485 作为一种多点、差分数据传输的电气规范，现已成为业界应用最广泛的标准通信接口之一。这种通信接口允许在简单的一对双绞线上进行多点、双向通信，它所具有的噪声抑制能力、数据传输速率、电缆长度及可靠性是其他标准所无法比拟的。正因为如此，许多控制领域都采用 RS485 作为数据传输链路。

但是在实际应用中的一些具体问题并没有得到深入广泛的认识，甚至存在着种种误区，以至于影响到整个系统的性能。下面介绍实际应用中应注意的几个问题。

1. 多站时的连接（连线拓扑）

RS485 支持半双工或全双工模式，网络拓扑一般采用终端匹配的总线型结构，RS485 总线建议采用串接连线拓扑，不允许采用星形连线拓扑及环形连线拓扑，如图 8-7 所示。拓扑就是图形结构，对于电位来说，三种连接方式都形成等电位，没有什么差别，但对信号传输来说，它们是有差别的。采用星形和环形拓扑时，其信号在各支路末端反射后与原信号叠加，造成信号质量下降。当然，在低速、短距的情况下仍然可以正常工作，但在高速、长距的情况下，则不能正常工作。串接的就只有最后一台会受干扰。

最好采用一条总线将各个节点串接起来，从总线到每个节点的引出线长度应尽量短，以便使引出线中的反射信号对总线信号的影响最小。

在一站接一站串接时，最好采用分配器来进行串接，如图 8-8 所示。分配器俗称 1 分 2、1 分 3 等。

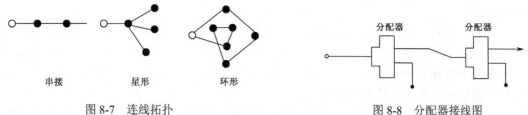

<table>
<tr><td>图 8-7　连线拓扑</td><td>图 8-8　分配器接线图</td></tr>
</table>

图 8-7　连线拓扑　　　　　　　　　　　图 8-8　分配器接线图

为了解决这一问题，三菱新推出的 FR-700 系列变频器就设计了串接拓扑的通信端子，而不需要分配器。它不用 RJ45 水晶头接口，而是在变频器上做了两排端子，一排从上一站来线接入，另一排接出到下一站。而且，连终端电阻都已接入变频器中，通过一个开关控制是否接上终端电阻，非常方便可靠。

2．终端电阻

当传输距离超过 300m 时，需在两端加接终端电阻。这是因为回波反射信号在传输距离较短时并不严重，而在距离较长时会特别严重。加接终端电阻就是为了与传输线特性阻抗匹配，削减回波反射信号。一般终端匹配采用终端电阻方法，最简单的就是在总线两端各接一只阻值等于电缆特性阻抗的电阻。大多数双绞线特性阻抗在 $100\sim120\Omega$ 之间。这种匹配方法简单有效，但有一个缺点，匹配电阻要消耗较大功率，对于功耗限制比较严格的系统不太适合。

RS232 只要在最远处终端加一个电阻，而 RS485 则要头尾两端都要加电阻，如图 8-9 所示。

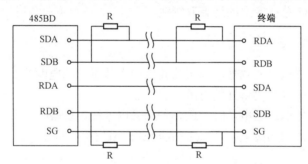

图 8-9　终端电阻接线图

采用二线制时，两端各接一个 110Ω 电阻。而采用四线制时，两端各接两个 330Ω 电阻，共四个。

3．接地

电子系统的接地是一个非常关键而又常常被忽视的问题，接地处理不当经常会导致不能稳定工作甚至危及系统安全。对于 RS485 网络来说也是一样，没有一个合理的接地系统，可能会使系统的可靠性大打折扣，尤其是在工作环境比较恶劣的情况下，对于接地的要求更为严格。有关 RS485 网络的接地问题很少有资料提及，在设计者中也存在着很多误区，致使通信可靠性降低、接口损坏率较高。一个典型的错误观点就是认为 RS485 通信链路不需要信号地，而只是简单地用一对双绞线将各个接口的"A"、"B"端连接起来。这种处理方法在某些情况下（传输距离较短、通信速率低）也可以工作，但给系统埋下了隐患，主要有以下两方面的问题：

（1）共模干扰问题。的确，RS485 接口采用差分方式传输信号，并不需要相对于某个参照点来检测信号，系统只需检测两线之间的电位差就可以了。但应该注意的是，收发器只有在共模电压不超出一定范围（−7～+12V）的条件下才能正常工作。当共模电压超出此范围就会影响通信的可靠性，甚至损坏接口。

（2）电磁辐射（EMI）问题。驱动器输出信号中的共模部分需要一个返回通路，如果没有一个低阻的返回通道（信号地），就会以辐射的形式返回源端，整个总线就会像一个巨大的天线向外辐射电磁波。

因此，尽管是差分传输，对于 RS485 网络来说，一条低阻的信号地还是必不可少的。这条信号地可以是额外的一对线（非屏蔽双绞线），或者是屏蔽双绞线的屏蔽层。

4．线径与传输介质

线径与传输距离有一定关系，当距离加长时，信号的损失会变大。因此在长距离通信时，为了保证信号能正确传输，必须采用线径较大的双绞线。

传输介质（指铜线外绝缘层材料）对传输信号影响极大，在传输速率较高时，采用较差的传输介质（PVC）的双绞线信号衰减极大，传输距离缩短则易受干扰，这时应采用介质较好的聚乙烯（Polyethylene）双绞线。

同一控制系统中，所采用的双绞线要求是同一型号的，不同型号的双绞线混用会影响通信质量。建议采用 485 总线专用的屏蔽双绞线。

5．抗干扰的措施

远离干扰源（电磁阀、变频器、伺服或其他动力装置）和电源线。

采用线性稳压电源或高质量开关电源。

采用屏蔽并有效接地，强电场时，还要考虑采用镀锌管屏蔽。

在变频器三相输入端加接电容（0.22～0.47μF，AC 600V 以上）。

8.4　通信格式和数据格式

串行异步通信方式简单可靠，成本低，容易实现。这种通信方式广泛地应用在 PLC 系统中。因此，本节将对这种通信方式做较详尽的介绍，掌握这些知识对于掌握 PLC 通信有非常大的帮助。

8.4.1　串行异步通信基础

1．异步传送的字符数据格式

异步传送是指在数据传送过程中，发送方可以在任意时刻传送字串，两个字串之间的时间间隔是不固定的。接收端必须时刻做好接收的准备。也就是说,接收方不知道发送方是什么时候发送信号,很可能会出现当接收方检测到的数据并做出响应前,第一位比特已经发过去了。因此首先要解决的问题就是,如何通知传送的数据到了。其次,接收方如何知道一个字符发送完毕,要能够区分上一个字符和下一个字符。再次,接收方接收到一个字符后如何知道这个字符有没有错,要解决这些问题就要通过数据格式来解决,这是下面要介绍的重点。

图 8-10 所示为起止式异步传送一个字符的数据格式。

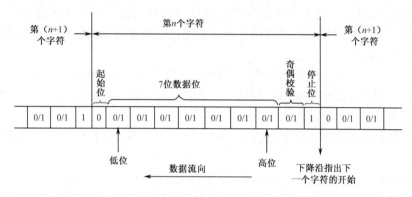

图 8-10　起止式异步传送一个字符的格式

起止式异步通信的特点是:一个字符一个字符地传输,每个字符一位一位地连续传输,并且传输每个字符时,总是以"起始位"开始,以"停止位"结束,字符之间没有固定的时间间隔要求。每个字符的前面都有一位起始位(低电平,逻辑值 0),字符本身由 5~8 位数据位组成,接着字符后面是一位校验位(也可以没有校验位),最后是一位或一位半或两位停止位,停止位后面是不定长的空闲位(字符间隔)。停止位和空闲位都规定为高电平(逻辑值 1),这样就保证起始位开始处一定有一个下跳沿。这种格式是靠起始位和停止位来实现字符的界定或同步的,故称为起止式。

异步通信可以采用正逻辑或负逻辑,正/负逻辑的表示见表 8-3。

表 8-3　异步通信逻辑电平

	逻辑 0	逻辑 1
正逻辑	低电平	高电平
负逻辑	高电平	低电平

异步通信的信息格式通信数据逻辑电平见表 8-4。

表 8-4　异步通信数据逻辑电平

起 始 位	逻辑 0	1 位
数据位	逻辑 0 或 1	5 位、6 位、7 位、8 位
校验位	逻辑 0 或 1	1 位或无
停止位	逻辑 1	1 位、1.5 位或 2 位
空闲位	逻辑 1	任意数量

下面介绍一下字符数据格式中各部分的内容。

（1）起始位：一个字符信息的开始，通信线路上没有数据传送时处于逻辑 1 状态，当发送方要发送一个字串时，首先发一个逻辑 0 信号，这个逻辑 0 就是起始位。接收方用这个位使自己的时钟与发送数据同步，起始位所起的作用就是设备同步。起始位占用 1 个比特位。

（2）数据位：一个字符信息的内容，数据位的个数可以是 5 位、6 位、7 位或 8 位，在 PLC 中常用 7 位或 8 位。数据位是真正要传送的内容，有时也称为信息位。

（3）校验位：校验位是为检验数据传送的正确性而设置的，也可以没有。就数据传送而言，校验位是冗余位，主要是为增强数据传送可靠性而设置。在异步传送中，常用奇偶校验。这种纠错方法，虽然纠错有限，但很容易实现，通常做成奇偶校验电路集成在通信控制芯片中。校验位占用 1 个比特位。

（4）停止位：一个字符信息的结束，可以是 1 位、1.5 位、2 位。当接收设备收到停止位后，通信线又恢复到逻辑 1 状态，直到下一个字符起始位（逻辑 0）到来。在 PLC 通信控制中，通常采用 1 个停止位，占用 1 个比特位。

时钟同步的问题是靠停止位来解决的。停止位越多，不同时钟同步的容忍度越大，但传送速率也越慢。

由上述数据格式可以看出，每传送一个字符信息，真正有用的是数据位内容，而起始位、校验位、停止位就占了 28%的资源，因此它的资源非常浪费，这也是异步通信速度比较慢的原因之一。

任何一个 PLC 变频器要进行通信，如果是采用起止式异步传送，都必须符合这个字符数据格式。

2．异步传送的数据传送方式

异步传送之数据传送方式是一个字符一个字符地传输，每个字符一位一位地连续传输，并且传输一个字符时，总是从低位（b0）开始，依次传送到高位（b7）结束。

【例 1】传送 8 位数据 45H（0100 0101B），奇校验，1 个停止位，则信号线上的波形如图 8-11 所示。发送顺序是 1010 0010。

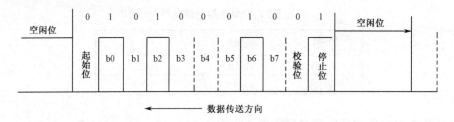

图 8-11　起止式异步传送数据传送方式

3．异步传送的波特率

在串行通信中，通常用"波特率"来描述数据的传输速率。所谓波特率，是指每秒传送的二进制位数，其单位为 bps（bits per second）。它是衡量串行数据速度快慢的重要指标。国际上规定了一个标准波特率系列：110bps、300bps、600bps、1200bps、1800bps、2400bps、4800bps、9600bps、14.4kbps、19.2kbps、28.8kbps、33.6kbps、56kbps。例如，9600bps 指每秒传送 9600 比特位，包含字符的数位和其他必需的数位，如奇偶校验位等。大多数串行接口电路的接收波特率和发送波特率可以分别设置，但接收方的接收波特率必须与发送方的发送波特率相同。否则数据不能传送。

通信线上所传输的字符数据（代码）是逐位传送的，1 个字符由若干位组成，因此每秒所传输的字符数（字符速率）和波特率是两种概念。在串行通信中，所说的传输速率是指波特率，而不是指字符速率。它们两者的关系是：假如在异步串行通信中传送一个字符，包括 12 位（其中有 1 个起始位、8 个数据位、1 个校验位、2 个停止位），其传输速率是 1200bps，每秒所能传送的字符数是 1200/(1+8+1+2)=100 个。

4．异步传送的奇偶校验

奇偶校验是异步传送中最常用的校验方法，其校验是由校验电路自动完成的。其校验方法如下。

奇校验：在一组给定数据中，"1" 的个数为偶，校验位为 1；"1" 的个数为奇，校验位为 0。

偶校验：在一组给定数据中，"1" 的个数为偶，校验位为 0；"1" 的个数为奇，校验位为 1。

奇偶校验方法简单、实用，但无法确定哪一位出错，也不能纠错。奇偶校验可以进行奇校验，也可以进行偶校验

【例 2】如下 5 组 8 位二进制数据位：

		奇校	偶校
64H	01100100	0	1
2EH	00101110	1	0
7BH	01111011	1	0
C5H	11000101	1	0
13H	00010011	0	1

上例中有 5 组数据，对第一组数据进行校验，有 3 个 "1"，"1" 的个数为奇；奇校验，校验位为 0；偶校验，校验位为 1。对第二组数据进行校验，有 4 个 "1"，"1" 的个数为偶；那么奇校验为 1，校验位为 0。其他以此类推。

8.4.2　异步传送的通信格式

1．通信格式

前面介绍的异步传送的字符数据格式和波特率，称为串行异步通信的通信格式。在串行异步通信中，通信双方必须就通信格式进行统一规定，也就是就一个字符的数据长度、有无校验位、校验方法和停止位的长度及传输速率（波特率）进行统一设置，这样才能保证双方通信的正确。如果不一样，哪怕一个规定不一样，都不能保证正确进行通信。

当 PLC 与变频器或智能控制装置通信时，对 PLC 来说，通信格式的内容变成一个 16 位二进制的数（称通信格式字）存储在指定的存储单元中，而对变频器和智能装置来说，则是

通过对相关通信参数的设定来完成通信格式的设置。

通信格式实际上是通信双方在硬件上所要求的统一规定。通信格式的设置是由硬件电路来完成的。也就是说，通信格式中的数据位、停止位及奇偶校验位均是由电路来完成的。控制设备中通信参数的设定实际上是控制硬件电路的变化。有些控制设备的通信格式是规定的，不能变化，在具体应用中必须注意这一点。至于硬件电路是如何来完成通信格式的规定和如何进行数据信息传输的，不在本书的范围之内，请参看相关资料。

2．RS485 标准接口通信格式

表 8-5 列出了为 RS485 标准接口通信格式，通信格式随控制设备的通信协议不同会有差异，但 b0～b7 位适用于所有使用 RS485 总线的控制设备。而 b8～b15，这里没有定义，留给生产厂家定义。三菱 FX 通信规定了"b11 b10 b9"为控制线选取方式，当使用通信板卡 FX$_{2N}$-485-BD 时，这时 b11b10=11。

表 8-5　RS485 标准接口通信格式

位	内　容	0	1
b0	数据长度	7 位	8 位
b2b1	校验码	00：无校验(N) 01：奇校验(O) 11：偶校验(E)	
b3	停止位	1 位	2 位
b7b6b5b4	波特率	0011：300，0100：600 0101：1200，0110：2400 0111：4800，1000：9600 1001：19200，	
b11～b8		未定义	
b15～b12		无定义	

通信格式的内容组成 16 位二进制数，称为通信格式字，这个字要写到主站（一般为 PLC）的指定的特殊单元，不同厂家的 PLC 写入的单元也不同。例如，三菱 PLC FX$_{2N}$ 是写入 D8120，台达 PLC 是写入 D1120，西门子 S7-200 是写入 SMB30 或 SMB130（但其写入格式与表 8-5 有差异，而且仅 b0～b7 这 8 位二进制数）。

三菱 FX 通信规定了 b11b10b9 为控制线选取方式，当使用通信板卡 FX$_{2N}$-485-BD 时，b11b10="11"。

下面举例说明通信格式字的编写。

【例 3】某控制设备其通信参数如下，试写出通信格式字。

数据长度	8 位	则	b0 = 1
校验位	偶校验	则	b2 b1 = 11
停止位	1 位	则	b3 = 0
波特率	19200 bps	则	b7 b6 b5 b4 = 1001

根据上述内容，可知其通信格式字为

b15 b14 b13 b12	b11 b10 b9 b8	b7 b6 b5 b4	b3 b2 b1 b0
0　0　0　0	0　0　0　0	1　0　0　1	0　1　1　1
0	0	9	7

然后把这 16 位二进制数转换成十六进制就是 0097H。

所以通信格式字为：H 0 0 9 7。

【例4】三菱 E500 变频器通信参数设置如下（使用通信板卡 FX$_{2N}$-485-BD）：

Pr.118=96	（波特率 9600）	则	b7 b6 b5 b4 = 1000
Pr.119=10	（7 位，停止位 1 位）	则	b0 = 0　b3 = 0
Pr.120=1	（奇校验）	则	b2 b1 = 01

当使用通信板卡 FX$_{2N}$-485-BD 时，b11b10 =11。

根据上述内容，结合 RS485 的接口通信格式，可知：

b15 b14 b13 b12	b11 b10 b9 b8	b7 b6 b5 b4	b3 b2 b1 b0
0　0　0　0	1　1　0　0	1　0　0　0	0　0　1　0
0	C	8	2

然后把这 16 位二进制数转换成十六进制就是 0C82H。

所以通信格式字为：H 0 C 8 2。

在许多控制设备中对通信格式字有一种约定俗成的写法，其约定如下：

7 ，	N ，	1 ，	9600
数据长度	校验位	停止位	波特率

【例5】某控制设备其通信参数为：8，E，1，19200。试写出通信格式字。

数据长度	8	则	b0 = 1
校验位	E（偶校验）	则	b2 b1 = 11
停止位	1	则	b3 = 0
波特率	19200	则	b7 b6 b5 b4 = 1001

所以通信格式字为：H 0 0 9 7。

【例6】台达变频器通信格式其中之一为：7，N，2 for ASCII，波特率 19200，试写出其通信格式字。

数据长度	7	则	b0 = 0
校验位	N（无校验）	则	b2 b1 = 00
停止位	2	则	b3 = 1
波特率	19200	则	b7 b6 b5 b4 = 1001

所以通信格式字为：H 0 0 9 8。

注：这里"for ASCII"表示台达变频器通信采用 MODBUS 通信协议 ASCII 通信方式。

8.4.3　异步传送的数据格式及常用校验码

1．数据信息帧结构

串行通信协议属于 ISO 国际参考标准的第 3 层——数据链路层。数据链路层必须使用物理层提供的服务。数据链路层的任务是在两个相邻接点间的线路上无差错地传送以帧为单位的数据。每一帧包括数据和必要的控制信息。人们发现，对于经常产生误码的实际链路，只要加上合适的控制规程，就可以使通信变得比较可靠。因此，设计一个能够控制出错的数据信息帧结构是通信协议的主要内容。

在 PLC 与变频器等智能设备中，其数据信息帧结构基本上都是根据 HDLC（高级数据链路控制）信息帧设计的，下面就简单介绍一下 HDLC 帧结构。

一个 HDLC 的完整的帧结构如图 8-12 所示。

起始码	地址码	控制码	信息码	校验码	停止码

图 8-12　HDLC 的数据信息帧结构

（1）起始码：一般以一个特殊的标志（某个 ASCII 码符）为信息帧的起始边界，又称为"帧头"、"头码"等。也可以没有起始码。

（2）地址码：设备在网络通信中的站址。

（3）控制码：信息帧中最主要的内容，表示发送方要求接收方做什么，又称为"功能码"。控制码不可缺少。

（4）信息码：与控制码相联系，告诉接收方怎么做，又称为"数据码"。信息码有时可省略。

（5）校验码：对参与校验的数据进行校验所形成的码，校验方法由通信协议规定。校验码一般不能省略。

（6）停止码：一般为一个或两个特殊的标志（ASCII 码符），为信息帧的结束边界，又称为"结束码"、"尾码"、"帧尾"等。

帧头一般不能省略，但"帧尾"可有可无。可有一个标志也可有两个标志。

上面介绍的是 HDLC 的帧结构。许多通信协议的信息帧结构与 HDLC 的帧结构会有所不同，但上述基本内容都是相同的。以后在介绍各种控制设备专用通信协议的数据信息帧结构时，重点介绍其具体内容，对其结构功能不再叙述。

一帧数据信息到底有多少个字符是没有具体规定的，主要取决于通信协议。

一帧数据信息的发送，是从帧头开始到帧尾结束，依次一个字符一个字符地发送。对每个字符则是从低位（b0）到高位（b7）一位一位地连续依次发送。而一个字符一个字符地发送，字符中间是可以有间隔的，了解这一点对于将来写通信程序会有所帮助。

通常把异步传送的字符数据格式和波特率一起称为异步传送通信格式。这里把由多个字符组成的数据信息帧结构称为异步传送数据格式。以后就用数据格式代替数据信息帧结构进行讲解。不论通信格式还是数据格式，都是通信协议的重要内容，一旦被制定成通信规程，通信双方都必须遵守，否则通信不能完成。

异步传送数据格式又称为报文、报文格式、信息帧、数据信息帧等。

通信格式和数据格式对学习 PLC 与各种控制设备之间的通信控制非常重要。只有通过学习，深刻理解和熟练掌握通信格式及数据格式的内容和编写，才能正确设计通信程序，完成各种通信任务。所以，大家一定要把这部分内容学深学透，并熟练掌握和灵活运用，可以说这是本课程的重中之重。

2．常用校验码及算法

数据信息帧中的校验码和第 2 章中介绍的数据传送的字符数据格式中的校验位是不同的

概念。校验位是对传送的每个字符进行的校验，校验结果不是"1"就是"0"，校验本身是由硬件电路完成的。而校验码则是信息帧中对参与校验的数据进行的校验，其结果是一个 8 位或 16 位二进制数，是由人工或程序计算获得的，再送到信息帧中校验码存储单元中。

数据信息帧中的校验码的校验方法（或称为算法）是由通信协议规定的，设备供应商基本上都会选用公开的标准协议或推出自己的专用协议，因此，校验码的算法就会有很多种，这里仅介绍几种最常用的校验码及其算法。

1）求和校验码

这是三菱变频器通信协议所用的校验码。求和校验也有两种：一种是取和的低 8 位作为校验码，其校验码是 8 位；另一种是取和的全部作为校验码，则其校验码为 16 位，如易能变频器 EDS1000 系列。

在三菱 FX PLC 中，求和校验码可以直接用指令 CDD 完成，用户只要在程序的适当位置应用指令即可。详细内容将在后面介绍。

算法：将参与校验的数据求和，取其低 8 位为校验码。

【例 7】求数据 01H、03H、21H、02H、00H、02H 的求和校验码。

求和：01H + 03H + 21H + 02H + 00H + 02H = 29H。

求和校验码为：H 29。

2）LRC 校验码

这是 MODBUS 通信协议 ASCII 方式的校验方法。LRC 校验码不能直接用指令求出，但可编制程序自动算出。在三菱 FX PLC 中，求和后可以直接用指令 NEG 完成。

算法：将参与校验的数据求和，取其低 8 位的补码为校验码。

【例 8】求数据 01H、03H、21H、02H、00H、02H 的 LRC 校验码。

求和：01H + 03H + 21H + 02H + 00H + 02H = 29H。

求补码有两种方法：① 求反加 1、② FFH 相减加 1。

（1）用求反加 1 来做。

```
            0  0  1  0  1  0  0  1
    求反：  1  1  0  1  0  1  1  0
    加 1：  0  0  0  0  0  0  0  1
            ─────────────────────
            1  1  0  1  0  1  1  1
                 D           7
```

（2）用 FFH 相减加 1 来做。

```
            1  1  1  1  1  1  1  1
          - 0  0  1  0  1  0  0  1
            ─────────────────────
            1  1  0  1  0  1  1  0
          + 0  0  0  0  0  0  0  1
            ─────────────────────
            1  1  0  1  0  1  1  1
                 D           7
```

LRC 校验码为：H D7。

3）CRC 校验码

这是 MODBUS 通信协议 RTU 方式的校验方法，其算法比较复杂。原来三菱 FX 系列没有校验指令，程序编制也比较麻烦，妨碍了三菱 PLC 与采用 MODBUS 协议 RTU 方式的控制设备的通信。但在三菱新产品 FX$_{3U}$ 中，已出现 CRC 指令（FNC 188）。也有人专门编制 FX$_{2N}$ 的 CRC 计算程序供采用。后面将给出 CRC 校验码的算法和程序，可以直接套用。

CRC 校验在网络通信中用得比较多，但在 PLC 与变频器通信中却较少用到。在智能温控仪、变送器中用得较多。

4）异或校验码

在逻辑位运算中，异或运算的算法是：同为 0，异为 1。也就是说，两个二进制位进行异或运算，如果位逻辑相同，如 1 和 1 或 0 和 0，则运算结果是 0；如果位逻辑不同，如 0 和 1 或 1 和 0，则运算结果为 1。

异或校验码在变频器，特别是在智能化设备中用得还是比较多的，如西门子、丹佛斯变频器都是异或校验。

算法：将参与校验的数据依次进行逐位异或位运算，最后异或结果为校验码。

【例 9】求数据 01H、03H、EFH、4DH 的异或校验码。

```
        01H     00000001
  ⊙     03H     00000011
                00000010
  ⊙     EFH     11101111
                11101101
  ⊙     4DH     01001101
                10100000
                 A    0
```

异或校验码为：H A0。

如果求按所有数据列方向的偶校验位，看看得到的列校验位所组成的二进制校验码是多少。

```
        01H     00000001
        03H     00000011
        EFH     11101111
        4DH     01001101
  按列方向逐位偶校验   10100000
                  A    0
```

结果完全一样。在三菱校验码指令 CCD 中，有两个校验码：一个是求和低 8 位校验码，另一个就是列偶校验校验码。因此，如果遇到异或校验码，可以直接使用校验码指令 CCD 而得到异或校验码。

8.5　MODBUS 通信协议

8.5.1　MODBUS 通信协议介绍

在目前工业领域中，各个设备供应商基本上都推出了自己的专用协议，但是为了兼容，几乎所有的设备都支持 MODBUS 通信协议。下面先了解一下这个协议的基本情况，然后再详细地介绍这个协议。

MODBUS 协议是美国 MODICON（莫迪康）公司（后被施耐德公司收购）首先推出的基于 RS485 总线的通信协议，其物理层为 RS232/RS422/RS485 接口标准。

MODBUS 协议定义了一个控制器能认识和使用的信息帧结构，而不管它们是经过何种网络进行通信的。它描述了一个控制器请求访问其他设备的过程，如何回答来自其他设备的请求，以及怎样侦测错误并记录。

MODBUS 协议还决定了在网上通信时，每个控制器需要知道它们的设备地址，识别按地址发来的信息，决定产生何种行动。如果需要反馈，控制器将生成反馈信息，并用 MODBUS 协议发出。

MODBUS 通信协议是一种主从式串行异步半双工通信协议。采用主从式通信结构，可使一个主站对多个从站进行双向通信，主站可单独和从站通信，也可以广播式和所有从站通信，如果单独通信，从从站返回消息作为回答；如果以广播方式查询，则从站不作任何回应。协议制定了主站的查询格式，从站回应消息格式也由协议制定。

MODBUS 通信协议提供了 ASCII 和 RTU（远程终端单元）两种通信方式。RTU 的通信速率比 ASCII 码要快。其物理接口为 RS232/RS422/RS485 标准接口。传输速率可以达到115kbps，理论上可接（寻址）1 台主站和多至 247 台从站，但受线路和设备的限制，最多可接 1 台主站和 32 台从站。MODBUS 协议的某些特性是固定的，如信息帧结构、帧顺序、通信错误、异常情况的处理及所执行的功能等，都不能随便改动，其他特性是属于用户可选的，如传输介质、波特率、字符奇偶校验、停止位个数等。传输方式为 RTU 时，用户所选择的参数对于各个站必须一致，在系统运行中不能改变。

由于 MODBUS 协议是完全公开透明的，所需的软、硬件又非常简单，这就使它已经成为一个通用的工业标准，几乎所有的控制设备和智能化仪表都支持 MODBUS 通信协议。通过 MODBUS 协议，不同厂商所生产的控制设备和智能仪表就可以连成一个工业网络，进行集中监控。

MODBUS 起初是数据链路层的通信协议，仅为一种通信结构，广泛地应用在控制设备之间进行主、从方式通信。后来又发展了 MODBUS PWS，应用在多主站网络系统，是一种高速令牌循环式现场总线，性能远高于 MODBUS。再后来又出现了 MODBUS-TCP 网络通信协议，这种通信协议比 MODBUS 要高，是一种在控制设备中用以太网作为数据传输媒体的方法。

8.5.2　MODBUS 的 ASCII 通信方式

1．通信格式

（1）ASCII 通信方式的每个字符的通信格式规定如下：

1 个起始位；

7 个数据位；

1 个奇偶校验位，无校验则无；

1 个停止位（有校验），2 个停止位（无校验）。

可以看出，MODBUS 的 ASCII 方式通信格式中，数据位是确定的，而校验位、停止位是由用户选择的。根据规定，其通信格式可能的选择是：7，E，1；7，O，1 和 7，N，2 三种。

（2）在 MODBUS 的 ASCII 通信方式中，数据格式的每个字节（8 位）都由二个十六进制字符组成。发送时每个字节（8 位）都作为两个 ASCII 码字符发送。一般来说，数据信息帧结构即数据格式的内容都是以十六进制表示的，一字节（8 位）为两个十六进制符号。这样，在数据发送前，必须先将十六进制符号转换成 ASCII 码字符才能够发送，这就给通信程序的设计带来了很大的不便。但这种方式的优点是字符发送的时间间隔可达 1s 而不产生错误。

2．数据格式

MODBUS 的 ASCII 方式的数据格式如图 8-13 所示。

起始码	地址码	功能码	数据区	校验码	停止码

图 8-13　ASCII 方式数据格式帧

各部分内容说明如下。

（1）起始码：数据格式的帧头，以":"号表示（4 位，HEX 数 1 位），ASCII 码为（3AH）。HEX 数为十六进制字符，下同。

（2）地址码：从站的地址（8 位，HEX 数 2 位），01H～FFH。

（3）功能码：主站发送，告诉从站执行功能（8 位，HEX 数 2 位），01H～FFH，具体代码功能见后。

（4）数据区：具体数据内容（$n \times 8$ 位，HEX 数 $2n$ 位）

（5）校验码：LRC 校验码（8 位，HEX 数 2 位），校验码的范围为由地址码开始到数据区结束，不包含起始码。

（6）停止码：数据格式的帧尾，用"CR"（0DH）、"LF"（0AH）表示（8 位，HEX 数 2位）。

控制器在 MODBUS 网络上以 ASCII 码方式通信，在数据格式中每 4 位即 HEX 数 1 位都转换成 ASCII 码发送，也就是每个十六进制字符（0～9、A～F）都转换成 ASCII 码发送。这种方式的主要优点是字符发送的时间间隔可达 1s，而不产生错误。

数据格式的"："为帧头，在发送时，网络上的设备不断侦测"："字符，当有一个冒号被收到时，每个设备都会解码下个字符（地址码）来判断是否发给自己。

　　数据格式中的每个字符发送的时间间隔不能超过 1s，否则接收设备将认为是传送错误。

　　功能码是主站告诉从站要执行的功能，如运行命令、读取监控状态、修改参数、读取参数等。MODBUS 协议制定了相关的功能代码，详见后。

　　数据区为功能码的内容，执行什么运行命令、正转、反转、停止、修改哪个参数等。MODBUS 协议对数据区的具体格式与内容没有作统一的规定，而留给设备生产商去制定。凡是采用 MODBUS 协议作为设备通信协议的生产商，都会在在这方面给出具体说明。

　　ASCII 通信方式的校验方法是 LRC 校验，其校验方法详见 8.4.3 节。

　　ASCII 通信方式的数据格式的帧尾为固定的"CR"（回车）、"LF"（换行）表示一帧数据传送的结束。

　　上述就是 ASCII 通信方式一帧数据信息帧的内容。在通信中，信息帧的内容必须编成通信程序，由通信指令发送和回传。

8.5.3　MODBUS 的 RTU（远程终端单元）通信方式

1．通信格式

（1）RTU 通信方式的字符通信格式规定如下：

1 个起始位；

8 个数据位；

1 个校验位，无校验位；

1 个停止位（有校验时），2 个停止位（无校验时）。

同样，MODBUS 的 RTU 方式的通信格式只能是：8，E，1；8，0，1 和 8，N，2 三种。

（2）RTU 方式与 ASCII 方式除了通信格式有差别外，主要的区别在于 ASCII 方式必须把十六进制符号转换成 ASCII 码才能传送；而 RTU 方式则直接按十六进制符号发送，无须转换成 ASCII 码。显然，RTU 的通信方式比较快。

2．数据格式

MODBUS 的 RTU 方式的数据格式如图 8-14 所示。

	地址码	功能码	数据区	校验码	

图 8-14　RTU 方式数据格式帧

　　可以发现，RTU 方式数据格式没有帧头和帧尾。那设备如何区别这一帧和下一帧呢？MODBUS 通信协议 RTU 方式规定，信息帧的发送至少要以 3～5 个字符的时间间隔开始。网络设备在不断地侦测总线的停顿时间间隔，当第一个字符（地址码）被收到后，每个设备都要进行解码判断是否发给自己。在最后一个字符（校验码）被传送后，一个至少 3～5 个字符的停顿才标志发送结束。如果两个信息帧的时间间隔不到 3～5 个字符的时间间隔，接收设备会认为第二个信息帧是第一个的延续，这将导致一个错误。

RTU 的地址码、功能码、数据区均与 ASCII 方式类似，这里不再重复。

RTU 的校验码为 CRC 校验码，CRC 校验方法非常复杂，在这里不予介绍，具体算法及程序后面再作介绍。

另外在 ASCII 方式中，程序编制比较复杂，因为它的所有信息都需要用 ASCII 码形式发送和接收。例如，要命令变频器进行正转，它的数据格式中的功能码为 06H，但是在发送信息的时候却不能用 06H，这里必须先把 "0" 改成 30H，把 "6" 改成 36H，必须把十六进制的数据信息转换成 ASCII 码才能发送。但是在 RTU 中就不需要转换，所以 RTU 的通信方式比较快。

8.5.4 MODBUS 的功能码

表 8-6 列出了为 MODBUS 的常用功能码名称和功能。

表 8-6 MODBUS 的功能码（常用）

功 能 码	名　　称	功　　能
H01	读线圈状态	取线圈状态
H02	读输入状态	取开关输入状态
H03	读保持存储器	读一个或多个保持存储值
H04	读取存储器	读一个或多个存储器值
H05	强置单线圈	强置线圈的通断
H06	写保持存储器	把字写入一个保持存储器
H08	回送诊断校验	把诊断报告送从站
H0F	强置多线圈	强置一组连续线圈通断
H10	预置多存储器	写入一组连续保持存储器值

MODBUS 协议的功能码设计有 127 个，但 20～127 为保留用，比较复杂。有些代码适用于所有控制器，有些只应用于某种控制器，还有些保留以备使用。表 8-6 选取的是适用于所有控制器的常用功能码。

其中在变频器 PLC 控制系统中，最常用的是 03H 和 06H，一个是读，另一个是写，当要监控变频器运行情况时就用 03H 读取变频器的参数值和运行状况；如果想让变频器执行运行命令和改变运行参数，则用 06H 写入命令即可。线圈指 PLC 里的位元件 Y、M 等。读 Y、M 等的时候就要用到 01H。开关元件指 PLC 里的位元件 X。

8.5.5 MODBUS 的查询和应答

当 PLC 向变频器发送一帧数据信息时，全部通信过程由两部分组成：一是 PLC 向变频器的发送，称为查询或请求；二是变频器对 PLC 的应答，称为回传或回应。应答的目的是告诉 PLC 是否有错和回答 PLC 的相关通信请求。通信协议对查询和应答的时间、数据格式、验错方法都会给出相应的规定。

MODBUS 协议规定了查询和应答的一些基本原则，而把具体查询和应答的格式留给设备供应商。MODBUS 规定：当 PLC 查询后，变频器回应时，它使用功能码的变化来指示是否有错误发生。对没有错误的正常应答，变频器仅回应相同的功能代码。对有错或异常的应答，变频器返回相同的功能代码时，将其最高位 b7 置 1（MODBUS 的功能代码是 7 位二进制数 00H～7FH，其最高位 b7=0）。例如，功能代码为 03H 时，正常应答仍为 03H，而异议应答时则为 83H（1000 0011）。同时，变频器还应将错误代码放入数据区告诉 PLC 发生了什么错误，PLC 应用程序得到异议应答后，典型的处理是重发信息，或诊断并报告。

在 MODBUS 系统中，ASCII 方式和 RTU 方式的通信能力是同等的。每个 MODBUS 系统只能使用一种模式，不允许两种模式混用。两种方式各有特点，可视具体情况选择。

ASCII 可打印字符便于故障检测，而且对于用高级语言编程的主计算机及主 PC 很适宜。RTU 则适用于机器语言编程的计算机和 PC 主机。

用 RTU 模式传输的数据是 8 位二进制字符。如欲转换为 ASCII 模式，则每个 RTU 字符首先应分为高位和低位两部分，这两部分各含 4 位，然后转换成十六进制等量值。用以构成报文的 ASCII 字符都是十六进制符。ASCII 方式使用的字符是 RTU 的两倍，但 ASCII 数据的译码和处理更容易一些。例如，RTU 方式的字符必须以连续数据流的形式传送，而 ASCII 方式的字符之间可以有长达 1s 的间隔，以适应速率较高的设备。

8.6 三菱变频器专用通信协议

专用通信协议是指生产厂家对自己所生产的控制设备或智能化仪表等进行通信时所制定的关于通信要求的专有的规程。

专用通信协议和 MODBUS 协议一样，使用 RS232/RS422/RS485 作为自己的物理接口，通信格式也符合串行异步通信的通信格式，不同的是专用通信协议有自己的数据格式。也就是说专用通信协议有自己的起始码、功能码、数据内容、校验码及停止码。

当主站（PLC）向具有专用通信协议的控制设备从站进行通信时，必须按照从站的专用通信协议所规定的数据格式来进行，从从站发来的应答也必须根据专用通信协议格式进行处理。

三菱变频器专用通信协议是三菱公司为三菱变频器制定的专用通信协议，适用于三菱公司的 500 和 700 系列变频器。

下面详细介绍一下三菱变频器专用通信协议，目的是让大家能够学以致用，举一反三。

8.6.1 通信时序

通信时序是指 PLC 与变频器通信时，数据发送与应答的时间顺序。PLC（计算机）与三菱变频器通信时，其通信时序如图 8-15 所示。

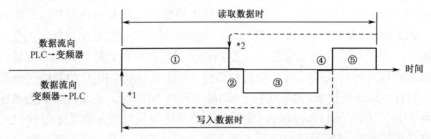

*1：发生数据错误，必须再试时，请根据用户程序进行再试。再试连续次数如果超出参数的设定值，变频器将停止报警。

*2：如果接收发生错误的数据，变频器将再次向 PLC 发送数据（重复步骤 3）。数据错误连续次数如果超过参数的设定值，变频器将停止报警。

图 8-15　通信时序图

由图可知，通信时序共 5 个步骤，说明如下：

① PLC 向变频器发送数据信息。

② 通信等待时间。这段时间为变频器从 PLC 接收数据后，到发送返回数据的等待时间。等待时间对应 PLC 的可应答时间，在 0～150ms 的范围里以 10ms 为单位进行设定。等待时间设定由变频器通信参数 Pr123 确定，设定"1"为 10ms，"5"为 50ms，不能超过 150ms，也可以设定为"9999"表示无等待时间设定，由通信数据设定其等待时间，如图 8-16 所示。

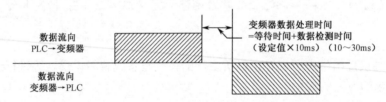

图 8-16　等待时间

③ 从变频器返回数据到 PLC。这是对 PLC 发送数据的应答，应答数据与 PLC 向变频器发送的数据格式有关。

④ PLC 收到变频器的应答后处理时间。

⑤ PLC 根据收到的变频器的应答数据，再次应答变频器。其主要目的是确定所收到的应答是否正确，如不正确会要求再次传送。

在具体通信时，上述通信时序分两种情况执行：

（1）PLC 向变频器写入数据时（对变频器进行运行控制和相关参数的设定修改），通信时序仅执行第①～④步，即第⑤步并不执行。这时并不影响以后的通信。

（2）PLC 需要读取变频器的参数时（对变频器进行状态监控和读取参数值），通信时序需要执行全部 5 个步骤。

从通信时序中可以看出 PLC 与变频器进行数据通信时，任何数据通信的开始都是由 PLC 发出通信请求（查询），没有 PLC 的查询，变频器是不能返回数据的（应答）。在第二种情况下，PLC 还必须对变频器返回数据进行再次应答。

8.6.2　通信格式

当 PLC 与接收设备进行通信时，通信格式是由接收设备的通信参数设置决定的。例如，当 FX_{2N} PLC 与三菱 FR-E500 变频器进行通信控制时，首先要了解 FR-E500 的通信参数设置，并先设置其相应的通信参数，即串行异步的通信格式（数据位、校验位、停止位和波特率）。然后，PLC 再根据所设置的通信格式编写通信格式字，将通信格式字存储到 PLC 的指定存储单元。这样 PLC 与变频器就具有相同的通信格式，这是两个控制设备之间的通信基础。

对 PLC 来说，还必须了解 PLC 相关的通信格式字设置。因为通信格式字的 b7～b0 位是由变频器决定的，而 b15～b8 位则是留给 PLC 生产商规定的，不同的 PLC 生产厂家对这几位的设置是不相同的。

1. 三菱 FR-E500 变频器通信参数设置

表 8-7 列出了为三菱变频器 FR-E500 的通信参数设置。三菱的 FR-500 系列变频器的通信参数设置基本相同。

表 8-7　FR-E500 通信参数

参 数 号	内　容	设　定　值		数 据 内 容
117	站号	0～31		确定从 PU 接口通信的站号 当有两台以上变频器时，就需设立站号
118	通信速率	48		4800bps
		96		9600bps
		192		10200bps
119	停止位长 / 数据位	8 位	0	停止位 1 位
			1	停止位 2 位
		7 位	10	停止位 1 位
			11	停止位 2 位
120	奇偶校验 有 / 无	0		无
		1		奇校验
		2		偶校验
121	通信再试 次数	0～10		设定点生数据接收错误后允许再试次数，如果错误连续发生的次数超过允许值，变频器报警
		9999 (65535)		如果通信错误发生，变频器没有报警停止，这时变频器可通过输入 MRS 或 RESET 信号，使变频器滑行到停止 通信错误（H0～H5）时，集电报开路端子输出轻微故障信号（LF），可以用 Pr190～Pr192 中的任何一个分配相应的端子
		0		不通信
122	通信校验 再试时间间隔	0.1～999.8		设定通信校验时间间隔 如果无通信状态持续时间超过允许时间，变频器进入报警停止状态
		9999		通信校验中止

续表

参数号	内　容	设　定　值	数据内容
123	等待时间设定	0～150s	设定数据传输到变频器的响应时间
		9999	用通信数据确定
124	CR、LF 有无选择	0	无 CR/LF
		1	有 CR 无 LF
		2	有 CR/LF
79	运行模式	0	上电时 PU 口操作模式

三菱 FR-E500 变频器通信参数是 Pr117～Pr124，另外参数 Pr79 要设置为 0，就是说要用变频器进行通信，首先要设置变频器的工作方式为通信工作方式。对变频器参数来说，就是要把它的频率给定方式和运行控制方式都设定为外部通信方式。

Pr117 为变频器通信从站的站址。从这里可以看出，当 PLC 与多台控制设备进行通信时，接收设备的站址是由接收设备的通信参数决定的，而不是由 PLC 分配的。

Pr118～Pr120 为通信格式设置，其中 Pr118 为波特率设置。由表 8-7 中可以看出，波特率只有三种选择：4800bps，9600bps，19200bps。当 PLC 与多个接收设备进行主从通信方式通信时，在 485 总线上的所有主站和从站的通信格式必须完全一致，特别是波特率。因此，一旦主站的通信格式设置了，在选取接收设备时必须注意，尽量选取通信格式能够设置成和主站通信格式完全一致的接收设备。

Pr121、Pr122 和 Pr123 均可设置为 9999。当 Pr123=9999 时，必须在通信程序中设定等待时间。如上所述，其最小设定单位为 10ms。例如，"1"=10ms，"2"=20ms，最大不能超过 150ms。通常情况下均设为 10ms。

Pr124 为 CR、LF 有无选择。这是针对某些采用 MODBUS 通信协议 ASCII 方式的 PLC 而设置的参数。例如，台达 EX 系列 PLC 会把 CR、LF 自动设置到数据格式的帧尾，作为第一停止码和第二停止码。如果用台达 EX 系列 PLC 通信控制三菱 FR-E500 变频器的运行，Pr124 必须设置为 2，并在数据格式的帧尾增加 CR、LF 停止码。当三菱 FX$_{2N}$ PLC 与三菱 FR-E500 变频器通信控制时，Pr124 设置为 0。

在使用某种接收设备进行 RS485 总线设计时，必须详尽研究它的专用通信协议，而第一个要弄清楚的就是它的通信格式，也就是通信参数的设置。接收设备的通信格式必须能符合设计要求，才能选用该接收设备。

2. 三菱 FX$_{2N}$ PLC 通信格式字设置

表 8-8 列出了为三菱 PLC FX$_{2N}$ 的通信格式字设置。

表 8-8　三菱 FX$_{2N}$ PLC 通信格式字设置

位　号	名　称	内　容	
		0	1
b0	数据长	7	8
b1 b2	奇偶性	b2b1　(0, 0)　无（N） (0, 1)　奇（O） (1, 1)　偶（E）	

续表

位 号	名 称	内 容	
		0	1
b3	停止位	1	2
b4 b5 b6 b7	传送速率 （bps）	b7b6b5b4　0011：300 0100：600 0101：1200 0110：2400	0111：4800 1000：9600 1001：19200
b8	起始符	无	有（D8124）　初始值　STX（02H）
b9	终止符	无	有（D8125）　初始值　STX（03H）
b10 b11	控制线	无顺序　b11b10　（0，0）无〈RS232C〉 （0，1）普通模式〈RS232C〉 （1，0）互锁模式〈RS232C〉 （1，1）调制解调模式〈RS232C〉〈RS485〉 计算机链 接通信　b11b10　（0，0）RS485 （1，0）RS232C	
b12		不可使用	
b13	和校验	不附加	附加
b14	协议	不使用	使用
b15	控制顺序	方式 1	方式 4

*1：起始符、终止符的内容可由用户变更。使用计算机通信时，必须将其设定为 0。

*2：b13～b15 是计算机链接通信连接时的设定项目。使用 RS 指令时，必须设定为 0。

*3：RS485 未考虑设置控制线的方法，使用 FX$_{2N}$-485-BD 和 FX$_{0N}$-485ADP 时，设定（b11，b10）=(1,1)。

*4：是在计算机链接通信时设定，与 RS 没有关系。

*5：适应机种是 FX$_{2NC}$ 及 FX$_{2N}$ 版本 V2.00 以上。

3.举例

【例 1】三菱 E500 变频器通信参数设置如下：

Pr.118=96　　　　　　（波特率 9600）

Pr.119=10　　　　　　（7 位，停止位 1 位）

Pr.120=1　　　　　　（奇校验）

且 FX$_{2N}$ PLC 使用通信板卡 FX$_{2N}$-485-BD 与 E500 变频器进行通信控制。试写出 FX$_{2N}$ PLC 之通信格式字。

分析如下：

Pr.118=96　　　　　　（波特率 9600）　　　　则　b7 b6 b5 b4 = 1000

Pr.119=10　　　　　　（7 位，停止位 1 位）　　则　b0 = 0，b3 = 0

Pr.120=1　　　　　　（奇校验）　　　　　　　则　b2 b1 = 01

当使用通信板卡 FX$_{2N}$-485-BD 时，则 b11 b10 = "11"。

根据上述要求，结合 RS485 的接口通信格式，可知：

b15 b14 b13 b12	b11 b10 b9 b8	b7 b6 b5 b4	b3 b2 b1 b0
0　0　0　0	1　1　0　0	1　0　0　0	0　0　1　0
0	C	8	2

然后把这 16 位二进制数转换成十六进制就是 0C82H。

所以通信格式字为：H 0 C 8 2。

【例 2】三菱 PLC 的通信格式字为 H0C93H，等待时间为 10ms，无 CR、LF。试设定站号为 02 的三菱 FR-E500 变频器的通信参数。

先由通信格式字来确定通信格式详情：

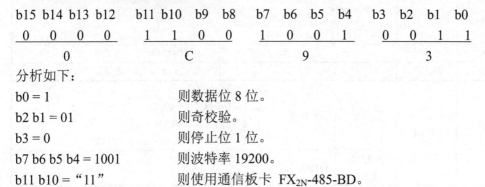

分析如下：

b0 = 1	则数据位 8 位。
b2 b1 = 01	则奇校验。
b3 = 0	则停止位 1 位。
b7 b6 b5 b4 = 1001	则波特率 19200。
b11 b10 = "11"	则使用通信板卡 FX$_{2N}$-485-BD。

根据上述要求，结合等待时间由通信数据确定，无 CR、LF。可以设定三菱 FR-E500 变频器的通信参数如下：

Pr.117=2	（站号）
Pr.118=192	（波特率 19200）
Pr.119=1	（8 位，停止位 1 位）
Pr.120=1	（奇校验）
Pr.121=9999	（错误不报警）
Pr.122=9999	（通信校验终止）
Pr.123=1	（等待时间 10ms）
Pr.124=0	（无 CR、LF）
Pr.79=0	（上电通信操作模式）

8.6.3 通信数据格式

1. 数据格式结构介绍

在三菱变频器专用通信协议中，因为数据格式比较复杂，设计了多种查询与应答的数据格式以适应不同的应用场合。在具体讲解之前，先来对数据格式有一个大致的了解。

如图 8-17 所示为查询数据格式 A。

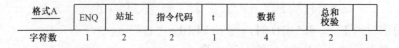

图 8-17　查询数据格式 A

（1）ENQ：起始码，协议规定了起始码，但对停止码没有做出规定。停止码可有可无，可以一位，也可以两位。一般用 "CR"、"LF" 表示。起始码和停止码总称控制代码，其代码表见表 8-9。起始码占一位 HEX 数（十六进制数符，下同），在与三菱 PLC 通信时无停止码。

表 8-9　控制代码

代　码	ASCII 码	含　义
STX	02H	数据开始
ETX	03H	数据结束
ENQ	05H	通信请求
ACK	06H	无错
LF	0AH	换行
CR	0DH	回车
NAK	15H	有错

（2）变频器站号：由变频器通信参数设定，占用两个 HEX 数。在 00H～1FH（0～31）之间设定。

（3）指令代码：即功能码。协议规定了功能码的代码及其功能，占用两个 HEX 数。指令代码为 PLC 对变频器进行操作的功能码，三菱 FR-E500 变频器使用手册中，列出了运行控制、监控、频率写入/读出等指令代码，以及针对参数的读出和写入的指令代码（见附录 B：三菱 FR-E500 参数数据读出和写入指令代码表）。在编写数据格式时，要根据通信要求去查找相应的指令代码，填入数据格式中的指令代码项。如何根据通信要求查找指令代码，将在后面讲解。

（4）等待时间 t：这就是在 8.6.2 节中所介绍的参数 Pr123 的相关内容，当 Pr123=9999 时，就必须在这里设置等待时间。如果 Pr123 被设置为在 0～150 之间，则这里的等待时间可取消，其字符变为数据区字符。该项占用一个 HEX 数。

（5）数据：通信内容，根据不同的通信要求占用 2 个或 4 个 HEX 数。

（6）总和校验：为协议规定的校验码，其算法为总和校验（见 8.4.3 节）。三菱变频器通信协议规定，总和校验是被校验数据（从站号到数据区）的 ASCII 码总和（二进制）的最低 1 个字节（8 位）表示的 2 个 ASCII 码（十六进制）。它占用 2 个 HEX 数。

2. 数据格式的应用

变频器的查询格式有 4 种，分为 A、A′、A″、B。应答格式有 6 种，分为 C、D、E、E′、E″、F。其中 A″、E″ 为 A、E 在 Pr37（旋转速度表示）设定为 "0.01～9998"、数据代码 "HFF" 设定为 "1" 时的替代格式，这里不作讨论。

第 6 章介绍了对变频器通信控制的内容有 4 个方面：对变频器的运行控制、对变频器运行状况监控、对变频器参数进行修改和读取变频器参数值。下面就从这 4 个方面来说明三菱变频器采用通信协议的数据格式的应用。

1）PLC 向变频器进行运行控制

PLC 向变频器进行运行控制时，其通信时序仅 4 步：PLC 发送数据信息，变频器接收数据，变频器向 PLC 发送应答数据，PLC 接收应答数据。

PLC 向变频器发送数据用格式 A′，如图 8-18 所示。

格式A′	ENQ	站址	指令代码	t	数据	总和校验	
字符数	1	2	2	1	2	2	1

图 8-18　PLC 向变频器发送数据格式 A′

变频器应答格式：无错 C，有错 D，如图 8-19 和图 8-20 所示。

格式C	ACK	站址	
字符数	1	2	1

格式D	NAK	站址	错误代号	
字符数	1	2	1	1

图 8-19　变频器应答数据格式 C（无错）　　　　图 8-20　变频器应答数据格式 D（有错）

2）PLC 向变频器进行参数写入或频率写入

PLC 向变频器写入参数（包括写入频率参数）时通信时序也是 4 步。
PLC 向变频器发送数据用格式 A，如图 8-21 所示。

格式A	ENQ	站址	指令代码	t	数据	总和校验	
字符数	1	2	2	1	4	2	1

图 8-21　PLC 向变频器发送数据格式 A

变频器应答格式：无错 C，有错 D，如图 8-22 和图 8-23 所示。

格式C	ACK	站址	
字符数	1	2	1

格式D	NAK	站址	错误代号	
字符数	1	2	1	1

图 8-22　变频器应答数据格式 C（无错）　　　　图 8-23　变频器应答数据格式 D（有错）

　　在上面两种控制内容中，需要编制通信程序的是 PLC 向变频器发送数据格式。至于变频器向 PLC 的应答，则是通信协议所规定的时序，一般通信无错误时，不需要关心它；如果有错，则通过查询错误代码，分析错误原因，使通信恢复正常。因此，数据格式 A、A′是必须掌握的，而数据格式 D 则告诉我们去查询错误代码。

　　3）PLC 对变频器运行进行监控

　　PLC 向变频器发送监控信息，变频器收到数据信息后，必须向 PLC 回传相应的监控数据，当 PLC 收到变频器回传的数据信息后还必须再次向变频器发送数据，核对是否有错误的信息。因此，在这种控制内容中，程序步是 5 步：PLC 向变频器发送数据信息，变频器接收数据信息，变频器向 PLC 回传数据信息，PLC 接收回传数据信息和 PLC 向变频器发送回传数据是否有错误。

　　PLC 向变频器发送数据用格式 B，如图 8-24 所示。

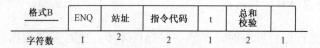

格式B	ENQ	站址	指令代码	t	总和校验	
字符数	1	2	2	1	1	

图 8-24　PLC 向变频器发送数据用格式 B

变频器向 PLC 回传数据格式：无错 E、E′，有错 D，如图 8-25、图 8-26 和图 8-27 所示。

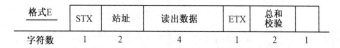

图 8-25 变频器向 PLC 回传数据格式 E

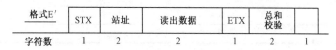

图 8-26 变频器向 PLC 回传数据格式 E′

图 8-27 变频器向 PLC 回传数据格式 D

PLC 向变频器应答格式：无错 C，有错 F，如图 8-28 和图 8-29 所示。

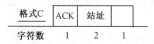 

图 8-28 PLC 向变频器应答格式 C（无错）　　图 8-29 PLC 向变频器应答格式 D（有错）

4）PLC 读出变频器参数

PLC 读出变频器参数值和 PLC 向变频器发出监控信息一样，变频器必须回传相关的数据信息，其程序步也是 5 步。PLC 向变频器发送数据用格式 B，如图 8-30 所示。

图 8-30 PLC 向变频器发送数据用格式 B

变频器向 PLC 回传数据格式：无错 E，有错 D，如图 8-31 和图 8-32 所示。

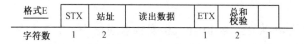

图 8-31 变频器向 PLC 回传数据格式 E

图 8-32 变频器向 PLC 回传数据格式 D

PLC 向变频器应答格式：无错 C，有错 F，如图 8-33 和图 8-34 所示。

格式C	ACK	站址	
字符数	1		1

格式F	NAK	站址	错误代号	
字符数	1	2	1	1

图 8-33 PLC 向变频器应答格式 C（无错）　　图 8-34 PLC 向变频器应答格式 D（有错）

把上面4种情况列成表8-10，方便大家应用。

表8-10　数据格式的应用

控 制 内 容	PLC 向变频器	变频器向 PLC 回传	PLC 向变频器应答
向变频器进行运行控制	A′	C，D	无
参数写入或频率写入	A	C，D	无
对变频器运行进行监控	B	E，E′	C，F
读出变频器参数	B	E	C，F

仔细比较一下格式 A 和 A′，E 和 E′，就会发现，它们仅是数据区的长度不一样，第9章的通信程序的设计会介绍为什么不一样。

三菱变频器的通信数据格式比较复杂（有14种之多），但真正需要关注的是两种，一种是 PLC 向变频器发送控制信息的数据格式：A、A′、B；另一种是变频器向 PLC 回传的有用数据的数据格式：E、E′。对于前一种数据格式，是要编写通信控制程序向变频器发送的。后一种数据格式是变频器自动生成向 PLC 回传的。而在回传数据格式中真正需要关注的是格式中的"读出数据"内容，如何根据数据格式编写通信程序，如何从回传数据中取出有用的数据信息，这些内容将在以后的章节中进行讲解。

不同的操作应用不同的数据格式，这是通信协议所规定的，用户必须遵守。因此，学习和掌握这些数据格式及其具体内容的填写就成为学习和掌握编写通信程序的关键所在，8.6.4 节将详细讲解数据格式的编写。

8.6.4　通信数据格式的编写

本节将通过例题来讲解数据格式的编写。

1. 运行控制数据格式的编写

【例3】编写站号为01的变频器正转运行控制数据格式。

查表 8-10，知道运行控制的数据格式为 A′。在运行格式中，指令代码、数据与总和校验码如何填写呢？

查指令代码表见附录 A "三菱 FR-E500 变频器通信协议的参数字址定义"。在编号3行中，运行指令，其代码为 HFA，"说明"为 H02 正转、H00 停止、H04 反转。在指令代码表中"说明"这一列是对数据格式中数据区的填写指示。最后一列"数据位数"表示数据格式中数据的位数是两个 HEX 数，见表8-11。

表8-11　指令代码表：运行指令

编　号	项　目	指 令 代 码	说　明		数 据 位 数
3	运行指令	NFA	b7　　　　　　　　b0 0　0　0　0　0　0　1　0 【例】　H 00 停止 　　　　H 02 正转 　　　　H 04 反转	b0：— b1：正转 b2：反转 b3：— b4：— b5：— b6：— b7：—	2位

有了这些资料，一个正转运行控制的数据格式就编写好了，见表 8-12。

表 8-12 正转运行控制的数据格式

ENQ	站 号	指 令 代 码	t	数 据	总和校验码
H05	0 1	F A	1	0 2	5 B

t 为等待时间，设为 10ms，总和校验的校验码必须根据 8.4.3 节中介绍的算法进行计算后填写。计算可以人工进行，也可以编制程序完成。三菱变频器通信协议规定，总和校验是被校验数据（从站号到数据区）的 ASCII 码总和（二进制）的最低一个字节（8 位）表示的 2 个 HEX 数。因此首先必须将数据格式中从站号到数据之间的 HEX 数换成 ASCII 码，然后再进行总和校验码计算。人工计算如下：

$$0 \quad 1 \quad F \quad A \quad 1 \quad 0 \quad 2$$
$$30H \quad 31H \quad 46H \quad 41H \quad 31H \quad 30H \quad 32H$$

总和 = 30H + 31H + 46H + 41H + 31H + 30H + 32H = 15BH。取低 8 位为 5B，填入总和校验码，一个完整的正转运行控制的数据格式就编写好了。

数据格式编写好后，剩下的问题就是如何编制通信程序了。这在第 9 章中将详细介绍。

2．频率写入数据格式的编写

【例 4】编写站号为 02 的变频器正转运行，运行频率为 25.5Hz 的数据格式。

这条控制命令有两个内容：一是控制正转运行，二是指定频率为 25.5Hz。因此必须编写两条控制信息。控制正转运行的数据格式在例 1 中已经介绍，这里不再重复，只重点介绍运行频率的编写。

查指令代码表，编号 5 为设定频率写入，见表 8-13。这里，由最后一列可知，设定频率写入数据格式的频率的数据位数是 4 位 HEX 数。

表 8-13 指令代码表：设定频率写入

5	设定频率读出 （E²PROM）	H6E	读出设定频率（RAM 或 E²PROM）	4 位
	设定频率读出 （RAM）	H6D	H0000～H9C40：单位 0.01Hz（十六进制）	（6 位）
	设定频率写入 （E²PROM）	HEE	H0000～H9C40：单位 0.01Hz（十六进制） （0～400.00Hz）	4 位
	设定频率写入 （RAM）	HED	频繁改变运行频率时，请写入到变频器的 RAM （指令代码：HED）	（6 位）

将频率写入 RAM，其指令代码为 HED，在"说明"中可以看到其单位为 0.01Hz，这是频率基本设定单位。通信协议规定写入的频率值必须是以基本设定单位的整数倍写入。例如写入 5Hz，其写入值为 5÷0.01=500。如果写入值是 2550，即实际写入频率值为 2550×0.01=25.5Hz。由于数据格式是以 HEX 数编写的，还要把十进制转换成十六进制。

如上所述，控制要求运行 25.5Hz，则 25.5÷0.01=2550=H09F6。查表 8-10，频率写入数据格式为 A，根据控制要求，频率写入的数据格式编写见表 8-14。

表 8-14　频率写入数据格式

ENQ	站　号	指令代码	t	数　据	总和校验码
H05	0　2	E　D	1	09F6	0　1

总和 ＝ 30H＋32H＋45H＋44H＋31H＋30H＋39H＋46H＋36H ＝ 201H。取低 8 位为 01。

这个例子说明两点：

第一，当 PLC 与变频器通信时，如果涉及相关物理量的通信（频率、电流、电压、时间等），都必须弄清楚其基本设定单位，然后把通信要求变成最小设定单位的整数倍（要求值÷设定单位），还要再转换成十六进制数才能填入到数据格式中去。

最小设定单位也表示模拟量的精度。例如，频率的最小设定单位为 0.01Hz，通信控制时频率的设定只能精确到 0.01Hz。25.52Hz 可以接收，而 25.525Hz 就不能够被接收。

第二，当 PLC 与变频器通信时，一帧数据格式只能完成一个通信功能要求。当要求改变时或有不同要求时（如正转变停止、频率值改变等），都必须编写不同的数据格式进行传送。这一点，使通信程序的编写变得十分复杂和庞大。

3．状态监视数据格式的编制

【例5】要求在触摸屏上显示 05 号变频器的输出电流当前值。

这里不讨论如何在触摸屏上显示。我们关心的是如何读出输出电流当前值。

查附录 B "三菱 FR-E500 参数数据读出和写入指令代码表"，编号 2，监视中输出电流指令代码为 H70，基本设定单位为 0.01A，数据位为 4 个 HEX 数。见表 8-15 所示。

表 8-15　指令代码表：设定频率写入

编　号	项　目	指　令代码	说　明	数据位数
2	监视	H6F	H0000～HFFFF：输出频率（十六进制）最小单位 0.01Hz	4 位
			[Pr.37＝0.01～9998 时，转度（十六进制）单位 r/min]	（6 位）
		H70	0000～HFFFF：输出电流（十六进制）最小单位 0.01A	4 位
		H71	0000～HFFFF：输出电压（十六进制）最小单位 0.01Hz	4 位

查表 8-10，对变频器运行进行监控为格式 B。则其数据格式见表 8-16。

表 8-16　对变频器运行进行监控

ENQ	站　号	指令代码	t	总和校验码
H05	0　5	7　0	1	F　D

上面帧信息是 PLC 向变频器进行查询的，变频器收到信息后必须向 PLC 回传一个信息，即应答。在应答中告诉 PLC 当前的输出电流值，所以还必须掌控应答信息的数据格式及如何获得所要求的输出电流值。

查表 8-10，监控的应答格式是 E 和 E'，到底是 E 还是 E'，再看指令代码表。在输出电流这一行中数据位数为 4，这就是说应选数据区为 4 位的应答数据格式，对照 E 和 E'。格式 E 为 4 位数据区，而格式 E'是 2 位数据区，所以选择格式 E，则其应答格式 E 内容见表 8-17。

表 8-17　变频器向 PLC 回传数据格式

STX	站　号	读　出　数　据	ETX	总和校验码
H02	0　5	××××	H03	

　　上面数据格式不是用户编制的，是由变频器自动编写的。研究它的目的是所需要读出的数据在哪个位置上。由格式可知，××××为读出电流值。如何获得这个电流值呢？这一点，在第 9 章通信程序的编制中会详细讲解。

　　和写入频率一样，电流也是一个物理量，所应答的数据是一个十六进制数，它是电流最小设定单位的整数倍，还要把它还原成电流实际值（×0.01）。如果要送到触摸屏上显示，要把它转换成十进制数，并且还要还原成正常的十进制表示。当然，这一切都是由通信程序完成的。

　　上面的 3 个例子基本上包含了 PLC 通信控制变频器的数据格式的类型。有人说，这不就是一个填字游戏吗？不错，的确是一个填字游戏。如果你掌握了这个填字游戏，那么你就掌握了 PLC 变频器通信控制的基础。

4．参数写入数据格式的编制

　　【例 6】编写站号为 01 的变频器加速时间为 8s 的数据格式，设电动机功率为 0.4kW。

　　查附录 B "三菱 FR-E500 参数数据读出和写入指令代码表"，编号 9 为参数写入，其指令代码为 H80～HFD，见表 8-18。

表 8-18　指令代码表：参数写入和读出

9	参数写入	H80～0HFD	详见参数数据读出和写入指令代码表	4 位
10	参数读出	H00～H7B		

　　那么"加速时间"指令代码是多少呢？这时查参数数据读出和写入指令代码表，在"基本功能"中参数号为 7 是加速时间，其"数据代码"（即指令代码）为：读出 H07，写入 H87。这里是修改写入，所以指令代码为 H87，见表 8-19。

表 8-19　参数数据读出和写入指令代码表：加速时间

功　能	参　数　号	名　称	数　据　代　码		网络参数扩展设定（数据代码 7F/FF）
基本功能	0	转矩提升	00	80	0
	1	上限频率	01	81	0
	2	下限频率	02	82	0
	3	基波频率	03	83	0
	4	3 速设定（高速）	04	84	0
	5	3 速设定（中速）	05	85	0
	6	3 速设定（低速）	06	86	0
	7	加速时间	07	87	0
	8	减速时间	08	88	0
	9	电子过电流保护	09	89	0

那么 8s 如何编制呢？这时，必须查看三菱 FR-E500 变频器使用手册 Pr7 加速时间的应用说明（使用手册 P65）。查到在功率为 0.4kW 时其基本设定单位为 0.1s。按照例 2 所述，写入时间为 8÷0.1=80=H0050。查表 8-9，选用数据格式 A。其数据格式编制见表 8-20。

表 8-20 对变频器进行参数写入数据格式

ENQ	站　号	指令代码	t	数　据	总和校验码
H05	0 1	8 7	1	0 0 5 0	

5. 运行状态监控数据格式的编制

【例 7】编写监控站号为 01 的变频器的运行状态的数据格式。

查指令代码表，编号 4 为变频器状态监视，监视的内容有运转中、正反转、频率到达等多种，其指令代码为 H7A，数据位为 2 位，见表 8-21。

表 8-21 指令代码表：变频器状态监视

编　号	项　目	指令代码	说　明		数据位数
4	变频器状态	N7A	b7 ⎡0 0 0 0 0 0 1 0⎤ b0　　【例】 H 02 运行中　　H 80 报警停止	b0：变频器运行中 b1：正转 b2：反转 b3：频率到达 b4：过负荷 b5：— b6：频率检测 b7：发生报警	2 位

查表 8-9，对变频器运行进行监控为格式 B，则其数据格式见表 8-22。

表 8-22 对变频器运行进行监控数据格式

ENQ	站　号	指令代码	t	总和校验码
H05	0 1	7 A	1	

上面帧信息是 PLC 向变频器进行查询的，变频器收到信息后必须向 PLC 回传信息告诉 PLC 当前的变频器状态。查表 8-9，监控的应答格式是 E 和 E′，数据位数为 2，这就是说应选数据区为 2 位的应答数据格式。对照 E 和 E′，格式 E′为 2 位数据区，所以选择格式 E′，则其应答格式 E′内容见表 8-23。

表 8-23 变频器向 PLC 回传数据格式

STX	站　号	读 出 数 据	ETX	总和校验码
H02	0 1	× ×	H03	

回传的数据是 8 位二进制数，其中每个二进制位所表示的变频器运行状态含义指令代码已有说明。凡高位为"1"则表示状态存在。如欲将状态在 PLC 的输出口显示，则必须编制程序，先将该状态字节传送到组合位元件 KnMn，再控制输出口 Y，或直接传送到输出口 Y。

8.6.5　通信错误代码

PLC 与变频器进行通信时，如果计算机发出的数据有错误，变频器将不接收这个数据，而且向 PLC 发送有错误应答（起始码为 NAK），并在应答中告诉 PLC 错误代码，程序员可以通过查询错误代码、分析错误原因而纠正错误并给出正确程序。

错误代码及相应含义见表 8-24。

表 8-24　错误代码及相应含义表

错误代码	项　目	定　义	变频器动作
H0	计算机 NAK 错误	从计算机发出的通信请求数据被检测到的连续错误次数超过允许的再试次数	如果连续错误发生次数超过允许再试次数时将产生（E.PUE）报警并且停止
H1	奇偶校验错误	奇偶校验结果与规定的奇偶校验不相符	
H2	总和校验错误	计算机中的总和校验代码与变频器接收到数据不相符	
H3	协议错误	变频器以错误的协议接收数据，在提供的时间内数据接收没有完成或 CR 和 LF 在参数中没有用做规定	
H4	格式错误	停止位长不符合规定	
H5	溢出错误	变频器完成前面的数据接收之前，从计算机又发送了新的数据	
H6	—	—	—
H7	字符错误	接收的字符无效（在 0～9、A～F 的控制代码以外）	不能接收数据但不会带来报警停止
H8	—	—	—
H9	—	—	—
HA	模式错误	试图写入的参数在计算机通信操作模式以外或变频器在运行中	不会接收数据但不会带来报警停止
HB	指令代码错误	规定的指令不存在	
HC	数据范围错误	规定了无效的数据用于参数写入，频率设定，等等	
HD	—	—	—
HE	—	—	—
HF	—	—	—

8.7　三菱变频器 MODBUS RTU 通信协议

三菱电机在 500 系列变频器基础上开发了新一代的 700 系列变频器。与 500 系列相比，700 系列的各种功能增强很多，特别是网络通信功能大大增强。在 RS485 通信方面，除了支持三菱变频器专用协议外，还增加了支持 MODBUS RTU 通信协议功能。在通信接口上，除了 PU 通信接口外，还增加了独立 RS485 端子排（仅限 FR-A700 和 FR-F700 系列）和 USB 通信接口，此外，700 系列变频器支持通过 CC-LINK 总线与三菱 PLC 连接，对变频器进行运行控制、监视和参数修改。通过不同的通信选件可以连接到多种总线网络，如 PROFIBUS

—DP、Device—NET、LonWorks、EtherNet IP 和 CANopen 等。

8.7.1 通信规格和通信时序

1. 通信规格

三菱变频器 FR-A700 之 MODBUS RTU 协议规格表见表 8-25。

表 8-25 RTU 通信规格

项　　目		内　　容
通信协议		MODBUS RTU 协议
接口标准		EIA—RS485
连接台数		1:N（$N \leqslant 32$）设定为 0~247 站
通信速率		允许选择 300~38400bps
控制步骤		起止同步方式
通信方式		半双工方式
通信规格	数据位长	8 位
	起始位	1 位
	停止位	3 种选择：
	奇偶校验	无奇偶，停止位 2 位；偶校验，停止位 1 位；奇校验，停止位 1 位；
	错误校验	CRC 校验
	终端程序	无
等待时间设定		无

2. 通信时序

三菱 MODBUS RTU 协议的通信时序如图 8-35 所示。

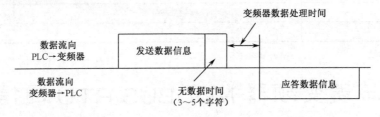

图 8-35　RTU 通信时序

由图可知，其时序相比三菱变频器专用通信协议简单很多。当 PLC 向变频器发送数据信息后，经过变频器的数据处理时间，变频器则向 PLC 发送应答数据信息。应答数据信息分正确应答和错误应答两种。如果数据传送正确，则返回正确应答格式（详见后）；如果发生功能码、地址码及数据区数据错误，则回传错误应答，在回传中并显示错误代码（详见后）。

8.7.2　三菱 FR-A700 变频器 RTU 通信参数设置

下面介绍一下利用 FR-A700 系列的 RS485 通信端子进行 MODBUS RTU 通信协议的通信控制。有关 PU 接口、USB 接口以及其他总线方式的通信控制，可参看 FR-A700 变频器使用手册和相关资料。

三菱 FR-A700 变频器参数见表 8-26。

表 8-26　FR-A700 变频器 MODBUS RTU 通信参数

参 数 号	名　　称	设 定 值	内　　容	出 厂 值
331	RS485 通信站号	0	变为广播通信	0
		1～247	指定变频器的通信站号	
332	RS485 通信速度	3,6,12,24,48 96,192,384	通信速率为设定值×100，例如果是 96，则为 96×100=9600bps	96
334	RS485 通信奇偶选择	0	无奇偶校验，停止位长 2 位	2
		1	奇校验，停止位长 1 位	
		2	偶校验，停止位 1 位	
343	通信错误指令	—	显示 MODBUS RTU 通信时的通信错误次数，仅能读取	0
539	MODBUS RTU 通信校验时间间隔	0	可以进行 MODBUS RTU 通信切换到 NET 运行模式后报警停止	9999
		0.1～999.8s	设定通信校验时间间隔	
		9999	不进行通信校验（断线检测）	
549	协议选择	0	三菱变频器专用通信协议	0
		1	MODBUS RTU 协议	

除表 8-26 所列变频器通信格式的参数外，与其相关的参数设置见表 8-27。

表 8-27　FR-A700 变频器 MODBUS RTU 通信相关参数

参 数 号	名　　称	设 定 值	内　　容	出 厂 值
79	操作模式选择	0～4,6,7	0、2、6 为网络运行模式	0
340	通信启动模式选择	0	参照 Pr79 的设定	0
		1,2	在网络运行模式下启动，设定值为 "2" 时，发生瞬间停止的情况下持续瞬间停止前的状态	
		10,12	在网络运行模式下启动	
338	通信运行指令权	0	通信	0
		1	外部	
339	通信速度指令权	0	通信	0
		1	外部（从通信进行的频率设定无效，从外部端子 2.1 设定有效）	
		2	外部（从通信进行的频率设定有效，从外部端子 2.1 设定无效）	

续表

参 数 号	名　称	设 定 值	内　容	出 厂 值
550	网络模式操作权选择	0	通信选件有效	9999
		1	RS485 端子有效	
		9999	通信选件自动识别，通常 RS485 端子有效；安装通信选件时，通信选件有效	
551	PU 模式操作权选择	1	将 PU 运行模式操作权作为 RS485 端子	2
		2	将 PU 运行模式操作权作为 PU 接口	
		3	将 PU 运行模式操作权作为 USB 接口	

注：在 PU 运行模式下，无法使用 MODBUS RTU 协议；使用 MODBUS RTU 协议时，551 设定为 2。

在 PLC 与 FR-A700 变频器进行 MODBUS RTU 通信前，先设置变频器通信参数，由通信参数的设置编写通信格式字，并将通信格式字存到 PLC 的 D8120 存储器中。

8.7.3　通信数据格式及其编制

1. MODBUS RTU 的数据格式解读

在介绍 MODBUS RTU 的数据格式前，希望读者再重新阅读在 8.5 节中关于 MODBUS 通信协议的讲解。对于三菱 FR-A700 变频器的 MODBUS RTU 通信协议来说，其数据格式和 8.5 节中介绍的一样，见表 8-28。

表 8-28　MODBUS RTU 数据格式信息帧

	地 址 码	功 能 码	数 据 区	CRC 校验码	
T	8 位	8 位	$n \times 8$ 位	2×8 位	T

（1）RTU 方式数据格式没有帧头和帧尾。MODBUS 通信协议 RTU 方式规定，信息帧的发送至少要以 3.5 个字符的时间间隔开始。网络设备在不断地侦测总线的停顿时间间隔，当第一个字符（地址码）被收到后，每个设备都要进行解码判断是否是发给自己的。在最后一个字符（校验码）被传送后，一个至少 3~5 个字符的停顿才标志发送结束。如果两个信息帧的时间间隔不到 3~5 个字符的时间间隔，即接收设备会认为第二个信息帧是第一个的延续，这将导致一个错误。因此，在设计通信程序时，必须在两个发送请求之间留有 3~5 个字符以上的时间。具体间隔时间与传输波特率有关（参看 8.4.1 节）。

（2）地址码。即变频器站号，占用两个 HEX 数，H00~HF7。

（3）功能码。MODBUS 协议常用功能码有 9 个（参看 8.5.4 节），但在三菱变频器 FR-A700 中常用的仅为 3 个，见表 8-29。功能码占用 2 个 HEX 数。

表 8-29　MODBUS 之功能码（常用）

功 能 码	名　称	功　能
H03	读保持存储器	读一个或多个保持存储器值
H06	写保持存储器	写入一个保持存储器值
H10	写多个保持存储器	写入一组连续保持存储器值

PLC 对变频器的通信控制就是通过读/写这些保持存储器进行的，三菱 FR-A700 变频器的 MODBUS RTU 协议的相关保持存储器的编号内容见附录 C "三菱 FR-A700 MODBUS 协议存储器"。

（4）数据区。数据区是功能码执行的对象。它由两部分组成，一是数据区的首地址，占用 4 个 HEX 数。数据区首地址是每个数据格式的数据区所必须有的。二是数据区的内容，它根据不同的数据格式有不同的内容，字符数也可长可短，为 $n×2$ 个 HEX 数（$n≤125$）。

FR-A700 的 MODBUS RTU 协议规定：数据区的首地址 = 保持存储器编号－40001（十进制数），得到首地址后，还必须转换成十六进制数（HEX 数）才能进行发送。下面举例加以说明。

【例 1】试写出读取运行频率的首地址。

查 "MODBUS 存储器——系列环境变量表"。读取运行频率存储器编号为 40014。

数据区首地址 = 40014 － 40001 = 0013 = H000D。

【例 2】试写出读/写参数加速时间首地址。

查 "MODBUS 存储器——参数表"。表中第一项说明存储器编号为 41000，参数加速时间的编号为 7，则加速时间存储器编号为 41007。

数据区首地址 = 41007 － 40001 = 1006 = H03EE。

（5）CRC 校验码。MODBUS RTU 协议采用 CRC 校验码。有关 CRC 校验码的算法及程序见 9.2.6 节。一般来说 CRC 校验程序在通信程序中是作为子程序处理的。由于 CRC 校验程序内容双重循环，运行时间需要长一些。所以，在设计通信程序时，对变频器的状态读取和显示的程序设计要考虑这个因素。

和其他校验不同的是，CRC 校验码是一个 16 位的校验码。其校验结果为 16 位二进制数，送入数字格式信息帧是低 8 位在前，高 8 位在后。

（6）三菱 FR-A700 变频器 MODBUS RTU 协议采用单字节数据传输，因此其数据处理模式为 8 位模式（即 M8161=ON）。使用 RS 指令传输时只对发送数据存储器的低 8 位进行传送，因此程序编制和三菱变频器专用通信协议一样。每 2 个 HEX 数存入一个发送数据存储器的低 8 位。不同的是，专用协议需先将 HEX 数变换成 ASCII 码再存入发送数据存储器，而 MODBUS RTU 协议是直接将从地址码到数据区的 HEX 数存入发送数据存储器。显然，程序设计简单很多，数据传送也快很多。

2．MODBUS RTU 通信协议数据格式编写

1）保持存储器的数据读取（功能码 H03）

读取数据格式用于读取运行模式状态、变频器运行状态、运行参数监视及变频器参数值等，由于是读取请求，变频器在应答中必须能将所要求读取的数据回传给 PLC，所以应答数据格式的分析非常重要。

读取数据格式见表 8-30。

变频器回传数据格式见表 8-31。

表 8-30　读取数据格式信息帧

地 址 码	功 能 码	存储器首址		读 取 个 数		CRC 校验码	
× ×	H 03	H × ×	L × ×	H × ×	L × ×	L × ×	H × ×

注：×表示 1 个 HEX 数（下同）

表 8-31　读取数据应答格式信息帧

地 址 码	功 能 码	字 节 数	回 传 数 据			CRC 校验码	
× ×	03	× ×	H × ×	L × ×	…… $n×16$	L × ×	H × ×

注：① 字节数内容读取个数的 2 倍填入。

　　② 回传数据根据读取格式回传，每 16 位为一回传内容。

【例 3】试写出读取运行频率的数据格式与应答数据格式。

分析：运行频率存储器 40014，故存储器首址为 H000D，数据格式见表 8-32。变频器回传数据格式见表 8-33。

表 8-32　读取运行频率数据格式信息帧

地 址 码	功 能 码	存储器首址		读 取 个 数		CRC 校验码	
× ×	03	00	0D	00	01	L	H

表 8-33　运行频率应答格式信息帧

地 址 码	功 能 码	字 节 数	回 传 数 据	CRC 校验码	
× ×	03	02	××××	L	H

【例 4】试写出读取 PID 控制设定值、测定值及偏差值的数据格式与应答格式。

分析：PID 控制设定值存储器 40252，且为 3 个数值的首地址，故存储器首址为：40252 － 40001=0251=H00FB。数据格式与回传格式分别见表 8-34 和表 8-35。

表 8-34　PID 控制值数据格式信息帧

地 址 码	功 能 码	存储器首址		读 取 个 数		CRC 校验码	
× ×	03	00	FB	00	03	L	H

表 8-35　PID 控制值应答格式信息帧

地 址 码	功 能 码	字 节 数	回传数据 1	回传数据 2	回传数据 3	CRC 校验码	
××	03	06	××××	××××	××××	L	H

2）一个保持存储器的数据写入（功能码 H06）

数据写入格式主要用于写入变频器运行控制命令、运行频率、运行模式等系统环境变量和修改变频器参数设定。

其数据格式和变频器回传格式完全相同，见表 8-36。

表 8-36 PID 控制值数据格式信息帧

地 址 码	功 能 码	存储器地址		写 入 数 据		CRC 校验码	
××	06	××	××	××	××	L	H

【例 5】试向变频器写入控制正转、运行频率为 40Hz 的数据格式。

分析：这里有两个数据格式，一是输入控制命令数据格式，二是运行频率输入数据格式。

输入控制命令存储器 40009，存储器地址为：40009–40001= 0008 = H0008。由控制输入命令定义查出，控制变频器运转命令为：正转 H02，反转 H04，停止 H00。写入控制正转数据格式见表 8-37。

表 8-37 正转控制数据格式信息帧

地 址 码	功 能 码	存储器地址		写 入 数 据		CRC 校验码	
××	06	00	08	00	02	L	H

运行频率存储器 40014，存储器地址为 40014–40001=0013=H000D。输入频率为 40Hz，写入数据为 40×100 = 4000 = H0FA0，频率写入数据格式见表 8-38。

表 8-38 运行频率输入数据格式信息帧

地 址 码	功 能 码	存储器地址		写 入 数 据		CRC 校验码	
××	06	00	0D	0F	A0	L	H

3）多个保持存储器的数据写入（功能码 H10）

该数据格式主要用于向多个保持存储器写入数据。但这多个保持存储器的编号必须连续。写入存储器的个数最多为 125 个。写入的顺序为首址+1 的数据（H，L），首地址+2 的数据（H，L）……直到所有。其写入数据格式见表 8-39。应答数据格式见表 8-40。

表 8-39 多个保持存储器写入数据格式信息帧

地 址 码	功 能 码	存储器首址	写 入 个 数	字 节 数	写 入 数 据 1	写 入 数 据 2
××	H10	××××	××	××	××××	××××

写入数据⋯⋯	CRC 校验码	
n×2×8	L	H

注：字节数内容为写入个数的 2 倍填入

表 8-40 多个保持存储器写入应答数据格式信息帧

地 址 码	功 能 码	存储器首址	写 入 个 数	CRC 校验码	
××	H10	××××	××	L	H

【例 6】试写出向变频器写入加速时间（Pr7）为 0.5s、减速时间（Pr78）为 1s 的数据格式。

分析：加速时间（Pr7）存储器为 41007，减速时间（Pr8）存储器为 41008。故存储器首地址为 41007 − 40001 = 1006 = H03EE。写入个数 2 个。加速时间 0.5×10 = 5 = H05，减速时间 1×10=10=H0A。写入数据格式见表 8-41。

表 8-41　多个保持存储器写入数据格式信息帧

地　址　码	功　能　码	存储器首址	写入个数	字　节　数	写入数据1	写入数据2	CRC校验码
××	H10	03EE	02	04	0005	000A	L　H

8.7.4　通信错误代码

当 PLC 所发送的数据格式信息帧发生功能码、地址码和数据区存在错误时，变频器会自动进行错误应答。按 MODBUS 通信协议规定，它是使用功能码的变化来指示是否有错误发生。对没有错误的正常应答，变频器仅回应相同的功能代码。对有错或异常的应答，变频器返回相同的功能代码时，将其最高位 b7 置 1（MODBUS 的功能代码，是 7 位二进制数 00H～7FH，其最高位 b7=0）。例如，功能代码为 03H 时，正常应答仍为 03H，而异议应答时则为 83H（1000 0011）。同时，变频器还应将错误代码放入数据区，告诉 PLC 发生了什么错误，PLC 应用程序得到异议应答后，典型的处理是重发信息，或诊断并报告。

FR-A700 变频器错误格式见表 8-42。

表 8-42　错误应答数据格式信息帧

地　址　码	功　能　码	错误代码	CRC校验码
××	80 +××	××××	L　H

错误应答中，功能码为 H80+功能码，即功能码 H03 的对应错误应答中，其功能码为 H83，H06 对应于 H86，H10 对应于 H90。而错误代码机器错误含义见表 8-43。

表 8-43　错误应答错误代码表

代码	错误项目	错误内容
01	功能码不正确	存在变频器无法处理的功能代码
02	地址不正确	存在变频器无法处理的存储器地址（无参数，不允许读取写入参数）
03	数据不正确	存在变频器无法处理的数据（参数写入范围外，有指定模式及其他错误）

但如果发生如表 8-44 所示的奇偶、CRC 等错误内容，变频器无错误应答，也不报警停止。

表 8-44　错误不应答项目

错误项目	错误内容
奇偶错误	变频器接收的数据与奇偶的指定不相同
帧错误	变频器接收的数据与停止位长的指定不相同
溢出错误	变频器接收完数据前，从 PLC 发送过来下一个数据
信息帧错误	检测信息帧的数据长，如果接收的数据未满 4 字节，视为错误
CRC校验错误	通过 CRC 校验，如果信息帧的数据与计算机结果不一样，视为错误

在通信中，如果发生通信错误（指产生错误应答的通信错误），可以在输出开关量端口（Pr190～Pr196 中分配）输出通信错误报警信号。这时，只要将被选中的开关量端口设置为轻故障输出信号（LF）即可，其设定值为 98。

8.8 通信协议小结

下面对本章做一个小结。

本章主要介绍了通信接口标准——RS232/RS485 接口标准、MODBUS 通用通信协议、三菱变频器专用通信协议及三菱 MODBUS RTU 通信协议。其中，要求大家重点学习和掌握的是通信格式和数据格式。

通信格式是在网络上两个通信设备之间的字符传输的通信规程。如果在一个控制网络上，每台设备都有不同的通信格式，虽然看似作为主站的 PLC 可以与每台设备进行双向通信（不断地改写 PLC 中的通信格式字以适应不同的设备），但实际上并不可行，因为通信格式字送入 PLC 后，必须重新开机才能确认，这是做不到的。所以，在同一通信网络上通信格式必须保持一致。因此，在选用控制设备时，就必须仔细研究它的通信参数。尽量使它的通信参数设置能与设计的通信格式一致。通信格式确定后，还必须考虑设备的通信接口是否相同，如果接口不同，就必须进行转换，否则也不能进行通信。

数据格式是两个控制设备之间进行信息传输的通信规程。两个控制设备都必须遵守这个通信规程。在 PLC 与控制设备的主从式通信方式中，PLC 是通信主站，它是通过编制通信程序来和从站控制设备来进行通信的。而作为通信从站的通信设备则因生产商不同，可能具有不同的通信协议和数据格式。当 PLC 欲与某个控制设备进行通信时，它只要按照该控制设备通信协议所规定的数据格式编写相应通信程序即可。因此原则上来说，PLC 可与任意具有相同接口、相同通信格式的控制设备进行通信，关键是要掌握控制设备的数据格式及其具体编写。

综上所述，通信接口、通信格式和数据格式是串行异步传送通信协议的全部内容，称为串行异步传送通信三要素。而通信格式和数据格式是学习各种通用、专用通信协议的重点，是编制串行异步传送通信程序的基础，它是能学好本书，并能举一反三、灵活运用的关键所在。

第9章 三菱 FX PLC 与三菱变频器 通信控制

在 PLC 与控制设备的通信控制中，利用串行通信指令 RS 来编制通信控制程序是一种经典的设计方法。RS 指令又称为自由口通信指令、无协议通信指令，应用范围广泛。原则上说，只要掌握了控制设备的通信协议，就可以利用 RS 指令编制出 PLC 对控制设备的通信控制程序。

本章重点讨论三菱 PLC 与三菱变频器的串行通信指令 RS 经典法程序编制方法。对程序编写的过程进行详细讲解，列举大量应用实例，读者学完后马上就可以进行实际应用，因此，本章是 PLC 和变频器通信控制学习快速入门和应用的极其重要的一章。

9.1 通信程序常用编程知识

9.1.1 常用功能指令

在设计通信程序时，经常会用到如下一些功能指令和逻辑指令。对这些指令的功能，本书不再详细解读。如果对它们的功能和使用还不是很熟悉，可查阅 FX_{2N} 编程手册，并尽快熟悉它们的功能和使用，否则，编写通信程序将十分困难。

传送指令	MOV，BMOV
比较指令	CMP，ZCP
置位、复位指令	SET，RST
区间复位指令	ZRST
加 1、减 1 指令	INC，DEC
算术运算指令	ADD，SUB，MUL，DIV
逻辑位运算指令	WAND，WOR，CML，WXOR，NEG
触点比较指令	LD=，>，<，≥，≤，<>等
程序转移指令	CALL，SRET；EI，IRET；FOR，NEXT
边沿微分输出指令	PLS，PLF

除了常用的功能指令和逻辑指令外，还有一些专用的通信指令也要熟悉，下面详细说明。

9.1.2　寻址方式

寻址就是寻找操作数的存放地址。大部分指令都有操作数，而寻址方式的快慢直接影响到 PLC 的扫描速度。了解寻址方式也有助于加强对指令（特别是功能指令）的执行过程的理解。单片机、微机中的寻址方式较多，而 PLC 的指令寻址方式相对较少，一般有下面三种。

1. 直接寻址

操作数就存放在数据的地址。基本逻辑指令都是直接寻址方式。

2. 立即寻址

立即寻址的特点是操作数（一般为源址）就是一个十进制或十六进制的常数。

3. 变址寻址

三菱 FX_{2N} 有两种特别的数据存储器，称为变址存储器 V 和 Z，每种各有 8 个存储器：V0～V7，Z0～Z7。它们除了和通用数据存储器一样用做数值存储外，主要是用于运算操作数地址的修改。利用 V、Z 来进行地址修改的寻址方式称为变址寻址。可以用变址存储器进行变址的编程元件有 X、Y、M、S、T、C、KnX、KnY、KnM、KnS 和常数 K/H。具体的变址方式解读如下：

$$MOV \quad D5V0 \quad D10Z0$$

这是一条传送指令，D5V0 表示操作数的源址，即要传送数据存放的地址。而 D10Z0 表示操作数的终址，即要传送数据存放的地址。简单地说，就是把 D5V0 中的数传送到 D10Z0 中存储。那么 D5V0 地址是多少？D10Z0 地址是多少？D5V0 表示从 D5 开始向后偏移（V0）个单元存储器就是要传送数据存放的地址存储器。如果 V0=K8，则从 D5 开始向后偏移 8 个单元的存储器（即 D5+8=D13）是要传送数据存放的源址。同理，如果 Z0=K10，D10Z0 表示从 D10 开始向后偏移 10 个单元的存储器（即 D10+10=D20）是传送数据存放的终址。解读这条传送指令执行是把 D13 所存的数据存储到 D20 存储器中。

由以上分析可以看出，变址寻址是利用变址存储器 V、Z 来进行地址的修改。V、Z 是地址的修改偏移量。变址寻址实际上是一种间接寻址方式，是一种复杂的寻址方式。变址寻址多用在功能指令中。

下面举几个例子来说明变址寻址的原理和应用。

【例 1】如图 9-1 所示，如果(D5)=K100，(V0)=10，(D15)=K300，指令执行后(D100)=？

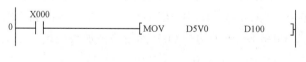

图 9-1　变址寻址例 1

这是一条传送指令，D5V0=D5+10=D15 是把 D15 的内容送到 D100。(D15)=K300，所以 (D100)=K300。

【例 2】如图 9-2 所示，如果 (D0)=H0032，(V2)=H0010，(D10)= H000F，(D16)=H0010，指令执行后，哪几个输出口 Y 置 "1"？

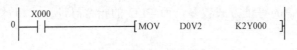

图 9-2　变址寻址例 2

分析：(V2)=H0010=K16，D0V2=D0+16=D16，即把 D16 内容对输出口 Y0～Y7 进行控制，对应关系如下：

(D16)　0 0 0 0 0 0 0 0 0 0 0 1 0 0 0 0　(H0010)

Y　　　　　　　　　　　　Y_7 Y_6 Y_5 Y_4　Y_3 Y_2 Y_1 Y_0

可见，仅 Y5 输出置 "1"。

在通信程序中，校验码的计算经常用到数据求和。如果要设计一个累加程序，不用间接寻址的话，就要每两个数用一次加法指令 ADD，直到所有被加数加完才得到结果，程序非常冗长，占用很多存储空间，而且指令执行时间也加长。如果利用变址寻址，则程序设计会变得非常简单。

【例 3】把 D11～D20 的内容进行累加，结果送到 D21。应用变址寻址程序设计如图 9-3 所示。

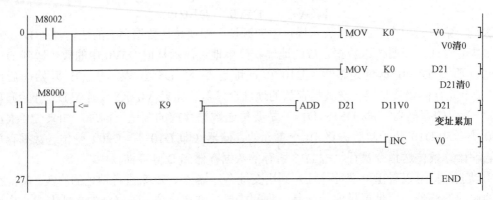

图 9-3　变址寻址累加程序

第一次执行，V0=0，为 (D21)+ (D11)→(D21)，D21 中数为 D11。

第二次执行，V0=1，为 (D21)+ (D12)→(D21)，D21 中数为 (D11)+(D12)。

第三次执行，V0=2，为 (D21)+ (D13)→(D21)，D21 中数为 (D11)+(D12)+(D13)。

以后每执行一次（V0+1），则（D11+V0）为新的被加数地址，依此类推，直到 V0 等于 9 为止，最后就是 (D11)+(D12)+(D13)+……+(D20)→(D21)。

【例 4】思考题：如图 9-4 所示，执行程序后，D104=？

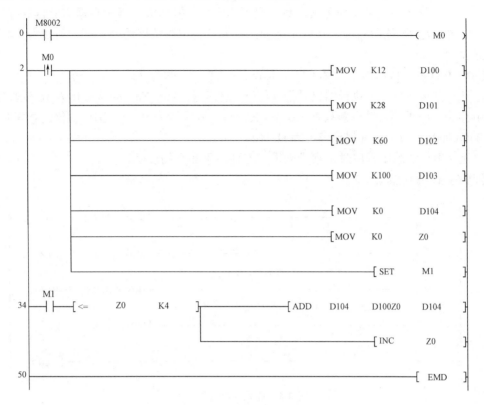

图 9-4　思考题程序

答案：(D104) = K200

9.1.3　组合位元件应用

位元件 X、Y、M、S 是只有两种状态的编程元件，而字元件是以 16 位存储器为存储单元的处理数据的编程元件。但是字元件也是由只有两种状态的位组成的。如果对位元件进行组合，如用 16 个 M 元件组成一组位元件并规定 M 元件的两种状态分别为 "1" 和 "0"，如接通表示 "1"，断开表示 "0"。这样，由 16 个 M 元件组成的 16 位二进制数则也可以看成一个 "字" 元件。例如，K4M0 为 16 个 M 软元件，M0～M15 并规定其顺序为 M15、M14、…、M0，则如果其通断状况为 0000 0100 1100 0101（即 M0、M2、M6、M7、M10 为通，其余皆为断），这也是一个十六进制数 H04D5。这样就把组合位元件和字元件联系起来了。

三菱 FX_{2N} 对组合位元件有如下一系列规定。

（1）组合元件的助记符是：Kn +组件起始号。

其中，n 表示组数，起始号为组件最低编号。

（2）组合位元件的位组规定 4 位为一组，表示 4 位二进制数，多于一组以 4 的倍数增加，例如 K2X0 表示 2 组 8 位组合位元件，X7～X0。

K8M10 表示 8 组 32 位组合位元件 M41～M10。

（3）组合位元件既可作为源操作数，也可作为目的操作数，当对数据存储器进行数据处理时，如果不足 16 位则高位为 0 或不处理，位元件各位则按接通为"1"、断开为"0"进行数据处理。

【例 5】试说明传送指令 MOV K4X0 D10 的含义。

这是一条传送指令，执行结果是把 4 组 X 元件，按 X0～X17 的状态作为 16 位数据送入 D10 中存储，如果输入继电器只有 X0=1，X17=1，其余皆为 0，则 D10 存储的数据是 1000 0000 0000 0001，用十六进制数表示为 H8001。

位元件组合在编制程序时，常带来很多方便，下面举例说明。

【例 6】试说明如图 9-5 所示程序的执行功能。

图 9-5　位元件组合程序 1

K2M0 是 K4M0 的低 8 位，K2M8 则是 K4M0 的高 8 位。程序的执行功能是把 D0 的低 8 位送到 D1，高 8 位送到 D2。

【例 7】结合 8.6.4 节例 5 的内容，编制从输出口 Y 显示变频器频率到达、过载和故障报警的控制程序，假设读取变频器状态内容存在存储器 D100 中。

控制程序如图 9-6 所示。

图 9-6　位元件组合程序 2

9.1.4　逻辑位运算

逻辑位运算在数字量处理中非常有用，在数字量的处理中，经常要把两个 n 位二进制数进行逻辑运算处理，其处理的方法是把两个数**相对应的位进行位与位的逻辑运算**，这就称为数字量的**逻辑位运算**。

1. 位与

参与运算的数据量，如果相对应的两位都为 1，则该位的结果值为 1，否则为 0。例如：

```
      0001    0010    0011    0100
  ×   0000    0000    1111    1111
      ————————————————————————————
      0000    0000    0011    0100
```

位与常用于将某个运算量的某些位清零或提取某些位的值，用"0 与"则清零，用"1 与"则保留或提取位值。

在 FX$_{2N}$ PLC 中完成位与的是逻辑运算指令 WAND。利用 WAND 指令可以对存储器清零，也可以提取某些位值。

【例 8】指令 WAND 的应用：

对 D20 清零　　　　　　　　WAND　H0000　D20　　D20

取 D10 低 8 位存 D11　　　　WAND　H00FF　D10　　D11

取 D10 高 8 位存 D12　　　　WAND　HFF00　D10　　D12

取 D10 的 b5 位送 M4　　　　WAND　H0010　D10　　K4M0

2. 位或

参与运算数字量，如果相对应的两位都为 0，则该位的结果值为 0，否则为 1。例如：

```
      0001    0010    0011    0100
  +   0000    0000    1111    1111
      ————————————————————————————
      0001    0010    1111    1111
```

位或常用于将某个运算量的某些位置 1，用"1 或"则置 1，用"0 或"则保留或提取位值。

在 FX$_{2N}$ PLC 中完成位或的是逻辑运算指令 WOR。利用 WOR 指令，可以对存储器置 1，也可以提取某些位值。

【例 9】指令 WOR 的应用：

对 D20 置 1　　　　　　　　WOR　HFFFF　D20　　D20

取 D10 的 b5 位送 M4　　　　WOR　HFFDF　D10　　K4M0

3. 位反

将参与运数字量的相对应位的值取反，即 1 变 0，0 变 1。例如：

```
  A    0001    0010    0011    0100
  A    1110    1101    1100    1011
```

在 FX$_{2N}$ PLC 中完成位反运算的是取反指令 CML。

4. 按位异或

参与运算数字量，如果相对应的两位相异，则该位的结果为 1，否则为 0。例如：

$$\begin{array}{cccc}
& 0001 & 0010 & 0011 & 0100 \\
\oplus & 0000 & 0000 & 1111 & 1111 \\
\hline
& 0001 & 0010 & 1100 & 1011
\end{array}$$

按位异或有"与 1 异或"该位翻转、"与 0 异或"该位不变的规律，即用"异或 1"则置反，用"异或 0"则保留。

在 FX$_{2N}$ PLC 中完成异或运算的是逻辑运算指令 WXOR。利用 WXOR 指令可以对数据位取反，也可保留某些位。

9.1.5 特殊辅助继电器

在编制通信程序时，经常要用到一些触点利用型辅助继电器，如运行监视继电器 M8000、时钟脉冲继电器等。

这些特殊辅助继电器由 PLC 自行驱动线圈，用户只能利用其触点，所以在用户程序中不能出现线圈，但可利用其常开或常闭触点作为驱动条件。

常用的触点利用型特殊继电器见表 9-1。

表 9-1　特殊辅助继电器

特殊辅助继电器	功　能	时　序　图	说　　明
M8000	运行监视继电器	RUN　M8000	当 PLC 开机运行后，M8000 为 ON；停止执行时，M8000 为 OFF，M8000 可作为"PLC 正常运行"标志上传给上位计算机
M8002	初始脉冲继电器	RUN　1个扫描周期　M8002	当 PLC 开机运行后，M8002 仅在 M8000 由 OFF 变为 ON 时，自动接通一个扫描周期。可以用 M8002 的动合触点来使采用断电保持功能的元件初始化复位，或给某些元件置初始值
M8011	内部 10ms 时钟脉冲继电器	M8011　上电　10ms	当 PLC 上电后（不管运行与否），自动产生周期为 10ms 的时钟脉冲
M8012	内部 100ms 时钟脉冲继电器	M8012　上电　100ms	当 PLC 上电后（不管运行与否），自动产生周期为 100ms 的时钟脉冲
M8013	内部 1s 时钟脉冲继电器	M8013　上电　1s	当 PLC 上电后（不管运行与否），自动产生周期为 1s 的时钟脉冲
M8014	内部 1min 时钟脉冲继电器	M8014　上电　1min	当 PLC 上电后（不管运行与否），自动产生周期为 1min 的时钟脉冲

9.2　三菱 FX 系列通信指令解读

9.2.1　通信程序相关数据存储器和继电器

三菱 FX_{2N} PLC 利用串行通信传送指令（俗称通信指令）RS 进行串行通信时，涉及下面几个数据存储器和标志继电器，现介绍如下。

1. D8120：通信格式字存储器

（1）通信前必须先将通信格式字写入该存储器，否则不能通信。
（2）通信格式写入后，应将 PLC 断电再上电，这样通信设置才有效。
（3）在 RS 指令驱动时，不能改变 D8120 的设定。

2. M8161：数据处理位数标志继电器

（1）M8161=ON，处理低 8 位数据；M8161=OFF，处理 16 位数据。
（2）M8161 为 RS、ASCI、HEX、CCD 指令通用，即这 4 个指令处理数据位数相同。
（3）如果处理低 8 位数据，必须在使用 RS 等指令前，先对 M8161 置 ON。

3. M8122：数据发送标志继电器；M8122=ON：数据发送

（1）在 RS 指令驱动时，为发送等待状态，仅当 M8122=ON 时数据开始发送。
（2）发送完毕后 M8122 自动复位。

4. M8123：数据接收标志继电器

（1）数据发送完毕，PLC 接收回传数据，回传数据接收完毕后 M8123 自动转为 ON，但它不能自动复位。
（2）M8123 自动转为 ON 期间，应先将回传数据传送至其他存储器地址后，再对 M8123 复位，再次转为回传数据接收等待状态。

读者可能一时难以理解上述相关数据存储器和标志继电器，以后在编制通信程序时，再慢慢加以消化理解。

9.2.2　串行通信传送指令 RS

1. 指令形式和解读

串行通信指令 RS 的指令格式如图 9-7 所示。

解读：当 X0 接通时，告诉 PLC 以 S 为首址的 m 个数据等待发送，并准备接收最多 n 个数据，存在以 D 为首址的存储器中。

图 9-7　串行通信传送指令 RS

可用软元件：S、D 可用 D 存储器；m、n 可用 D 存储器，K、H 为 0～256。

下面举例具体说明指令功能。

【例 1】串行指令 RS 如图 9-8 所示，试说明其执行功能。

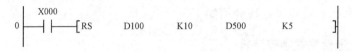

图 9-8　串行指令 RS 例

这个指令的意思是，有 10 个存在 PLC 的 D100～D109 中的数据等待发送。最多接收 5 个数据并依次存在 PLC 的 D500～D504 中。S 和 m 是一组，D 和 n 是一组，这是两组不相干的数据，具体多少根据通信程序确定，但 S 和 D 不能使用相同编号的数据存储器。m、n 也可以使用 D 存储器，这时，其发送和接收的数据个数由 D 存储器内容决定。

这里的发送数据就是 PLC 向变频器（或其他控制设备）所发送的数据，而接收数据是 PLC 接收变频器的应答数据。

RS 只是一个通信指令，在通信前必须将发送数据存在规定的数据单元中。RS 不是一个发送指令，仅是一个发送准备指令，也就是说，当 X0 闭合时，PLC 处于发送准备状态，也做好了接收准备工作。只有发送请求到达后，才把数据发送出去。

初学者常常遇到数据个数确定的问题，m 和 n 主要是根据数据格式的字符数来确定的，m 和 n 不一定相同，不需要回传数据，n 可设为 K0，也可设为大于数据格式的字符数。在三菱 FR-E500 变频器的专用协议中，数据格式有很多种，每种格式的字符数都不一样，一旦选好数据格式（查询及应答），则马上就可以确定 m、n 的数值。例如 8.6.4 节例 3，其查询格式为 8 个字符，m=8；其应答格式为 10 个字符，则 n=10。

2. 应用

RS 指令在运用时注意以下两点：

（1）RS 指令在使用前，必须先将通信格式字写入 D8120 并设置数据处理位数继电器 M8161。

M8161 有两种模式，当 M8161=ON 时，处理低 8 位数据；当 M8161=OFF 时，处理 16 位数据。不过大多数变频器都采用 8 位数据。

RS 指令前置程序如 9-9 所示。

M8000 为 RUN 常 ON 特殊继电器，M8002 为开机脉冲输出特殊继电器。

（2）RS 指令在程序中可多次使用，但每次使用的发送数据地址和接收数据地址不能相同，而且不能同时接通两个或两个以上 RS 指令。一个时间只能有一个 RS 指令接通。

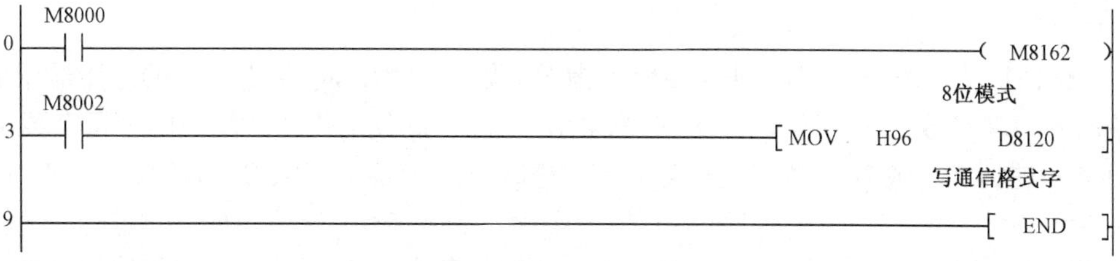

图 9-9　串行指令 RS 前置程序

为什么会使用多次 RS 指令，一是因为从站设备不同，二是因为数据格式不同。RS 指令在一个程序中可以根据不同的数据格式分时进行数据准备，这时，不同的 RS 指令，其发送数据和接收数据的地址不能相同。

（3）在实际应用时，为了节省存储器容量，常常用一条 RS 指令对多种内容的数据格式信息帧进行发送准备。这时，编制程序要求：

① 指令中 m 应由多种数据格式信息帧中长度最长的确定，同样，回传数据中也以数据格式最长的来确定 n。

② 为保证通信正常，每一时刻只能有一种数据格式信息帧内容被发送。应在程序中采取三种确保措施：一是定时对 RS 指令刷新，即定时对 RS 指令进行通、断处理；二是对所有的发送程序段加上互锁环节；三是采用分时扫描程序分别发送。

9.2.3　HEX→ASCII 变换指令 ASCI

1. 指令形式和解读

1）指令形式和解读

HEX→ASCII 变换指令形式如图 9-10 所示。

```
  X0
──┤├──  │ ASCI │  S  │  D  │  n  │

        指令符    十六进制数   ASCII码    字符
        FNC82      首址        首址      个数
```

图 9-10　HEX→ASCII 变换指令 ASCI

解读：将以 S 为首址的存储器内的十六进制数转换成相应 ASCII 码，存放在以 D 为首址的存储器，n 为转换的十六进制字符个数。

可用软元件 S 可使用全部字软元件；D 使用除 K、H、KnX 和 V、Z 外的所有字软元件；n 为 K、H 数，且 1≤n≤256。

2. 应用

ASCI 指令也有两种数据模式：16 位数据模式和 8 位数据模式。一个 16 位的 D 存储器存 4 个十六进制数，如果转换成 ASCLL 码，则要 2 个 16 位的 D 存储器存放。如果仅用存储器的低 8 位存放 ASCII 码，那就要 4 个 16 位 D 存储器，这就是 16 位模式和 8 位模式的区别。

当 M8161 设定为 16 位模式时，ASCI 指令的解读变为：将 S 为首址的存储器中的十六进制数的各位转换成 ASCII 码，向 D 的高 8 位、低 8 位分别传送。转换的字符个数用 n 指定（即十六进制字符数）。一个 S 是 4 个十六进制数，转换后 ASCII 码必须有 2 个 D 来存放。

当 M8161 设定为 8 位模式时，ASCI 指令的解读变为：将 S 为首址的存储器中的十六进制数的各位转换成 ASCII 码，向 D 的低 8 位传送，D 的高 8 位为 0。n 为转换 ASCII 码的字符个数（即十六进制字符数）。一个 S 是 4 个十六进制数，转换后 ASCII 码必须有 4 个 D 来存放。其具体存放方式可通过一个例题来说明。

【例 2】程序如图 9-11 所示，如果执行前(D10) = DCBAH，(D11) = 1234H。试说明 16 位数据模式和 8 位数据模式时转换后的 ASCII 码存放地址。

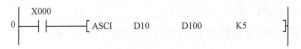

图 9-11　ASCII 指令应用程序

则 16 位数据模式执行后见表 9-2。

表 9-2　16 位数据模式执行后 ASCII 码存放地址

n	K1	K2	K3	K4	K5	K6
D100 低 8	【A】	【B】	【C】	【D】	【4】	【3】
D100 高 8		【A】	【B】	【C】	【D】	【4】
D101 低 8			【A】	【B】	【C】	【D】
D101 高 8				【A】	【B】	【C】
D102 低 8					【A】	【B】
D102 高 8						【A】

注：（1）【A】表示 A 的 ASCII 码，即 H41。其余同，下表同。

（2）空白处表示存储内容无变化，下表同。

8 位数据模式执行后见表 9-3。

表 9-3　8 位数据模式执行后 ASCII 码存放地址

n	K1	K2	K3	K4	K5	K6
D100 低 8	【A】	【B】	【C】	【D】	【4】	【3】
D101 低 8		【A】	【B】	【C】	【D】	【4】
D102 低 8			【A】	【B】	【C】	【D】
D103 低 8				【A】	【B】	【C】
D104 低 8					【A】	【B】
D105 低 8						【A】

在三菱变频器专用通信协议中，规定了以 ASCII 码方式进行通信传输，采用 8 位数据模式。因此，这里重点研究一下 8 位数据模式下的转换规律。

表 9-3 显示了 8 位数据模式执行转换后字符的 ASCII 码存放规律。这个规律是被转换字符的最低位（表中【A】）转换后存放在（D+n-1）单元，然后按字符由低到高依次存放在（D+n-2）、（D+n-3）、……、（D+n-n）单元。例如 n=K3 时，表示有 3 个字符被转换，即 A、B、C。最低位 A 的 ASCII 码 41H 存放在（D100+3-1）=D102 单元，而 B、C 则依次存放在 D101、D100 单元中。

因此，指令的关键数是 n，n 既是被转换字符的个数，也是存放 ASCII 码的存储器的个数；同时，n 还显示了最低位字符转换成 ASCII 码后的存储单元地址，即 D+n-1。由低位向高位数减去第 m 个字符，存储单元地址是 D+n-m。

在许多通信协议中，它的数据传输要求是以 ASCII 码进行传输，如 MODBUS 协议的 ASCII 通信方式。三菱变频器专用通信协议也规定了数据格式使用十六进制数，数据在 PLC 和变频器之间使用 ASCII 码传输。ASCI 指令正好担当了这个任务。

【例 3】如果（D10）=2CBFH，（D11）=10A4H。M8161=ON，执行 ASCI 指令 [ASCI　D10　D105　K8] 后，（D108）=？　（D106）=？

分析：M8161=ON，8 位数据模式。n=8，有 8 个字符被转换成 ASCII 码，则，D108=D105+8-5，m=5，所以（D108）=34H（4）。同理，D106=D105+8-7，m=7，（D106）=30H（0）。

9.2.4　ASCII→HEX 变换指令 HEX

1. 指令形式和解读

ASCII→HEX 变换指令形式如图 9-12 所示。

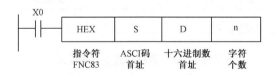

图 9-12　ASCII→HEX 变换指令 HEX

解读：把 S 为首址的存储器中 ASCII 码字符转换成十六进制数，存于 D 为首址的存储器中，n 为转换的十六进制字符数。

可用软元件 S 可使用除 V、Z 外的所有字软元件；D 使用除 K、H、KnX 外的所有字软元件；n 为 K、H 数，且 1≤n≤256。

2. 应用

同样，HEX 指令也有两种数据模式，当 M8161 设定为 16 位模式时，HEX 指令的解读是把 S 为首址的存储器中的高低各 8 位的 ASCII 码转换成十六进制数，每 4 位十六进制数存放在 1 位 D 存储器中。转换的字符个数用 n 指定。

HEX 指令 8 位数据模式解读是：把 S 为首址的存储器中的低 8 位存储的 ASCII 码转换成十六进制数，存放在 D 存储器中。每 4 位十六进制数存放在 1 位 D 存储器中。转换的字符个数用 n 指定。

它的转换正好与 ASCI 指令相反，ASCI 指令是把 1 位十六进制数变成 2 位 ASCII，它是把 2 位 ASCII 变成 1 位十六进制数存进去。16 位模式时，每 2 个 S 向 1 位 D 传送。8 位模式时，每 4 个 S 向 1 位 D 传送。下面通过例题来说明存放方式。

【例 4】程序如图 9-13 所示，16 位数据模式。设(D100) =【1，0】，(D101) =【3，2】，(D102) =【B，A】，(D103) =【D，C】。试说明 16 位数据模式和 8 位数据模式时转换后的 HEX 存放地址。

说明：【1，0】表示(D101)存 2 个十六进制数的 ASCII 码，高 8 位存【1】，低 8 位存【0】。其他相同。

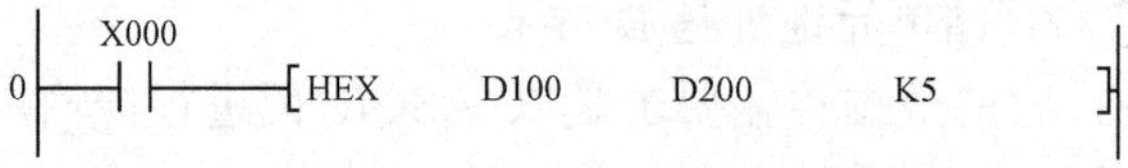

```
     X000
0 ─┤ ├───────[ HEX    D100    D200    K5      ]
```

图 9-13　HEX 指令应用

则 16 位数据模式执行后结果见表 9-4。

表 9-4　16 位数据模式执行后结果

n	D201	D200
K1		0H
K2		01H
K3		012H
K4		0123H
K5	0H	123AH
K6	01H	23ABH
K7	012H	3ABCH
K8	0123H	ABCDH

8 位数据模式执行后见表 9-5。

表 9-5　8 位数据模式执行后结果

n	D201	D200
K1		0H
K2		02H
K3		02AH
K4		02ACH

对照这两个表就会发现：16 位模式是把每个 S 存储器的两个 ASCII 码都转换成十六进制数存到 D 存储器中；8 位模式仅把每个 S 存储器的低 8 位的 ASCII 码转换到 D 存储器，而忽略高 8 位。

HEX 指令应用时必须注意：S 存储器的数据如果不是 ASCII 码，则运算错误，不能进行转换。尤其是 16 位模式时 S 的高 8 位也必须是 ASCII 码。

在 PLC 与变频器通信中，如果通信协议规定是用 ASCII 码传输，则变频器传送回来的数据也是 ASCII 码，所以必须利用 HEX 指令把它转换成十六进制数，PLC 才能进行处理。

【例 5】思考题：（D100）=3032H，（D101）=4142H，（D102）=3541H，（D103）=

3846H，（D104）=3930H，（D105）=3637H。执行程序如图 9-13 所示。试说明 16 位数据模式和 8 位数据模式时转换后，(D200) = ？(D201) = ？

　　答案：16 位数据模式：(D200) = 0BAAH，(D201) = 02H。

　　　　　8 位数据模式：(D200) = BAF0H，(D201) = 02H。

9.2.5　校验码指令 CCD

1. 指令形式和解读

校验码指令 CCD 指令形式如图 9-14 所示。

图 9-14　校验码指令 CCD

　　解读：将以 S 为首址的存储器中的 n 个数据进行求和校验，和存在 D 位，列偶校验码存在 D+1 位。

　　可用软元件 S 使用除 K、H、V、Z 外的所有字软元件；D 使用除 K、H、KnX、V、Z 外的所有字软元件；n 为 K、H 数和 D，且 $1 \leq n \leq 256$。

　　CCD 指令是针对求和校验设计的，求和校验的算法见 8.4.3 节。指令同时还设计了列偶校验码。8.4.3 节曾介绍过异或校验码，同时还说明异或校验码就是所有校验数据的列偶校验。因此，这条指令可以自动计算两个校验码：一个是求和校验，存在 D 位；另一个是异或校验码，存在 D+1 位。程序设计时必须注意这一点。

2. 应用

　　同样，CCD 指令也有两种数据模式，CCD 指令 16 位模式时的解读是把以 S 为首址的存储器中的 n 个 8 位数据，将其高低各 8 位的数据进行求和与列偶校验，和存在 D 存储器中。列偶校验码存在 D+1 位，注意，一个存储器有两个 8 位数据参与校验。

　　CCD 指令 8 位数据模式解读是：把以 S 为首址的存储器中的 n 个低 8 位进行求和与列偶校验，和存在 D 存储器中，列偶校验码存在 D+1 位。

　　【例 6】16 位数据模式下，（D100）=3032H，（D101）=4142H，（D102）=3546H，求执行指令［CCD　D100　D0　K6］后，(D0) = ？(D1) = ？

D100 低	32H	0	0	1	1	0	0	1	0	
D100 高	30H	0	0	1	1	0	0	0	0	
D101 低	42H	0	1	0	0	0	0	1	0	
D101 高	41H	0	1	0	0	0	0	0	1	
D102 低	46H	0	1	0	0	0	1	1	0	
D102 高	35H	0	0	1	1	0	1	0	1	
和	1	0	1	1	0	0	0	0	0	= 160H = K352
列偶校验		0	1	1	1	0	0	1	0	= 72H

则(D0) = K352，(D1) = 72H。

【例 7】思考题一：如图 9-15 所示程序执行后，(D20) = ？(D21) = ？(D10) = ？(D11) = ？

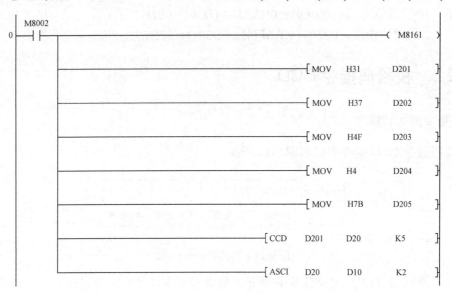

图 9-15　思考题程序 1

答案：8 位数据模式下，(D20) = K310 = H136，(D21) = 36H。(D10) = 33H，(D11) = 36H。

【例 8】思考题二：如图 9-16 所示程序执行后，(D10) = ？(D11) = ？

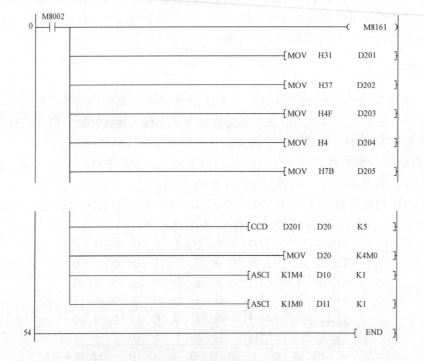

图 9-16　思考题程序 2

答案：8 位数据模式下，(D10) = 33H，(D11) = 36H，与例 7 答案一致。

9.2.6　常用校验码程序设计参考

在 8.4.3 节中，介绍了在通信控制中常用的几种数据格式校验码，这些校验码，某些可以人工算出，也可以编制程序自动算出；某些则必须通过编制程序算出。本节介绍利用 FX$_{2N}$ 指令的常用校验码程序编写，供读者在编写通信程序时直接套用。当然，程序不是唯一的，仅是可行的，仅供参考。

1．求和校验

算法：将参与校验的数据求和，取其低 8 位为校验码。

设置：校验数据为 D1～Dn 共 n 个，校验码存于 D100 低 8 位。

程序编制如图 9-17 所示。

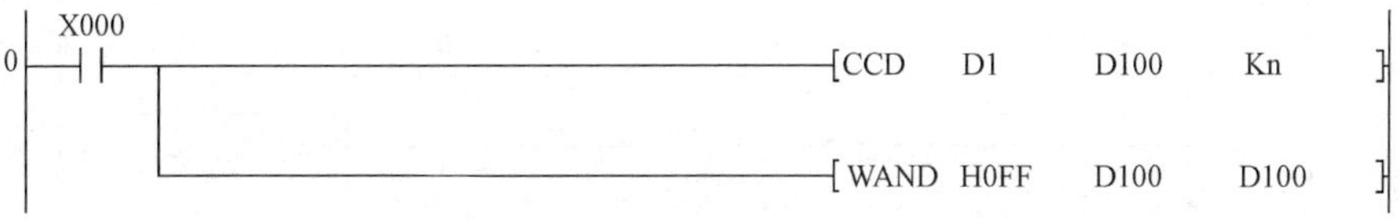

```
     X000
0 ─┤├─────┬──────────────────────[CCD    D1    D100    Kn    ]
          │
          └──────────────────────[WAND   H0FF  D100    D100  ]
```

图 9-17　求和校验程序

当数据以 ASCII 码方式传输时，校验还要求把十六进制校验码转换成 ASCII 码存到相应的存储器中，程序编制如图 9-18 所示。

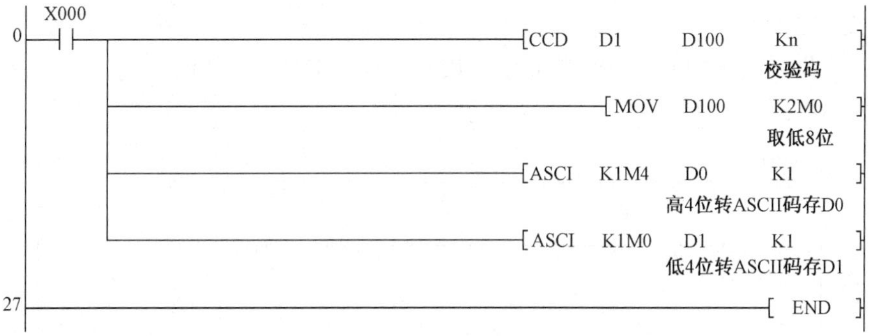

```
     X000
0 ─┤├─────┬──────────────────────[CCD    D1    D100    Kn    ]
          │                                        校验码
          ├──────────────────────[MOV    D100   K2M0   ]
          │                                        取低8位
          ├──────────────────────[ASCI   K1M4   D0     K1    ]
          │                                  高4位转ASCII码存D0
          └──────────────────────[ASCI   K1M0   D1     K1    ]
                                           低4位转ASCII码存D1
27 ─────────────────────────────────────────────[ END ]
```

图 9-18　数据以 ASCII 码传输时的求和校验程序

2．异或校验

算法：将参与校验的数据依次进行异或运算（按位异或，同为 0，异为 1），最后异或结果取其低 8 位为异或校验码。

设置：校验数据为 D1～Dn 共 n+1 个，校验码存于 D101 低 8 位。

程序编制如图 9-19。

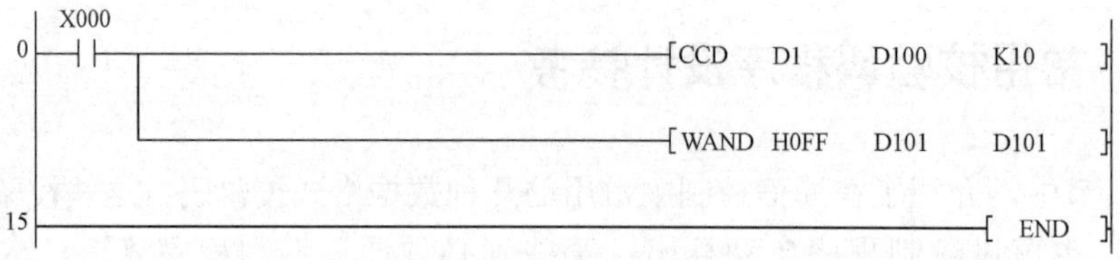

```
     X000
0 ──┤├──┬───────────────────────────[CCD    D1    D100    K10 ]
        │
        └───────────────────────────[WAND   H0FF   D101    D101 ]

15                                                         [ END ]
```

图 9-19 异或校验程序

3. LRC 校验

算法：将参与校验的数据求和，并将和的补码（低 8 位）作为校验码。

（1）直接求补码。

设置：校验数据为 D1～Dn 共 n 个，校验码存于 D100 低 8 位。

程序编制如图 9-20 所示。

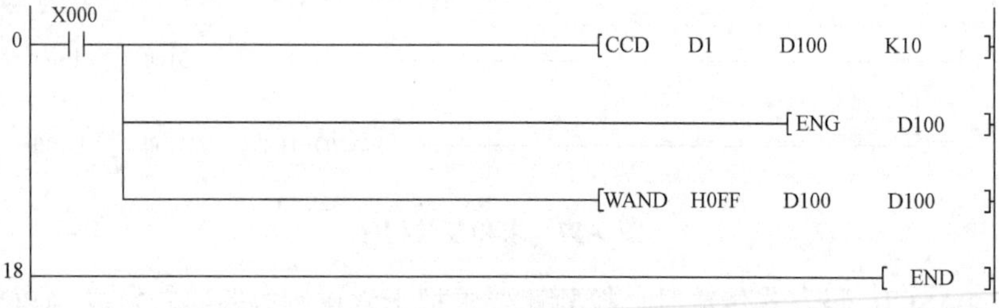

```
     X000
0 ──┤├──┬───────────────────────────[CCD    D1    D100    K10 ]
        │
        ├───────────────────────────────────[ENG    D100 ]
        │
        └───────────────────────────[WAND   H0FF   D100    D100 ]

18                                                         [ END ]
```

图 9-20 LRC 校验程序

（2）求反加 1。

设置：校验码数据为 D1～Dn 共 n 个。校验码存于 D102 低 8 位。

程序编制如图 9-21 所示。

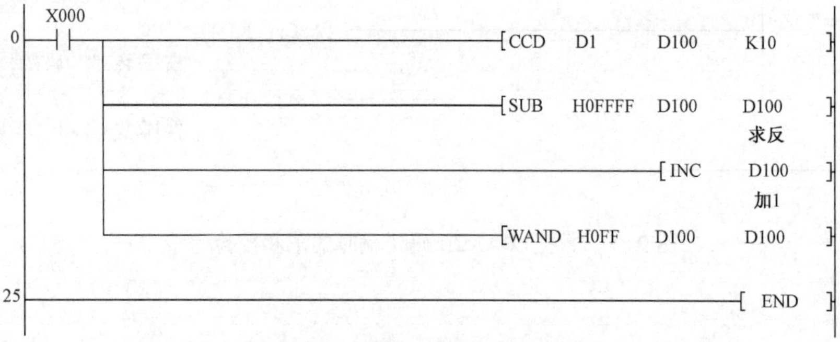

```
     X000
0 ──┤├──┬───────────────────────────[CCD    D1     D100    K10 ]
        │
        ├───────────────────────────[SUB   H0FFFF  D100    D100 ]
        │                                            求反
        ├──────────────────────────────────────[INC    D100 ]
        │                                            加1
        └───────────────────────────[WAND   H0FF    D100    D100 ]

25                                                         [ END ]
```

图 9-21 求反加 1 的 LRC 校验程序

4. CRC 校验

算法如下：

（1）设置 CRC 存储器为 HFF。

（2）把第一个参与校验的 8 位数与 CRC 低 8 位进行异或运算，结果仍存于 CRC。

（3）把 CRC 右移 1 位，检查最低位 b0 位。

（4）若 b0=0，CRC 不变；若 b0=1，CRC 与 HA001 进行异或运算，结果仍存于 CRC。

（5）重新 3、4 两步，直到右移 8 次，这样第一个 8 位数就进行处理了，结果仍存于 CRC。

（6）重复 2～5 步，处理第二个 8 位数。

如此处理，直到所有参与校验的 8 位数全部处理完毕，结果 CRC 存储器所存的就是 CRC 校验码。

应用注意：CRC 校验码是 16 位校验码，而上述求和、异或及 LRC 校验码均为 8 位校验码。

设置：校验数据个数 n 存于 D0，校验码数据存 D10～D_{10+n} 共 n 个。CRC 校验码存于 D100，其低 8 位存于 D110，高 8 位存于 D111。

程序编制如图 9-22 所示（作为子程序 P1 编制）。

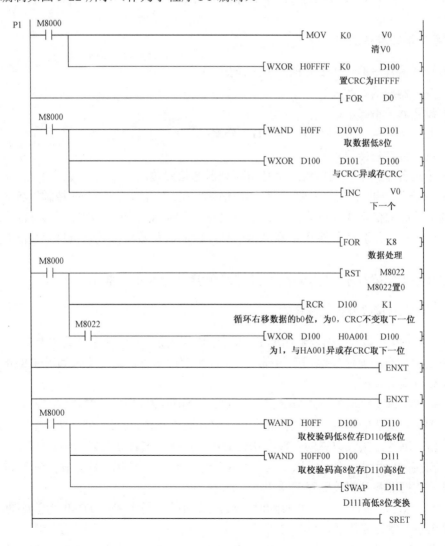

图 9-22　CRC 校验程序

程序注释已清楚地说明了 CRC 校验码计算的过程。Kn 为参与校验的 8 位数的个数。指令 RCR 为带进位循环右移指令，它的功能是把数据位的 b0 位移至最高位，其余数据向右移动一位。移出位如为 0，则标志继电器 M8022 为 OFF；如为 1，则 M8022 为 ON。移动 8 次则将数据位低 8 位循环处理完毕。SWAP 指令为 16 位数据的高 8 位与低 8 位交换指令。因为在数据格式中是低 8 位存储一个数据单元在前，高 8 位变成低 8 位存储一个数据单元在后。在实际应用时，应结合实际对数据单元进行适当修改。

9.3 RS 指令经典法通信程序设计

9.3.1 程序设计准备工作和程序样式

1. 程序设计准备工作

在设计通信程序的时候要做的准备工作如下：
（1）变频器通信参数设置；
（2）设置通信格式字；
（3）PLC 软元件（X、M、C、T、D）分配；
（4）编写传送数据信息帧。

在上述准备工作中，通信格式字是由变频器通信参数所决定的，然后将其写入 PLC 的 D8120 存储器。如果所设计的通信网络通信格式字是统一的，则其余的控制设备的通信参数设计必须按照此通信格式来设置。PLC 软元件的分配是设计 PLC 程序所必需的。通信程序软元件的分配重点是驱动条件及 D 存储器的分配，而编写数据格式帧信息则是准备工作的重中之重。

上述准备工作都做好了，RS 串行通信指令程序设计就变得非常简单了。

2. 数据发送/接收顺控程序样式

三菱 FX$_{2N}$ PLC 编程手册里给出的 RS 指令的发送/接收顺控程序样式如图 9-23 所示。

这是 RS 指令经典法通信程序的样本。下面来解读一下，这对将来编写 RS 指令经典法通信程序会有很大帮助。

X10 是 RS 指令驱动条件，当 X10 接通后，可编程控制器处于等待状态，它发送的数据的个数为 D0 存储器的内容。数据存储在以 D200 为首址的（D0）个存储器中。同时，也做好接收数据的准备，接收数据的个数不超过 K10。接收数据存储在以 D500 为首址的 10 个存储器中，在实际应用中，D0 常以十进制数来表示。这行程序也说明，在正式发送前，必须把要传输的数据准备到相关的存储器中。

M0 是发送驱动条件，当 M0 接通时，M8122 置位，马上将以 D200 为首址的（D0）个数据发送出去，发送完毕后，M8122 自动复位，等待下一次发送。因此在程序中，应将要发送的数据要先存入 D200~D209 中。程序的 MOV 指令是送入发送数据的个数。当 RS 指令中 m、n 直接用数值时,该程序行不要。M8122 的置位必须用脉冲指令驱动。

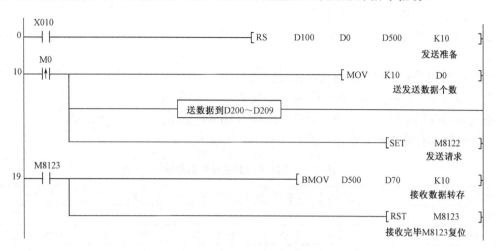

图 9-23　发送/接收顺控程序样式

数据发送完,在两个循环周期后,PLC 自动接收从变频器回传的应答数据,接收完毕后,M8123 自动接通,利用 BMOV 指令将回传数据存到以 D70 为首址的 10 个存储单元中。因为 M8123 不会自动复位,所以利用指令使其复位。如果不使其复位,那就要等到 RS 指令的驱动条件断开时,才能复位。在 M8123 接通期间,如果发生数据发送,就会产生数据干扰而影响传输的准确性。所以在转存接收数据后,一定要按样式程序使 M8123 复位。在应用中,如果变频器所回传的数据并不需要转存,那该程序行也可以不用。这时,RS 指令中 K10 也可设为 K0。

9.3.2　三菱变频器专用通信协议通信控制程序设计

1. 运行控制通信程序设计

【例 1】试编写三菱 FX$_{2N}$ PLC 控制三菱变频器 FR-E500 的正转通信控制程序。X0:正转。

(1)设置变频器通信参数及通信格式字。

变频器通信参数设置如下:

Pr117=1	1 号从站
Pr118=192	波特率 19 200b/s
Pr119=10	7 位数据,停止位 1 位
Pr120=2	偶校验
Pr121=9999	通信错误无报警
Pr122=9999	通信校验终止
Pr123=9999	由通信数据确立
Pr124=0	无 CR 无 LF

根据以上内容,其通信格式字(使用 FX$_{2N}$-485-BD)为:H 0C96。

在下面的通信程序设计讲解中，将以本例的变频器通信参数设置及编写的通信格式字作为标准，就不再重复进行这一步骤。

通信参数设置后，需关断变频器电源，再上电进行复位。如果不复位，通信将不能进行。

（2）选取数据格式和数据信息帧编写。

写入运行命令：格式 A′(10 位)；应答：格式 C，D(4 位)。

查变频器使用手册，运行指令的指令代码为 HFA，数据内容为正转 H02。

（3）正转运行数据格式信息帧见表 9-6。

表 9-6　正转运行数据格式信息帧

格式 A′	ENQ	站　　号		指 令 代 码		等　　待	数　　据		总 和 校 验	
HEX 数		0	1	F	A	1	0	2		
存储器	D200	D201	D202	D203	D204	D205	D206	D207	D208	D209
ASCII 码	H05	H30	H31	H46	H41	H31	H30	H32		

在编写通信程序时，填写这样的数据格式信息帧可以很方便地设计通信程序并减少差错。

由表 9-6 可知，信息帧中的十六进制数要转换成 ASCII 码，然后存储在 D200~D209 十个存储器中。HEX 的转换有两种方法：一是人工直接计算填写；二是编写程序进行自动转换。编写程序转换，要先把信息帧中 HEX 数存放在指定单元，然后通过 ASCI 指令把转换后的 ASCII 码送到数据传送单元中，这里采用人工填写，分配 D500 为数据接收存储器首地址，运行控制的应答数据格式为 4 个字符，且无须处理。因此，RS 指令中可设为 K4 或 K0，这里设为 K4。

总和校验是把从站号到数据内容的所有 ASCII 码相加，和进行偶校验得到的数，其取得有两种方法：一是人工计算，最后填入；二定利用指令 CCD 自动进行，但要编写程序。本例采用后一种方法，由程序编写，最后再填入 D208、D209 中。

（4）综上所述，正转运行通信程序设计如图 9-24 所示。

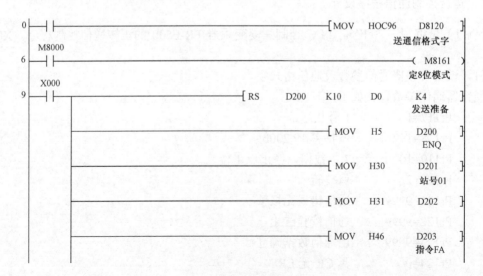

图 9-24　正转通信程序

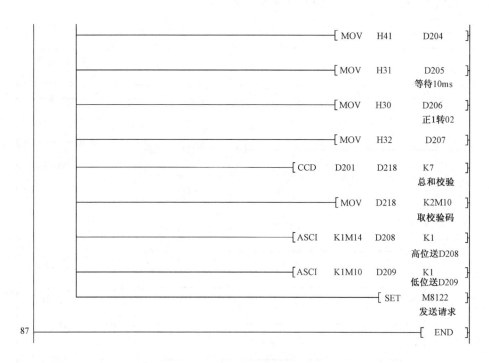

图 9-24　正转通信程序（续）

【例 2】试编写三菱 FX_{2N} PLC 控制三菱变频器 FR-E500 的运行通信控制程序。X0：正转；X1：反转；X2：停止。

（1）选取数据格式和数据信息编写。

写入运行命令：格式 A′(10 位)；应答：格式 C，D(4 位)。

查变频器使用手册，运行指令的指令代码为 HFA，数据内容为正转 H02，反转 H04，停止 H00。

（2）数据格式信息帧及软元件功能分配见表 9-7。

表 9-7　数据格式信息帧及软元件功能分配

格式 A′	ENQ	站	号	指 令	代 码	等 待	数	据	总 和	校 验
正转		0	1	F	A	1	0	2		
存储器	D200	D201	D202	D203	D204	D205	D206	D207	D208	D209
ASCII 码	H05	H30	H31	H46	H41	H31	H30	H32		
反转							0	4		
ASCII 码							H30	H34		
停止							0	0		
ASCII 码							H30	H30		

具体分析三种情况下的信息帧，可以发现，除运行命令及总和校验外，其余信息（ENQ、站号、指令代码、等待时间）都是相同的，因此在编写程序时，可以把这一部分作为公共程序来编写，而运行命令及总和校验则分别编写。这样，程序可短一些。

（3）运行公共通信程序如图 9-25 所示。

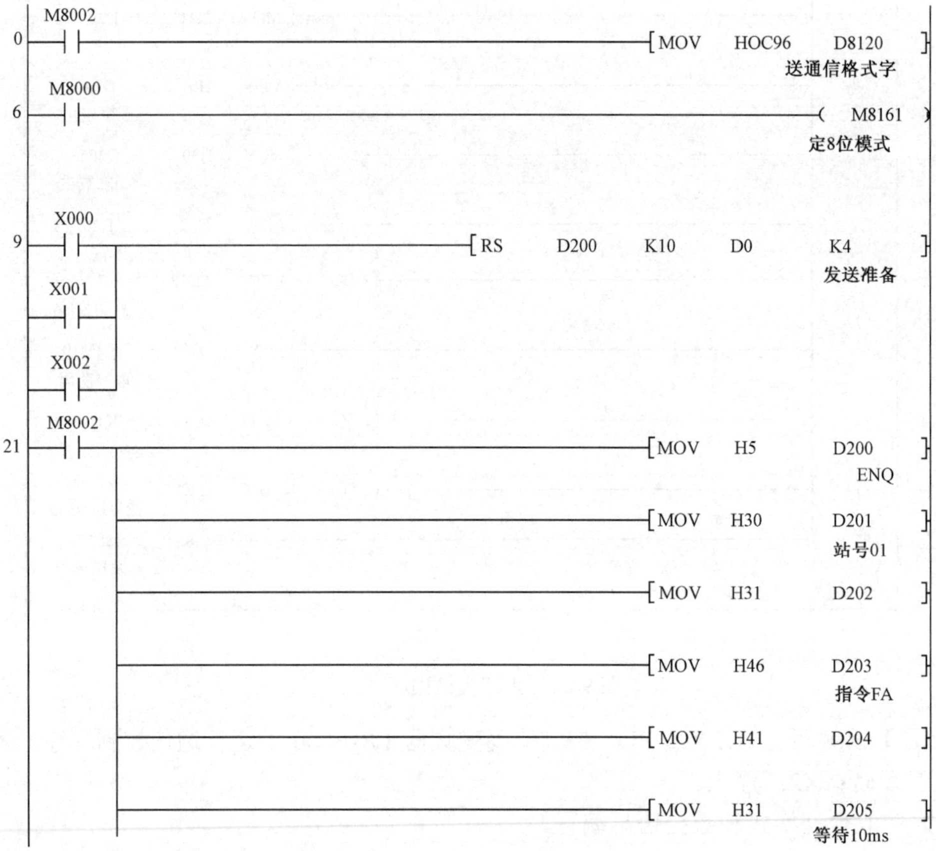

图 9-25　运行公共通信程序

（4）运行通信程序如图 9-26 所示。

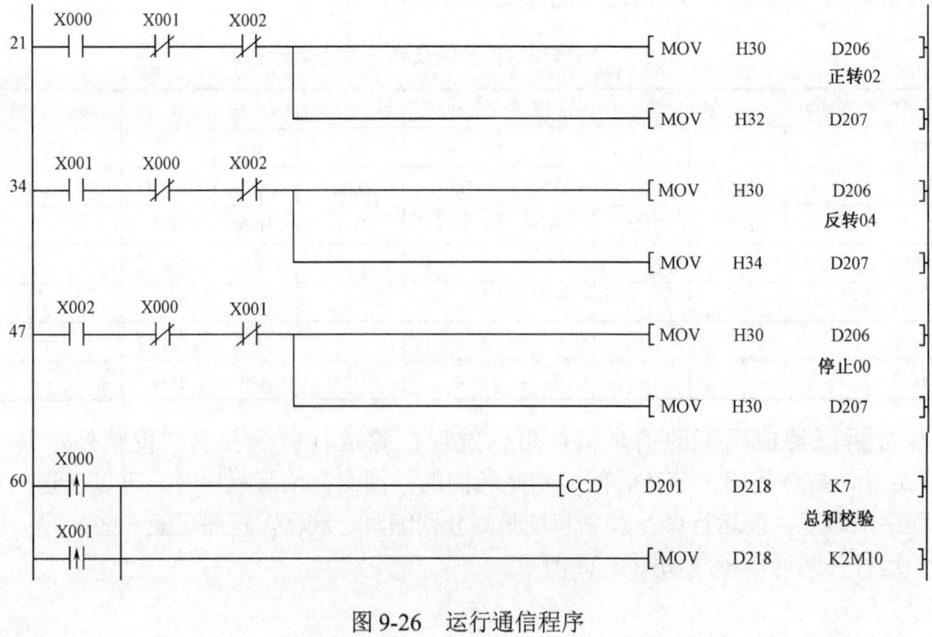

图 9-26　运行通信程序

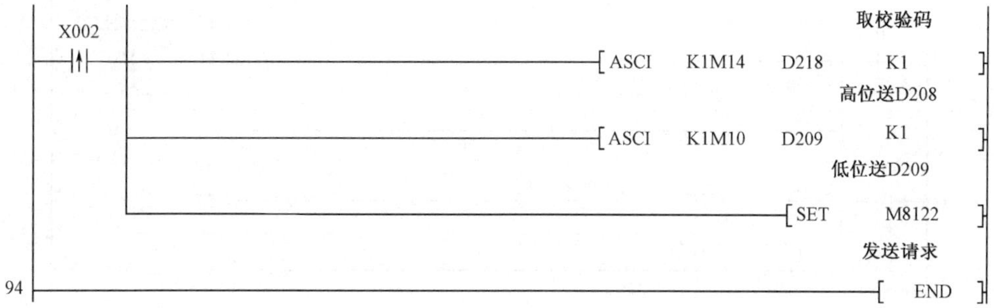

```
  X002                                                      取校验码
  ┤↑├                                        ─[ ASCI  K1M14  D218  K1 ]
                                                          高位送D208
                                            ─[ ASCI  K1M10  D209  K1 ]
                                                          低位送D209
                                                      ─[ SET  M8122 ]
                                                          发送请求
94                                                        ─[ END ]
```

图 9-26　运行通信程序（续）

2. 频率设定通信程序设计

【例 3】设计要求：编写三菱 FX_{2N} PLC 控制变频器 FR-E500 正转的运行通信控制程序，运行频率为 25.5Hz。

正转运行的通信程序编写已在前面介绍，这里不再重复，仅介绍频率设定写入的程序设计。

（1）选取数据格式和数据信息编写。

频率写入运行命令：格式 A(12 位)；应答：格式 C，D(4 位)。

查变频器使用手册，频率写入的指令代码为 HED，如 8.6.4 节所述，其转换为 25.5×100 = 2550 = H09F6，数据内容为 H09F6。

（2）频率设定数据格式信息帧见表 9-8。

表 9-8　频率设定数据格式信息帧

格式 A'	ENQ	站	号	指令代码		等待	数		据		总和校验	
HEX 数		0	1	E	D	1	0	9	F	6		
存储器	D300	D301	D302	D303	D304	D305	D306	D307	D308	D309	D310	D311
ASCII 码	H05	H30	H31	H45	H44	H31	H30	H39	H46	H36		

（3）正转运行通信程序如图 9-27 所示。

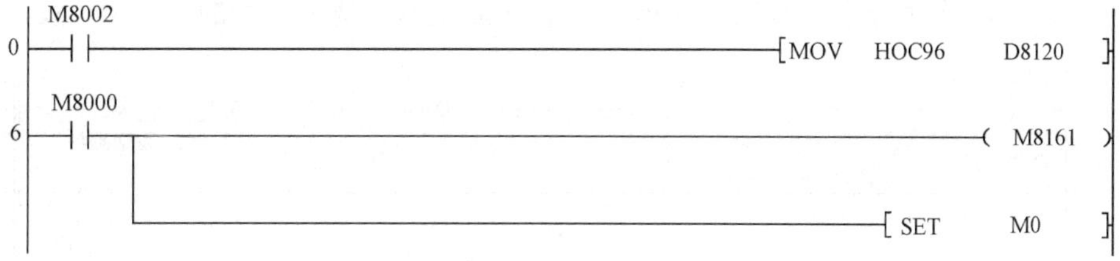

```
  M8002
0 ┤├                                       ─[ MOV  HOC96  D8120 ]
  M8000
6 ┤├                                              ─( M8161 )
                                             ─[ SET  M0 ]
```

图 9-27　正转运行通信程序

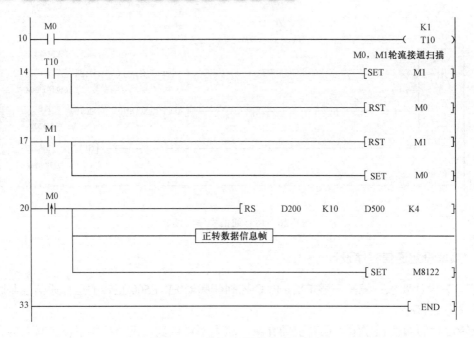

图 9-27　正转运行通信程序（续）

因为变频器要求正转，要输入频率，它实际上有两个通信：一个通信是送正转，另一个通信是送 25.5Hz。这两个通信指令不能同时传送，要轮流传送。本例设计了一个扫描程序，其波形如图 9-28 所示。

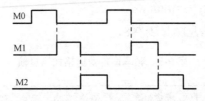

图 9-28　扫描程序波形图

这是一个有 3 个扫描波形的波形图，在一个时间段 M0 接通，在一个时间段 M1 接通，在一个时间段 M2 接通，这样轮流接通，轮流驱动各自程序段。本程序只需要两个扫描波，M0 和 M1，接通时间为 100ms。

（4）频率写入程序如图 9-29 所示。

从例中可以看到，因为正转与频率输入设定的数据格式不一样，所以两次使用 RS 指令进行数据传送，两次所分配的数据传送地址与数据接收地址是不一样的。

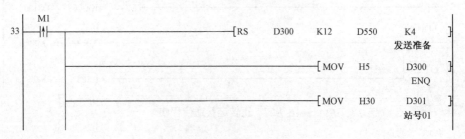

图 9-29　频率写入通信程序

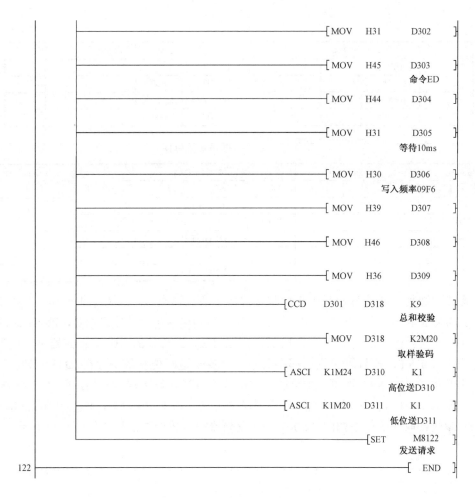

图 9-29　频率写入通信程序（续）

3. 参数读取通信程序设计

【例 4】设计要求：PLC 向变频器要求读出运行频率、输出电流及输出电压值。

（1）选取数据格式和数据信息编写。

参数读取命令：格式 B(8 位)。

变频器回传数据：格式 E(10 位)。

查变频器使用手册，参数读取的指令代码是频率输出为 H6F，电流输出为 H70，电压输出为 H71。与前面介绍的程序不同的是，现在 PLC 要读取变频器回传的数据，这些数据在哪些存储器中呢？等了解了数据回传信息帧格式以后就会知道。

（2）参数读取数据格式信息帧及回传数据格式信息帧见表 9-9 和表 9-10。

表 9-9　参数读取数据格式信息帧

格式 B		ENQ	站　　号		指 令 代 码		等　　待	总 和 校 验	
F	HEX 数		0	1	6	F	1		
	存储器	D10	D11	D12	D13	D14	D15	D16	D17
	ASCII 码	H05	H30	H31	H36	H46	H31		

续表

	格式 B	ENQ	站　　号	指　令　代　码		等　待	总　和　校　验
I	HEX 数			7	0		
	ASCII 码			H37	H30		
V	HEX 数			7	1		
	ASCII 码			H37	H31		

表 9-10　回传数据格式信息帧

格式 A′	STX	站　　号		回　传　数　据				ETX	总　和　校　验	
存储器	D30	D31	D32	D33	D34	D35	D36	D37	D38	D39
ASCII 码				×	×	×	×			
转存				D203	D204	D205	D206			
存 F				D100，D101						
存 I				D102，D103						
存 V				D104，D105						

　　参数读取数据格式信息帧和运行控制数据格式信息帧类似，这里不再赘述。我们关心的是回传的相关数字（频率、电流、电压）在哪里，当列出回传参数信息帧时，就可以知道了。由表 9-10 可以看出，回传的信息数据保存在以 D30 为首址的 10 个存储器中，但回传的"STX、地址、EXT、校验码"我们都不关心，只要知道回传参数寄存在 D33～D36 四个存储器中（表 9-10 中××××）即可。由于回传数据是以 ASCII 码形式传输的，所以在回传时要先把它转存到 D203～D206 中，然后通过 HEX 指令把它转换成十六进制数，再存到相应的单元中。

　　（3）参数读取通信程序如图 9-30 所示，变频器回传数据通信程序如图 9-31 所示。

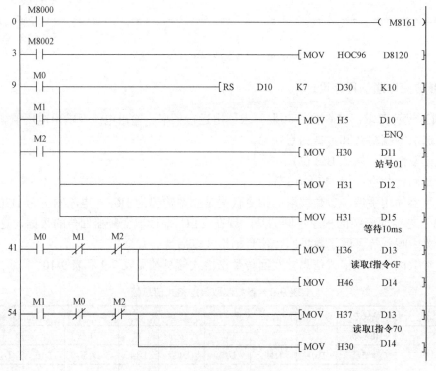

图 9-30　参数读取通信程序

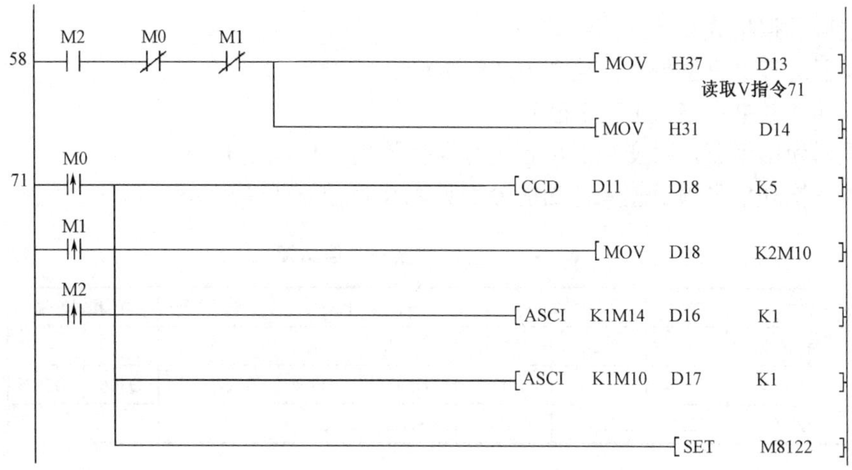

```
         M2    M0    M1
    58   ├┤├──┤/├──┤/├────────────────────[ MOV    H37    D13 ]
                                                       读取V指令71
                                          ──────────[ MOV    H31    D14 ]

         M0
    71   ├↑├────────────────────────────────[ CCD    D11    D18    K5 ]
         M1
         ├↑├────────────────────────────────[ MOV    D18    K2M10 ]
         M2
         ├↑├────────────────────────────────[ ASCI   K1M14  D16    K1 ]

         ──────────────────────────────────[ ASCI   K1M10  D17    K1 ]

         ──────────────────────────────────[ SET     M8122 ]
```

图 9-30　参数读取通信程序（续）

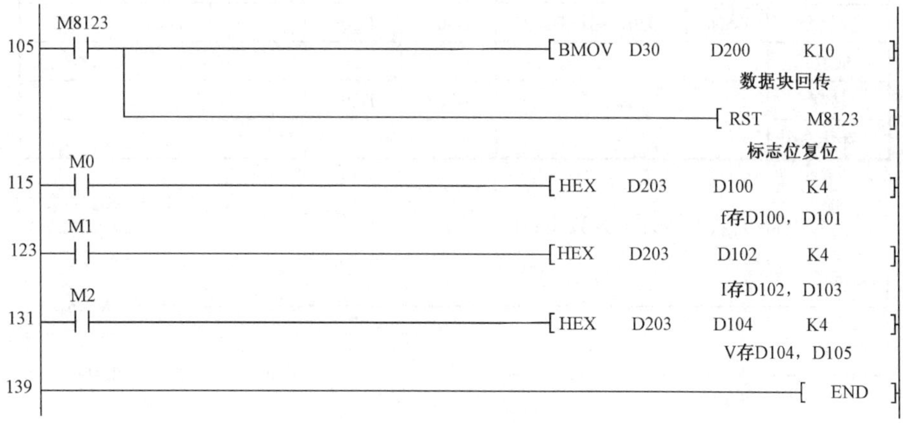

```
         M8123
    105  ├┤├─────────────────────────────────[ BMOV   D30    D200   K10 ]
                                                        数据块回传
                                           ──────────[ RST     M8123 ]
                                                        标志位复位
         M0
    115  ├┤├─────────────────────────────────[ HEX    D203   D100   K4 ]
                                                        f存D100, D101
         M1
    123  ├┤├─────────────────────────────────[ HEX    D203   D102   K4 ]
                                                        I存D102, D103
         M2
    131  ├┤├─────────────────────────────────[ HEX    D203   D104   K4 ]
                                                        V存D104, D105

    139  ──────────────────────────────────────────────────[ END ]
```

图 9-31　变频器回传数据通信程序

　　BMOV 是一个数据转存的过程，为什么数据接收要转存，而不在 D33～D36 中直接取出进行处理呢？这是因为数据接收地址每时每刻都在刷新，在数据使用过程中，如果使用它，时间长一点就变成了其他数据，所以必须转存，然后从转存的存储器把数取出来，进行 ASCI→HEX 转换，转换后的地址才是真正需要处理的数据地址。例如，程序中 D33～D36 是回传数据接收地址，D203～D206 是转存数据地址，而 D100～D105 才是真正需要处理的数据地址。如果想在触摸屏上把频率、电流、电压显示出来，只要把这个存储地址的值处理后传送到触摸屏即可。

　　由变频器回传的数据是以基本设定单位为 1 的数值，回传后必须经过处理，才是真正的参数值。例如，频率必须除以 100，才是变频器实际运行频率值。

　　程序中未将 M0、M1、M2 扫描程序编入，应用时可自行加入。

4．状态监控通信程序设计

　　【例 5】设计要求：监控站址为 01 号的变频器的运行状态（正反转）、输出频率是否到达设定频率，以及是否超过设定频率和故障报警显示（过载、发生异常）。

（1）选取数据格式和数据信息编写。

对变频器运行进行监控为：格式 B（8 位）。

变频器回传数据：格式 E′（2 位）。

查变频器使用手册，对变频器运行进行监控的指令代码是 H7A。

（2）数据格式信息帧及软元件功能分配见表 9-11 和表 9-12。

表 9-11　监控数据格式信息帧

格式 B	ENQ	站	号	指 令	代 码	等　待	总 和	校 验
HEX 数		0	1	7	A	1		
存储器	D300	D301	D302	D303	D304	D305	D306	D307
ASCII 码	H05	H30	H31	H37	H41	H31		

表 9-12　监控应答数据格式信息帧

格式 E′	STX	站	号	回 传	数 据	ETX	总 和	校 验
存储器	D500	D501	D502	D503	D504	D505	D506	D507
ASCII 码				X	X			
转存				D203	D204			
存状态				D100				

（3）运行监控通信程序如图 9-32 所示。

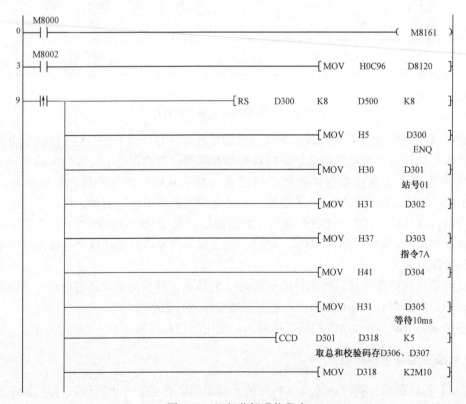

图 9-32　运行监控通信程序

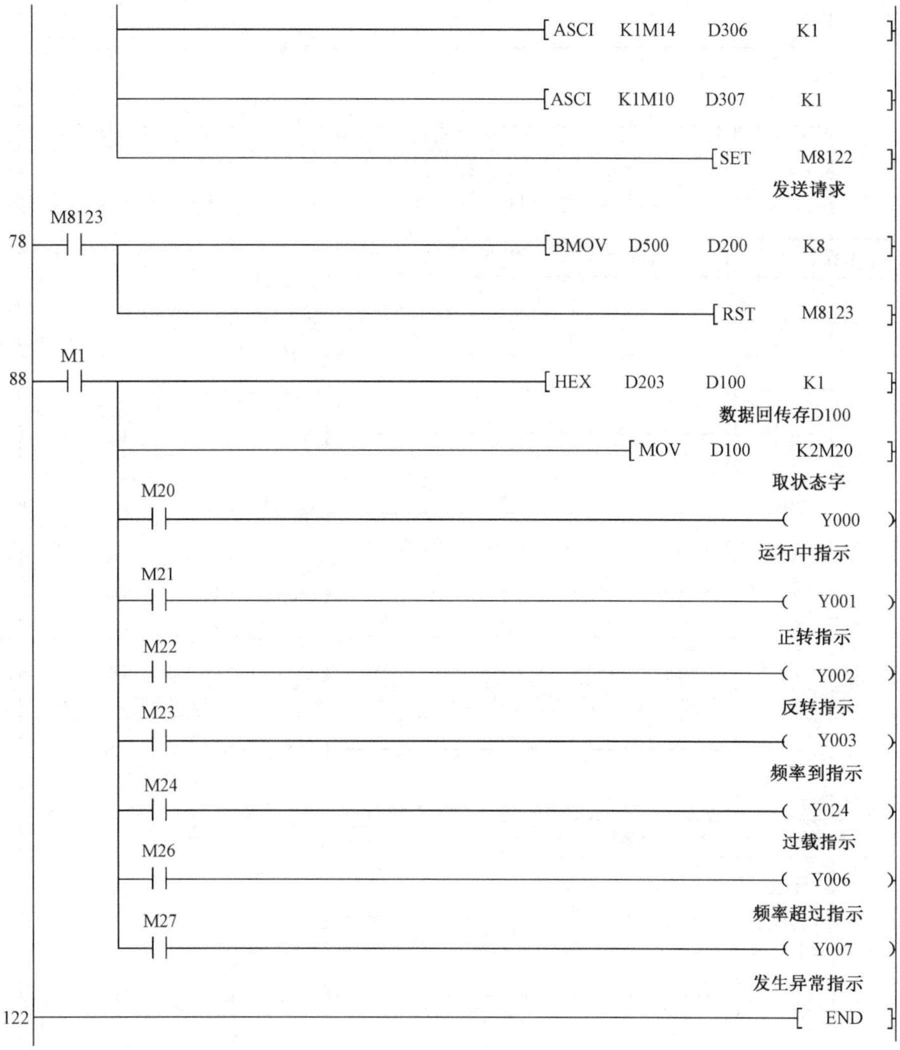

```
                                       ┤ASCI   K1M14   D306    K1 ├
                                       ┤ASCI   K1M10   D307    K1 ├
                                                      ┤SET   M8122 ├
                                                            发送请求
        M8123
78 ───┤ ├───                          ┤BMOV   D500    D200    K8 ├
                                                      ┤RST   M8123 ├
        M1
88 ───┤ ├───                          ┤HEX    D203    D100    K1 ├
                                                      数据回传存D100
                                       ┤MOV    D100    K2M20 ├
                                                      取状态字
        M20
       ───┤ ├───                                         ─( Y000 )─
                                                      运行中指示
        M21
       ───┤ ├───                                         ─( Y001 )─
                                                      正转指示
        M22
       ───┤ ├───                                         ─( Y002 )─
                                                      反转指示
        M23
       ───┤ ├───                                         ─( Y003 )─
                                                      频率到指示
        M24
       ───┤ ├───                                         ─( Y024 )─
                                                      过载指示
        M26
       ───┤ ├───                                         ─( Y006 )─
                                                      频率超过指示
        M27
       ───┤ ├───                                         ─( Y007 )─
                                                      发生异常指示
122 ──────────────────────────────────────────────────┤ END ├
```

图 9-32　运行监控通信程序（续）

5. 综合应用实例通信程序设计

【例 6】通过触摸屏，三菱 FX$_{2N}$ PLC 通信控制三菱变频器 FR-E500 的正转、反转、停止和频率设定，并在触摸屏上显示运行频率。

各控制按钮及显示内容设定如下。

M0：正转；M1：反转；M2：停止；M10：频率递增控制（加速）；M11：频率递减控制（减速）。

D0：运行频率显示；D200：设定频率显示。

通信控制程序如图 9-33 所示。

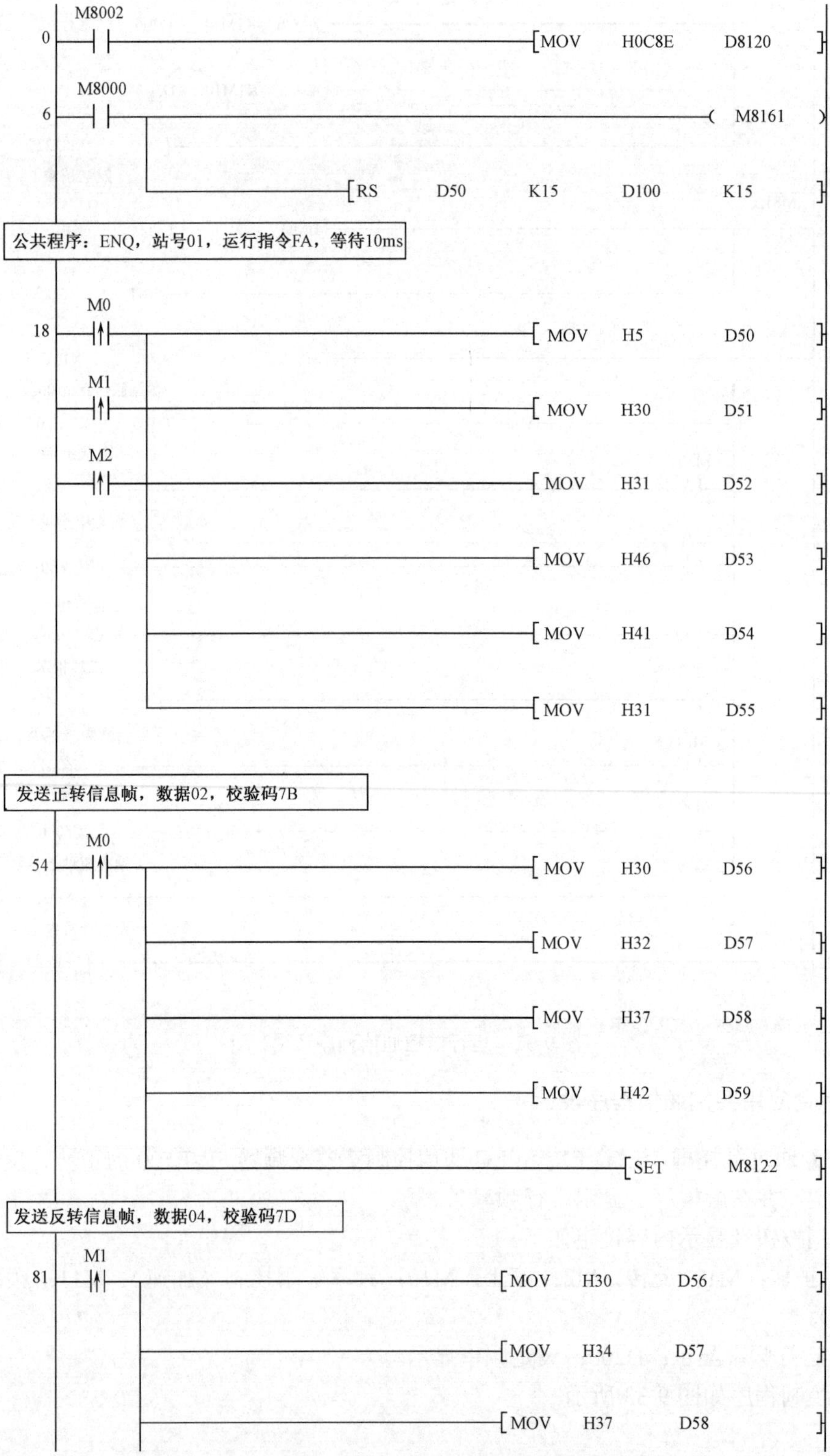

```
         M8002
    0 ─────┤├──────────────────────────────────[ MOV   H0C8E   D8120 ]

         M8000
    6 ─────┤├───────┬──────────────────────────────( M8161 )
                    │
                    └──────────────[ RS   D50   K15   D100   K15 ]
```

公共程序：ENQ，站号01，运行指令FA，等待10ms

```
         M0
   18 ───┤↑├──┬──────────────────────────────[ MOV   H5    D50 ]
         M1   │
     ───┤├────┼──────────────────────────────[ MOV   H30   D51 ]
         M2   │
     ───┤├────┼──────────────────────────────[ MOV   H31   D52 ]
              │
              ├──────────────────────────────[ MOV   H46   D53 ]
              │
              ├──────────────────────────────[ MOV   H41   D54 ]
              │
              └──────────────────────────────[ MOV   H31   D55 ]
```

发送正转信息帧，数据02，校验码7B

```
         M0
   54 ───┤↑├──┬──────────────────────────────[ MOV   H30   D56 ]
              │
              ├──────────────────────────────[ MOV   H32   D57 ]
              │
              ├──────────────────────────────[ MOV   H37   D58 ]
              │
              ├──────────────────────────────[ MOV   H42   D59 ]
              │
              └──────────────────────────────[ SET   M8122 ]
```

发送反转信息帧，数据04，校验码7D

```
         M1
   81 ───┤↑├──┬──────────────────────────────[ MOV   H30   D56 ]
              │
              ├──────────────────────────────[ MOV   H34   D57 ]
              │
              └──────────────────────────────[ MOV   H37   D58 ]
```

图9-33　例6通信控制程序

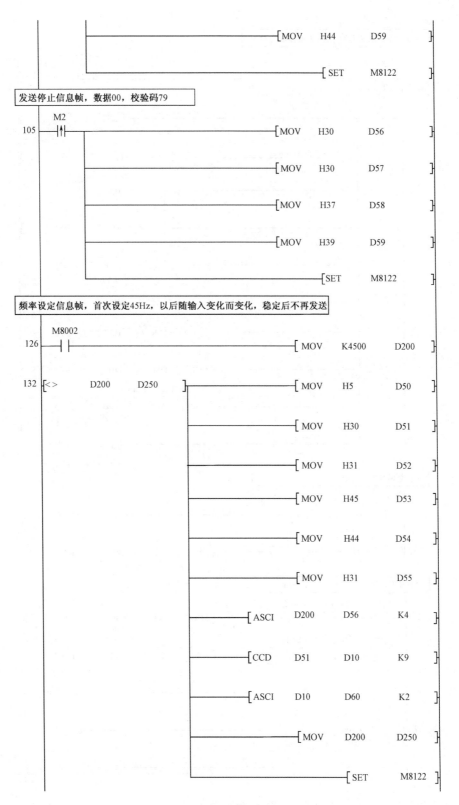

图 9-33　例 6 通信控制程序（续）

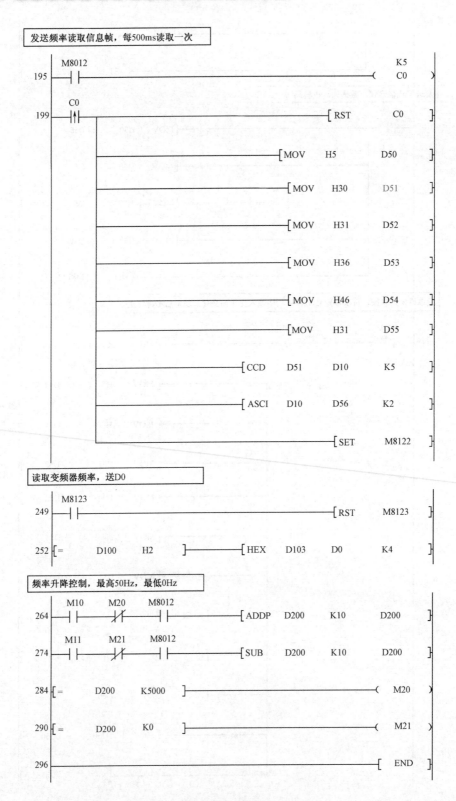

图 9-33 例 6 通信控制程序（续）

该程序设计简洁清楚，可读性强。但为了确保应用时通信正常，建议加上 RS 指令刷新和在所有发送请求程序段互锁环节。

【例 7】FX₂ₙ PLC 通过触摸屏通信控制三菱 FR—E500 变频器，要求如下：

（1）按钮控制变频器正转、反转、停止。

（2）按钮控制变频器频率设定，并用加速、减速按钮控制设定频率的增减，能显示设定频率。

（3）显示变频器实时频率、电流、电压输出。

根据上述要求，各控制对应按钮及内存设计如下。

运行控制：M10 为正转，M11 为反转，M12 为停止。

频率设定：M13 为频率设定，M14 为频率递增控制，M15 为频率递减控制，D210 为设定频率寄存。

运行监控：M16 为开始监控，D200 为运行频率寄存，D202 为运行电流寄存，D204 为运行电压寄存。

通信控制程序如图 9-34 所示。

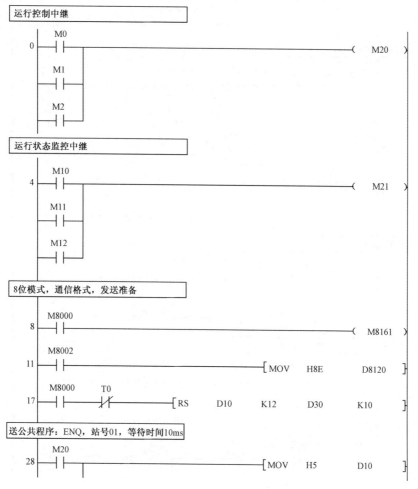

图 9-34　例 7 通信控制程序

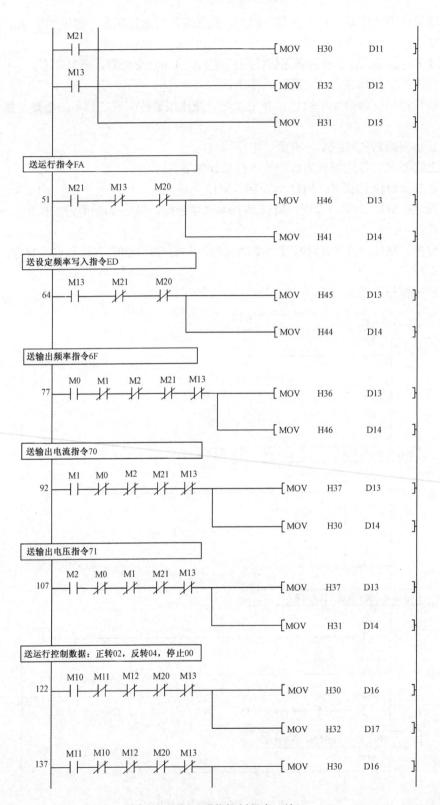

图 9-34 例 7 通信控制程序（续）

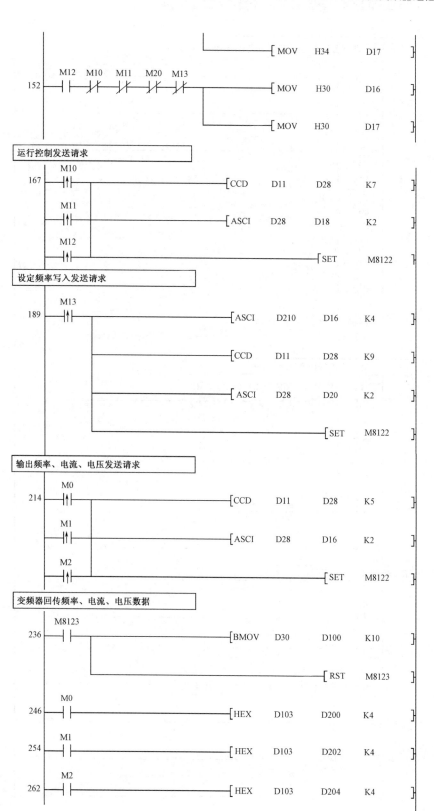

图 9-34　例 7 通信控制程序（续）

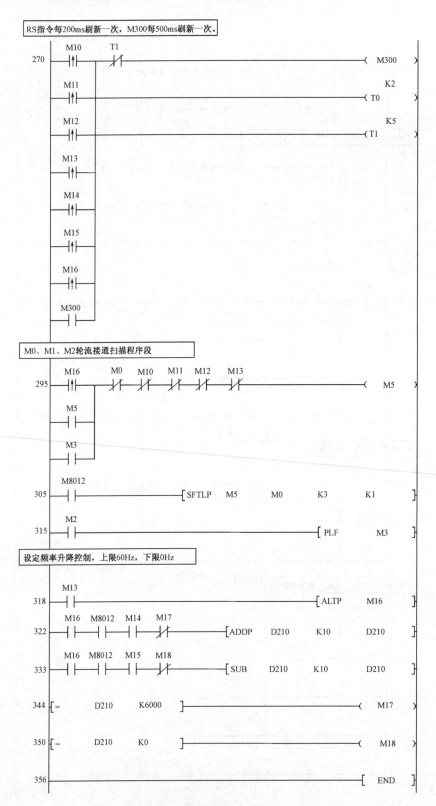

图 9-34　例 7 通信控制程序（续）

为方便初学者对程序阅读和理解，下面给出一些说明，供分析程序时参考。

（1）M20、M21 为运行控制及运行状态监控中继。所谓中继，是指在后面的程序中，凡用到 M0~M2、M10~M12 进行控制或互锁时，用 M20、M21 替代，目的是使程序简化处理和节省程序空间，这种设计技巧在程序设计中经常用到。

（2）程序用一条 RS 指令对多种数据格式信息帧进行发送准备，见表 9-13。对照表的内容，阅读程序会方便很多。回传数据存储器内容参看表 9-10。

表 9-13　发送数据信息帧存储器内容表

发送存储器		D10	D11	D12	D13	D14	D15
运行控制	正转	ENQ	0	2	F	A	1
	反转						
	停止						
设定频率写入		ENQ	0	2	E	D	1
状态监控	频率	ENQ	0	2	6	F	1
	电流				7	0	
	电压				7	1	
发送存储器		D16	D17	D18	D19	D20	D21
运行控制	正转	0	2	校验码			
	反转	0	4				
	停止	0	0				
设定频率写入		D210				校验码	
状态监控	频率	校验码					
	电流						
	电压						

（3）程序中设计了一段 M0、M1、M2 轮流接通扫描程序，这段程序运行后，就通过 M0、M1、M2 轮流接通来分别读取变频器的频率、电流、电压等运行参数进行显示。

扫描程序是利用位左移指令 SFTL 的脉冲执行型来完成的，当 M5 接通后（M5=ON），M8012 每 OFF—ON 变化一次时，M5 分别移入 M0、M1、M2 位，使该位状态和 M5 一样变为 ON。三次为一循环，使得 M0、M1、M2 轮流导通，完成读取功能。

9.3.3　MODBUS RTU 通信程序设计

了解并掌握三菱 FR-A700 变频器的 MODBUS RTU 通信数据格式的编制后，通信程序的设计远比三菱变频器专用通信协议简单。

三菱 MODBUS RTU 通信也是 8 位数据模式，每 2 个 HEX 数存入一个 D 存储器的低 8 位。无须再转换成 ASCII 码，直接以十六进制数发送。下面仅举两例加以说明。

【例 8】编写三菱 FX$_{2N}$ PLC 应用 MODBUS RTU 协议控制三菱 FR-A700 的正转通信控制程序。

（1）设置变频器通信参数及通信格式字。FR-A700 变频器通信参数设置见表 9-14。

表 9-14　FR-A700 变频器 MODBUS RTU 通信参数设定

参 数 号	名 称	设 定 值	内 容
331	RS485 通信站号	1	指定变频器的通信站号
332	RS485 通信速度	96	通信速率为 9600bps
334	RS485 通信奇偶选择	2	偶校验，停止位 1 位
343	通信错误指令	0	
539	MODBUS RTU 通信校验时间间隔	9999	不进行通信校验（断线检测）
549	协议选择	1	MODBUS RTU 协议
79	操作模式选择	2	网络运行模式
340	通信启动模式选择	1	在网络运行模式下启动
338	通信运行指令权	0	通信
339	通信速度指令权	0	通信
550	网络模式操作权选择	1	RS485 端子有效
551	PU 模式操作权选择	2	将 PU 运行模式操作权作为 PU 接口

注：在 PU 运行模式下，无法使用 MODBUS RTU 协议，使用 MODBUS RTU 协议时，551 设定为 2。

FX$_{2N}$ PLC 采用 485BD 通信板与变频器连接，所以通信格式字为 H0C87。

变频器通信参数设置后，PLC 将通信格式字送入 D8120 后，两者都必须将电源通断一次，以示确认。

（2）数据格式及存储器分配见表 9-15。

表 9-15　数据格式及存储器分配

地 址 码	功 能 码	存储器地址		写 入 数 据		CRC 校验码	
0 1	0 6	0 0	0 8	0 0	0 2	L	H
D200	D201	D202	D203	D204	D205	D206	D207

RTU 正转通信控制程序如图 9-35 所示。

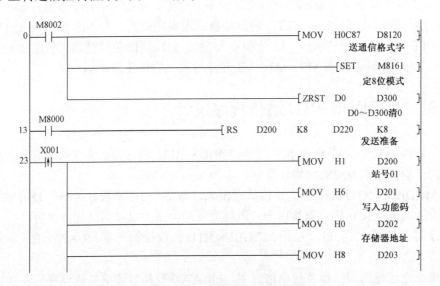

图 9-35　RTU 正转通信控制程序

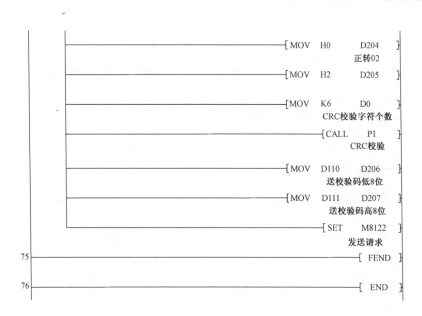

图 9-35 RTU 正转通信控制程序（续）

该程序未列出 CRC 校验码子程序 P1。程序中 D0 为 CRC 校验字符的个数，D110 为 CRC 校验码低 8 位，D111 为高 8 位。校验码程序见例 8。

【例 9】FX$_{2N}$ PLC 通过触摸屏用 MODBUS RTU 协议通信控制三菱 FR-A700 变频器，控制要求如下：

（1）按钮控制变频器正转、停止。

（2）显示变频器实时频率、电流、电压输出。

根据上述要求，各控制对应按钮及内存设计如下。

运行控制：X1 为正转， X0 为停止。

运行监控：D200 寄存运行频率，D202 寄存运行电流寄存，D204 寄存运行电压寄存。

根据控制要求应有三个数据格式信息帧，分别见表 9-16～表 9-18。前两个是发送数据信息帧，后一个是变频器读取回传数据信息帧。需要读取的频率在 D33、D34，其中 D33 是频率的高 8 位，存在 D 33 的低 8 位中；D34 是频率的低 8 位，存在 D34 的低 8 位中，电流电压均类似。

通信程序设计如图 9-36 所示。

表 9-16 运行控制数据格式信息帧

	地 址 码	功 能 码	存储器地址		写 入 内 容		CRC 校验码	
正转	0 1	0 6	0 0	0 8	0 0	0 2	L	H
停止					0 0	0 0	L	H
存储器	D10	D11	D12	D13	D14	D15	D16	D17

表 9-17 读取数据格式信息帧

地 址 码	功 能 码	存储器首址		读 取 个 数		CRC 校验码	
0 1	0 3	0 0	C 8	0 0	0 3	L	H
D10	D11	D12	D13	D14	D15	D16	D17

表 9-18　数据应答格式信息帧

地 址 码	功 能 码	字 节 数	回传数据 1	回传数据 2	回传数据 3	CRC 校验码
0 1	0 3	0 6	× × × ×	× × × ×	× × × ×	L　H
D30	D31	D32	D33，D34	D35，D36	D37，D38	D39，D40

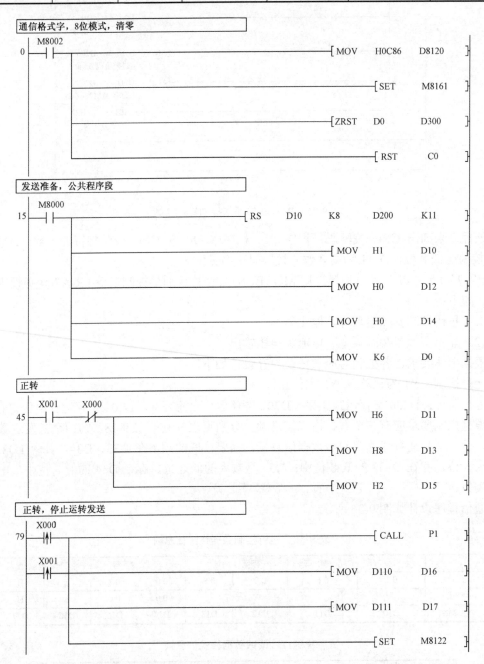

图 9-36　例 9 RTU 通信控制程序

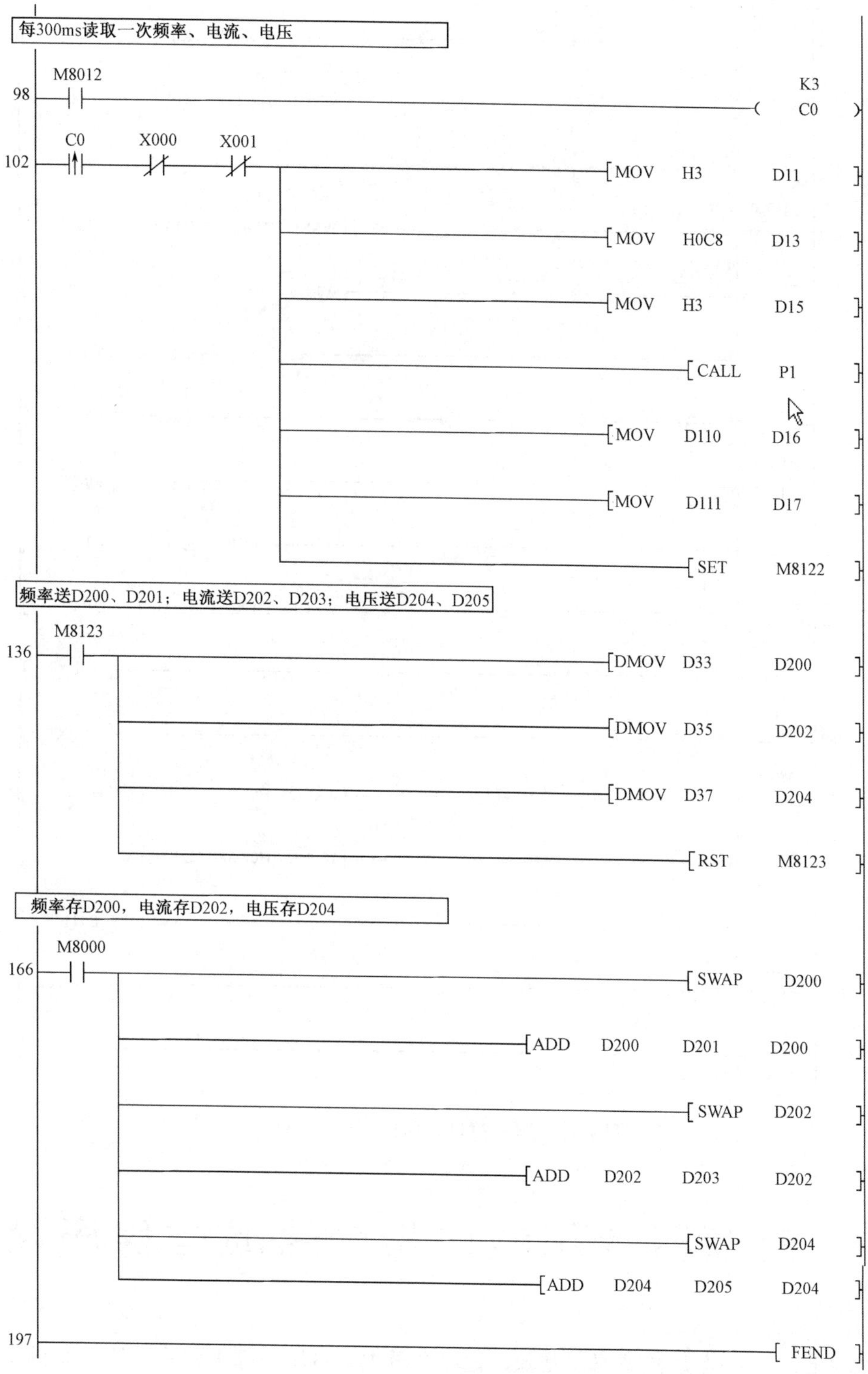

```
┌─────────────────────────────┐
│每300ms读取一次频率、电流、电压│
└─────────────────────────────┘
       M8012                                                         K3
98    ─┤ ├─────────────────────────────────────────────────────────( C0 )

       C0    X000   X001
102   ─┤↑├──┤／├──┤／├──┬────────────────────────────[MOV   H3     D11  ]
                        │
                        ├────────────────────────────[MOV   H0C8   D13  ]
                        │
                        ├────────────────────────────[MOV   H3     D15  ]
                        │
                        ├────────────────────────────[CALL  P1          ]
                        │
                        ├────────────────────────────[MOV   D110   D16  ]
                        │
                        ├────────────────────────────[MOV   D111   D17  ]
                        │
                        └────────────────────────────[SET   M8122       ]

┌───────────────────────────────────────────────────┐
│频率送D200、D201；电流送D202、D203；电压送D204、D205│
└───────────────────────────────────────────────────┘
       M8123
136   ─┤ ├──────────────────┬──────────────────────[DMOV  D33    D200 ]
                            │
                            ├──────────────────────[DMOV  D35    D202 ]
                            │
                            ├──────────────────────[DMOV  D37    D204 ]
                            │
                            └──────────────────────[RST   M8123       ]

┌──────────────────────────────────┐
│频率存D200，电流存D202，电压存D204│
└──────────────────────────────────┘
       M8000
166   ─┤ ├──────────────────────────────────────────[SWAP  D200       ]
                            │
                            ├──────────────[ADD   D200   D201   D200 ]
                            │
                            ├──────────────────────[SWAP  D202       ]
                            │
                            ├──────────────[ADD   D202   D203   D202 ]
                            │
                            ├──────────────────────[SWAP  D204       ]
                            │
                            └──────────────[ADD   D204   D205   D204 ]

197   ──────────────────────────────────────────────[FEND            ]
```

图 9-36　例 9 RTU 通信控制程序（续）

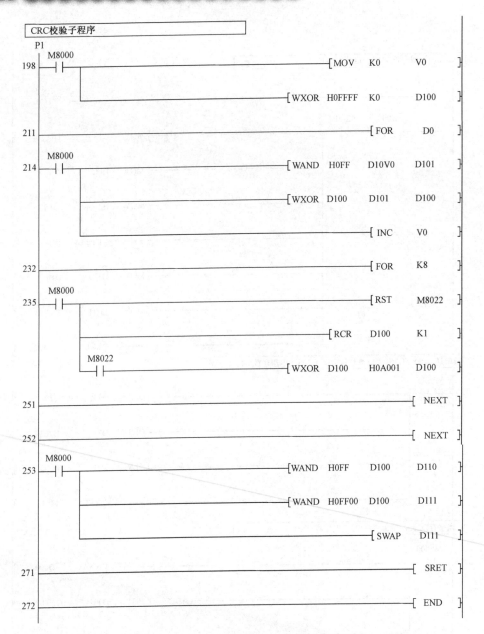

图 9-36　例 9 RTU 通信控制程序（续）

9.4　变频器专用通信指令法通信程序设计

经典法设计的缺点是程序编写复杂、程序容量大、占用内存多、易出错、难调试，所以尝试仿照特殊模块读/写指令 FROM 和 TO 的功能形式，直接用指令进行变频器数据的读/写，而无须编制复杂的通信程序。

变频器专用通信指令是在克服经典法设计缺点上出现的，目前已逐渐被越来越多的变频器生产厂家所采用。

9.4.1　技术支持及应用范围

变频器通信专用指令最早是在台达 PLC 上出现的，针对其 A 系列变频器编制了"正转"、"反转"、"停止"、"状态读取"四个变频器专用指令，后来又增加了 MODRD 和 MODWR 这两条专门进行 MODBUS 资料读/写的指令。在与变频器通信控制中，运用专用通信指令特别方便，不需要考虑数据传送及回传地址，不需要考虑码制转换，程序编制也非常简单，所以已经被越来越多的变频器生产厂家所采用。

1．技术支持及应用范围

三菱于 2005 年在 FX 系列的新产品 FX_{3U} 及 FX_{3UC} 中推出了变频器通信专用指令，但对 FX_{2N} 却不能支持，而 FX_{2N} 却是市场占有率最高的产品。为了弥补这个缺陷，三菱为 FX_{2N}（仅是 FX_{2N} 和 FX_{2NC}）做了补充程序的 ROM 盒，再加上其他一些要求，使 FX_{2N} 也能够应用变频器专用指令进行通信控制。

但是补充程序的 ROM 盒并不支持所有 FX 产品，它只对 FX_{2N}、FX_{2NC} 的某些版本产品提供支持。因此，在使用前必须首先检查使用的 PLC、手持编程器及编程软件，看看是否在技术支持范围内。

表 9-19 列出了技术支持的 PLC 机型、硬件支持及软件执行。表 9-20 列出了其应用的变频器机型及最多应用变频器台数。

表 9-19　技术支持机型

支持机型	FX_{2N},FX_{2NC}		
硬件支持	(FX_{2N}-ROM-E1)+(FX_{2N}-485BD)		
	(FX_{2N}-ROM-E1)+(FX_{0N}-485ADP)+(FX_{2N}-CNV-BD)		
软件支持	机型	FX_{2N} , FX_{2NC}:	Ver.3.00 以上
	手持编程器	FX-20P:	Ver.5.10 以上
	编程软件	GX Developer:	Ver.7.0 以上
		FXGP/Win:	Ver.4.2 以上

FX_{2N}-ROM-E1：功能扩展用存储器盒；

FX_{0N}-485ADP：485 特殊适配器；

FX_{2N}-CNV-BD：适配器功能扩展板。

表 9-20　应用机型及数量

变频器台数	≤8
变频器型号	A500, E500, S500
通信距离	50m，500m

2．支持机型版本确认

如何进行支持机型的版本确认呢？有两种方法。

（1）可以通过监控特殊存储器 D8001 的内容（十进制数）来确认 PLC 的版本，如图 9-37 所示。

（2）可以通过产品正面右侧标签上的"SERIAL"中记载的编号来确认，如图 9-38 所示。

凡 2001 年 5 月以后生产的机型（编号为 15××××）均确认支持。

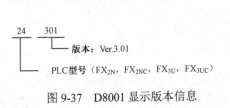

图 9-37　D8001 显示版本信息

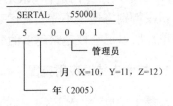

图 9-38　标签显示生产年月

9.4.2　变频器专用通信指令应用注意事项

1．通信格式及相关软元件功能

应用专用通信指令通信格式的编制及变频器通信参数的设置与经典法一样。通信格式字中 b15～b10 位为可忽略设定内容，一般均为 0。变频器运行模式参数 Pr79=0，即上电时外部运行模式。

与 RS 指令经典法相同，专用指令法也占用了几个相关的软元件，见表 9-21 和表 9-22。

表 9-21　特殊继电器软元件功能表

编　号	名　称	功　能
M8029	指令执行结束	EXTR 指令执行结束为 ON
M8104	确认 ROM 盒	安装了 ROM 盒为 ON
M8155	占用通信口	EXTR 占用通信口为 ON
M8156	通信发生错误	EXTR 指令通信出错为 ON
M8161	数据模式	8 位数据模式为 ON

表 9-22　特殊存储器软元件功能表

编　号	名　称	功　能
D8120	通信格式	存通信格式字
D8154	响应等待	设定变频器响应等待时间
D8156	出错代码	存出错代码

相关软元件中，比较重要的有 3 个：

（1）M8029，这是指令执行结束的标志位。在程序中凡正在执行的变频通信指令，执行结束时为 ON，且维持一个扫描周期。如果指令不执行，M8029 不予理睬。

（2）M8156，通信发生错误时为 ON，可利用它作为是否发生错误的指示。其出错代码存于 D8156。

（3）D8120，通信格式字，在使用指令前必须先设置。

2．变频器专用通信指令应用注意事项

变频器通信指令在应用中应注意如下几点：

（1）通信的时序。驱动条件处于上升沿时，通信开始执行。通信执行后，即使驱动条件关闭，通信也会执行完毕。驱动条件一直为 ON 时，执行反复通信。

（2）与其他通信指令的合用。变频器通信指令不能与 RS 指令合用。在设计通信程序时如果使用变频器通信指令，就不能再用 RS 指令了。

（3）不能在以下程序流程中使用：CJ-P（条件跳跃）、FOR-NEXT（循环）、P-SRET（子程序）、I-IRET（中断）。

（4）同时驱动及编程处理。变频器通信指令可以多次编写，也可以同时驱动。同时驱动多个指令时，要等一条通信指令结束后才执行下一条通信指令。

（5）通信结束标志继电器 M8029。当一个变频器通信指令执行完毕后，M8029 变 ON，且保持一个扫描周期。当执行多个变频器通信指令时，在全部指令通信完成前，务必保持触发条件为 ON，直到全部通信结束，利用 M8029 将触发条件复位。

9.4.3　变频器专用通信指令解读与通信程序设计

FX$_{2N}$、FX$_{2NC}$ PLC 与变频器之间采用 EXTR（FNC.180）指令进行通信。根据数据通信的方向可分为 4 种类型，见表 9-23。

表 9-23　变频器专用通信指令

指　　令	编　　号	操 作 功 能	通 信 方 向
EXTR	K10	变频运行监视	PLC←INV
	K11	变频运行控制	PLC→INV
	K12	读出变频器参数	PLC←INV
	K13	写入变频器参数	PLC→INV

下面分别进行解读。

1．变频器运行监视指令

1）指令形式与解读

指令形式如图 9-39 所示。

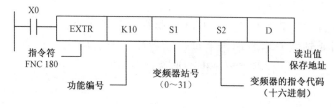

图 9-39　变频器运行监视指令

解读：按指令代码 S2 的要求，将站址为 S1 的变频器的运行监视数据读到 PLC 的 D 中。

S1：变频器站号，0～31。

S2：功能操作指令代码，十六进制数。指令代码与 RS 指令程序设计一样，可查变频器使用手册，见附录"FR-E500 变频器通信协议的参数字址定义"。常用运行监视指令代码见表 9-24。

D：读出值的保存地址，可以是组合位元件及 D 存储器。

表 9-24　变频器运行监视常用指令代码

功能码	读出内容
H7B	运行模式（内、外）
H6F	频率
H70	电流
H71	电压
H7A	运行状态监控
H6D	频率设定

【例1】试说明如图 9-40 所示程序行执行功能。

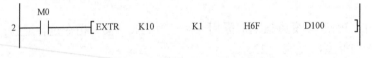

图 9-40　变频器运行监视指令例

指令代码 H6F：读频率。该程序功能是当 M0 接通时，将 1 号站址的变频器运行频率读到 D100 存储器中。

2）程序设计举例

【例2】设计要求：监控站址为 01 号的变频器的运行状态（正、反转）、输出频率是否达到设定要求、是否超过设定频率和故障显示（过载，发生异常），并读出运行频率存于 D20 中。

分析：变频器运行监视指令为 EXTR K10；

　　　状态监控功能码为 H7A；

　　　频率读出功能码为 H6F。

运行监视通信程序如图 9-41 所示。

在 9.9.3 节中的例 4 和例 5 中，曾用 RS 串行通信指令设计了完全相同控制功能的通信程序。对比一下用变频器专用通信指令设计的程序，就会感到，后者比前者不但易懂、易用、简单清楚，而且所占用的程序容量也少很多。

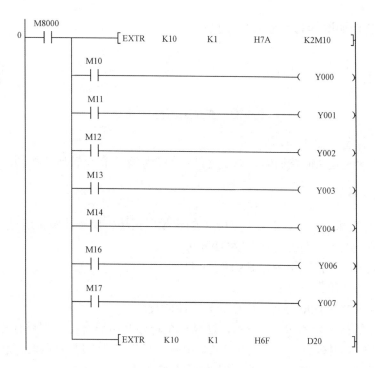

图 9-41   运行监视通信程序

2．变频器运行控制指令

1）指令形式与解读

指令形式如图 9-42 所示。

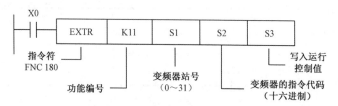

图 9-42   变频器运行控制指令

解读：按指令代码 S2 的要求，将要求的控制内容 S3 写入到站址为 S1 的变频器中，控制变频器的运行。

指令代码见附录"FR-E500 变频器通信协议的参数字址定义"，常用运行控制指令代码见表 9-25。

表 9-25   变频器运行控制常用指令代码

功 能 码	控 制 内 容
HFB	运行模式（H01 外部操作，H02 通信操作）
HFA	运行指令（H00 停止，H02 正转，H04 反转）
HED	写入频率
HFD	复位变频器（H9696）

【例3】试说明如图 9-43 所示程序行执行功能。

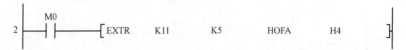

图 9-43　变频器运行控制指令

HFA：运行控制；H04：反转。

程序行执行功能是 M0 接通时，对 5 号站址的变频器进行反转运行控制。

2）程序设计举例

【例 4】设计要求：通信控制站址为 02 的变频器正转、反转及停止运行。M0 为正转，M1 为反转，M2 为停止。通信格式字为 HOC96。

分析：变频器运行控制指令为 EXTR　K11；

　　　　控制功能码为 HFA；

　　　　控制内容为 H00 停止、H02 正转、H04 反转。

运行控制通信程序如图 9-44 所示，这是一个巧妙利用组合位元件进行控制的例子。正转、反转程序比较容易理解，正转时仅 M21 接通，其状态为"1"；同样，反转时仅 M22 接通，其状态为"1"；停止时，所有 M 均为断开状态"0"。

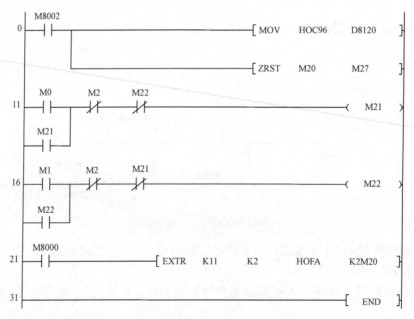

图 9-44　运行控制通信程序

当驱动 EXTR　K11 通信指令时，指令的功能是按位元件 K2M20 所组成的 8 位二进制数控制站号为 02 的变频器的运行。正转时，仅 M21 接通，则位元件组合 K2M0 所组成的 8 位二进制数为"0000 0010"，即 H02。同样，反转时为 H04，停止时为 H00。这样只要一条指令就可以控制变频器的三种运行状态。

和前面介绍的 RS 指令经典法相比,利用 EXTR 变频器专用通信指令程序简单得多,省去了码制转换、分别存入等许多步骤。

3．变频器参数读出指令

变频器参数读出指令形式如图 9-45 所示。

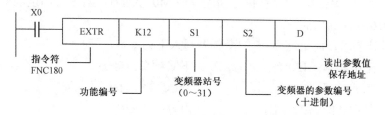

图 9-45　变频器参数读出指令

解读:将站址为 S1 的变频器的编号为 S2 所表示的参数内容读出并存入存储器 D 中。

参数编号参见附录"三菱 FR-E500 参数数据读出和写入指令代码表"。注意,在这里参数编号是以十进制数表示的,而在参数代码表中,参数是以十六进制表示的。因此,必须将十六进制参数代码转换成十进制数填入。同时,有部分参数是不能读出的。

【例 5】试说明如图 9-46 所示程序的执行功能。

图 9-46　变频器参数读出指令例

K7:加速时间(Pr.7)。程序的执行功能是在 M0 接通时,将 3 号变频器的加速时间存入 PLC 的 D100 存储器中。

4．变频器参数写入指令

变频器参数写入指令形式如图 9-47 所示。

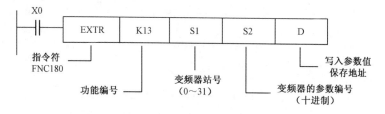

图 9-47　变频器参数写入指令

解读:将站址为 S1 的变频器的参数编号为 S2 的参数修改为 S3 的参数值。

【例 6】试说明如图 9-48 所示程序的执行功能。

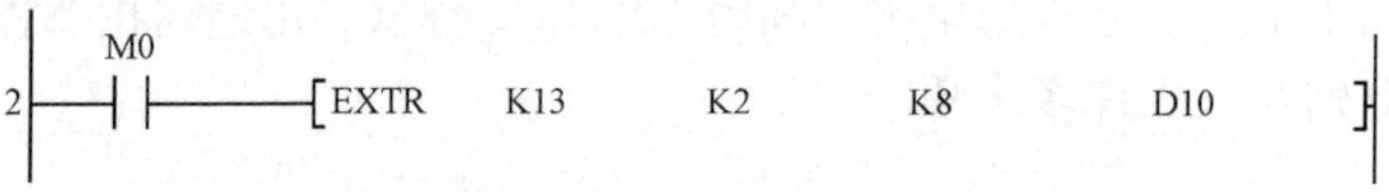

```
     M0
2   ─┤ ├──────────[EXTR   K13    K2     K8       D10      ]─┤
```

图 9-48　变频器参数写入指令例

K8：减速时间（Pr.8）。程序行执行功能是在 M0 接通时，对 2 号站址的变频器，设定其减速时间为 D10 存储器内的数。

【例 7】设计要求：向站址为 05 的变频器写入下列参数。

上限频率：120Hz；　　　　下限频率：5Hz；

加速时间：1s；　　　　　　减速时间：1s。

分析：　　复位功能码：HFD，　　内容：H9696

运行模式功能码：HFB，　　内容：通信 H02

上限频率参数代码：K1，　　内容：12000

下限频率参数代码：K2，　　内容：500

加速时间参数代码：K7，　　内容：10

减速时间参数代码：K8，　　内容：10

参数写入通信程序如图 9-49 所示。

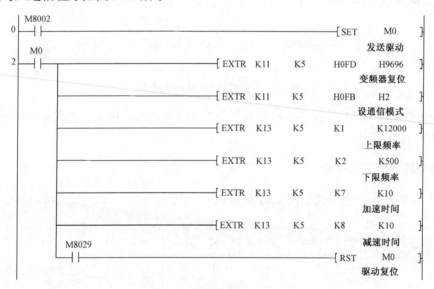

图 9-49　参数写入通信程序

根据前面介绍的变频器通信指令应用，可以看到，这是一段执行多条变频器通信指令的程序。根据前面介绍的变频器通信指令应用，如果是执行一条变频器通信指令，那么 M0 可以是非常短的脉冲上升沿，在执行过程中如果脉冲断了，这个通信指令也会继续执行完毕。但是若是多条就不行了，执行完毕后，第二条指令中的 M0 必须又要"ON"，这样在所有指令执行之前必须保证 M0 为"ON"。如果断了，那么下面的指令就无法执行。

9.4.4　FX$_{3U}$ PLC 变频器专用通信指令介绍

与 RS 指令经典法通信程序设计相比，变频器专用指令法程序设计思路非常清楚，程序设计简单，易学、易懂、易掌握，是一个值得推荐的好方法，因此获得了许多 PLC 生产厂商的肯定，纷纷在新推出的 PLC 中增加了变频器专用通信指令。三菱也在其小型可编程控制器 FX 系列的新产品 FX$_{3U}$ 和 FX$_{3UC}$ 上增加了五个变频器专用通信指令，同时也保留了 RS 串行通信指令。同样，它也规定了 RS 指令和变频器专用通信指令不能在同一通信程序中一起使用。

现将 FX$_{3U}$ 的变频器专用通信指令简单地介绍如下。读者可以对比 FX$_{2N}$ 的变频器专用通信指令 EXTR 进行理解。

1．变频器运行监视指令

指令形式如图 9-50 所示。

图 9-50　变频器运行监视指令

解读：在通信通道 n 连接的站址为 S1 的变频器中，按照指令代码 S2 的要求，将运行监视数据读到 PLC 的 D 中。

变频器功能操作指令代码 S2：十六进制表示。指令代码与 RS 指令程序设计一样，可查变频器使用手册，见附录"FR-E500 变频器通信协议的参数字址定义"。

通信通道 n：K1 表示通道 1，K2 表示通道 2（下同）。

该指令与 EXTR K10 类同。

【例 8】试说明如图 9-51 所示程序执行功能。

图 9-51　变频器运行监视指令例

H6F：输出频率。

该程序执行功能是在 M0 接通时，将在通信通道 K1 连接的站址为 6 号的变频器的输出频率值送入 PLC 的 D100 存储器中。

2．变频器运行控制指令

指令形式如图 9-52 所示。

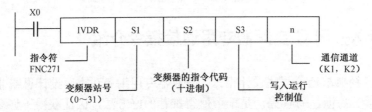

图 9-52　变频器运行控制指令

解读：对在通信通道 n 连接的站址为 S1 的变频器，按照指令代码 S2 的要求，将控制内容 S3 写入变频器的参数中的设定值，或是保存设定数据的软元件编号来控制变频器的运行。

该指令与 EXTR K11 类同。

【例 9】试说明如图 9-53 所示程序执行功能。

图 9-53　变频器运行控制指令例

HFA：运行控制　　H02：反转

程序执行功能是在 M0 接通时，对在通信通道 K1 连接的 2 号站址的变频器进行正转运行控制。

3. 变频器参数读出指令

指令形式如图 9-54 所示。

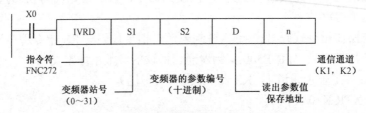

图 9-54　变频器参数读出指令

解读：在通信通道 n 连接的站址为 S1 的变频器中，将参数编号为 S2 所表示的参数内容读出并存入 PLC 的 D 中。

该指令与 EXTR K12 类同。

【例 10】试说明如图 9-55 所示程序执行功能。

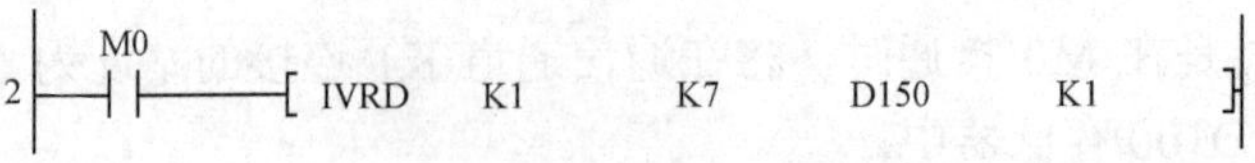

```
2 ─┤M0├──[ IVRD    K1      K7      D150    K1      ]├
```

图 9-55　变频器参数读出指令例

K7：加速时间（Pr.7）。该程序执行功能是在 M0 接通时，将在通信通道 K1 连接的站址为 1 号变频器的加速时间读出并存入 PLC 的 D150 存储器中。

4. 变频器参数写入指令

指令形式如图 9-56 所示。

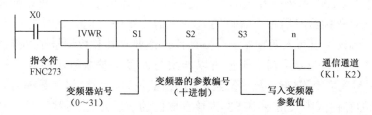

图 9-56 变频器参数写入指令

解读：在通信通道 n 连接的站址为 S1 的变频器中，将变频器的参数编号为 S2 的参数内容修改为 S3 的参数值。

该指令与 EXTR K13 类同。

【例 11】试说明如图 9-57 所示程序执行功能。

图 9-57 变频器参数写入指令例

K8：减速时间（Pr.8）。

程序行执行功能是在 M0 接通时，对在通信通道 K1 连接的站址为 5 号的变频器，设定其减速时间为 D100 存储器内存的数。

5. 变频器参数成批写入指令

变频器参数成批写入指令形式如图 9-58 所示。

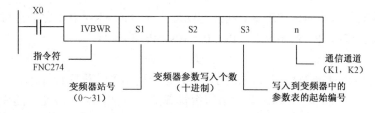

图 9-58 变频器参数成批写入指令

解读：在通信通道 n 连接的站址为 S1 的变频器中，将 PLC 中以 S3 为首址的参数表内容写入变频器相应的参数中，写入的参数个数为 S2 个。

FX$_{2N}$ PLC 没有类同的变频器专用通信指令。

【例 12】试说明如图 9-59 所示程序执行功能。

图 9-59 变频器参数写入指令例

程序执行功能是在 M0 接通时，对在通信通道 K1 连接的站址为 1 号的变频器，设置 4 个变频器参数值，其参数号与参数值存在 PLC 中的首址为 D200 的存储表中。

这是为三菱 FR-700 系列新开发的一个变频器专用通信指令，它可以同时对变频器写入多个参数值。三菱变频器专用指令可以写入变频器参数值，但一次只能写入一个参数值；MODBUS RTU 协议可以写入变频器多个参数值，但要求其参数编号必须连续。上述两种设计使用十分不便，而这个专用指令不但可以一次写入多个参数值，而且不需要参数编号连续。当需要一次写入多个不同编号（不连续）的参数值时，只要将参数编号和参数值依次存入 PLC 中指定的存储区中（指令中 S3 为该存储区的前址）。指令执行后，会自动将各参数值写入相应的参数中。

参数成批写入时，一个参数必须有两个存储器，一个寄存参数编号，一个寄存参数数值，且规定编号在前，参数值在后，一个一个排列在一起，形成一张参数表，见表 9-26。

表 9-26　参数成批写入的参数表

存 储 区	存 储 器	内 容
S3	D200	参数编号 1
S3+1	D201	参数写入值 1
S3+2	D202	参数编号 2
S3+3	D203	参数写入值 2
S3+4	D204	参数编号 3
S3+5	D205	参数写入值 3
S3+6	D206	参数编号 4
S3+7	D207	参数写入值 4

因此编写程序时，必须在执行该指令前将相应参数表内容存储到存储区中（称为指令初始化），然后才能执行该指令。

【例 13】试编写向在通信通道 K1 连接的站址为 1 号的 FR-A700 变频器写入如下 PID 参数的程序：Pr128 = 20，Pr129 = 50%，Pr130 = 10s，Pr134 = 1s。

程序如图 9-60 所示。

与 RS 指令经典法通信程序设计相比，变频器专用指令法程序设计思路非常清楚，程序设计简单，易学、易懂、易掌握，是一个值得推荐的好方法。关于 FX3U 的变频器专用通信指令的进一步学习，可参看 FX3U PLC 编程手册和 FX 系列用户通信手册等有关资料。

但是，专用指令法并不能完全代替 RS 指令经典法，因为专用指令法仅对某些特定的变频器而言，一般为同一 PLC 品牌的变频器，而不能对所有变频器实行，更不能对其他类型控制设备应用。而 RS 指令经典法，则是对所有具有 RS485 标准接口的变频器和控制设备均可应用。所以，当使用专用指令法所指定的变频器时，最好采用专用指令法来进行程序设计。由于 RS 指令与变频器专用指令不能在同一通信程序中一起使用，当控制设备既有指定变频器也有其他变频器时，专用指令法也不能采用，而 RS 指令经典法是可以的。

目前，越来越多的 PLC 配有变频器专用指令，同时也保留了 RS 指令，使 PLC 在通信控制上应用更方便、更广泛。

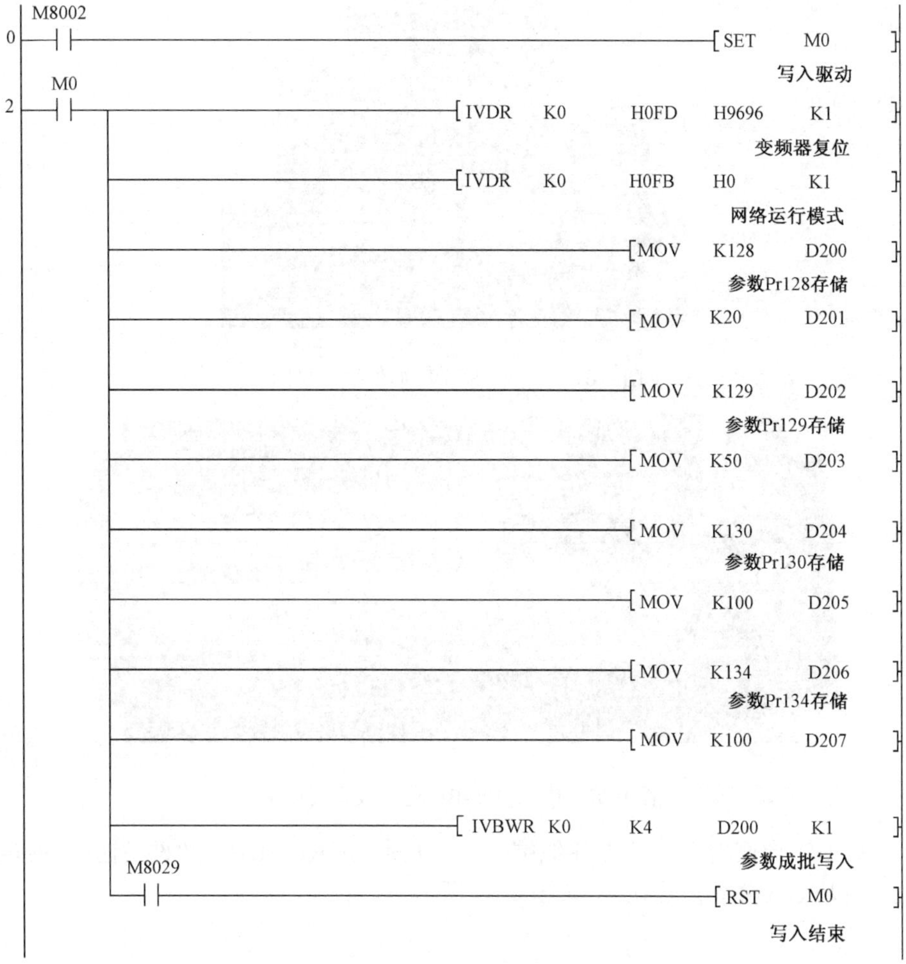

```
        M8002
    0   ┤├──────────────────────────────────────────[ SET    M0    ]
                                                        写入驱动
        M0
    2   ┤├──┬──────────────────────[ IVDR   K0    H0FD   H9696   K1 ]
           │                                            变频器复位
           ├──────────────────────[ IVDR   K0    H0FB   H0      K1 ]
           │                                            网络运行模式
           ├──────────────────────────────[ MOV   K128    D200   ]
           │                                            参数Pr128存储
           ├──────────────────────────────[ MOV   K20     D201   ]
           │
           ├──────────────────────────────[ MOV   K129    D202   ]
           │                                            参数Pr129存储
           ├──────────────────────────────[ MOV   K50     D203   ]
           │
           ├──────────────────────────────[ MOV   K130    D204   ]
           │                                            参数Pr130存储
           ├──────────────────────────────[ MOV   K100    D205   ]
           │
           ├──────────────────────────────[ MOV   K134    D206   ]
           │                                            参数Pr134存储
           ├──────────────────────────────[ MOV   K100    D207   ]
           │
           └──────────────────────[ IVBWR  K0    K4     D200    K1 ]
                                                        参数成批写入
        M8029
        ┤├──────────────────────────────────────────[ RST    M0    ]
                                                        写入结束
```

图 9-60　变频器参数成批写入指令程序例

9.5　三菱变频器通信控制硬件接口

9.5.1　FX₂N-485-BD 通信板介绍

1. 安装

FX_{2N}-485-BD 是 FX_{2N} PLC 的一个简易通信模块，直接安装在 PLC 的面板上，用于 FX_{2N} PLC 与 PC、PLC 与 PLC、PLC 与控制设备之间进行 RS485 标准接口串行数据传送。

FX_{2N}-485-BD 通信板实物如图 9-61 所示。它在 FX_{2N} PLC 面板上的安装位置如图 9-62 所示。

图 9-61　FX$_{2N}$-485-BD 通信板实物图

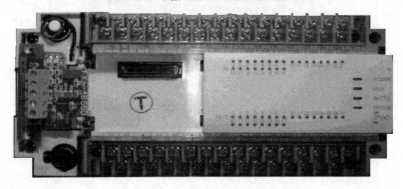

图 9-62　FX$_{2N}$-485-BD 通信板安装位置

　　FX$_{2N}$-485-BD 通信板上有 5 个接线端子，分别是 SDA、SDB（数据发送）、RDA、RDB（数据接收）和 SG（公共信号地），如图 9-63 所示。

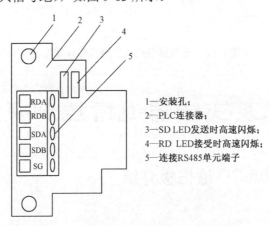

1—安装孔；
2—PLC连接器；
3—SD LED发送时高速闪烁；
4—RD LED接受时高速闪烁；
5—连接RS485单元端子

图 9-63　FX$_{2N}$-485-BD 通信板接线端子

　　FX$_{2N}$-485-BD 通信板上有两个 LED 灯，可显示通信是否正常。发送数据时，SDLED 灯高速闪烁；而接收数据时，RDLED 灯高速闪烁。

　　FX$_{2N}$-485-BD 通信板的安装步骤如图 9-64 所示。关闭 PLC 电源，按下述步骤进行安装：

（1）从基本单元的上表面卸下面板的盖子。

（2）将 FX$_{2N}$-485-BD 通信板上的连接电缆插到基本单元板上的连接插口上。

（3）用 M3 的自攻螺钉将 FX$_{2N}$-485-BD 板固定在基本单元上。

（4）使用工具如割刀，卸下面板盖子左边的切口。FX$_{2N}$-485-BD 通信的端子板露出基本单元，端子板表面高于 PLC 上盖板的上表面约 7mm。

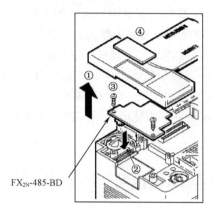

图 9-64　FX$_{2N}$-485-BD 安装步骤图

为了保证通信正常，连接 RS485BD 到通信控制设备单元，建议使用屏蔽双绞电缆，电缆的特性为 AWG26～16。

RS485BD 板作为附件提供了两个端子电阻，一个是 $300\Omega\Big/\dfrac{1}{4}$ W，另一个是 $110\Omega\Big/\dfrac{1}{2}$ W，在不同的接线情况分别使用，将在后面接线讲解中说明。

2. 应用与诊断

1）应用注意

FX$_{2N}$-485-BD 通信板在应用时，请注意以下几点：

（1）检查是否与 PLC 连接良好。当连接不稳或接触不良时，通信不可能正确。

（2）检查程序中是否应用了 VRDD 和 VRSC 指令，如果使用了这些指令，把它们删除。关闭 PLC 电源，然后打开。

（3）每项设置都要适合应用场合，如通信格式、$N{:}N$ 网络设置参数、并行连接设置参数等。如果设置不适于应用场合，通信将不能正确进行。当每项设置更改时，请关闭 PLC 电源，然后在打开。

2）诊断

FX$_{2N}$-485-BD 通信板处于不同的应用场合，其诊断检查方法也不尽相同。这里只介绍使用 RS 指令时的诊断说明。

（1）诊断时主要现象是 FX$_{2N}$-485-BD 上的发送 LED 显示灯和接收 LED 显示灯。

① 当接收数据时，如果 RD LED 灯未亮或 SD LED 灯未亮，则必须检查安装和接线。

② 当接收数据时，RD LED 灯亮；当发送数据时，SD LED 灯亮，则安装和布线是正确的。

（2）确保发送/接收及时。例如，在向对方发送数据时，确保对方已处于接收准备状态。

（3）当不使用停止符时，检查发送数据的容量是否等于接收数据的容量。如果发送的数据的容量是可以改变的，则使用停止符。

（4）确保外部设备参数设置和接线正确。

（5）查发送数据类型和接收数据类型是否相同。如不相同，则使之相同。

（6）当两个或多个 RS 指令在一个程序中使用时，确保在一个操作周期内，只有一个 RS 指令被激活。当数据正在接收或发送时，不能关闭 RS 指令。

（7）在 FX$_{2N}$ 系列（V.200 或以后版本）中，如果对方设备接收到"NAK"，则 RS 指令将不执行。这时，重新设置系统，以便 RS 指令能够执行，即使对方设备收到"NAK"。

有关 FX$_{2N}$-485-BD 通信板的进一步使用说明，请参看用户指南（随机附带）或 FX 系列特殊功能模块用户手册。

9.5.2 FX$_{2N}$-485-BD 通信板与 FR-E500 变频器连接

1. 三菱 FR-E500 变频器的通信口

三菱 FR-E500 变频器的通信口是一个 RJ45 水晶头插座，如图 9-65 所示。

图 9-65 三菱 FR-E500 变频器的通信口

由于该插座是与变频器操作面板共用的，所以当进行变频器通信时，不能再插上操作面板。可以先用操作面板来设定变频器的参数值（包括通信参数），然后取下操作面板，再连接通信插头。

其接口引脚功能如图 9-66 所示。引脚 2 和 8（P5S）为提供操作面板的电源端。使用通信时，为防止接错，可将水晶头上的这两根线剪断。

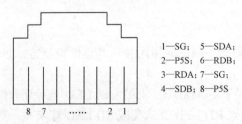

1—SG；5—SDA；
2—P5S；6—RDB；
3—RDA；7—SG；
4—SDB；8—P5S

图 9-66 接口引脚功能

2. FX$_{2N}$-485-BD 与三菱 FR-E500 变频器的连接

FX$_{2X}$-485-BD 通信板与通信控制设备的连接根据设备的不同有四线制和二线制两种接法。

三菱的 PLC 和三菱的变频器是四线制连接，如图 9-67 所示（屏蔽接地未画出）。

四线制连接时属于全双工通信，这时 FX$_{2N}$-485-BD 的 SDA、SDB 端和通信控制设备的 RDA、RDB 相连，而 RDA、RDB 则和控制设备的 SDA、SDB 相连，SG 和 SG 相连，如图 9-67 所示。

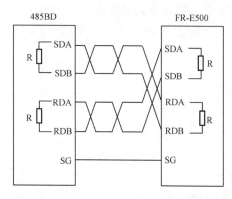

图 9-67　FX$_{2N}$-485-BD 四线制接线图

R 为端子电阻（330Ω），在通信距离超过 300m 时，需要加接。在 FX$_{2N}$-485-BD 板端接两个，另外在最远端控制设备接两个。小于 300m 时，可以不接。

连接线采用屏蔽双绞线，其屏蔽线在一端直接接地，接地电阻小于 100Ω。

二线制连接时为半双工通信。这时须将 FX$_{2N}$-485-BD 板的 SDA 和 RDA 短接，SDB 和 RDB 短接，并与控制设备同名端相连，如图 9-68 所示（屏蔽接地未画出）。控制设备的通信口接线标注会有所不同，有的用"+、-"表示，有的标注"SG+、SG-"，连接时必须注意。

二线制的端子电阻为 110Ω，处理方式同四线制。至于地线 SG，可接可不接。

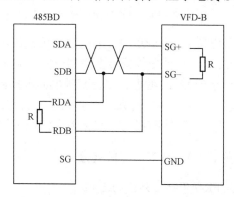

图 9-68　FX$_{2N}$-485-BD 二线制接线图

9.5.3 FX$_{2N}$-485-BD 通信板与 FR-A700 变频器连接

1. 三菱 FR-A700 变频器的 RS485 端子通信口

三菱 FR-A700 变频器有三个通信接口：PU 通信接口、RS485 端子排通信接口和 USB 通信接口。一般使用 MODBUS RTU 时，多数使用 RS485 端子排通信口进行，下面仅对 A700 的 RS485 端子排通信接口进行讨论。

A700 变频器的 RS485 端子排打开变频器面板即可见到，一共有三排，12 个接线端子。还可以看到一个终端电阻开关，如图 9-69 所示，各个端子的名称见图中右表。

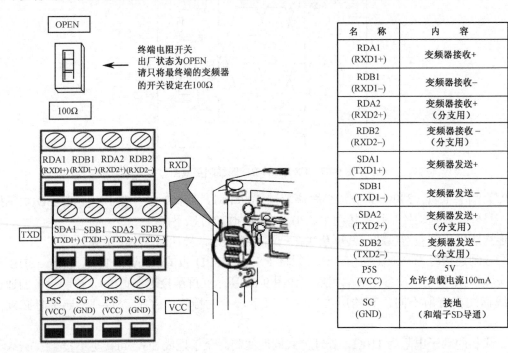

名　称	内　容
RDA1 (RXD1+)	变频器接收+
RDB1 (RXD1−)	变频器接收−
RDA2 (RXD2+)	变频器接收+ （分支用）
RDB2 (RXD2−)	变频器接收− （分支用）
SDA1 (TXD1+)	变频器发送+
SDB1 (TXD1−)	变频器发送−
SDA2 (TXD2+)	变频器发送+ （分支用）
SDB2 (TXD2−)	变频器发送− （分支用）
P5S (VCC)	5V 允许负载电流100mA
SG (GND)	接地 （和端子SD导通）

图 9-69　FR-A700 之 RS485 端子排

表中所示，A700 变频器内置了一个 100Ω终端电阻，可接可不接，用开关控制。当 PLC 与多台变频器通信时，仅最终端的一台变频器接上终端电阻，其余各台均不接。

A700 变频器在 RS485 端子设计时考虑到多台变频器的串接问题，因此，每个接收端和发送端都设计了两套，一套为上台机串接而来，一套为去下台机的串接（图中分支用）。这样做的好处是不需要在一个端子上压接两根线，避免因为接触不好而影响通信质量。

2. FX$_{2N}$-485-BD 与三菱 FR-A700 变频器的连接

1）FX$_{2N}$-485-BD 与一台 FR-A700 变频器的连接

如图 9-70 所示为 FX$_{2N}$-485-BD 与一台 FR-A700 变频器的连接图。三菱 FR-A700 变频器采用四线制接线方式。

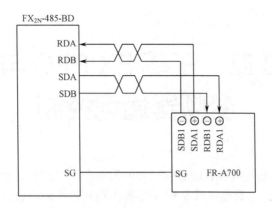

图 9-70　FX$_{2N}$-485-BD 与一台变频器连接图

当连接距离超过 300m 时，请将变频器的终端电阻开关置于 100Ω侧。

2）FX$_{2N}$-485-BD 与多台 FR-A700 变频器连接

如图 9-71 所示为 FX$_{2N}$-485-BD 与多台变频器的连接图。

由图可以看出，其端子 1（RDA1、RDB1、SDA1、SDB1）为与 PLC 或上一台变频器的连接端口，而端子 2（RDA2、RDB2、SDA2、SDB2）为与下一台变频器的连接端口，这样形成了一台一台串接连接。串接的最后一台变频器应将终端电阻开关置于 100Ω侧。

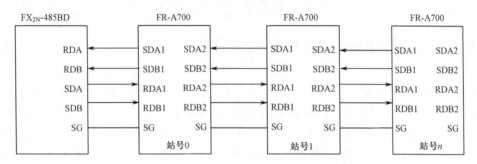

图 9-71　FX$_{2N}$-485-BD 与多台变频器连接图

实际接线如图 9-72 所示。

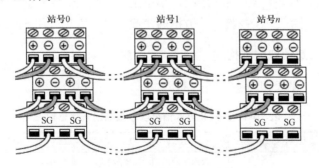

图 9-72　FX$_{2N}$-485-BD 与多台变频器实际连接

第 10 章　三菱 FX PLC 与其他变频器通信控制

三菱 FX PLC 与其他变频器进行通信控制的关键在于弄清楚其他变频器的通信协议，特别是协议中关于通信格式、数据格式及相关功能代码和数据码的查找方式。然后就可以按照第 9 章所述的利用串行通信指令 RS 经典法编写相应通信程序。

本章仅介绍三菱 FX 与台达变频器和西门子变频器的通信控制案例。三菱 FX 和其他变频器及控制设备的通信控制可以根据案例举一反三。

10.1　FX$_{2N}$ PLC 与台达变频器 VFD-B 的通信控制

10.1.1　台达变频器 VFD-B 通信协议

台达 VFD-B 变频器采用 MODBUS 通用协议，所以在 VFD-B 的通信中，可以采用 MODBUS 的 ASCII 方式进行，也可以采用 RTU 方式进行。采用 ASCII 方式时，必须将通信资料信息帧转换成 ASCII 码后再传送，而 RTU 方式则是资料直接传送，不再经过转换。一般情况下，三菱 FX 与台达变频器通信控制大多采用 ASCII 方式，所以下面重点介绍 MODBUS　ASCII 方式的通信控制。

VFD-B 的通信格式采用 ASCII 方式时规定了三种选择：7N2、7E1、7O1；而通信数据格式采用 ASCII 方式时是符合 MODBUS　ASCII 方式标准的规定，以"："号开始，以"CR"、"LR"结束，采用 LRC 校验码，数据的"读"、"写"也采用 MODBUS 功能码。

1. ASCII 方式信息读取数据格式

（1）读取数据格式见表 10-1。

表 10-1　ASCII 方式信息读取数据格式信息帧

起 始 码	地 址 码		功 能 码		数 据 区		校 验 码		停 止 码	
STX	×	×	0	3	读取首址	数据个数	×	×	CR	LF

各部分内容说明如下。

起始码：固定以"："（STX）表示，ASCII 码为 3AH（占用 HEX 数 1 位，下同）。

地址码：从站地址，01H～FEH（2 位）。

功能码：03H（2 位）。

数据区：由读取连续数据参数字址寄存器首址（4 位）和连续读取数据资料存储器个数（4 位）组成。最多可连续读取 20（H14）笔资料。

校验码：由地址码开始到数据区结束的所有 HEX 数字符的 LRC 校验码（2 位）。

停止码：固定为"CR"、"LF"（2 位）。

数据区的参数字址首址和连续读取数据资料个数，是根据通信要求查附录"台达 VFD-B 变频器通信协议参数字址定义表"确定。

（2）变频器回传数据格式见表 10-2。

表 10-2　ASCII 方式变频器回传数据格式信息帧

起　始　码	地　址　码		功　能　码		数　据　区		校　验　码		停　止　码	
STX	×	×	0	3	回传字节数	数据内容	×	×	CR	LF

与三菱变频器专用协议一样，我们关心的是回传数字的内容，即数据区的数据内容。数据区说明如下。

回传字节数：所需连续回传数据资料存储器的字节数，一笔资料为 2 个字节，最多 20 笔资料为 40 个字节（H02～H28），占用 HEX 数 2 位。

数据内容：其数据长度与连续读取的数据资料的个数有关。一笔数字资料占用 HEX 数 4 位，n 个数据资料占用 HEX 数 4n 位，最多 20 笔资料，最大长度 80 位。

2．ASCII 方式单笔信息写入数据格式

写入数据格式见表 10-3。

表 10-3　ASCII 方式信息写入数据格式信息帧

起　始　码	地　址　码		功　能　码		数　据　区		校　验　码		停　止　码	
STX	×	×	0	6	数据地址	写入内容	×	×	CR	LF

其起始码、地址码、校验码和停止码均与读取格式相同，不再赘述。功能码为 06H。数据区由写入数据参数字址（4 位）和写入内容（4 位）组成。具体的写入内容也是根据通信要求查附录"台达 VFD-B 变频器通信协议参数字址定义表"确定。

功能码 H06 是写入一笔资料到数据参数字址存储器中。如果要连续写入多笔资料，则应采用多笔信息写入数据格式。

3．ASCII 方式连续多笔信息写入数据格式

连续多笔资料写入时，数据格式见表 10-4。

表 10-4　ASCII 方式多信息写入数据格式信息帧

起　始　码	地　址　码		功　能　码		数　据　区		
STX	×	×	1	0	数据首地址	资料个数 n	资料字节数 2n
数　据　区			校　验　码		停　止　码		
写入内容 1	写入内容 2	写入内容 n	×	×	CR	LF	

其数据区说明如下。

数据首地址：连续写入资料参数字址首址（4 位）。

资料个数 n：表示要写入 n 个连续资料（4 位）。

资料字节 2n：连续写入 n 个资料字节的总和，应为 2n 个字节（2 位）。

写入内容 1：写入的第一笔资料（4 位）。

写入内容 2：写入的第二笔资料（4 位）。

……

写入内容 n：写入的第 n 笔资料（4 位）。

10.1.2　台达变频器 VFD-B 通信参数设置

首先假定台达变频器 VFD-B 通信参数设置，见表 10-5。

表 10-5　台达 VFD-B 变频器通信参数设置

参 数 号	功 能	设 置
09-00	站址	01
09-01	通信速率：19200	02
09-02	通信错误处理：不警告并继续运行	03
09-03	通信超时检出：无传输超时检出	00
09-04	通信格式：7，E，1 for ASCII	01

详细参数功能及设置见 VFD-B 使用手册。

由通信参数设置可知其通信格式字为：H0C96（FX$_{2N}$ PLC 使用 FX$_{2N}$-485-BD 通信板）。

台达变频器的通信口为一个 RJ11 水晶头插座（详见使用说明书）。其 SG+与 FX$_{2N}$-485-BD 通信板 SDA 相连，SG-与 SDB 相连，GND 与 SG 相接。接线图如图 9-68 所示。

10.1.3　FX$_{2N}$ PLC 与台达变频器 ASCII 方式通信控制程序设计

FX$_{2N}$ PLC 与台达变频器的通信控制程序设计与三菱变频器类似，在实际应用中，要根据控制要求来选择台达变频器的数据格式；然后按照通信协议所规定的"参数字址定义表"填写数据格式的部分内容；最后采用 RS 通信指令来设计通信控制程序。

对比一下三菱的指令代码表和台达的"参数字址定义表"，就会发现它们有很大的不同。三菱的指令代码既表示了数据格式的操作功能，也表示了部分操作内容，而台达指令代码只有读（H03）、单写（H06）、多写（H10）三种具体的操作，数据和内容均由"参数字址定义表"来体现。所以根据数据格式阅读并查找"参数字址定义表"便成为编制台达变频器控制程序的关键所在。

下面通过几个实例来进行讲解。

1．运行控制与频率写入通信控制程序设计

【例 1】设计要求：三菱 FX_{2N} 控制站址为 01 的台达变频器的正转、反转、停止。运行频率为 30Hz。M0 为停止，M1 为正转，M2 为反转。

分析：这是一个写入数据格式。查阅"台达 VFD-B 变频器通信协议参数字址定义表"，见表 10-6。

表 10-6　台达 VFD-B 通信协议参数字址定义表一

定　义	参 数 字 址	功 能 说 明	
对驱动器的命令	2000H	bit0～1	00B：无功能
			01B：停止
			10B：启动
			11B：JOG 启动
		bit2～3	保留
		bit4～5	00B：无功能
			01B：正方向指令
			10B：反方向指令
			11B：改变方向指令
		bit6～7	00B：第一加/减速时间
			01B：第二加/减速时间
			10B：第三加/减速时间
			11B：第四加/减速时间
		bit8～11	000B：主速
			0001B：第一段速度
			0010B：第二段速度
			0011B：第三段速度
			0100B：第四段速度
			0101B：第五段速度
			0110B：第六段速度
			0111B：第七段速度
			1000B：第八段速度
			1001B：第九段速度
			1010B：第十段速度
			1011B：第十一段速度
			1100B：第十二段速度
			1101B：第十三段速度
			1110B：第十四段速度
			1111B：第十五段速度
		bit12	选择 bit6～11 功能
		bit13～15	保留

由命令栏内查到对驱动器的命令参数字址为 H2000，"功能说明"栏为数据格式中数据区的写入内容。这是一个 16 位的"字"，如果控制要求变频器正转，该如何填写呢？正转是启动状态，b1b0=10；b3b2=00；b5b4=01（正方向）；b7b6=00（第一加/减速时间）；b11b10b9b8=0000（主速）；b15b14b13b12=0000。综上，则正转的写入字是 0000 0000 0001 0010，十六进制数为 H0012。

则写入内容正转为 H0012，同理可得反转为 H0022，停止为 H0001。

查阅"台达 VFD-B 变频器通信协议参数字址定义表"，2001H 为频率写入命令，见表 10-7。

表 10-7　台达 VFD-B 通信协议参数字址定义表二

定　义	参 数 字 址	功 能 说 明
对驱动器的命令	2001H	频率命令

控制要求运转频率为 30Hz。注意，这里和三菱变频器一样，频率设定基本单位是 0.01Hz，因此要进行单位及进制换算，则 30×100=3000=H0BB8。所以写入内容为 H0BB8。

根据上述分析，得到如下控制信息。

站址：H01；　　　　　功能码：写入（H06）。

数据地址：H2000（运行），H2001（频率写入）。

数据内容：正转 H0012，反转 H0022，停止 H0001。

写入频率：30×100 = 3000 = H0BB8。

根据上述控制信息，写出数据格式信息帧，见表 10-8 和表 10-9。MODBUS 通信协议规定，ASCII 方式通信时一定要把十六进制数转换成 ASCII 码才能传送。表中也列出了转换后的 ASCII 码及所分配存储单元。校验码已通过计算填入。

表 10-8　运行控制数据格式信息帧

	起　　始	站　　号		功 能 代 码		数 据 地 址			
正转	'：'	0	1	0	6	2	0	0	0
寄存器	D10	D11	D12	D13	D14	D15	D16	D17	D18
ASCII 码	H3A	H30	H31	H30	H36	H32	H30	H30	H30
反转									
ASCII 码									
停止									
ASCII 码									

	写 入 内 容				校 验 码		停 止 码	
正转	0	0	1	2	C	7	CR	LF
寄存器	D19	D20	D21	D22	D23	D24	D25	D26
ASCII 码	H30	H30	H31	H32	H43	H37	H0D	H0A
反转	0	0	2	2	B	7		
ASCII 码	H30	H30	H32	H32	H42	H37		
停止	0	0	0	1	D	8		
ASCII 码	H30	H30	H30	H31	H44	H38		

表 10-9　写入频率数据格式信息帧

	起　　始	站　　号		功 能 代 码		数 据 地 址			
频率	'：'	0	1	0	6	2	0	0	1
寄存器	D100	D101	D102	D103	D104	D105	D106	D107	D108
ASCII 码	H3A	H30	H31	H30	H36	H32	H30	H30	H31

续表

	写　入　内　容			校　验　码		停　止　码	
频率	0	B	B	8	1	5	CR	LF
寄存器	D109	D110	D111	D112	D113	D114	D115	D116
ASCII 码	H30	H42	H42	H38	H31	H35	H0D	H0A

通信程序设计和三菱通信程序例类似，读者可自行分析，如图 10-1 所示。

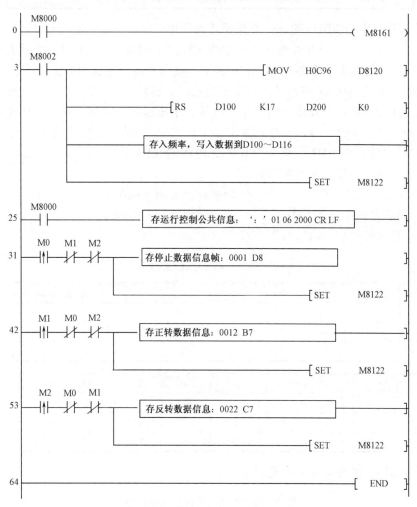

图 10-1　运行控制与频率写入通信控制程序

2. 运行监控通信控制程序设计

【例 2】设计要求：三菱 FX$_{2N}$ 监控台达 VFD-B 变频器（站址 02）的运行频率、运行电流和运行电压值。

分析：这里有两个数据格式。

（1）PLC 向变频器要求读出 F、I、V，这是读取数据格式。

查阅"台达 VFD-B 变频器通信协议参数字址定义表"，见表 10-10。

表 10-10　台达 VFD-B 通信协议参数字址定义表三

定　义	参 数 字 址	功 能 说 明
监视驱动器状态	2102H	频率指令（F）
	2103H	输出频率（H）
	2104H	输出电流（AXXX.X）
	2105H	DC-BUS 电压（UXXX.X）
	2106H	输出电压（EXXX.X）

这里，电压 U 为 DC-BUS 电压，变频器直流侧电压。

因为 F、I、U、V 四个参数地址是连续的（2103H～2106H），所以只要写入读出参数的首地址（2103H）及要求读参数的个数（H0004），就可完成一个读出数据格式。

需要说明的是，电压 U 并不是需要读出的数，读出后，F、I、U、V 分别存于不同的存储单元，然后在转存时，只取需要的频率、电流、电压即可。否则，就要分别读取，程序会变得很长。和三菱变频器一样，读出的数值是十六进制，要转换成十进制数，还要再转换成基本设定单位（频率为 0.01Hz、电流为 0.1A、电压为 0.1V）。

根据上述分析，得到如下控制信息。

站址：H02　　　　　　　；　　　功能码：读出（H03）；

数据首地址：H2102；　　　　　读出数据个数：H0004。

数据读出信息帧见表 10-11。

表 10-11　数据读出信息帧

	起　始	站　号		功 能 代 码		数 据 地 址			
	': '	0	2	0	3	2	1	0	3
存储器	D100	D101	D102	D103	D104	D105	D106	D107	D108
ASCII 码	H3A	H30	H32	H30	H33	H32	H31	H30	H33

	资 料 个 数				校 验 码		停 止 码	
频率	0	0	0	4	D	3	CR	LF
存储器	D109	D110	D111	D112	D113	D114	D115	D116
ASCII 码	H30	H30	H30	H34	H44	H33	H0D	H0A

（2）变频器回传数据信息帧，见表 10-12。

表 10-12　变频器回传数据信息帧

	起 始 码	地 址 码		功 能 码		回 传 字 节		H2103 (F)			
HEX 数	STX	0	2	0	3			×	×	×	×
存储器	D100	D101	D102	D103	D104	D105	D106	D107	D108	D109	D110

H2104 (I)				H2105 (U)				H2106 (V)			
×	×	×	×	×	×	×	×	×	×	×	×
D111	D112	D113	D114	D115	D116	D117	D118	D119	D120	D121	D122

续表

校 验 码		停 止 码	
D123	D124	D125	D126

通信程序设计如图 10-2 所示。

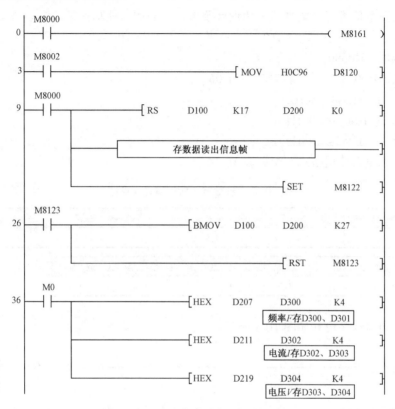

图 10-2　运行监控通信控制程序

3. 参数写入通信控制程序设计

【例 3】设计要求：三菱 FX$_{2N}$ 修改台达 VFD-B 变频器（站址 02）的多段速运行频率设定。

第一段速频率设定为 50Hz，第二段速的频率设定为 40Hz，第三段速的频率设定为 25Hz。台达 VFD-B 变频器的参数修改的数据参数字址见表 10-13。

表 10-13　台达 VFD-B 通信协议参数写入字址表

定 义	参 数 字 址	功 能 说 明
驱动器内部设定参数	HGGnn	GG 表示参数群，nn 表示参数号码。例如：04-01 由 0401H 来表示

表中 GG 表示参数群，nn 表示参数号。不同变频器参数设置的编号方法是不同的。三菱变频器参数号由 Pr0 递增编制，而台达变频器则采用分组编写法，即把功能相近的编写成一组（也叫参数群），然后每组的参数再按顺序编制。例如，01 为基本参数群，而 01-00 为最

高操作频率参数，01-01 为电机额定频率，等等。在通信控制时，参数的字址则用 HGGnn 表示，01-00 参数的字址是 H0100，04-03 参数的字址为 H0403。因此，当需要修改变频器的参数时，首先要通过手册找到参数的相应编号，再转换成相应的参数字址填入数据格式中。

本例中，第一段速频率设定参数编号为 05-00，第二段为 05-01，第三段为 05-02，其相应的参数字址为 H0500、H0501 和 H0502。

对照连续多笔信息写入数据格式和设计要求，得到如下控制信息。

站址：H02；   功能码：H10。

数据首地址：H0500。

资料个数：H0003；   资料字节：H06。

写入内容1：H1388（50Hz）。

写入内容2：H0FA0（40Hz）。

写入内容3：H09C4（25Hz）。

将上述信息填入数据格式，得到表 10-14。

表 10-14 参数写入数据格式信息帧

起 始 码	地 址 码	功 能 码	数 据 区		
STX	02	10	0500	0003	06

数 据 区			校 验 码		停 止 码	
1388	0FA0	09C4	B	1	CR	LF

参数写入通信程序设计如图 10-3 所示。

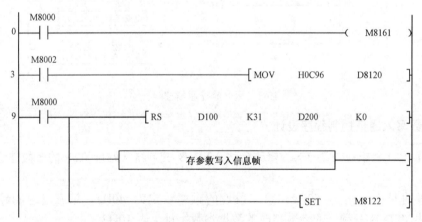

图 10-3 参数写入通信控制程序

4. 综合控制通信程序设计示例

【例4】FX$_{2N}$ PLC 通过触摸屏通信控制台达 VFD-B 变频器，要求如下：

（1）按钮控制变频器正转、反转、启动。

（2）按钮控制设定频率的增减，且能显示设定频率。

（3）显示变频器实时运行频率。

根据上述要求，各控制对应按钮及内存设计如下。

运行控制：M2 为正转，M3 为反转，M4 为停止。

频率设定：M0 为频率递增控制，M1 为频率递减控制，D46 为设定频率寄存。

运行监控：D300 为运行频率寄存。

综合控制通信程序如图 10-4 所示。

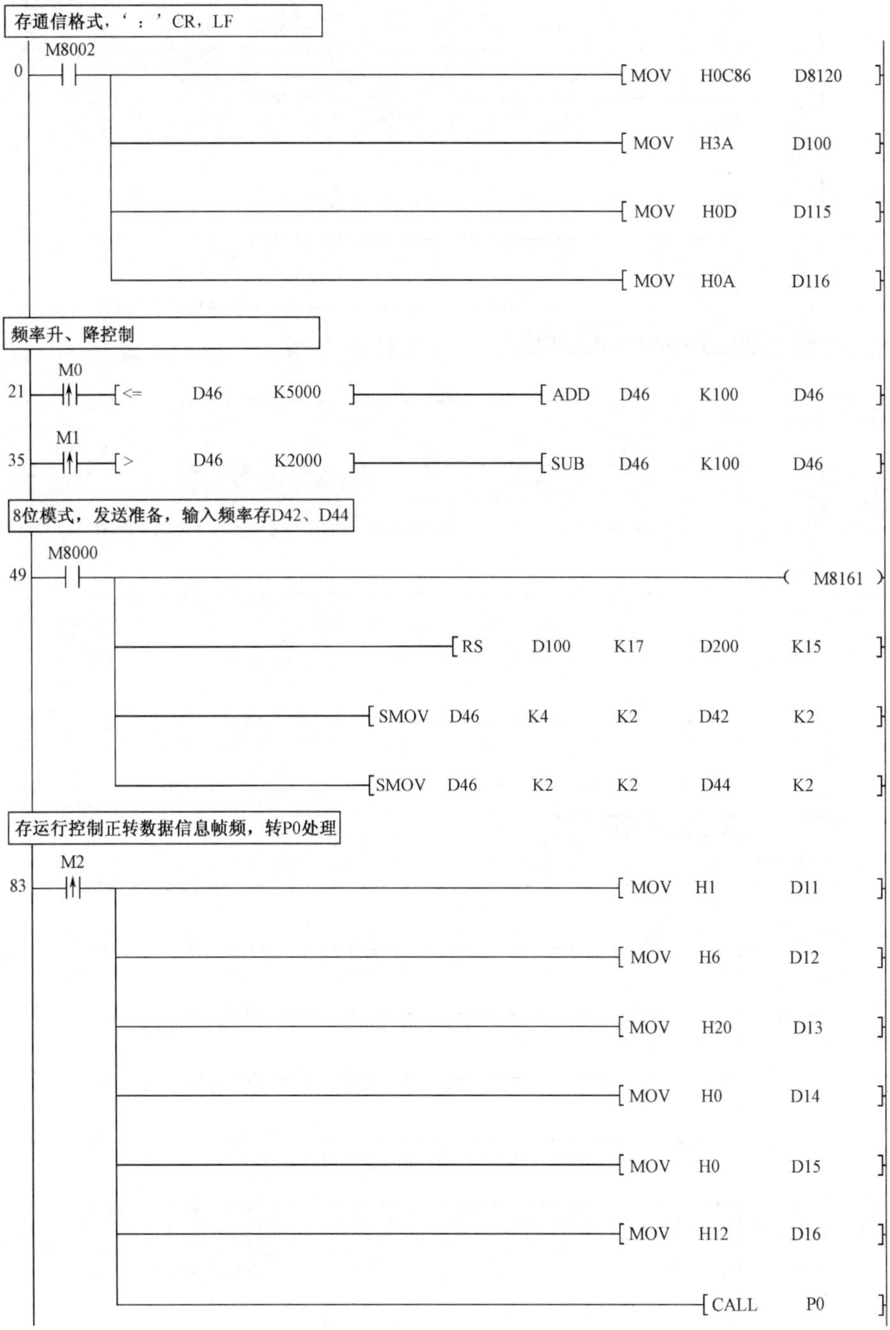

```
存通信格式，'：'CR，LF
      M8002
  0 ──┤├──────────────────────────────[ MOV   H0C86   D8120 ]

                                      [ MOV   H3A     D100 ]

                                      [ MOV   H0D     D115 ]

                                      [ MOV   H0A     D116 ]

 频率升、降控制
      M0
 21 ──┤↑├──[<=  D46   K5000 ]─────────[ ADD   D46   K100   D46 ]

      M1
 35 ──┤↑├──[>   D46   K2000 ]─────────[ SUB   D46   K100   D46 ]

 8位模式，发送准备，输入频率存D42、D44
      M8000
 49 ──┤├──────────────────────────────────────( M8161 )

                                [ RS    D100   K17   D200   K15 ]

                                [ SMOV  D46   K4   K2   D42   K2 ]

                                [ SMOV  D46   K2   K2   D44   K2 ]

 存运行控制正转数据信息帧频，转P0处理
      M2
 83 ──┤↑├──────────────────────────────[ MOV   H1    D11 ]

                                      [ MOV   H6    D12 ]

                                      [ MOV   H20   D13 ]

                                      [ MOV   H0    D14 ]

                                      [ MOV   H0    D15 ]

                                      [ MOV   H12   D16 ]

                                      [ CALL  P0 ]
```

图 10-4　综合控制通信程序

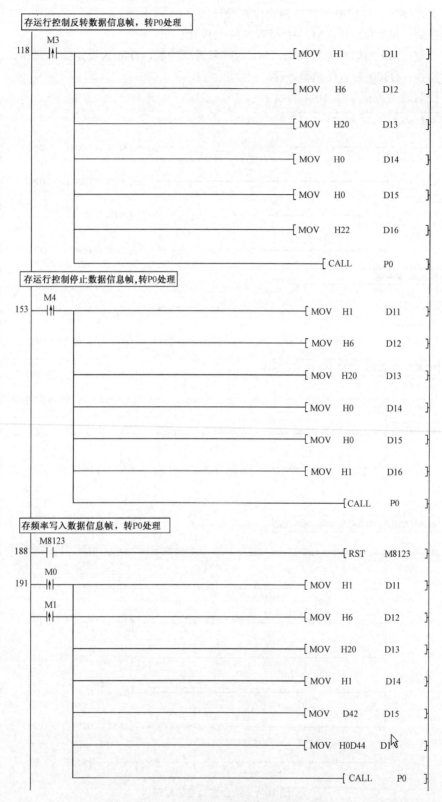

图 10-4　综合控制通信程序（续）

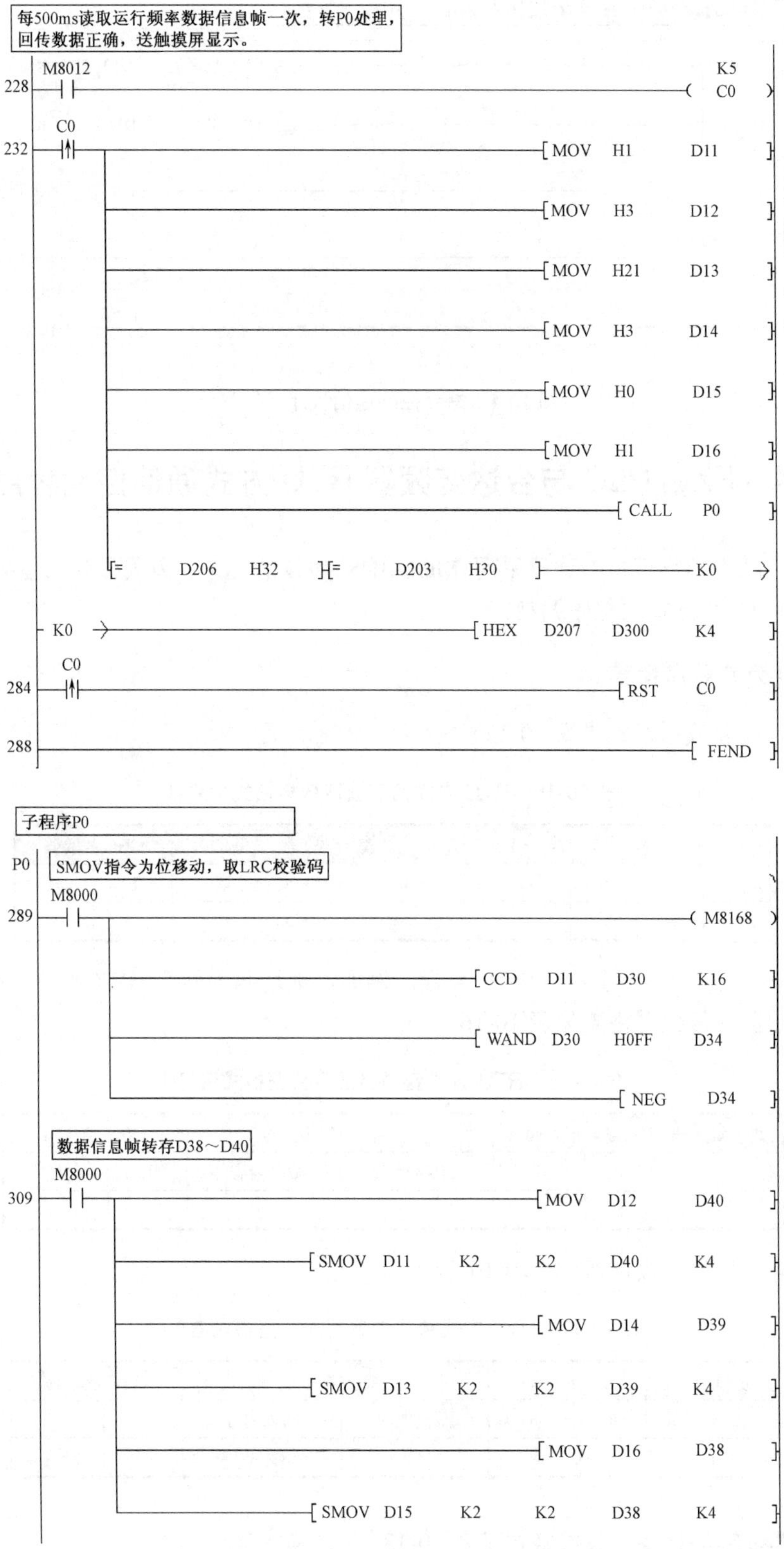

每500ms读取运行频率数据信息帧一次，转P0处理，
回传数据正确，送触摸屏显示。

```
         M8012                                                        K5
228      ─┤├──────────────────────────────────────────────────────( C0 )
         C0
232      ─┤↑├──┬──────────────────────────────────────[ MOV  H1   D11 ]
               │
               ├──────────────────────────────────────[ MOV  H3   D12 ]
               │
               ├──────────────────────────────────────[ MOV  H21  D13 ]
               │
               ├──────────────────────────────────────[ MOV  H3   D14 ]
               │
               ├──────────────────────────────────────[ MOV  H0   D15 ]
               │
               ├──────────────────────────────────────[ MOV  H1   D16 ]
               │
               └──────────────────────────────────────[ CALL     P0  ]

            ┤[=   D206   H32  ]├[=   D203   H30  ]─────────────────K0→

       K0→ ─────────────────────────────[ HEX  D207  D300  K4 ]

         C0
284      ─┤↑├─────────────────────────────────────────[ RST      C0  ]

288      ──────────────────────────────────────────────────[ FEND ]
```

子程序P0

```
P0   SMOV指令为位移动，取LRC校验码
         M8000
289      ─┤├──┬──────────────────────────────────────────────( M8168 )
              │
              ├────────────────────────────[ CCD   D11   D30   K16 ]
              │
              ├────────────────────────────[ WAND  D30   H0FF  D34 ]
              │
              └─────────────────────────────────────[ NEG       D34 ]

     数据信息帧转存D38～D40
         M8000
309      ─┤├──┬──────────────────────────────────────[ MOV  D12   D40 ]
              │
              ├──────────────────[ SMOV  D11   K2   K2   D40   K4 ]
              │
              ├──────────────────────────────────────[ MOV  D14   D39 ]
              │
              ├──────────────────[ SMOV  D13   K2   K2   D39   K4 ]
              │
              ├──────────────────────────────────────[ MOV  D16   D38 ]
              │
              └──────────────────[ SMOV  D15   K2   K2   D38   K4 ]
```

图 10-4　综合控制通信程序（续）

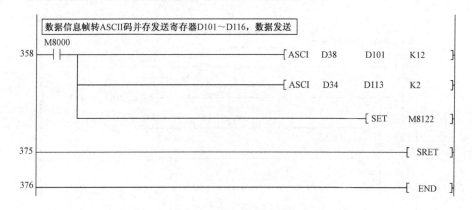

图 10-4　综合控制通信程序（续）

10.1.4　FX₂N PLC 与台达变频器 RTU 方式通信控制程序设计

目前越来越多的物理量变送器采用 MODBUS 协议的 RTU 方式作为通信控制方式，下面就介绍一下 RTU 方式的程序编制。

1. RTU 方式数据格式

（1）信息读取数据格式见表 10-15。

表 10-15　RTU 方式信息读取数据格式信息帧

地 址 码		功 能 码		数 据 区		CRC 校验码	
		0	3	首地址	数据个数	L	H
×	×	×	×	××××	××××	× ×	× ×

表中，第三行中"×"表示一个 HEX 数。例如，地址码为两个 HEX 数，下同。

（2）变频器回传数据格式见表 10-16。

表 10-16　RTU 方式变频器回传数据格式信息帧

地 址 码		功 能 码		数 据 区		CRC 校验码	
		0	3	回传字节数	数据内容	L	H
×	×	×	×	× ×	××××	× ×	× ×

（3）单笔信息写入数据格式见表 10-17。

表 10-17　RTU 方式单笔信息写入数据格式信息帧

地 址 码		功 能 码		数 据 区		CRC 校验码	
		0	6	数据地址	写入内容	L	H
×	×	×	×	××××	××××	× ×	× ×

（4）连续多笔信息写入数据格式见表 10-18。

表 10-18　RTU 方式多笔信息写入数据格式信息帧

地　址　码		功　能　码		数　据　区		
		1	0	数据首地址	资料个数 n	资料字节数 2n
×	×	×	×	× × × ×	× × × ×	× ×

数　据　区			CRC 校验码	
写入内容 1	写入内容 2	写入内容 n	L	H
× × × ×	× × × ×	× × × ×	× ×	× ×

2．RTU 方式通信控制程序设计

【例 5】设计要求：三菱 FX$_{2N}$ 控制站址为 01 的台达变频器的正转、反转、停止。运行频率为 30Hz。M0 为停止，M1 为正转，M2 为反转。

分析：站址：H01；　　　　　功能码：写入（H06）。

　　　　数据地址：H2000（运行），H2001（频率写入）。

　　　　数据内容：正转 H0012，反转 H0022，停止 H0001。

　　　　写入频率：30×100 = 3000 = H0BB8。

根据上述控制信息，写出 RTU 方式数据格式信息帧，见表 10-19 和表 10-20。

表 10-19　RTU 方式运行控制数据格式信息帧

	站　　号	功能代码	数　据　地　址		写　入　内　容		CRC 校验码	
正转	0 1	0 6	2 0	0 0	0 0	1 2		
反转					0 0	2 2		
停止					0 0	0 1		
存储器	D10	D11	D12	D13	D14	D15	D16	D17

表 10-20　RTU 方式写入频率数据格式信息帧

	站　　号	功能代码	数　据　地　址		写　入　内　容		CRC 校验码	
频率	0 1	0 6	2 0	0 1	0 B	B 8		
存储器	D10	D11	D12	D13	D14	D15	D16	D17

RTU 方式通信控制程序设计如图 10-5 所示。

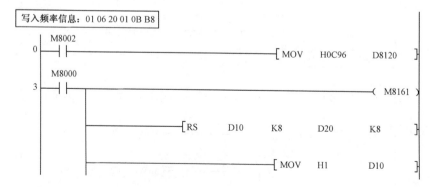

图 10-5　RTU 方式通信控制程序

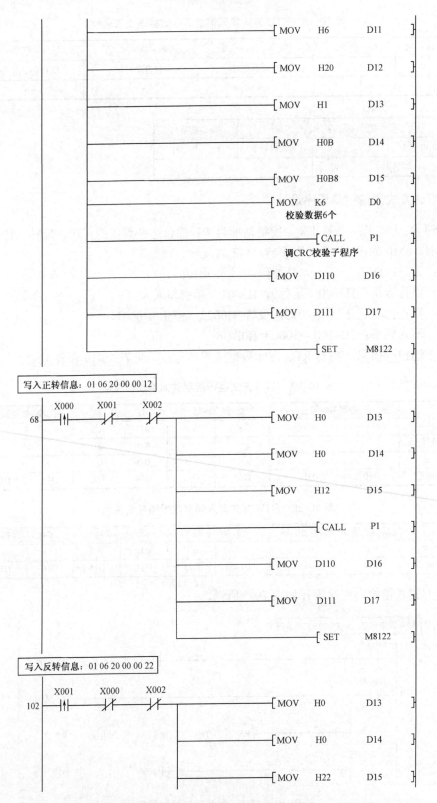

图 10-5　RTU 方式通信控制程序（续）

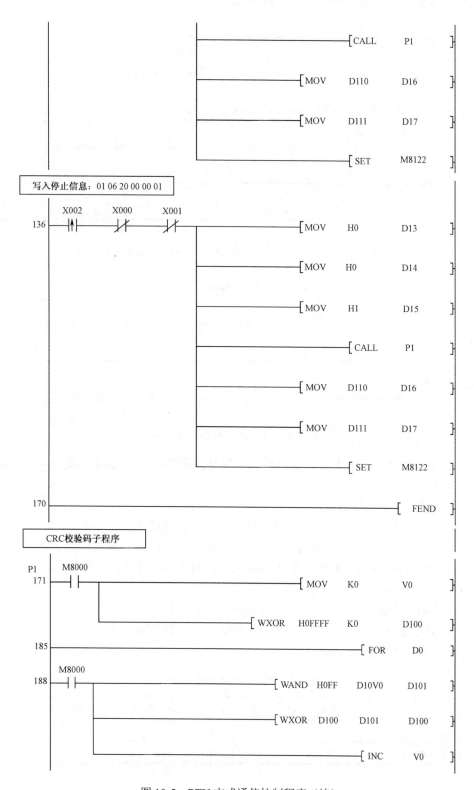

图 10-5 RTU 方式通信控制程序（续）

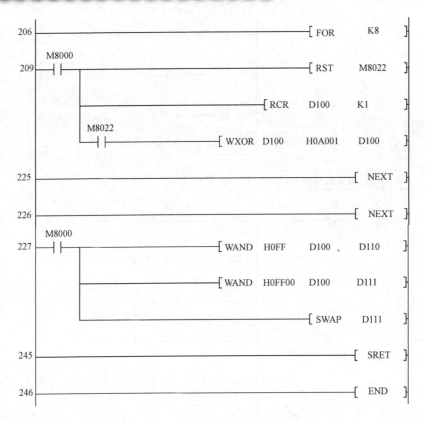

图 10-5　RTU 方式通信控制程序（续）

【例 6】设计要求：三菱 FX$_{2N}$ 监控台达 VFD-B 变频器（站址 02）的运行频率、运行电流和运行电压值。

分析：这里有两个数据格式。

（1）PLC 向变频器要求读出 F、I、V，这是读取数据格式。

因为 F、I、U、V 四个参数地址是连续的（2103H～2106H），所以只要写入读出参数的首地址（2103H）及要求读参数的个数（H0004），就可完成一个读出数据格式。

根据上述分析，得到如下控制信息。

　　　　站址：H02；　　　　　　功能码：读出（H03）；

　　　　数据首地址：H2102；　　　读出数据个数：H0004。

数据读出信息帧见表 10-21。

表 10-21　RTU 方式数据读出信息帧

	站　　号	功能代码	数　据　地　址		数　据　个　数		CRC 校验码	
HEX 数	0 2	0 3	2 1	0 2	0 0	0 4	L	H
寄存器	D10	D11	D12	D13	D14	D15	D16	D17

（2）变频器回传数据格式见表 10-22。

表 10-22　RTU 方式变频器回传数据信息帧

	地址码	功能码	回传字节	H2103 (F)		H2104 (I)		H2105 (U)	
HEX 数	0 2	0 3	0 8	××	××	××	××	××	××
存储器	D30	D31	D32	D33	D34	D35	D36	D37	D38

H2106（V）		CRC 校验码	
××	××	L	H
D39	D40	D41	D42

监控通信程序设计如图 10-6 所示。

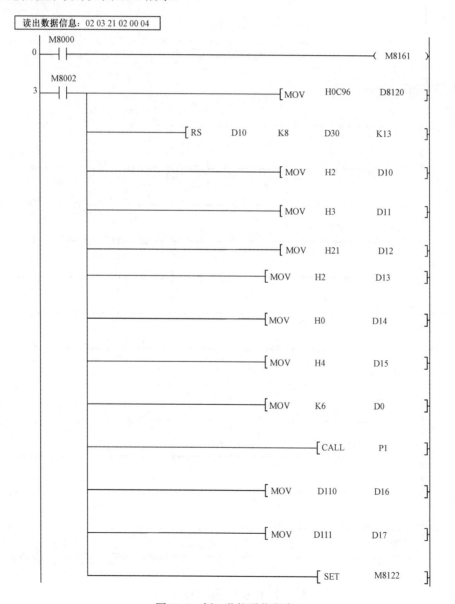

图 10-6　例 6 监控通信程序

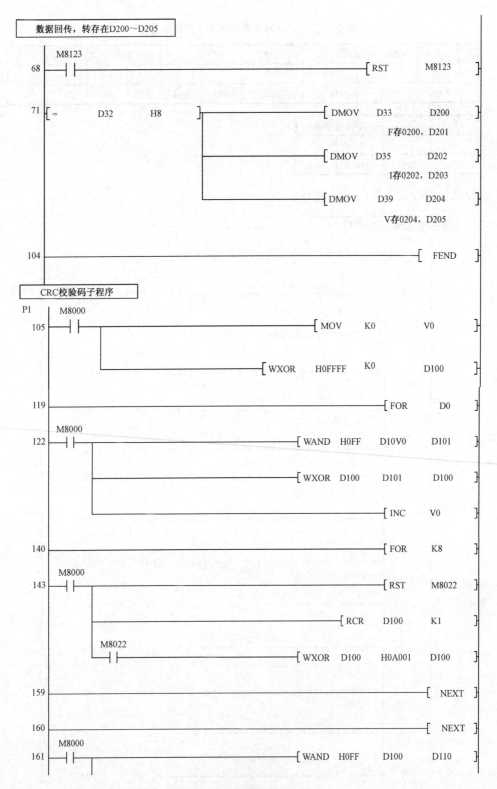

图 10-6　例 6 监控通信程序（续）

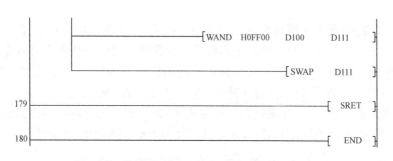

图 10-6　例 6 监控通信程序（续）

10.2　FX₂ₙ PLC 与西门子变频器 MM420 的通信控制

10.2.1　西门子 MM420 变频器 USS 通信协议

西门子 MM420 变频器有一个串行接口，采用 RS485 接口标准实现与 PLC 的双向串行通信。它采用的通信协议为 USS 串行接口协议。USS 协议按照主从通信方式进行 PLC 和变频器之间的双向通信，一个主站最多可连接 31 个从站。主站根据串行通信数据格式信息帧中的地址码与从站通信。从站不能主动发送信息，各个从站之间不能直接进行数据信息的通信。

USS 协议是西门子公司为变频器开发的一个串行通信协议，也是西门子开发的通信协议中唯一公开的通信协议。它用在西门子 S7 系列 PLC 与变频器通信上，可以非常方便地控制变频器的运行状态。用三菱 PLC 和西门子变频器进行通信，仍然是采用串行通信指令 RS 进行，重点是了解 USS 协议的数据格式和硬件所规定的通信格式。程序编写和前面介绍的三菱 PLC 与台达 VFD-B 变频器类似。关于 USS 协议的详细内容，请参见西门子 MM420 等使用手册。

西门子 MM420 变频器也可采用开放的 FROFIBUS 标准通信协议在 FROFIBUS 总线上进行通信。这时必须采用 FROFIBUS 模块，安装在变频器内，通过 RS485 串行接口进行通信。这里不作介绍。

FROFIBUS 是一种公开的通用标准协议，它的传输速度可在 9600～12Mbps 范围内进行，广泛应用于制造业自动化、流程工业自动化和楼宇、交通电力等领域。FROFIBUS 是一种现场总线技术，现在得到了越来越多的自动化技术装备生产厂商的支持，是值得大家进一步去学习掌握和应用的通信总线技术。

10.2.2　西门子 MM420 变频器通信参数设置与通信数据格式

1. 变频器通信参数设置

西门子变频器参数的设置远比三菱的复杂，它分为基本设置、高级设置、更高级设置三种。如果只是控制变频器的运行和频率改变，那么进行基本设置就可以了，其余均取出厂值。表 10-23 所示为西门子 MM420 变频器通信参数基本设置。从表中可以看到，只有波特率是可以设置的（参数 P2010），而不见其他的通信格式内容（数据长度，校验位，停止位）的设置。实际上，西门子变频器的硬件电路只规定了一种设定（8，E，1。数据长度 8 位，偶校验和停止位 1 位）。如果波特率设定为 9600，那么马上可以写出其通信格式为 8，E，1，9600。通信格式字为 H0C87（FX$_{2N}$ PLC 使用 FX$_{2N}$-485-BD 通信板）。

表 10-23　西门子 MM420 变频器通信参数说明

参　　数	设　置	说　　明
P0003	3	允许访问专家级参数
P0700	5	允许通过串口 RS485 通信
P1000	5	通过串口 RS485 设定频率
P2010	6	波特率 9600
P2011	1	站址

参数 P003 的含义是可以进行访问的参数值等级。西门子变频器的参数分为 4 个访问等级：标准、扩展、专家和维修级，由 P0003 设置可以访问到哪个等级。

由于通信参数属于"专家"级，所以当 P0003 设置为 3 时，才能对下面通信参数进行修改。

西门子 MM420 变频器的通信口是两个接线端子：P+、N−与 FX$_{2N}$-485-BD 通信板相连时，SDA 接 P+，SDB 接 N−。

2．通信数据格式

由 USS 协议可知西门子 MM420 变频器通信数据格式，如图 10-7 所示。

STX	LGE	ADR	PKW	PZD	BCC

图 10-7　西门子 MM420 变频器通信数据格式

STX：起始符"H02"。
LGE：从 ADR 到 BCC 的字节数（byte），数据格式完成后填入。
ADR：站址（H00～H1F）。
PKW：参数值的读/写区，0～4 字长（0～8byte）。
PZD：过程数据区，运行控制、频率设定和监控区，0～4 字长（0～8byte）。
BCC：校验码，由 STX 到 PZD 所有字节异或结果。
PKW 区和 PZD 区可都采用，也可只用 PKW 区或只用 PZD 区。
数据发送和接收采用以十六进制数的形式进行。

10.2.3　程序设计举例

【例】设计要求：三菱 FX$_{2N}$ PLC 通信控制站址为 02 的西门子 MM420 变频器，以 40Hz

频率作正方向运行、停止。

分析：仅作运行控制、频率设定。所以在数据格式中，只用 PZD 区，不用 PKW 区。

过程数据区 PZD 可以采用 0～4 个字长的数据，但是西门子 MM420 变频器通常采用 2 个字长。其中第一个字（STW）称为控制字，它是一个 16 位二进制数，每个二进制数都表示了一定的控制内容，详见表 10-24。第二个字（HSW）为主设定字，即主频率设定值，如图 10-8 所示。

PZD1	PZD2
STW（控制字）	HSW（频率设定）

图 10-8　PZD 区数据内容

根据设计要求，对照表 10-25，我们可以写出正转控制字为 H047F，停止控制字为 H047A。

西门子的频率设定方法和三菱完全不一样。西门子变频器参数 P2009=0 时，其频率设定为 50Hz=H4000。这里要求为 40Hz，经过换算为 40Hz=H3333。

根据上面分析，就可以列出符合设计要求的是数据格式信息帧，见表 10-24。

表 10-24　传送数据格式信息帧

	SET	LGE	ADR	控 制 字		频　　率		BCC
正转	0 2	0 6	0 2	0 4	7 F	3 3	3 3	7 D
停止	0 2	0 6	0 2	0 4	7 A	0 0	0 0	7 8
存储器	L	H	L	H	L	H	L	H
	D201		D202		D203		D204	

表中还列出了字符的存储器分配。因为存储器 D 是 16 位，所以一个存储器可以存储 4 个字符。在程序编制时还要注意传送顺序的问题。数据信息是按照 02-06-02-04-7F-33-33-7D 顺序进行传送的，因此当 02-06 存储在 D201 时，必须 02 在低 8 位，06 在高 8 位，即按 0602 的顺序送入 D201，其余类推。

表 10-25　西门子 MM420 变频器的控制字

位	内　　容	0	1
b00	ON（斜坡上升）/OFF1（斜坡下降）	否	是
b01	OFF2：按惯性自由停车	是	否
b02	OFF3：快速停车	是	否
b03	脉冲使能	否	是
b04	斜坡函数发生器（RFG）使能	否	是
b05	RFG 开始	否	是
b06	设定值使能	否	是
b07	故障确认	否	是
b08	正向点动	否	是
b09	反向点动	否	是
b10	由 PLC 进行控制	否	是

续表

位	内　容	0	1
b11	设定值反向	否	是
b12	未使用		
b13	用电动电位计（MOP）升速	否	是
b14	用 MOP 降速	否	是
b15	本机/远程控制	0P0719 下标 0	1P0719 下标 1

通信程序如图 10-9 所示。

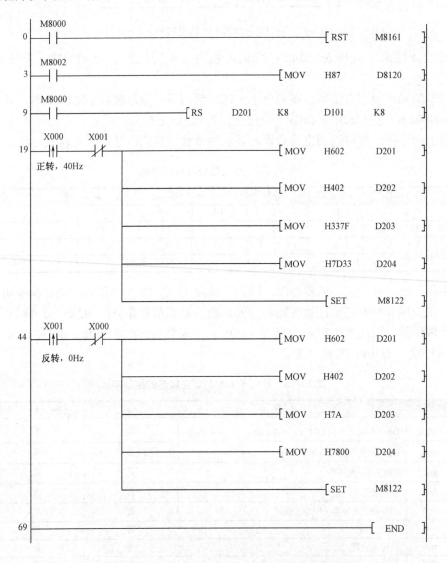

图 10-9　FX_{2N} PLC 与西门子变频器 MM420 通信程序

附录 A　三菱 FR-E500 变频器通信协议的参数字址定义

序号	项目		指令代码	说明	数据位数
1	操作模式	读出	H78	H0001：外部操作 H0002：通信操作	4 位
		写入	HFB	H0001：外部操作 H0002：通信操作	
2	监控	输出频率[速度]	H6F	H0000～HFFFF：输出频率（十六进制）最小单位 0.01Hz，（Pr.37=0.01～9998 时，转速（十六进制）单位 r/min）	4 位 （6 位）
		输出电流	H70	H0000～HFFFF：输出电流（十六进制）最小单位 0.01A	4 位
		输出电压	H71	H0000～HFFFF：输出电压（十六进制）最小单位 0.1V	4 位
		报警定义	H74～H77	H0000～HFFFF：最近的两次报警记录 报警定义表示例子（指令代码为 H74 时） b15 ... b8 b7 ... b0 0 0 1 1 0 0 0 0 | 1 0 1 0 0 0 0 0 前一次报警（H30）　最近一次报警（HA0） 报警代码	4 位
3	运行指令		HFA	b0：—　b1：正转　b2：反转　b3：—　b4：—　b5：—　b6：—　b7：— 【例】H 00 停止　H 02 正转　H 04 反转	2 位

报警代码

代码	说明	代码	说明
H00	没有报警	H70	BE
H10	0C1	H80	GF
H11	0C2	H81	LF
H12	0C3	H90	0HT
H20	0V1	HA0	0PT
H21	0V2	HB0	PE
H22	0V3	HB1	PUE
H30	THT	HB2	RET
H31	THM	HF3	E.3
H40	FIN	HF6	E.6
H60	0LT	HF7	E.7

续表

序号	项 目		指 令代 码	说　　明	数据位数
4	变频器状态监控		H7A	b7　　　　　　　　b0 | 0 | 0 | 0 | 0 | 0 | 0 | 1 | 0 | 【例】　H 02　运行中 　　　　 H 80　报警停止　　　　 b0：变频器运行中 b1：正转 b2：反转 b3：频率到达 b4：过负荷 b5：— b6：频率检测 b7：发生报警	2 位
5	设定频率读出（E²PROM）		H6E	读出设定频率（RAM 或 E²PROM） H0000～H9C40：单位 0.01Hz（十六进制）	4 位（6 位）
	设定频率读出（RAM）		H6D		
	设定频率写入（E²PROM）		HEE	H0000～H9C40：单位 0.01Hz（十六进制） 　　　　　　　　　　　　　（0～400.00Hz）	4 位（6 位）
	设定频率写入（RAM）		HED	频繁改变运行频率时，请写入变频器的 RAM（指令代码：HED）	
6	变频器复位		HFD	H9696：复位变频器 　　当变频器在通信开始由计算机复位时，变频器不能发送回应答数据给计算机	4 位
7	异常内容全部清除		HF4	H9696：异常履历全部清除	4 位
8	参数全部清除		HFC	所有的参数返回到出厂设定值。 根据设定的数据不同有四种清除操作方式： 当执行 H9696 或 H9966 时，所有参数被清除，与通信相关的参数设定值也返回出厂设定值，当重新操作时，需要设定参数。 * Pr.75 不被清除	4 位
9	参数写入		H80 ～HFD	参考数据代码表（173 页），写入、读出必要的参数	4 位
10	参数读出		H00 ～H7B		
11	网络参数其他设定	读出	H7F	H00～H6C、H80～HEC 参数值可以改变 H00：Pr.0～Pr.96 值可读写 H01：Pr.117～Pr.158，Pr.901～Pr.905 值可读/写 H02：Pr.160～Pr.192 和 Pr.232～Pr.251 值可读/写 H03：Pr.338～Pr.340 的值可读/写（通信选件插上时），Pr.342 的内容可读出、写入，Pr.345～Pr.348 的值可读/写（FR-E5ND 插上时） H05：Pr.500～Pr.502 值可读写（通信选件插上时） H09：Pr.990,Pr.991 值可读写	2 位
		写入	HFF		
12	第二参数更改（代码 HFF=1）	读出	H6C	设定偏置·增益（数据代码 H5E～H61、HDE～HE1）的参数的情况 H00：补偿/增益 H01：模拟 H02：端子的模拟值	2 位
		写入	HEC		

参数全部清除子表（项目 8）：

数据	通信 Pr	校准	其他 Pr	HEC,HFF
H9696	◎	×	◎	◎
H9966	◎	◎	◎	◎
H5A5A	×	×	◎	◎
H55AA	×	◎	◎	◎

附录 B　三菱 FR-E500 参数数据读出和写入指令代码表

| 功　能 | 参　数　号 | 名　　称 | 数　据　代　码 | | 网络参数扩展设定 |
			读　出	写　入	（数据代码 7F/FF）
基本功能	0	转矩提升	00	80	0
	1	上限频率	01	81	0
	2	下限频率	02	82	0
	3	基波频率	03	83	0
	4	3 速设定（高速）	04	84	0
	5	3 速设定（中速）	05	85	0
	6	3 速设定（低速）	06	86	0
	7	加速时间	07	87	0
	8	减速时间	08	88	0
	9	电子过电流保护	09	89	0
标准运行功能	10	直流制动作频率	0A	8A	0
	11	直流制动动作时间	0B	8B	0
	12	直流制动电压	0C	8C	0
	13	启动频率	0D	8D	0
	14	适用负荷选择	0E	8E	0
	15	点动频率	0F	8F	0
	16	点动加减速时间	10	90	0
	18	高速上限频率	12	92	0
	19	基波频率电压	13	93	0
	20	加/减速基准频率	14	94	0
	21	加/减速时间单位	15	95	0
	22	失速防止动作水平	16	96	0
	23	倍速时失速防止动作水平补正系数	17	97	0
	24	多段速度设定（速度 4）	18	98	0
	25	多段速度设定（速度 5）	19	99	0
	26	多段速度设定（速度 6）	1A	9A	0
	27	多段速度设定（速度 7）	1B	9B	0
	29	加/减速曲线	1D	9D	0
	30	再生功能选择	1E	9E	0
	31	频率跳变 1A	1F	9F	0
	32	频率跳变 1B	20	A0	0
	33	频率跳变 2A	21	A1	0
	34	频率跳变 2B	22	A2	0
	35	频率跳变 3A	23	A3	0
	36	频率跳变 3B	24	A4	0
	37	旋转速度显示	25	A5	0
	38	5V（10V）输入时频率	26	A6	0
	39	20mA 输入时频率	27	A7	0

续表

功 能	参数号	名 称	数 据 代 码		网络参数扩展设定（数据代码 7F/FF）
			读 出	写 入	
输出端子功能	41	频率到达动作范围	29	A9	0
	42	输出频率检测	2A	AA	0
	43	反转时输出频率检测	2B	AB	0
第二功能	44	第二加速时间	2C	AC	0
	45	第二减速时间	2D	AD	0
	46	第二转矩提升	2E	AE	0
	47	第二 V/F（基波频率）	2F	AF	0
	48	第二电子过流保护	30	B0	0
显示功能	52	操作面板/PU 主显示数据选择	34	B4	0
	55	频率监视基准	37	B7	0
	56	电流监视基准	38	B8	0
再启动	57	再启动惯性运行时间	39	B9	0
	58	再启动上升时间	3A	BA	0
附加功能	59	遥控设定功能选择	3B	BB	0
动作选择功能	60	最短加减速模式	3C	BC	0
	61	基准电流	3D	BD	0
	62	加速时电流基准值	3E	BE	0
	63	减速时电流基准值	3F	BF	0
	65	再试选择	41	C1	0
	66	失速防止动作降低开始频率	42	C2	0
	67	报警发生时再试次数	43	C3	0
	68	再试等待时间	44	C4	0
	69	再试次数显示的消除	45	C5	0
	70	特殊再生制动使用率	46	C6	0
	71	适用电机	47	C7	0
	72	PWM 频率选择	48	C8	0
	73	0～5V/0～10V 选择	49	C9	0
	74	输入滤波时间常数	4A	CA	0
	75	复位选择/PU 脱落检测/PU 停止选择	4B	CB	0
	77	参数写入禁止选择	4D	CD	0
	78	逆转防止选择	4E	CE	0
	79	操作模式选择	4F	CF	0
通用磁通矢量控制	80	电动机容量	50	D0	0
	82	电动机励磁电流	52	D2	0
	83	电动机额定电压	53	D3	0
	84	电动机额定频率	54	D4	0
	90	电动机常数（R1）	5A	DA	0
	96	自动调整设定/状态	60	E0	0
通信功能	117	站号	11	91	1
	118	通信速度	12	92	1
	119	停止位字长	13	93	1
	120	有无奇偶校验	14	94	1
	121	通信再试次数	15	95	1
	122	通信校验时间间隔	16	96	1
	123	等待时间设定	17	97	1
	124	有无 CR,LF 选择	18	98	1

续表

功 能	参 数 号	名 称	数 据 代 码		网络参数扩展设定 (数据代码 7F/FF)
			读 出	写 入	
PID 控制	128	PID 动作选择	1C	9C	1
	129	PID 比例常数	1D	9D	1
	130	PID 积分时间	1E	9E	1
	131	上限	1F	9F	1
	132	下限	20	A0	1
	133	PU 操作时的 PID 目标设定值	21	A1	1
	134	PID 微分时间	22	A2	1
附加功能	145	参数单元语言切换	2D	AD	1
	146	厂家设定用参数，请不要设定			
电流检测	150	输出电流检测水平			
	151	输出电流检测周期			
	152	零电流检测水平			
	153	零电流检测周期			
辅助功能	156	失速防止动作选择	38	B8	1
	158	AM 端子功能选择	3A	BA	1
附加功能	160	用户参数组读出选择	00	80	2
监视器初始化	171	实际运行计时器清零	0B	8B	2
用户功能	173	用户第一组参数注册	0D	BD	2
	174	用户第一组参数删除	0E	BE	2
	175	用户第二组参数注册	0F	BF	2
	176	用户第二组参数删除	10	90	2
端子安排功能	180	RL 端子功能选择	14	94	2
	181	RM 端子功能选择	15	95	2
	182	RH 端子功能选择	16	96	2
	183	MRS 端子功能选择	17	97	2
	190	RUN 端子功能选择	1E	9E	2
	191	FU 端子功能选择	1F	9F	2
	192	A、B、C 端子功能选择	20	A0	2
多段速度运行	232	多段速度设定（速度 8）	28	A8	2
	233	多段速度设定（速度 9）	29	A9	2
	234	多段速度设定（速度 10）	2A	AA	2
	235	多段速度设定（速度 11）	2B	AB	2
	236	多段速度设定（速度 12）	2C	AC	2
	237	多段速度设定（速度 13）	2D	AD	2
	238	多段速度设定（速度 14）	2E	AE	2
	239	多段速度设定（速度 15）	2F	AF	2
辅助功能	240	Soft-PWM 设定	30	B0	2
	244	冷却风扇动作选择	34	B4	2
	245	电动机额定滑差	35	B5	2
	246	滑差补正响应时间	36	B6	2
	247	恒定输出领域滑差补正选择	37	B7	2

续表

功 能	参 数 号	名　　称	数 据 代 码		网络参数扩展设定
			读　出	写　入	（数据代码 7F/FF）
停止选择功能	250	停止方式选择	3A	BA	2
附加功能	251	输出欠相保护选择	3B	BB	2
网络计算功能	338*	操作指令权	26	A6	3
	339*	速度指令权	27	A7	3
	340*	网络启动模式选择	28	A8	3
	342	E²PROM 写入有无	2A	AA	3
	345**	装置网络地址启动数据	2D	AD	3
	346**	装置网络速率启动数据	2E	AE	3
机能	347**	装置网络地址启动数据（上位码）	2F	AF	3
	348**	装置网络速率启动数据（上位码）	30	B0	3
附加功能	500*	通信报警实施等待时间	00	80	5
	501*	通信异常发生次数显示	01	81	5
	520*	异常时停止模式选择	02	82	5
校准功能	901	AM 端子校准	5D	DD	1
	902	频率设定电压偏置	5E	DE	1
	903	频率设定电压增益	5F	DF	1
	904	频率设定电流偏置	60	E0	1
	905	频率设定电流增益	61	E1	1
	990	蜂鸣器控制	5A	DA	9
	991	LCD 对比度	5B	DB	9

注：* 通信选件插上时。

　　** FR-E5ND 插上时。

附录C 三菱 FR-A700 MODBUS RTU 协议存储器

系统环境变量

寄 存 器	定 义	读取/写入	备 注
40002	变频器复位	写入	写入值设定为任意
40003	参数清除	写入	写入值设定为 H965A
40004	参数全部清除	写入	写入值设定为 H99AA
40006	参数清除[1]	写入	写入值设定为 H5A96
40007	参数全部清除[1]	写入	写入值设定为 HAA99
40009	变频器状态/控制输入命令[2]	读取/写入	参照下述内容
400010	运行模式/变频器设定[3]	读取/写入	参照下述内容
400014	运行频率（RAM）	读取/写入	根据 Pr37,Pr144 的设定，能够切换频
400015	运行频率（EEPROM）	写入	率和旋转速度

注：[1]无法清除通信参数的设定值。

[2]写入时，设定数据作为控制输入命令；读取时，读取数据作为变频器运行状态。

[3]写入时，设定数据作为运行模式设定；读取时，设定数据作为运行模式状态。

变频器状态/控制输入命令

位	定 义	
	控制输入命令	变频器状态
0	停止指令	RUN 变频器运行中[2]
1	正转指令	正转中
2	反转指令	反转中
3	RH（高速指令）[1]	SU（频率到达）[2]
4	RM（中速指令）[1]	OL（过载）[2]
5	RL（低速指令）[1]	IPF（瞬间停止）[2]
6	JOG（点动运行）[1]	FU（频率检测）[2]
7	RT（第二功能选择）[1]	ABC1（异常）[2]
8	AU（电流输入选择）[1]	ABC2（异常）[2]
9	CS（瞬间停止再选择）[1]	0
10	MRS（输出停止）[1]	0
11	STOP（启动自动保持）[1]	0
12	RES（复位）[1]	0
13	0	0
14	0	0
15	0	发生异常

注：[1]（ ）内的信号为初始状态的信号，根据 Pr180～Pr189（输入端子功能的选择）的设定变更内容，各分配
信号在各 NET 中有有效/无效两种选择。

[2]（ ）内的信号为初始状态的信号，根据 Pr190～Pr196（输出端子功能选择的设定变更内容）。

运行模式/变频器设定

模　式	读　取　值	写　入　值
EXT	H0000	H0010
PU	H0001	—
EXT JOG	H0002	—
NET	H0004	H0014
PU+EXT	H0005	—

注：通过运行模式的限制以计算机连接的规格为标准。

实时监视

存储器	内　容	单　位	存储器	内　容	单　位
40201	输出频率	0.01Hz	40220	累计通电时间	1h
40202	输出电流	0.01A/0.1A	40222	定向状态	—
40203	输出电压	0.1V	40223	实际运行时间	1h
40205	频率设定值	0.01Hz	40224	电机负载率	0.1%
40206	运行速度	1r/min	40225	累计电力	1kWh
40207	电机转矩	0.1%	40226	转矩指令	0.1%
40208	转换器输出电压	0.1V	40227	转矩电流指令	0.1%
40209	再生自动使用率	0.1%	40228	电机输出	0.01kW/0.1kW
40210	电子过电流负载率	0.1%	40229	反馈脉冲	—
40211	输出电流峰值	0.01A/0.1A	40250	省电效果	可变
40212	转换器输出电压峰值	0.1V	40251	省电累计	可变
40213	输入电力	0.01kW/0.1kW	40252	PID 目标值	0.1%
40214	输出电力	0.01kW/0.1kW	40253	PID 测定值	0.1%
40215	输入端子状态[1]	—	40254	PID 偏差	0.1%
40216	输出端子状态[2]	—	40258	选择输入端子状态 1[4]	—
40217	负荷仪表	0.1%	40259	选择输入端子状态 2[5]	—
40218	电机磁力电流	0.01A/0.1A	40260	选择输出端子状态 2[6]	—
40219	位置脉冲	—			

注：[1]根据容量的不同而不同（55kW 以下/75kW 以上）

[2]输入端子监视器详细内容如下：

b15　　　　　　　　　　　　　　　　　　　　　　　　　　　　　　　　　　　　　　b1

—	—	—	—	CS	RES	STOP	MRS	JOG	RH	RM	RL	RT	AU	STR	STF

[3]输出端子监视器详细内容如下：

b15　　　　　　　　　　　　　　　　　　　　　　　　　　　　　　　　　　　　　　b1

—	—	—	—	—	—	—	—	ABC2	ABC1	FU	OL	IPF	SU	RUN

[4]选择输入端子监视器 1 详细内容（FR-A7AX 的输入状态）如下（未安装为 OFF）：

b15　　　　　　　　　　　　　　　　　　　　　　　　　　　　　　　　　　　　　　b1

X15	X14	X13	X12	X11	X10	X9	X8	X7	X6	X5	X4	X3	X2	X1	X0

[5]选择输入端子监视器 2 详细内容（FR-A7AX 的输入状态）如下（未安装为 OFF）：

b15															b1
－	－	－	－	－	－	－	－	－	－	－	－	－	－	－	DY

[6]选择输出端子监视器详细内容（FR-A7AY/A7AR 的输出端子状态）如下：

b15															b1
－	－	－	－	－	－	RA3	RA2	RA1	Y6	Y5	Y4	Y3	Y2	Y1	Y0

参　数

参　数	存 储 器	参 数 名 称	读取/写入	备　　注
0~999	41000~41999	参照参数一览	读取/写入	参数编号+41000 为存储器号
C2(902)	41902	端子 2 频率设定偏置（频率）	读取/写入	
C3(902)	42902	端子 2 频率设定偏置（模拟值）	读取/写入	能够读取设定在 C3 的模拟值（%）
	43902	端子 2 频率设定偏置（端子模拟值）	读取	能够读取外加在端子 2 的电压（电流）模拟值（%）
125(903)	41903	端子 2 频率设定增益（频率）	读取/写入	
C4(903)	42903	端子 2 频率设定增益（模拟值）	读取/写入	能够读取设定在 C5 的模拟值（%）
	43903	端子 2 频率设定增益（端子模拟值）	读取	能够读取外加在端子 2 的电压（电流）模拟值（%）
C5(904)	41904	端子 4 频率设定偏置（频率）	读取/写入	
C6(904)	42904	端子 4 频率设定偏置（模拟值）	读取/写入	能够读取设定在 C6 的模拟值（%）
	43904	端子 4 频率设定偏置（端子模拟值）	读取	能够读取外加在端子 4 的电压（电流）模拟值（%）
126(905)	41905	端子 4 频率设定增益（频率）	读取/写入	
C7(905)	42905	端子 4 频率设定增益（模拟值）	读取/写入	能够读取设定在 C7 的模拟值（%）
	43905	端子 4 频率设定增益（端子模拟值）	读取	能够读取外加在端子 4 的电压（电流）模拟值（%）
C8(930)	40930	电流输出偏置信号	读取/写入	
C9(930)	42120	电流输出偏置电流	读取/写入	
C10(931)	41931	电流输出增益信号	读取/写入	
C11(931)	42121	电流输出增益电流	读取/写入	
C12	41917	端子 1 偏置频率（速度）	读取/写入	
C13	42107	端子 1 偏置（速度）	读取/写入	能够读取设定在 C13 的模拟值（%）
	43917	端子 1 偏置（速度）（端子模拟值）	读取	能够读取外加在端子 1 的电压模拟值（%）
C14	41918	端子 1 增益频率（速度）	读取/写入	

参　数	存　储　器	参　数　名　称	读取/写入	备　　注
C15	42108	端子1增益（速度）	读取/写入	能够读取设定在C15的模拟值（%）
	43918	端子1增益（速度）（端子模拟值）	读取	能够读取外加在端子1的电压模拟值（%）
C16	41919	端子1偏置指令（转矩/磁通）	读取/写入	
C17	42109	端子1偏置（转矩/磁通）	读取/写入	能够读取设定在C17的模拟值（%）
	43919	端子1偏置（转矩/磁通）（端子模拟值）	读取	能够读取外加在端子1的电压模拟值（%）
C18(920)	41920	端子1增益指令（转矩/磁通）	读取/写入	
C19(920)	42110	端子1增益（转矩/磁通）	读取/写入	能够读取设定在C19的模拟值（%）
	43920	端子1增益（转矩/磁通）（端子模拟值）	读取	能够读取外加在端子1的电压模拟值（%）
C38(932)	41932	端子4偏置指令（转矩/磁通）	读取/写入	
C39(932)	42122	端子4偏置（转矩/磁通）	读取/写入	能够读取设定在C39的模拟值（%）
	43932	端子4偏置（转矩/磁通）（端子模拟值）	读取	能够读取外加在端子4的电压模拟值（%）
C40(933)	41933	端子4增益指令（转矩/磁通）	读取/写入	
C41(933)	42123	端子4增益（转矩/磁通）	读取/写入	能够读取设定在C41的模拟值（%）
	43933	端子4增益（转矩/磁通）（端子模拟值）	读取	能够读取外加在端子4的电压模拟值（%）

报警历史

存　储　器	定　　义	读取/写入	备　　注
40501	报警历史1	读取/写入	
40502	报警历史2	读取	
40503	报警历史3	读取	由于数据为 2byte，存放在 H00××
40504	报警历史4	读取	中，可以参照下位 1byte 的错误代码，
40505	报警历史5	读取	通过在存储器 40501 进行写入，一次性
40506	报警历史6	读取	清除报警历史。数据可设定任意值
40507	报警历史7	读取	
40508	报警历史8	读取	

数　据	内　容	数　据	内　容	数　据	内　容
H00	无异常	H91	E.PTC	HD3	E.OD
H10	E.0C1	HA0	E.OPT	HD5	E.MB1
H11	E.0C2	HA3	E.OP3	HD6	E.MB2
H12	E.0C3	HB0	E.PE	HD7	E.MB3

续表

数 据	内 容	数 据	内 容	数 据	内 容
H20	E.0V1	HB1	E.PUE	HD8	E.MB4
H21	E.0V2	HB2	E.RET	HD9	E.MB5
H22	E.0V3	HB3	E.PE2	HDA	E.MB6
H30	E.THT	HC0	E.GPU	HDB	E.MB7
H31	E.THW	HC1	E.CTE	HDC	E.EP
H40	E.FIN	HC2	E.P24	HF1	E.E1
H50	E.IPF	HC4	E.GD0	HF2	E.E2
H51	E.UVT	HC5	E.IOH	HF3	E.E3
H52	E.ILF	HC6	E.SER	HF6	E.E6
H60	E.OLF	HC7	E.AIE	HF7	E.E7
H70	E.BE	HC8	E.USB	HFB	E.E11
H80	E.GF	HD0	E.OS	HFD	E.E13
H81	E.LF	HD1	E.OSD		
H90	E.OHT	HD2	E.ECT		

附录 D　台达 VFD-B 变频器通信协议的 参数字址定义

定　　义	参 数 字 址	功 能 说 明		
驱动器内部设定参数	GGnnH	GG 表示参数群，nn 表示参数号码。例如，04-01 用 0401H 来表示		
对驱动器的命令	2000H	bit0～1	00B：无功能	
			01B：停止	
			10B：启动	
			11B：JOG 启动	
		bit2～3	保留	
		bit4～5	00B：无功能	
			01B：正方向指令	
			10B：反方向指令	
			11B：改变方向指令	
		bit6～7	00B：第一加/减速时间	
			01B：第二加/减速时间	
			10B：第三加/减速时间	
			11B：第四加/减速时间	
		bit8～11	0000B：主速	
			0001B：第一段速度	
			0010B：第二段速度	
			0011B：第三段速度	
			0100B：第四段速度	
			0101B：第五段速度	
			0110B：第六段速度	
			0111B：第七段速度	
			1000B：第八段速度	
			1001B：第九段速度	
			1010B：第十段速度	
			1011B：第十一段速度	
			1100B：第十二段速度	
			1101B：第十三段速度	
			1110B：第十四段速度	
			1111B：第十五段速度	
		bit12	选择 Bit6～11 功能	
		bit13～15	保留	

续表

定 义	参数字址	功 能 说 明	
对驱动器的命令	2001H	频率命令	
	2002H	bit0	1：E.F.ON
		bit1	1：Reset 指令
		bit2	1：外部中断（B.B）ON
			0：外部中断（B.B）OFF
监视驱动器状态	2100H	错误码（Error Code）	
		00：无异常	
		01：过电流 oc	
		02：过电压 ov	
		03：过热 OH	
		04：驱动器过负载 OI	
		05：电动机过负载 OI1	
		06：外部异常 EF	
		07：IGBT 短路保护启动 occ	
		08：CPU 或模拟电路有问题 Cf3	
		09：硬件数字保护线路有问题 HPF	
		10：加速中过电流 ocA	
		11：减速中过电流 ocd	
		12：恒速中过电流 ovn	
		13：对地短路 GFF	
		14：低电压 Lv	
		15：CPU 写入有问题 Cf1	
		16：CPU 读出有问题 Cf2	
		17：b.b.	
		18：过转矩 oL2	
		19：不适用自动加减速设定 cFA	
		20：软件与参数密码保护 codE	
		21：EF1 紧急停止	
		22：输入电源欠相 PHL	
		23：指定计数值到达 EF	
		24：低电流 Lc	
		25：模拟回授信号错误 AnLEr	
		26：PG 回授信号错误	
监视驱动器状态	2101H	bit0～4	数字操作器 LED 状态 0：暗，1：亮 RUN STOP JOG FWD REV BIT0 1 2 3 4
		bit5	0：F 灯暗；1：F 灯亮
		bit6	0：H 灯暗；1：H 灯亮
		bit7	0：灯暗；1：u 灯亮
		bit8	1：主频率来源由通信界面
		bit9	1：主频率来源由模拟信号输入
		bit10	1：运转指令由通信界面
		bit11	1：参数锁定
		bit12	0：停机；1：运转中
		bit13	1：有 JOG 指令
		bit14～15	保留

定　义	参 数 字 址	功 能 说 明
监视驱动器状态	2102H	频率指令（F）
	2103H	输出频率（H）
	2104H	输出电流（A××××）
	2105H	DC-BUS 电压（U×××.×）
	2106H	输出电压（E×××.×）
	2107H	多段速指令目前执行的段速
	2108H	程序运转该段速剩余时间
	2109H	外部 TRIGER 的内容值
	210AH	功率因数角
	210BH	估算转矩的比例值（×××.×）
	210CH	电机转速（rpm）
	210DH	每单位时间 PG 的脉冲数（Low Word）
	210EH	每单位时间 PG 的脉冲数（High Word）
	210FH	输出功率（kW）（×××.××）
	2110H	保留
	2200H	回授信号（×××.××%）
	2201H	使用者定义（Low word）
	2202H	使用者定义（High word）
	2203H	AVI 模拟输入（×××.××%）
	2204H	ACI 模拟输入（×××.××%）
	2205H	AUI 模拟输入（×××.××%）
	2206H	散热片温度显示（℃）

参 考 文 献

[1] 李金城. 三菱 FX 系列模拟量模块及 PID 应用基础. 深圳技成培训内容教材，2008.

[2] 李金城. 变频器 PLC 通信控制应用基础. 深圳技成培训内部教材，2009.

[3] 三菱电机. 三菱 FX$_{2N}$ 编程手册，2002.

[4] 三菱电机. FX 系列特殊功能模块用户手册，2001.

[5] 三菱电机. 三菱 FR-E500 系列变频器使用手册，2000.

[6] 三菱电机. 三菱 FR-A700 系列变频器使用手册，2005.

[7] 三菱电机. FX 系列微型可编程控制器用户手册（通信篇），2006.

[8] 廖常初. 可编程序控制器应用技术. 重庆：重庆大学出版社，2002.

[9] 宋伯生. PLC 编程实用指南. 北京：机械工业出版社，2008.

[10] 霍罡，曹辉. 可编程序控制器模拟量及 PID 算法应用案例. 北京：高等教育出版社，2008.

读者调查及征稿

1. 您觉得这本书怎么样？有什么不足？还能有什么改进？

_____

_____

_____

_____

_____

2. 您在什么行业？从事什么工作？需要哪些方面的图书？

_____

_____

_____

_____

3. 您有无写作意向？愿意编写哪方面的图书？

_____

_____

_____

_____

4. 其他：

_____

_____

_____

说明：

针对以上调查项目，可通过电子邮件直接联系：bjcwk@163.com   联系人：陈编辑

欢迎您的反馈和投稿！

电子工业出版社